中国牦牛

ZHONGGUO MAONIU

主编 罗晓林

四川科学技术出版社

图书在版编目（ＣＩＰ）数据

中国牦牛 / 罗晓林主编. —— 成都 : 四川科学技术出版社，2019.9
ISBN 978-7-5364-9512-8

Ⅰ. ①中… Ⅱ. ①罗… Ⅲ. ①牦牛 – 基本知识 – 中国 Ⅳ. ①S823.8

中国版本图书馆CIP数据核字（2019）第136917号

中国牦牛
ZHONGGUO MAONIU

主　　编　罗晓林

出 品 人　钱丹凝
责任编辑　何　光
封面设计　韩建勇
责任出版　欧晓春
出版发行　四川科学技术出版社
　　　　　成都市槐树街2号　邮政编码 610031
　　　　　官方微博：http://e.weibo.com/sckjcbs
　　　　　官方微信公众号：sckjcbs
　　　　　传真：028-87734039
成品尺寸　210mm × 285mm
印　　张　23.5　字数486千　插页2
印　　刷　成都市金雅迪彩色印刷有限公司
版　　次　2019年9月第1版
印　　次　2019年9月第1次印刷
定　　价　180.00元

ISBN 978-7-5364-9512-8

邮购：四川省成都市槐树街2号　邮政编码：610031
电话：028-87734035

本书编委会名单

主　编　罗晓林

副主编　安添午　　唐善虎　　李家奎

　　　　　官久强　　吴伟生　　钟金城

　　　　　袁龙飞

编　委（以姓氏笔画排序）

　　　　　王　会　　牛家强　　文勇立

　　　　　刘建枝　　杨　鑫　　贡佳欣

　　　　　李　平　　李　琦　　李华德

　　　　　李思宁　　张翔飞　　张　辉

　　　　　陈一萌　　郑　静　　郑群英

　　　　　柏　琴　　赵洪文　　姚望远

　　　　　索朗斯珠　柴志欣　　黄依嘉

　　　　　曹诗晓　　谢荣清

　　牦牛是分布于青藏高原及其毗邻地区的特殊畜种，能适应高海拔高寒低氧的气候环境条件，可以有效利用高寒草地牧草资源，从而为人类提供优质的乳、肉、皮、绒等多种畜产品而获得"高原之舟"之美誉。我国牦牛主要分布于青海、西藏、四川、甘肃、新疆、云南等六省区的高寒地区，现存栏 1 500 余万头，占世界牦牛总数的 95% 以上，是藏族牧民群众重要的生产和生活资料。

　　1987 年，老一辈牦牛科学研究人员编写了第一部牦牛专著——《中国牦牛学》，详细介绍了牦牛的生物学特性、生产性能、繁殖特性内容，奠定了牦牛科学发展的基础。1990 年，蔡立编著了《四川牦牛》，主要介绍了牦牛的起源驯化、生态特性、选育改良等内容，并对四川最主要的九龙牦牛和麦洼牦牛两个地方品种进行了论述。2006 年，张容昶等编著了《牦牛生产技术》，介绍了牦牛的地方类群、繁殖特性及人工授精技术、本种选育及种间杂交技术，牦牛的饲养管理及饲草加工等内容。进入 21 世纪，随着生物技术的迅速发展及现代分子技术手段的利用，牦牛科学研究进入了新时代。

　　本书依托国家肉牛牦牛产业技术体系平台，将全国从事牦牛科学研究的专家聚集在一起，在老一辈牦牛科学工作者研究的基础上，将各领域内的最新科技成果总结整理，引用国内外有关牦牛研究的文献报道，共同编写而成。本专著内容包括牦牛的起源与驯化、分类及品种、生物学特性、生产性能、繁殖技术、选育与改良、饲养管理、疾病防治、产品加工、牦牛场建设与环境控制等章节。

　　由于编者水平有限，本书难免存在不足和疏漏，在此深切期盼同行批评指正！

编委会

2019 年 8 月

目 录

第一章　牦牛的起源和驯化

第二章　牦牛的分类及品种

第三章　牦牛的生产性能

第四章　牦牛的繁殖

第五章　牦牛的选育及改良

第六章　牦牛种间杂交

第七章　牦牛的饲养管理

第八章　牦牛的疾病防治

第九章　牦牛场的建设与组织管理

第十章 牦牛产品加工

第一章
牦牛的起源和驯化

第一节 牦牛的分类学地位

关于牦牛的起源和驯化，近几十年来，中国学者进行了多方面的研究，取得了丰硕的成果。按照现代动物学的分类，牦牛（*Bos grunniens*）属于脊椎动物门（Vertebrata），哺乳纲（Mammalia），偶蹄目（Artiodactila），反刍亚目（Ruminantia），牛科（Bovidae），牛亚科（Bovinae），牦牛属（*Poephagus*）。牦牛是牛亚科中一个独立的属。

牛亚科包括家牛属、牦牛属、准野牛属、野牛属、水牛属和非洲野水牛属，共6个属14个种。在进化过程中与牦牛有不同程度的亲缘关系，有些种直至现在和牦牛仍有基因交流，是牦牛的近缘种。

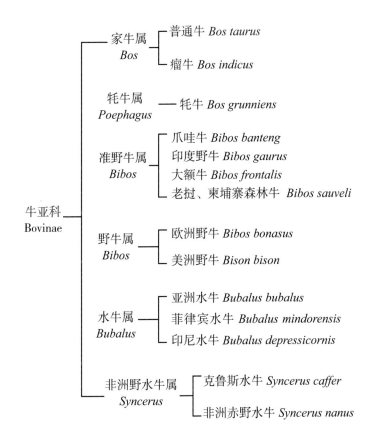

图 1-1　牛亚科分类学系统列名

据研究报道，野牦牛与家牦牛可自然交配产生可育后代，不存在种间隔离，表明家

牦牛、野牦牛之间有很近的亲缘关系，它们是同种内的不同亚种。

第二节　牦牛的起源

　　据古生物学、考古学和历史文献记载，牦牛起源于欧亚大陆东北部。现存的家牦牛和野牦牛都是同一祖先（野原牛）的后代，它们之间不存在后代与祖先的关系。野原牛发源于喜马拉雅山，其中一部分在当地繁衍的野原牛成为现今牦牛的祖先，另一部分通过西藏，横渡黄河流域，跨过秦岭山脉，成为现今黄牛的祖先。这一群野原牛又分为两支：一支北上通过兴安岭向欧洲移动；一支向东进入长白山脉，也就是我国北方地区黄牛的祖先。

　　早在 4 600 年前，在藏北羌塘地区，藏族先民（古羌人）就已将野牦牛驯化为家牦牛。在青海柴达木盆地诺木洪古文化遗址中发现的遗物，如牦牛毛捻制成的毛绳、毛线和毛布也证明，在距今 3 500 年前，当地就已饲养牦牛。

　　另外，在我国历史上，殷周时期就已开始用牦牛与普通牛、瘤牛进行杂交，它们之间通过能育的母犏牛进行基因交流。因此，现存的牦牛在其起源和形成的过程中导入了普通牛及瘤牛种的部分基因。

第三节　牦牛的驯化

一、牦牛驯化的历史背景

　　牦牛的起源驯化史与人类的起源进化迁徙密切相关。印支半岛由于特殊的地理位置，形成了气候温暖、生物繁茂的优越自然条件，有着原始人类生存必需的各种天然食物，孕育了亚洲东部和中部黄色人种的各支派。

　　大约 100 万年前，居住在印支半岛的猿人由于对食物的嗜好差异，而向不同的方向迁移。偏嗜射猎、食肉、皮衣的一部分猿人，群聚山林，并沿山脉向北移进。在前进过程中，有些沿途停留，有些一直向北，到达青藏高原。那时的青藏高原水草丰美，容易猎取以草、鱼为食的兽禽。优越舒适的环境条件，使经过长期长途移进的原始人停留下来，通过劳动锻炼逐渐进入智人阶段，成为世界上最早的"真人"，之后繁衍成为著名的古羌人。同时，在距今约 3 万年开始创造畜牧文化，驯养牛、羊、犬等。

二、牦牛驯化的途径

（一）牦牛驯养阶段

在距今1万~2万年时，由于狩猎工具的改进和智慧的提高，古羌人能够捕获到大量的野牦牛，并利用他们在驯养绵羊、山羊中积累的经验，开始驯养野牦牛，经过5 000余年的时间，即距今5 000~15 000年，古羌人将牦牛驯养成功，形成了原始的牦牛业。从古羌人开始驯养野牦牛到最后驯养成功，若按牦牛的世代间隔为8年计算，约经历了625代。由于饲养牦牛的技能低，养育牦牛数量少，经常发生近交；加之野牦牛不能很快适应改变了的生活条件，所以饲养牦牛比野生状态时瘦小纤弱。

（二）牦牛驯化阶段

古羌人驯养野牦牛成功后，不断改进饲养管理条件，并从养育的牦牛中选出符合他们要求的个体作为种用，繁殖后代。经过1 000~2 000年原始选育，才逐渐把野牦牛驯化成为真正的家牦牛。后来经过地理隔离和选育，形成了不同的地方类群。

三、牦牛驯化的地点

由于古羌人祖先的各大群原始人居住在广大青藏高原的不同地区，创造着不同的原始文化。任乃强认为：藏北羌塘地区、昌都东北察零多盐泉地区、哈羌盐海地区（今青海玛多县）、察卡盐湖地区是古代羌人和羌文化形成的四个核心地区，而古羌文化最突出的成就是驯养牦牛。因此，可以认为牦牛是在辽阔青藏高原的不同地区相对独立地被驯化成为家牦牛的，其驯化地点至少在四个以上。现在人们饲养的有些家牦牛品种（类群）可能在驯化以前就出现了某种不同程度的群体分化。

第四节　牦牛的生物学特征

牦牛是分布在青藏高原及其毗邻山区的大型反刍动物，是该地区人类生活所依赖的重要生产资料。在漫长的进化过程中，为了适应当地的自然环境条件，经过长期的自然选择及人工选择，逐渐形成了不同于黄牛和水牛的生活习性和特点。只有掌握牦牛特殊的习性和特点，进行科学的饲养管理，才能达到提高生产性能和经济效益的目的。

一、牦牛的体质外貌

牦牛被人类驯养后未经专门培育，体型、体质、外貌等的改变也不显著，至今仍具备有许多野生性状和外貌特征。

牦牛具有粗野的外貌，其体质根据库列硕夫院士和伊万诺夫院士的分类方法，不论其经济用途如何（事实上牦牛是一种综合利用的动物，无专门的生产方向，只是习惯上将母牛多用于产奶，而公牛及阉牛用于劳役，不论公、母牛淘汰时均作肉畜用）都偏向于粗糙紧凑体质或偏向于结实型。

牦牛外貌：头中等大，相貌粗野，前视自鼻梁中部以上近似方形，侧视如楔，嘴筒稍长，嘴裂宽，唇较薄齿大，额宽而凸出，面稍凹，眼圈大稍凸，耳较小外伸，鼻长微陷，鼻镜下翻，公、母牛大都有角，其角形以角基向外折向上，角尖稍向前者为多，或角尖相对，角较细小，无角者少。颈较短，细薄无肉垂，鬐甲高耸，向后渐倾，肩长，背腰平直，间有凹背；尻短而斜，自尾根至尾尖毛长，丛生如帚，尾毛纤维细软，胸宽而深，肋骨弓圆，腹部较大，四肢较短，蹄大短宽，质坚实，全身头顶、额部、鬐甲、上膊、前膊、腹侧下部、腹部、胫部被有长毛，毛长 40 cm 左右，腹部之被毛长者可及地面，其余各部之被毛较短，毛色不一，以黑色、褐色为多，其次为黑白色，少有其他颜色，全身黑褐色毛的牦牛，其嘴唇往往是灰白色。四肢低矮，后腿轻瘦，蹄坚而大，极适山行，母牛乳房较黄牛稍小，组织欠软，乳静脉不太发达，乳头短小。

二、牦牛的分布

（一）牦牛的分布

牦牛主要分布在青海、西藏全境；四川西北部的阿坝藏族羌族自治州、甘孜藏族自治州，凉山彝族自治州的木里县亦有少量分布；云南省主要分布于德钦藏族自治州、宁浪彝族自治县；甘肃分布于甘南藏族自治州、天祝藏族自治县；新疆维吾尔族自治区主要分布于中部的巴音郭楞蒙古族自治州，西部的克孜勒苏柯尔克孜族自治州，南部的塔什库尔干塔吉克族自治县以及阿克苏和园莎车等地，北疆伊犁哈萨克族自治州也有少量分布。

牦牛在国外少量分布于蒙古人民共和国、印度以及俄罗斯的阿尔泰山脉，贝加尔湖东岸，乌兹别克斯坦和塔什克斯坦。我国邻近的阿富汗、尼泊尔、不丹、锡金等国也有牦牛分布。

（二）牦牛分布地区的自然条件

我国牦牛分布于海拔3 000 m以上的高寒草原及高山峡谷地区。高山峡谷的地形地貌特征，使这些地区的自然因素（气候、土壤、植被等）以及土地利用情况（耕地、牧场、森林等）呈现显著的垂直分布现象。

我国牦牛分布地区土地辽阔，南北跨度约19º（北纬27 º~46 º），东西跨度约32º（东经72 º~104 º），印度洋西南季风及太平洋东南季风势力在此相交汇。植被上又兼具印度——马来西亚和中国两个植物地区的特色，因此水平地带性仍旧显著。不论自南向北，或从东到西，气候、土壤、植被等自然因素，以及农、牧、林等土地利用情况，都逐渐发生变化。

在错综复杂的垂直地带以及水平地带的交互作用下，牦牛分布地区的自然条件是多种多样的，但大体上可划分为两个主要区域，即青藏高原区域和天山山地区域（在牦牛分布地区的东南部部分地区又可划归为亚热带区域）。

1.青藏高原区域

青藏高原区域是主要的牦牛分布地区。东西横贯有喜马拉雅山、冈底斯山、昆仑山，南北有横断山，地势起伏，是我国西部的大高原，其平均海拔高度为3 000~4 000 m，许多高山都在雪线以上。地貌特点是垂直落差大，气候受海拔高度的影响极为显著，而纬度的影响居次要地位，形成高寒气候特征；海洋气流能达到的低谷地带温暖多雨。年平均气温0℃左右，昼夜温差可达10℃以上。

本区域内无霜期极短，日照强烈，平均年降雨量为500 mm左右，但因地形复杂，雨量分布不均，南部谷地可达1 500 mm以上，而北部一带则在100 mm以下（柴达木盆地）。年平均相对湿度为50%左右。

本区域总的气候特点是：年均温低、降水量少、蒸发快、日照强、昼夜温差大、雪雹频发，自然灾害频繁。

2.天山山地区域

天山山地区域包括很多高山和山间盆地，深居亚洲内陆，四面距海远，形成极度干燥的气候，其显著的特点是夏热冬寒，年降雨量非常稀少。各地的年平均温度在5~10℃之间，略高于青藏高原区域。年平均降雨量天山南北差异较大，天山北部年降雨量可达300 mm左右，而天山南部多在100 mm以下。全年雨量分布较为均匀，少暴雨。本区域风向不一，山风、谷风较多，风速最大可达六级以上。

本区域是典型的大陆性气候，具有气候干燥、降雨量稀少、夏热冬寒、温差大的特点。

三、牦牛的生物学特性

牦牛作为反刍动物，与其他反刍动物一样具有庞大的复胃，包括瘤胃、网胃、瓣胃和皱胃，其中前三个胃合称为前胃，不具备胃腺，皱胃被称为真胃，能分泌胃液。

1. 群居行为

牦牛叫声如猪，声粗而短促，故又叫猪声牛。性情较为粗暴，但经调教后（如挤奶、驮运等调教）失去野性，也能很好地听从人类指挥。公牛比母牛更具有野性，好角斗。合群性比其他牛种好，仅次于绵羊，数十以至一两百头成群游走于草原，彼此间距离不大，经阉割的驮牛，温顺易管理。

2. 对寒冷及低氧的适应行为

牦牛适应高寒气候及崎岖山地环境，耐寒能力强于高原地区的其他畜种，这是它在长期的自然选择下形成的一种生理适应性特点。牦牛新陈代谢较旺盛，血红蛋白高于其他牛种，气管较普通牛短而粗大，胸腔发达，相应增加了血氧含量。

牦牛怕热，由于周身被毛浓密，在盛夏炎热季节，中午气温较高时，牦牛有喘气疲乏现象，静卧于水边停止采食。

3. 放牧行为

牦牛的行动较为敏捷，根据巴甫洛夫的分类属于强健不平衡型气质，兴奋作用占优势，只有饲养它的人员较易接近，对外界变化敏感；种公牛不因交配次数过多而降低兴奋性。善于行走陡坡，爬山涉水，在坡度近70°的陡壁上行走自如。牦牛在空气稀薄的高原山地可迅速行走，载重行走数小时后稍事休息又可行走。牦牛经训练而建立的条件反射不易消失，这在饲养管理上带来很大方便。

牦牛的采食性能极强，它的采食习性与其他牛种迥然不同，既能如羊一样用嘴啃草，也能用舌卷采食，在牧草高约5 cm即可采食，对低草的利用性能特别高，这与它长期生存在高山草原的低草区有密切关系，只有当牧草较高时（约15 cm）才用舌卷取摄食。

牦牛的放牧性能很强，适应终年放牧的饲养条件，严冬厚雪覆盖着牧草，它们也能用嘴啃去积雪而采食雪下的枯草。觅青能力很强，春季草返青2~3 cm时，即可采食吃饱。对毒害草有特殊的嗅觉，一般不采食，误食者亦少见。牛群在放牧过程中能抵御兽害，特别是有角公牛起着"保卫者"的作用；卧息之时突遇袭击，则无法防御，常因乱群而被害，这与其神经类型有关。

牦牛有"见青即上膘"的特点。经过冬春草料缺乏的季节掉膘严重，但一经采食青草，短期内即可恢复体况，秋季体况达到最佳。

4.母性行为

牦牛母性强，可自然分娩，难产率低。分娩后母牛能很好地保护其仔畜，时刻不离。当幼畜随群放牧而追赶不上畜群就地卧息时，其母牛亦即停下，宁可离群而决不丢弃仔畜。1960年，蔡立曾于四川省甘孜县作过观察，如将其仔畜圈留帐篷内，其母牛可整天游走于帐篷四周，数天不离，需驱赶母牛，才会随群放牧。牦牛泌乳需经仔畜刺激，在挤奶过程中，不经吮吸，不能挤奶，一旦仔畜死亡，立即停奶。据此特点，牧民将已死仔畜的皮张放于母畜前，让其亲舐，刺激其泌乳。母牛护犊性强，陌生人不易接近仔畜，一旦接近，易受攻击。此行为是在人类驯养中保留的牦牛野生习性。

第二章

牦牛的分类及品种

第一节 野牦牛和家牦牛的分类及相互关系

野牦牛（*Bos mutus*）是青藏高原的特有种和最大的反刍兽，也是家牦牛（*Bos grunniens*）的最近祖先。其外貌与家牦牛酷似，唯其身躯高大硕壮，公牛更甚。野牦牛和家牦牛可在非人为条件下，自然交配产生具有正常生育能力的后代，并无生殖隔离现象。

我国古籍：《史记·西南夷列佳》《尚书·牧誓》《诗经·小雅·出车》《荀子·王制》《吕氏春秋·本味篇》《前汉书·郊祀志》《山海经·北山经》《中山经》《新唐 书·地理志》《后汉书·西南夷列传》《广志》《北史·吐谷浑》、宋代陆佃《坤雅》、明代张自列《政字通》、苏东坡《物类相感志》以及李时珍《本草纲目》、司马相如《上林赋》 等众多史料与著作中，都对野牦牛、家牦牛的外形特征、互相区别、名称、产地、用途、产品（毛肉特色、生态习性以及与黄牛、牦牛的种间杂交等）作了详细的描述和考证。国外最早提到野牦牛的是意大利著名的旅行家、学者马可·波罗，而对野牦牛最早进行实地考察与测定并进行全面描述的是俄国人普热瓦尔斯基。

据文献报道，家养牦牛起源于我国的西藏；现在的野牦牛，是家养牦牛的祖先。从我国华北、内蒙古，以及西伯利亚、阿拉斯加等地发现的牦牛化石考证，不论现今分别在我国藏北高原昆仑山区的野牦牛，或是由野牦牛驯养而来的家牦牛，都是距今 300 多万年前（更新世）生存并广为分布在欧亚大陆东北部的原始牦牛，后来，由于地壳运动、气候变迁而南移至我国青藏高原地区，并能适应高寒气候而延续下来的牛种。因此，可以这样说，牦牛起源于欧亚大陆的东北部；现今的家养牦牛和野生牦牛，都是同一祖先的后代，他们之间不存在先代、后代的关系。现在的野牦牛，也不是家牦牛的始祖、始源或祖先。

第二节 中国牦牛类型划分及品种

一、野牦牛的类型划分

野牦牛总数的 90% 产于中国，其体形硕大，体格强壮，是典型的寒原动物。野牦牛分布于喜马拉雅山和昆仑山北部的青藏高原及毗邻地区，随着人类活动的加剧，野牦

牛逐渐改变习惯向更高、更粗放的高山草场迁移。据考察，野牦牛现分布于西藏、青海、新疆、甘肃等部分地区。根据体型、角型等自然特征及分布范围将野牦牛划分为昆仑山型和祁连山型。

从20世纪80年代开始，青海省畜牧兽医科学院及中国农业科学院兰州畜牧所的科技人员开始利用野牦牛改良复壮家牦牛，在野牦牛的驯化、冻精的制作、冻精的应用推广、野血牦公牛的应用推广等方面做了一些有益的工作。特别是在野牦牛的血液生理生化指标、遗传多态性研究方面有不少报道，已利用低代野血牦牛横交固定理论培育成功全球第一个牦牛新品种——大通牦牛。这些研究在一定程度上揭示了野牦牛与家牦牛的关系。然而从第一届到第四届国际牦牛大会上始终未解决的、讨论最为激烈的问题仍然是野牦牛与家牦牛在遗传上究竟有没有差异，有多大差异。野牦牛改良家牦牛后代的生产性能、繁殖性能变化，改良后代的肉质成分的变化等，都缺乏系统的研究。

（一）祁连山型野牦牛

祁连山型野牦牛（图2-1）主要分布于祁连山西端，阿尔金山东部的高山草原、高寒荒漠草原。公牛体重可达500~600 kg，肩峰隆起，四肢较高，颜面较长。雌雄均有角，雄牛角远大于雌牛角，两角相距大于70 cm。角基为椭圆形，角由顶骨面出生后向外再向上生长，略向后弯，近末端稍向内向上，尖端有向后趋势。毛色为褐黑色，鼻吻部、眼睑为灰白色，脊背中央有一条明显可见的灰白色背中线。

祁连山型野牦牛性格不太凶悍，一般情况下不主动攻击人或畜。

图2-1　祁连山型野牦牛

（二）昆仑山型野牦牛

昆仑山型野牦牛（图2-2）主要分布于雅鲁藏布江上游，昆仑山脉和藏北广大高寒草原及寒漠地带。公牛较祁连山型硕大，体重可达1 200 kg。肩峰隆起突出，头粗重、额宽、颜面略短、四肢粗壮，角粗而开阔。公牛两角相距更远，可达100 cm开外，角型更为开阔，内弯前挺趋势明显。毛色为黑色或黑棕色。鼻吻部、眼圈为灰白色，背线为灰白色或棕色。

昆仑山型野牦牛性格极为凶悍，遇人或畜往往有主动攻击的行为。母牛护犊性也极强。

图 2-2　昆仑山型野牦牛

（三）金色野牦牛

金色野牦牛（图2-3），又被称作"金丝野牦牛"，顾名思义是全身被毛为金色或者金黄色的野牦牛，其外形特征与其他色系的野牦牛无异。金色野牦牛主要分布于西藏阿里地区和那曲地区西北部，群居生活，不与其他色系的野牦牛集群生活、繁殖。1987年7月，根据当地藏族群众提供的线索，刘务林和乔治·夏勒在西藏自治区阿里地区发现了科学意义上的金色野牦牛，由此科学界才真正发现这一具有金色皮毛的野牦牛。金色野牦牛尚未被证实为野牦牛的亚种，有学者分析它是野牦牛的色型变异，而被认为是一个野牦牛的特有种。目前，金色野牦牛的种群数量不足200头。因为金色野牦牛种群被发现的时间短，且生活在海拔5 000 m左右的无人区内，目前关于该野牦牛的相关研究报道较少。

图 2-3 金色野牦牛（田竞供图）

二、野牦牛的研究与利用

（一）导入野血牦牛群体的遗传变异和基因分化

1. 家牦牛与不同野血牦牛染色体

李军祥等采用常规外周血培养及染色体核型技术分析了野牦牛，不同含量野血牦牛染色体特征。结果显示，野牦牛染色体数目为 $2n=60$，染色体臂数 NF=62（♂）；常染色体形态为端着丝粒（A），性染色体为亚中着丝粒。公野牦牛核型为 60，XY。家牦牛、1/2 野血牦牛、3/4 野血牦牛二倍体细胞染色体数目均为 $2n=60$，常染色体为近端着丝粒，性染色体为亚中着丝粒，家牦牛和野牦牛的染色体组型无明显差异。

据染色体核型确定野牦牛在分类上具有局限性，欲确定野牦牛在分类学上的地位，还需要深入的细胞学方法和生物化学信息等综合地分析判断。

2. 导入野血牦牛群体的遗传变异和基因分化

张才骏等采用聚丙烯酰胺凝胶电泳法和火焰光度法对家牦牛和 3 个含野血牦牛群体 TF（运铁蛋白）、HB（血红蛋白）、Hp（亲血色蛋白）、KE（红细胞 K 浓度）、AMY1（血清淀粉酶 1）和 RBC-LDH1（红细胞乳酸脱氢酶）6 个基因座多态性的研究表明：家牦牛与 3 个含野血牦牛群体具有同样的多态性特征，但群体的遗传变异随野牦牛血比例的增多而减少。含野血牦牛群体之间的亲缘关系大于家牦牛，再大于野牦牛，但总群体所发生的基因分化程度很小（2.748%）。

从家牦牛、1/4 野血牦牛、1/2 野血牦牛、3/4 野血牦牛和野牦牛 5 个群体之间的遗

传相似系数和遗传距离可以看出，3个含野血的牦牛群体之间的遗传相似系数最大，遗传距离最小。它们与野牦牛群体的遗传相似系数最小，遗传距离最大，与家牦牛群体的遗传相似系数和遗传距离居中。因此，无论是用最短距离法还是用类平均法聚类后绘制的聚类树系上，都是3个含野血牦牛群体先聚为一类，然后与家牦牛群体聚为一类，最后才与野牦牛群体聚为一类。由此表明，含野血的牦牛群体，即使是含3/4野血的牦牛群体与家牦牛的亲缘关系大于与野牦牛的亲缘关系。

许玉德等采用聚丙烯酰胺凝胶电泳方法，对圈养条件下野牦牛的血清淀粉酶（α-Am）进行分离和理化性质检测，并与家牦牛比较，结果表明，分别可分离出野牦牛、家牦牛 α-Am 同工酶的 7 条和 8 条电泳区带。二者相比，野牦牛 α-Am 同工酶的 pH 值作用区限较宽但热稳定性较低，家牦牛 Am-3 的活性和相对百分含量较高且稳定，野牦牛、家牦牛 α-Am 同工酶的差异本质上是因其所处生态条件不同而在淀粉酶代谢类型上表现出种属特异性。许玉德等还采用聚丙烯酰胺凝胶电泳法分离野牦牛血清 LDH 同工酶并对之做理化分析，发现它具有 H 型亚基占相对优势的酶谱分布特征，各同工酶在单位时间内的活力、作用 pH 值区限、热稳定性及对尿素变性剂的抗力显著不同。测定四种牛血清 LDH 的活力结果表明，野牦牛的总活力和比活力最大，次为犏牛、黄牛，而家牦牛最低。

分子遗传学的发展，为开展牦牛遗传育种研究提供了强有力的手段。DNA 分子标记作为遗传标记之一，具有存在普遍、多态性丰富、遗传稳定和准确性高等特点。因此，当前已被广泛应用于遗传作图、基因定位、基因连锁分析、动植物标记辅助选择和物种的起源、演化和分类等研究。对于牦牛这一独特的遗传资源，科研工作者长期以来已从其体型外貌、生理生化等不同层次以及细胞、蛋白、DNA 等不同水平进行了较为深入的研究。然而，由于受自然环境以及杂种雄性不育、无系统生产性能和系谱记录等因素影响，一直以来牦牛的选育未达到显著改良品质、提高生产性能的目的。

王敏强使用 13 种普通牛微卫星标记对 28 头大通牦牛和 20 头甘南牦牛进行了遗传变异分析，结果表明，13 对引物均在 2 个牦牛品种基因组中获得扩增产物。赵素君以普通牛的 9 个微卫星标记对麦洼牦牛、九龙牦牛、天祝白牦牛、大通牦牛 4 个牦牛品种进行了遗传多态性分析，结果表明，9 个微卫星标记在所检测的群体中都表现出较好的多态性，均为高度多态位点。每个微卫星标记平均检测到 6.8 个等位基因（5~9）；9 个微卫星标记的平均多态信息含量（PIC）为 0.653 4（0.503 7~0.735 1），全部群体平均杂合度为 0.662 5，各群体平均有效等位基因数为 3.268 0（3.189~3.447 8）。胡江用普通牛的 9 种微卫星引物对大通野牦牛进行微卫星分析，扩增出的平均等位基因数是 2.33，最多是 3.6，最少为 1，这可能与野牦牛测定头数较少有关。说明牦牛品种间和品种内在微卫

星位点上均具有丰富的遗传多态性。魏雅萍等对大通牦牛、荷斯坦奶牛及其远缘杂种进行了 RAPD（随机扩增多态 DNA 分析），结果表明，大通牦牛 H0 为 0.36，说明大通牦牛经过系统选育品种内个体间遗传性比较均一。

综上所述，DNA 分子标记技术在牦牛遗传育种研究中已渗透到以下研究领域：牦牛品种的起源、演化和分类研究；牦牛品种间或品种内个体间以及与其他种间亲缘关系鉴定；犏牛雄性不育的机理研究；牦牛经济性状功能基因的克隆和多态性研究等。

（二）野血牦牛的血液生理生化指标

李吉叶等（1997）对青海省大通种牛场饲养的 4 头野牦公牛的 9 项血液生理指标测定结果：RBC（红细胞计数）10.0 ± 0.74（10^{12}/L），HB（血红蛋白）144.5 ± 10.3（g/L），PCV（红细胞压积）0.47 ± 0.03（L/L），WBC（白细胞计数）11.15 ± 1.09（10^9/L），WBC-DC（白细胞分类计数）（%）嗜酸性白细胞 7.50 ± 3.40，杆状核嗜中性白细胞 0.25 ± 0.50，分叶核嗜中性白细胞 44.25 ± 13.57，淋巴细胞 47.25 ± 13.43，单核细胞 0.75 ± 0.50。4 头野牦公牛的 RBC、PCV、HB、WBC 均高于大通种牛场家牦牛及四川牦牛（$P<0.001$ 或 $P<0.05$）；其 RBC、PCV、HB 与生活在高海拔地区贵德（3 400~4 200 m）、玛多（4 400 m）的公牦牛相近（$P > 0.05$ 或 $P > 0.5$）。表明野牦公牛的红细胞系统有很强的运输氧的能力，尽管它们在大通种牛场驯化饲养多年，但其红细胞系统仍保持着高海拔地区的特征。

宁鹏等对大通种牛场 80 头含野血牦牛 8 项血清生化指标进行了测定。结果：含野血成年牦牛的血清钾、钠、总钙、游离钙、游离钙百分率、氰、无机磷、总蛋白分别为 6.01 ± 0.93（mmol/L）、133.05 ± 5.45（mmol/L）、2.45 ± 0.42（mmol/L）、1.02 ± 0.47（mmol/L）、39.34 ± 13.42（%）、100.94 ± 7.36（mmol/L）、2.53 ± 0.54（mmol/L）、67.40 ± 7.30（g/L）；2~3 月龄含野血牦牛的相应指标分别为 4.92 ± 0.67（mmol/L）、135.75 ± 4.99（mmol/L）、2.03 ± 0.27（mmol/L）、0.46 ± 0.22（mmol/L）、21.33 ± 0.03（%）、97.32 ± 4.24（mmol/L）、3.06 ± 0.22（mmol/L）、75.1 ± 3.2（g/L）。含野血成年牦牛除血清钾偏高（$P < 0.01$）外，其他各项指标与贵德牦牛的测定结果大致相似。血清钾、钠高于大通牦牛的测定结果（$P<0.01$），血清氯低于大通牦牛的测定结果（$P < 0.01$）。这些差异可能与测定季节、测试方法等的不同有关。

李孔亮对家牦牛和野牦牛血清蛋白质组分含量及若干血清酶 [GOT（谷草转氨酶），GPT（谷丙转氨酶），AKP（碱性磷酸酶），LDH（乳酸脱氢酶）] 的活力检测结果表明，家牦牛与野牦牛的血清蛋白电泳行为基本相似，但清蛋白、β - 球蛋白、γ - 球蛋白的相对含量有显著的差异。

（三）公野牦牛高繁殖力原因分析

陆仲磷等对野牦牛的精液品质、精子超微结构、精液精子酶活力等项指标进行了测定，发现具有以下特点：

1. 野牦牛精液品质特性

野牦牛 7 岁的采精量达到峰值，此时公牦牛生殖系统机能进入一生中生产精液量最强盛的时期，平均每次采精量 4.63~5.39 mL，鲜精密度 21.3 亿/mL，活力 0.7（十级制），抗力系数 144 000，解冻活力平均 0.4，顶体完整率达 87.52%，解冻在 37 ℃可存活 12 h。在物理性状上，野牦牛精液运动黏度 1.69 cP，而家牦牛为 1.94~4.1 cP。精液运动黏度低，精子运动的阻力减少，增加了精子运动的速率，而降低精子运动的能量消耗。野牦牛精液中总氮量为 1 437.7 mg/100 mL，比普通牛高出近一倍。

从以上精液品质及物理性状可见，野牦牛精液具有高密度、高抗力、高顶体完整率等特性，高的含氮量是精子存活时间长、受胎率高等特性的内在因素，也是野牦牛在特有生态环境下进行繁衍的物质基础。

2. 野牦牛精子超微结构特点

野牦牛精子的头部长度、宽度，尾部中段长度同家牦牛相似，而与黄牛相比，头短尾长，在尾部主段野牦牛显著比家牦牛、黄牛要长。而精子尾部主段是精子能源物质的储备部，精子的呼吸无论是利用外源基质和内源基质的呼吸都主要由尾部进行，这与支持精子的活动力有很大关系。因此，野牦牛精子尾部较长的特点不但使精子具有较充足的内源能源，而且有利于精子的运动和授精，这种特点是否与野牦牛高受胎率存在内在联系，还需进一步深入研究。

3. 野牦牛精子 LDH 同工酶及透明质酸酶特点

LDH 同工酶，存在于动植物任何组织，但不同组织 LDH 功能有其特异性，LDH 存在于公牛的精液、睾丸中，参与性细胞的代谢并影响其生物活性，它的活力与授精力之间存在着密切的相关关系，精子中 LDH 酶活性高，公畜其受胎率越强，野牦牛每毫升精液中 LDH 活力均较家牦牛高 15%~48%，而两者的 LDH 同工酶的电泳迁移率相同，说明野牦牛、家牦牛精子中各类 LDH 同工酶的结构及分子量没有差异。LDH-x 是存在于成熟睾丸、精子、附睾中的一种特殊的 LDH，它的活性是公畜生殖力的一个重要指标，在野牦牛 × 家牦牛的 F_1 代的睾丸、附睾组织中 24 月龄 LDH-x 活性明显高于家牦牛（$P < 0.01$），这与野牦牛高繁殖能力有直接关系。

精子透明质酸酶是在受精过程中首先发挥作用的一种水解酶，它位于精子的质膜上，促使成熟精子穿透卵丘，与其他酶共同作用下完成授精。国内外许多研究者认为，牛、羊精子透明质酸酶活力和受胎率有显著的正相关，野牦牛精子顶体透明质酸酶高于家牦牛 18%~28%，这和野牦牛冻精解冻后精子顶体完整率高相一致。

以上可以说明野牦牛高受胎率与其精液品质、精子结构及酶活性有着直接的相关。

（四）牦牛、半血野牦牛发情特性及生殖激素含量的变化

自从20世纪80年代以来，有关牦牛生殖生理的研究较多，特别是对牦牛发情周期中激素的动态变化研究较多，但导入野牦牛后野血牦牛后代的生殖生理研究的文章未见报道。

余四九等对牦牛发情前后临床的表现、卵巢的活动及血浆中孕酮（P_4）、17β-雌二醇（17β-E_2）和促黄体素（LH）含量的变化等进行了系统的研究。结果表明，绝大多数牦牛在繁殖季节中第一次发情前1~5（2.6 ± 1.2）d，都表现出微弱的类似发情的发情前期外部症状，此期间卵巢上虽有卵泡发育，但未见成熟和排卵；在第一次发情前6 d左右17β-E_2出现一类似发情当天的峰值，前2 d P_4出现一小峰值。牦牛的发情期为0.5~1.5（0.9 ± 0.3）d，发情时17β-E_2含量达到高峰，发情后又降低，而P_4含量在发情期一直很低；在发情的临床症状消失时，即发情开始后12~15 h LH出现促排卵峰，该峰作用后22~34 h，即发情开始后36~48 h内排卵。张寿等对不同繁殖类型母牦牛在发情周期中血浆P_4和17β-E_2的含量进行了测定。结果表明，二年产一胎母牦牛血浆P_4和17β-E_2含量略高于一年产一胎和三年产一胎母牦牛（$P>0.05$）。

罗晓林等采用放射免疫法对1~24月龄家牦牛、半血野牦牛血液中INS（胰岛素）、GH（生长激素）、LH（促黄体素）、T（睾酮）、P_4（孕酮）、17β-E_2（17β-雌二醇）含量进行研究。结果表明：家牦牛、半血野牦牛INS均值分别为3.08 ± 1.96(μU/mL)，3.14 ± 1.47(μU/mL)；GH分别为3.55 ± 0.46（ng/mL），3.90 ± 0.60（ng/mL）；LH分别为0.38 ± 0.01（ng/mL），0.41 ± 0.06（ng/mL）；T分别为5.56 ± 2.59（ng/mL），11.04 ± 10.95（ng/mL）；P_4分别为0.57 ± 0.50（ng/mL），0.35 ± 0.20（ng/mL）；17β-E_2分别为26.35 ± 15.65（pg/mL），22.70 ± 6.95（pg/mL）。经二因子无重复观察值的方差分析表明，家牦牛和半血野牦牛之间，各月龄之间INS、GH、LH、T、P_4、17β-E_2含量均无显著差异。结果见表2-1。

表2-1 家牦牛、半血野牦牛生长发育期血液中六种激素的变化规律

激素	类别	月龄						均值
		1	2	3	4	12	24	
INS（μU/mL）	家牦牛	6.81	1.80	2.36	3 67	1.79	2.07	3.08 ± 1.96
	半血野牦牛	4.74	1.65	5.15	3.02	2.18	2.12	3.14 ± 1.47
GH（ng/mL）	家牦牛	4.15	3.75	3.78	3.50	3.36	2.79	3.55 ± 0.46
	半血野牦牛	4.49	4.48	3.65	4.30	3.06	3.44	3.90 ± 0.60
LH（ng/mL）	家牦牛	–	–	–	–	0.38	0.38	0.38 ± 0.01
	半血野牦牛	–	–	–	–	0.36	0.45	0.41 ± 0.06
T（ng/mL）	家牦牛	6.74	6.99	1.15	5.14	8.68	4.67	5.56 ± 2.59
	半血野牦牛	2.56	3.12	4.32	6.89	20.83	28.55	11.04 ± 10.95

激素	类别	月龄						均值
		1	2	3	4	12	24	
P$_4$ （ng/mL）	家牦牛	0.29	0.18	0.26	0.27	1.31	1.13	0.57 ± 0.50
	半血野牦牛	0.25	0.21	0.20	0.25	0.55	0.63	0.36 ± 0.20
17β-E$_2$ （ng/mL）	家牦牛	13.91	18.60	13.45	23.96	33.93	54.27	26.35 ± 15.65
	半血野牦牛	26.40	20.40	14.17	17.29	33.54	24.41	22.70 ± 6.95

罗晓林等采用放射免疫法对 4 头半血野牦牛及 2 头家牦牛发情周期外周血中 P$_4$、17β-E$_2$、LH、T 含量变化进行了研究，结果表明，半血野牦牛和家牦牛发情周期除 T 的变化趋势不明显外，P$_4$、17β-E$_2$、LH 与奶牛、水牛外周血变化趋势相似，用野牦牛改良家牦牛并未导致后代发情周期中激素含量的显著变化（见图 2-4、图 2-5、图 2-6、图 2-7）。

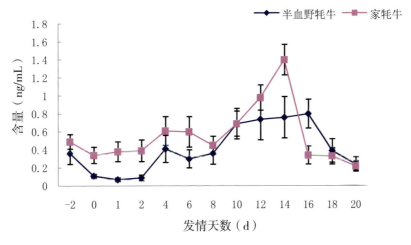

图 2-4　P$_4$ 变化规律

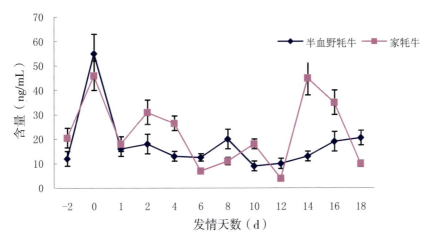

图 2-5　17β-E$_2$ 变化规律

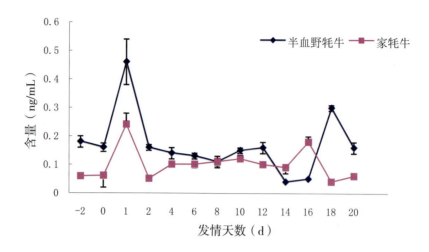

图 2-6 LH 变化规律

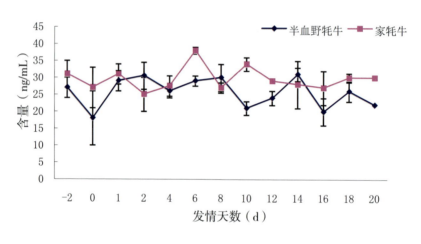

图 2-7 T 变化规律

罗晓林等采用放射免疫法对幼龄牦牛及其杂种公牛一昼夜血液中 INS、P_4、T、LH、17β-E_2 的含量变化进行了研究，并对昼夜间激素含量进行 t 检验，对杂交组合或各类型间各激素含量进行单因子方差分析，结果表明：1/2 野血牦牛与 1/4 野血牦牛 INS 含量差异极显著；1/2 野血牦牛与家牦牛差异显著；家牦牛与 3/4 野血牦牛差异极显著；家牦牛与 1/4 野血牦牛、1/4 野血牦牛与 3/4 野血牦牛差异不显著。3/4 野血牦牛 P_4 极显著高于家牦牛、1/2 野血牦牛、1/4 野血牦牛，其余三个类型差异不显著。1/4 野血牦牛 T 含量极显著高于 3/4 野血牦牛、1/2 野血牦牛、家牦牛；3/4 野血牦牛显著高于家牦牛；3/4 野血牦牛与 1/2 野血牦牛，1/2 野血牦牛与家牦牛之间差异均不显著。四个类型或杂交组合间 LH 差异不显著。家牦牛、1/2 野血牦牛、1/4 野血牦牛间 17β-E_2 差异不显著。研究表明，幼龄不同类型牦牛若干激素含量存在昼夜明显的节律性。

（五）牦牛、半血野牦牛肉质特性研究

杨博辉等对大通牦牛新品群的幼年、青年牦牛肌肉纤维组织学特性（背最长肌）的研究表明：6月龄大通牦牛的肌肉纤维密度（n/mm^2）达到峰值为 550.13 ± 5.33，1.5岁为 312.29 ± 18.69，到2.5岁时为 285.72 ± 17.66，仅为峰值的50%左右；肌肉纤维的直径（μm）6月龄、1.5岁、2.5岁分别为 37.16 ± 0.86、41.35 ± 1.18 和 46.87 ± 1.40。表现为肌肉纤维的直径随年龄的增长而增加，但增加的幅度由营养状况、年龄和体重决定；肌肉肌纤维与结缔组织含量6月龄、1.5岁、2.5岁分别为80.55%与19.45%，76.78%与23.22%，70.23%与29.77%，随着年龄的增长，肌肉肌纤维的含量有所下降，而结缔组织的含量有所增加。

冶成君于2000~2002年对青海省大通种牛场40头6月龄不同性别的全哺乳牦牛的肉质进行了综合评价。对供试牦牛肌肉pH值、嫩度、肌纤维细度、系水率、肉的贮存损失、肉的煮熟时间、熟肉率和烹饪损失率及肉色等进行了评价，分析了肌肉的化学成分，氨基酸及微量元素含量。结果表明，该场牦牛肉系水率强，肉的煮熟时间短，肉的贮存损失及烹饪损失较小，肌纤维较细，肉色深红。

导入野牦牛后野血牦牛的肉质发生了哪些变化，与家牦牛肉有何区别的研究，未见报道。

罗晓林等（2006）选取环青海湖共和县黑马河乡的成年淘汰公母牦牛（牛只年龄6岁）4头（公母各2头），属环湖型牦牛，牛只健康无病，未经任何补饲或人工肥育。于2004年11月屠宰。从青海省曲麻莱县选取成年淘汰公母牦牛（牛只年龄6岁）5头（其中公牦牛3头，母牦牛2头），属高原型牦牛，于2005年12月屠宰，牛只健康无病，未经任何补饲或人工肥育。2004年10月10日从青海大通种牛场选择6月龄1/2野血公牦牛3头，牛只健康无病，未肥育，天然放牧，全哺乳饲养。牛只屠宰后采集肉样测定了氨基酸、矿物质含量、重金属和药物残留。结果表明，成年公牦牛较成年母牦牛钙高 7.35 mg/kg，磷高 124 mg/kg，成年公母牦牛间锌有显著差异，铜和硫有极显著的差异。半血野牦牛铁较家牦牛高 8.85 mg/kg，其他矿物质没有差异，重金属和药物残留远远低于国家标准。导入野牦牛血液未引起家牦牛后代肉质成分的显著变化，青藏高原生产的牦牛肉具有无污染、氨基酸丰富、矿物质齐全等特点。

表2-2是氨基酸的测定结果。结果表明，胱氨酸在高原型与环湖型牦牛之间，高原型与半血野牦牛之间差异极显著，但环湖型与半血野牦牛之间差异不显著；牦牛（包括高原型和环湖型）与半血野牦牛之间差异极显著。组氨酸在高原型牦牛与环湖型牦牛之间差异显著，但两类型与半血野牦牛差异均不显著。

R.Q.Xie对麦洼牦牛成年牦牛（6.5岁以上）测定，其各项氨基酸含量与本次试验测定结果相似，说明牦牛各类型之间、公母之间、年龄之间其肉质氨基酸含量差异不大。

表 2-2 青海高原型、环湖型牦牛及半血野牦牛肉氨基酸含量（mg/100 g）

项 目	家牦牛			半血野牦牛
	高原型 （曲麻莱县成年牦牛 3♂2♀ 共5头）	环湖型 （共和县成年牦牛 2♂2♀ 共4头）	高原型与环湖型合计 （5♂4♀共9头）	6月龄（3♂）
测定数量	5	4	9	3
苏氨酸	1 045.0 ± 141.2	1 057.5 ± 37.7	1 050.6 ± 102.7	1 125.0 ± 353.5
缬氨酸	1 120.0 ± 148.3	1 120.0 ± 44.0	1 120.0 ± 108.3	1 195.0 ± 636.4
蛋氨酸	644.4 ± 84.6	823.5 ± 525.4	724.0 ± 340.6	581.0 ± 12.7
异亮氨酸	1 100.0 ± 150.5	1 085.0 ± 45.1	1 093.3 + 110.2	1 140.0 ± 42.4
亮氨酸	1 972.0 ± 259.9	1 875.0 ± 66.1	1 928.9 ± 195.0	1 980.0 ± 70.7
苯丙氨酸	1 045.4 ± 151.1	1 043.3 ± 36.4	1 044.4 ± 109.1	1 080.0 ± 42.4
赖氨酸	2 134.0 ± 115.2	2 122.5 ± 74.6	2 128.9 ± 93.6	2 220.0 ± 84.9
胱氨酸	94.0 ± 7.4*	213.8 ± 15.0***	147.2 ± 64.0[a]	238.0 ± 24.0***[c]
酪氨酸	844.8 ± 115.5	811.8 ± 37.0	830.1 ± 86.5	876.0 ± 18.4
组氨酸	1 316.4 ± 282.7*	905.8 ± 36.0**	1 133.9 ± 295.5	961.5 ± 44.5
精氨酸	1 688.0 ± 284.2	1 435.0 ± 48.0	1 575.6 ± 243.0	1 510.0 ± 56.6
天门冬氨酸	2 260.0 ± 293.9	2 147.5 ± 74.6	2 210.0 ± 220.9	2 295.0 ± 63.6
丝氨酸	864.4 ± 118.1	890.0 ± 24.4	875.8 ± 85.9	943.5 ± 19.1
谷氨酸	3 644.0 ± 475.6	3 485.0 ± 115.6	3 573.3 ± 353.7	3 630.0 ± 113.1
甘氨酸	1 025.8 ± 161.0	950.5 ± 26.4	992.3 ± 121.7	987.0 ± 18.4
丙氨酸	1 404.0 ± 185.8	1 320.0 ± 40.8	1 366.7 ± 140.9	1 380.0 ± 42.4
脯氨酸	942.2 ± 203.4	825.8 ± 16.9	890.4 ± 156.7	886.5 ± 12.0
氨基酸总量	23 160.0 ± 3 371.6	21 875.0 ± 699.4	22 588.9 ± 2 515.2	23 050.0 ± 777.8

注：同一行 * 与 ** 表示差异显著（P < 0.05），* 与 *** 表示差异极显著（P < 0.01）。a 与 b 表示差异显著（P < 0.05）；a 与 c 表示差异极显著（P < 0.01）

表 2-3 是矿物质测定结果。结果表明，高原型牦牛与环湖型牦牛镁差异显著，牦牛与半血野牦牛之间差异极显著。高原型牦牛铜、锌、铁与环湖型牦牛、半血野牦牛差异

显著，牦牛锌与半血野牦牛有极其显著的差异，牦牛铁与半血野牦牛有显著差异。牦牛钠与半血野牦牛有显著差异。高原型牦牛硫与环湖型牦牛、半血野牦牛有显著差异；牦牛与半血野牦牛之间有极显著的差异。

表2-3 青海高原型、环湖型牦牛及半血野牦牛肉矿物质含量（mg/kg）

项 目	家牦牛			半血野牦牛
	高原型 （曲麻莱成年牦牛 3♂2♀共5头）	环湖型 （共和县黑马河成年牦牛（2♂2♀共4头）	高原型与环湖型合计（5♂4♀共9头）	6月龄（3♂）
测定数	5	4	9	3
镁	117.800 0 ± 5.585 7*	260.000 0 ± 12.987 2**	181.000 0 ± 75.470 2ᵃ	249.500 0 ± 6.364 0**ᶜ
铜	2.332 0 ± 0.525 3*	1.447 5 ± 0.094 3**	1.938 9 ± 0.598 9	1.125 0 ± 0.247 5**
锌	44.020 0 ± 5.898 1*	13.375 0 ± 0.350 0**	30.400 0 ± 16.682 5ᵃ	13.500 0 ± 0.141 4**ᶜ
锰	0.282 2 ± 0.170 3	0.157 5 ± 0.017 1	0.226 8 ± 0.137 6	0.155 0 ± 0.021 2
钙	15.438 0 ± 9.650 5	16.225 0 ± 4.772 4	15.787 8 ± 7.435 0	17.500 0 ± 0.565 7
铁	43.660 0 ± 6.044 3*	23.300 0 ± 1.779 5**	34.611 1 ± 11.601 8ᵃ	32.150 0 ± 1.202 1ᵇ*****
钠	906 ± 63	800 ± 98	859 ± 93ᵃ	895 ± 290ᵇ
钾	3 700 ± 367	3 400 ± 141	3 567 ± 316	3 450 ± 212
硫	1 300 ± 158*	3 175 ± 206**	213 3 ± 100 2ᵃ	3 300 ± 141ᶜ**
磷	302.200 0 ± 85.858 6	242.000 0 ± 72.773 6	275.444 4 ± 81.722 3	334.000 0 ± 28.284 3

注：同一行*与**、****不同表示差异显著（$P < 0.05$）。a与b表示差异显著（$P < 0.05$）；a与c表示差异极显著（$P < 0.01$）。

表2-4是重金属测定结果。结果表明，高原型牦牛汞与环湖型牦牛、与半血野牦牛差异显著；牦牛与半血野牦牛差异显著。高原型牦牛铅与环湖型牦牛之间差异显著。高原型牦牛镉与环湖型牦牛、与半血野牦牛差异显著。高原型牦牛铬与环湖型牦牛之间，与半血野牦牛之间差异显著，牦牛与半血野牦牛之间差异显著。各项重金属含量均低于无环境污染产品标准：NY5044-2001，即汞低于0.05 mg/kg，铅和砷≤0.50 mg/kg，铬≤0.1 mg/kg，镉≤1.0 mg/kg。

表2-4　青海高原型、环湖型牦牛及半血野牦牛肉重金属含量（μg/kg）

项　目	家牦牛			半野血牦牛
	高原型 （曲麻莱成年牦牛 3♂2♀共5米）	环湖型 （共和县黑马河成年牦 牛2♂2♀共4头）	高原型与环湖型合计 （5♂4♀共9头）	6月龄（3♂）
测定数	5	4	9	3
汞	8.8±2.5*	3.2±1.5**	6.3±3.6ᵃ	2.6±0.5**ᵇ
铅	110.6±32.2*	71.5±14.5**	93.2±32.0	78.0±5.7
砷	14.9±5.2	8.9±4.0	12.2±5.4	6.3±2.5
镉	3.5±0.8*	9.8±3.2**	6.3±3.9	10.2±2.5**
铬	151.6±77.7*	468±16.9**	105.0±78.6ᵃ	40.0±5.7**ᵇ

注：同一行 * 与 ** 不同表示差异显著（$P < 0.05$）。a 与 b 表示差异显著（$P < 0.05$）。

对所有样品进行六六六（mg/kg）、滴滴涕（mg/kg）、金霉素（mg/kg）、土霉素（mg/kg）、磺胺类（mg/kg）测定，测出限六六六为0.000 1 mg/kg、滴滴涕为0.000 1 mg/kg、金霉素为0.07 mg/kg、土霉素为0.07 mg/kg、磺胺类为0.05 mg/kg，结果所有样品均未检出以上农药和药物残留。

结果表明：导入野牦牛血液未引起其家牦牛后代肉质成分的显著变化；青藏高原生产的牦牛肉具有无污染、氨基酸丰富、矿物质齐全等特点。其重金属、农药和药物残留远远低于国家标准，是天然绿色食品。

（六）野牦牛遗传资源的开发利用

野牦牛冻精的人工授精技术由于受牦牛发情期在高山草场饲喂，不便抓发情牛，人工授精公牛难于隔离等因素的影响，因此在现行牧业生产体制下难于推广野牦牛冻精人工授精技术。在过去的几十年里，在国内牦牛主产区广泛推广野血牦牛公牛与母牦牛本交的方法，繁殖1/4野血牦牛的复壮家牦牛的简单有效的技术方法。系统地进行野牦牛的人工授精，野血牦牛公牛改良家牦牛，在不同哺乳方式下后代生产性能测定的报道不多。

李全等对22头家牦牛、半血野牦牛的产奶量进行了测定。结果表明，经产家牦牛日挤乳量为1.30±0.14（kg），初产家牦牛为1.11±0.10（kg），半血野牦牛相应为1.24±0.24（kg）、1.05±0.18（kg）；乳脂率含量，经产家牦牛为6.44±0.34（%），

初产家牦牛为 6.24 ± 0.345（%），经产和初产半血野牦牛相应为 6.25 ± 0.73（%），5.51 ± 0.61（%）。半血野牦牛与家牦牛产奶量没有明显差异。

吴克选等对 176 头各龄家牦牛和半血野牦牛的年产毛量进行了测定。各龄牦牛的产毛量分别为：家牦牛 1 岁 0.98 ± 0.29（kg/ 头），2 岁 1.12 ± 0.22（kg/ 头），3~5 岁 1.18 ± 0.38（kg/ 头），6 岁以上 0.88 ± 0.27（kg/ 头）；半血野牦牛相应为 0.90 ± 0.20（kg/ 头），1.05 ± 0.27（kg/ 头），0.68 ± 0.28（kg/ 头），0.90 ± 0.38（kg/ 头）；3~5 岁家牦牛的年产毛量极显著高于 6 岁以上年龄组（$P < 0.01$），同 1 岁、2 岁年龄组的年产毛量差异不显著（$P > 0.05$），2 岁与 6 岁以上年龄组之间呈显著性差异（$P < 0.05$）；半血野牦牛各年龄组的年产毛量差异不显著（$P > 0.05$）；1 岁家牦牛公母间，2 岁半血野牦牛公母间，年产毛量差异极显著（$P < 0.01$）。半血野牦牛与家牦牛产毛量没有明显差异。

为了提高牦牛生产性能，用野牦牛冷冻精液进行半血野牦牛和家牦牛人工授精生产 3/4 野血牦牛和 1/2 野血牦牛，用半血野牦牛公牛本交家牦牛生产 1/4 野血牦牛，在相同的饲养管理条件下对其后代 3/4 野血牦牛、1/2 野血牦牛、1/4 野血牦牛的体尺和体重从初生、6 月龄、12 月龄、18 月龄进行跟踪测定，结果野血牦牛无论从生长发育速度，还是体重的增加，均显著或极显著高于家牦牛。导入野牦牛血液是现行牧业生产体制下复壮家牦牛的有效途径。

在相同的自然环境条件和饲养管理条件下，对全哺乳、半哺乳培育方式的试验组和对照组牦牛的初生、6 月龄、12 月龄、18 月龄进行体尺、体重测定，并用 SPSS 进行统计分析。

全哺乳培养方式（母牦牛不挤奶，犊牛断奶前吸吮母乳）：从表 2-5 可以看出，在全哺乳条件下，3/4 野血牦牛、1/2 野血牦牛与家牦牛在初生、6 月龄、12 月龄、18 月龄各个阶段除管围外，体高、体斜长、胸围均较家牦牛有显著或极显著的提高。

半哺乳培育方式（母牦牛日挤奶 1~2 次，其余母乳犊牛吸吮）：从表 2-6 可以看出，在半哺乳条件下，1/2 野血牦牛，1/4 野血牦牛与家牦牛在初生、6 月龄、12 月龄、18 月龄各个阶段除管围外，体高、体斜长、胸围均较家牦牛有显著或极显著的提高。

全哺乳初生，6 月龄、12 月龄、18 月龄 3/4 野血牦牛、1/2 野血牦牛、1/4 野血牦牛平均体重较家牦牛有显著或极显著的提高（见表 2-5）。半哺乳初生，6 月龄、12 月龄、18 月龄 1/2 野血牦牛、1/4 野血牦牛平均体重较家牦牛体重有显著或极显著的提高（见表 2-6）。

以上试验结果表明，导入野牦牛血液，可以提高牦牛的生长发育，良好的营养可以使野血牛的杂交优势更加充分地发挥出来。

中国牦牛
ZHONGGUO MAONIU

表2-5　全哺乳培育方式下野血牦牛与家牦牛生长发育比较（青海省大通种牛场）

（单位：kg、cm）

月龄	项目	公 3/4 野血牦牛 (12头)	公 1/2 野血牦牛 (14头)	公 1/4 野血牦牛 (66头)	公 家牦牛 (10头)	母 3/4 野血牦牛 (11头)	母 1/2 野血牦牛 (16头)	母 1/4 野血牦牛 (39头)	母 家牦牛 (10头)	平均 3/4 野血牦牛 (23头)	平均 1/2 野血牦牛 (30头)	平均 1/4 野血牦牛 (105头)	平均 家牦牛 (20头)
初生	体重	15.28±1.93	12.64±1.14	12.20±2.20	13.10±2.11	15.26±1.96	11.91±1.45	11.40±1.90	11.80±1.93	15.27±1.90	12.25±1.46	11.80±2.10	12.40±2.11
	体高	55.08±3.61	53.21±2.46	52.53±7.40	50.90±3.41	55.18±2.68	53.44±3.52	51.50±6.70	51.40±2.50	56.13±3.12	53.33±3.02	52.17±7.14	51.05±2.89
	体斜长	49.96±5.75	50.21±2.97	48.48±5.50	48.60±3.75	49.91±4.04	47.94±5.41	47.80±5.00	49.20±3.01	49.94±4.84	49.00±4.52	48.30±5.40	48.90±3.32
	胸围	58.50±8.62	56.14±3.13	55.00±7.60	53.20±2.39	59.55±5.45	56.50±5.14	53.90±6.10	54.00±3.37	59.00±7.14	56.33±4.25	54.80±7.20	53.60±2.87
	管围	8.86±1.31	8.90±0.88	8.70±1.00	8.08±0.33	8.50±0.41	9.13±1.45	8.30±0.80	7.90±0.39	8.73±1.06	9.02±1.20	8.60±0.90	7.90±0.37
六月龄	体重	95.50±14.26	82.35±9.73	81.10±14.00	74.40±13.33	90.46±9.48	77.15±11.66	77.60±13.20	69.50±12.92	92.23±11.27	79.75±10.85	79.00±13.80	72.20±13.32
	体高	94.07±5.81	87.92±3.04	88.80±6.00	83.30±2.75	91.19±4.17	85.69±5.62	87.20±4.00	82.30±4.67	92.20±4.86	86.81±4.69	88.10±5.20	82.80±3.76
	体斜长	92.29±6.34	84.85±6.00	92.90±6.10	88.30±2.91	89.42±7.68	83.85±5.81	91.10±8.80	87.40±2.68	90.43±7.21	84.35±5.81	91.80±6.30	87.90±2.76
	胸围	117.29±11.15	108.62±5.67	112.90±8.70	105.20±5.29	111.77±4.68	105.92±6.45	112.80±5.40	101.00±5.10	113.70±7.17	107.27±6.10	112.80±7.30	103.10±5.50
	管围	11.50±1.32	11.21±0.83	14.90±1.90	13.20±0.96	11.20±0.76	10.19±1.10	13.90±1.10	13.25±1.23	11.31±0.92	10.70±0.95	14.50±1.70	13.50±1.08
十二月龄	体重	91.67±6.92	88.62±9.62	78.60±8.60	70.80±10.30	96.67±8.34	84.00±8.05	76.90±13.00	66.80±9.33	94.17±7.76	86.50±9.06	77.90±10.60	68.80±10.00
	体高	93.67±1.51	88.39±7.15	89.00±4.40	82.80±3.43	94.50±1.52	90.55±2.46	87.30±6.10	85.30±5.03	94.08±1.51	89.38±5.52	88.10±5.70	81.80±4.59
	体斜长	90.83±6.37	94.62±9.90	87.40±5.30	87.30±4.67	95.00±9.01	91.82±4.71	85.40±10.90	85.50±4.84	92.92±7.75	93.33±7.92	86.40±8.30	86.40±4.72
	胸围	116.50±3.51	117.39±5.12	113.30±8.70	101.20±8.94	114.67±4.23	111.27±5.02	114.10±7.80	95.60±3.84	115.58±5.86	114.58±5.86	113.70±7.90	99.10±6.25
	管围	13.00±1.31	12.31±0.66	14.30±0.80	13.70±0.54	13.00±1.27	11.91±0.66	13.30±0.70	13.30±0.68	13.00±1.23	12.13±0.68	13.80±0.90	13.50±0.63
十八月龄	体重	164.00±13.86	154.33±9.83	143.90±9.40	132.80±6.65	156.86±15.70	139.78±11.02	140.00±12.90	134.40±9.13	159.00±12.50	148.10±12.50	142.00±11.10	133.60±7.820
	体高	106.00±3.61	100.33±3.89	96.70±4.10	90.60±4.67	101.29±5.94	99.44±3.94	90.70±14.70	86.40±5.20	102.70±5.62	99.95±3.84	93.70±10.90	88.70±5.190
	体斜长	100.67±2.08	104.63±6.99	104.50±9.10	100.08±5.12	101.14±7.20	102.22±4.27	97.20±13.40	96.40±2.72	101.00±5.96	103.21±6.45	100.90±11.70	98.60±4.580
	胸围	139.67±3.51	131.92±3.53	129.80±3.00	127.00±5.60	132.71±5.02	128.44±6.95	126.30±8.60	124.90±2.64	134.80±5.55	130.43±5.41	128.10±7.50	126.00±4.40
	管围	19.53±0.81	18.63±0.57	14.30±0.80	13.35±0.41	18.36±0.48	17.61±0.55	13.30±0.70	12.95±0.28	18.71±0.79	18.19±0.75	13.80±0.90	13.20±0.40

表2-6 日挤乳一次培育方式下野血牦牛与家牦牛生长发育比较

（单位：kg，cm）

月龄	项目	公 1/2野血牦牛（89头）	公 1/4野血牦牛（98头）	公 家牦牛（93头）	母 1/2野血牦牛（70头）	母 1/4野血牦牛（123头）	母 家牦牛（205头）	平均 1/2野血牦牛（159头）	平均 1/4野血牦牛（221头）	平均 家牦牛（205头）
初生	体重	14.21±1.97	13.40±2.49	13.37±2.27	13.65±2.23	13.46±1.83	12.59±2.18	13.97±2.10	13.52±2.15	12.94±2.24
	体高	55.65±3.65	54.08±4.24	52.98±3.87	55.39±6.61	53.16±4.02	52.55±3.76	55.53±5.15	53.57±4.13	52.74±3.81
	体斜长	51.69±3.91	51.38±4.01	48.80±3.87	50.43±9.51	50.74±4.27	47.61±0.17	51.14±8.41	51.02±4.22	48.10±2.66
	胸围	59.84±5.99	59.05±3.25	57.26±3.73	59.02±3.47	58.07±4.27	56.46±4.06	59.48±5.04	58.51±2.39	56.82±3.93
	管围	8.93±0.84	8.52±0.60	7.93±0.47	8.59±0.80	8.22±0.72	7.74±0.63	8.78±0.83	8.35±0.68	7.82±0.66
六月龄	体重	52.81±7.97	53.10±11.44	48.10±8.98	48.22±9.04	50.01±11.55	47.95±9.01	50.82±8.75	51.37±11.58	48.01±8.98
	体高	78.04±5.41	77.60±6.13	77.22±4.98	76.91±6.46	76.67±6.35	76.33±5.89	77.54±5.90	77.08±6.52	76.72±5.51
	体斜长	78.49±6.32	78.39±6.41	79.28±6.72	77.63±7.67	77.42±7.34	77.54±6.37	78.12±6.93	77.85±6.95	78.32±6.67
	胸围	96.58±7.50	96.51±8.86	93.34±6.81	93.99±12.52	94.91±9.02	94.73±7.37	95.44±10.07	95.61±8.96	94.11±7.14
	管围	11.21±1.27	11.01±1.36	9.64±0.83	10.56±1.37	10.46±1.29	10.05±1.25	10.92±1.35	10.70±1.34	9.87±1.10
十二月龄	体重	56.66±11.39	54.88±9.59	54.53±9.88	53.39±11.19	52.81±9.35	53.11±9.78	55.21±11.38	53.71±9.48	53.69±9.81
	体高	81.99±4.76	81.94±5.96	81.13±5.03	81.18±5.01	80.61±5.33	81.16±5.78	81.63±4.87	81.18±5.63	81.14±5.47
	体斜长	84.31±5.17	82.92±12.07	82.03±5.73	83.04±6.28	82.60±6.63	81.79±6.05	83.75±5.70	82.73±9.35	81.89±5.94
	胸围	103.04±8.52	102.02±7.30	98.85±7.77	100.57±7.25	100.75±7.07	99.35±7.88	102.28±8.09	101.30±7.18	99.21±7.82
	管围	11.56±1.07	11.13±1.33	10.72±1.14	11.19±1.09	10.98±0.99	10.74±1.33	11.40±1.09	11.40±1.15	10.73±1.25
十八月龄	体重	99.66±16.97	96.55±17.06	88.44±18.77	88.93±17.67	93.49±15.32	91.55±19.72	95.02±18.01	94.97±16.20	90.25±19.32
	体高	92.07±5.50	92.12±6.83	89.41±5.30	89.56±5.05	91.22±6.38	88.72±5.60	90.98±5.43	91.47±8.83	89.00±5.47
	体斜长	95.92±6.95	96.44±7.91	93.48±8.10	93.40±8.71	95.38±7.49	93.76±8.40	94.83±7.83	95.89±7.69	93.64±8.25
	胸围	122.02±6.93	118.67±13.58	114.30±7.56	116.79±6.66	117.87±7.74	115.49±8.40	94.83±7.83	95.89±7.69	93.64±8.25
	管围	13.19±1.13	12.54±1.17	11.74±1.11	12.38±0.95	12.21±1.12	11.96±1.29	12.84±1.13	12.37±1.16	11.87±1.25

注：此为青海省海晏县数据。

三、家牦牛的类型划分及品种

牦牛品种的分类研究一直是牦牛科学研究的热点和重点，自 20 世纪 70 年代末以来，随着牦牛品种资源的多次调查研究，学者们利用形态遗传标记、细胞遗传标记和生化遗传标记对牦牛品种的遗传多样性及分类进行了广泛的研究，对中国牦牛品种的分类提出了多种结果，主要的有三种：①中国牦牛类型划分考察组在对青海、甘肃、四川、云南四省的牦牛主要产区进行实地考察后，根据产区的生态环境条件和牦牛的特征特性，将中国牦牛分为：横断高山型和青藏高原型两个类型，这是目前多数学者认为较合理的牦牛类型划分，也是列入《中国牛品种志》的分类；②陆仲璘依据牦牛的体型结构、毛色、发展历史、产区的生态环境等将中国牦牛分为：西南高山峡谷型、青藏高原型和祁连山型 3 个类型；③在《中国牦牛学》一书中，根据牦牛产区的地形地貌特点划分为：青藏高原型、横断高山型和羌塘型三个类型。钟金城等人利用微卫星 DNA、随机扩增多态性（RAPD）、扩增片断长度多态性（AFLP）等三种分子遗传标记技术研究了麦洼牦牛、九龙牦牛、大通牦牛和天祝白牦牛的分类，并结合其对牦牛染色体和血液蛋白多态性的研究结果，认为中国牦牛可分为以九龙牦牛和麦洼牦牛为代表的两个类群（型）。这与蔡立等将中国牦牛分为"青藏高原型"和"横断高山型"的结果是一致的。而与其他学者的分类结果有较大的差异。

（一）原始品种

1. 九龙牦牛

（1）体貌特征

九龙牦牛属以产肉为主的牦牛地方品种。九龙牦牛的被毛为长覆毛、有底绒，额部有长毛，前额有卷毛。基础毛色为黑色，少数黑白相间，有白头、白背、白腹。鼻镜为黑褐色，眼睑、乳房颜色为粉红色，蹄角为黑褐色。公牛头大额宽，母牛头小狭长。耳平伸，耳壳薄，耳端尖。角形主要为大圆环角和龙门角两种。公牛肩峰较大，母牛肩峰小。颈垂及胸垂小。前胸发达开阔，胸很深。背腰平直，腹大、不下垂，后躯较短，尻欠宽、略斜，臀部丰满。四肢结实，前肢直立，后肢弯曲有力。无脐垂。尾长至飞节，尾帚大，尾梢颜色为黑色或白色。

（2）地理分布

九龙牦牛原产地为四川省甘孜藏族自治州九龙县及康定县南部的沙德区海拔 3 000 m 以上的灌丛草地和高山草甸。中心产区位于九龙县斜卡和洪坝，邻近九龙县的盐源县和冕宁县以及雅安地区的石棉等县也有分布。九龙县地处横断山以东、大雪山西南面、雅砻江东北部，地势北高南低，山峦重叠，沟壑纵横，相对落差大，境内植物呈明显的立体分布特征，饲料资源比较丰富，海拔 2 000~6 000 m。年平均气温 8.9℃，极

端最高气温 31.7℃，极端最低气温 −15.6℃；无霜期 165~221 d。年降水量 903 mm，5~9 月份为雨季，占全年降水量的 85% 以上，11 月至翌年 4 月为雪季，冬春干旱。年平均日照时数 1 920 h，属大陆性季风高原气候。

（3）生产性能

九龙牦牛成年公牛体高为 140 cm 左右，体重为 460 kg 左右；母牛体高为 119 cm，体重 275 kg 左右。成年阉牦牛的平均屠宰率为 54.6%，净肉率 46.1%。在放牧条件下，每日早上挤奶一次，6~10 月 150 d 挤奶量为：初产 174.1 kg，经产 212.1 kg。泌乳高峰期为每年的 7 月份。鲜乳中干物质 17.5%、乳蛋白 4.9%、乳脂率 7.0%。

九龙牦牛多数母牦牛 3 岁时初配，繁殖年限为 10~12 年，一般 3 年产 2 胎。母牛每年 7 月份为发情季节，8 月份为配种旺季。公牛 2~3 岁具有配种能力，3~4 岁开始作为种用，6~9 岁为配种盛期。

图 2-8　九龙牦牛公牛　　　　　　　图 2-9　九龙牦牛母牛

2. 麦洼牦牛

（1）体貌特征

麦洼牦牛属肉乳兼用型牦牛地方品种。毛色多为黑色，次为黑带白斑、青色、褐色。胁部、大腿内侧及腹下有淡化。鼻镜为黑褐色、眼睑、乳房为粉红色。蹄角为黑褐色或蜡色。尾梢为黑色或白色。全身被毛丰厚、有光泽。被毛为长覆毛有底绒。头大小适中，额宽平。眼中等大，鼻孔较大，鼻翼和唇较薄，鼻镜小。耳平伸，耳壳薄，耳端尖。额部有长毛，前额有卷毛。公母牛多数有角，公牛角粗大、从角基部向两侧、向上伸张，角尖略向后、向内弯曲；母牛角细短、尖，角形不一，多数向上、向两侧伸张，然后向内弯曲。公牛肩峰高而丰满，母牛肩峰较矮而单薄。颈垂及胸垂小。体格较大，体躯较长，前胸发达，胸深，肋开张背稍凹，后躯发育较差，腹大不下垂。背腰及尻部绒毛厚，体侧及腹部粗毛密而长，群毛覆盖住体躯下部。四肢较短，蹄较小，蹄质坚实。无脐垂，尻部短而斜，尾长至后管下端，尾梢大，尾毛粗长而密。

（2）地理分布

麦洼牦牛主要分布在四川省阿坝藏族羌族自治州红原县、若尔盖县、阿坝县的草原牧区，其中以红原县的麦洼、色地、瓦切、阿木柯河等乡镇为中心产区。红原县地处阿坝藏族羌族自治州北部，属青藏高原的东部边缘。北与若尔盖县接壤，东临松潘县、黑水县，西与阿坝县相连，南与理县毗邻。海拔 3 400~3 600 m。年平均气温 1.1℃，极端最高气温 25.6℃，极端最低气温 -36℃；无绝对无霜期。年降水量 753 mm，相对湿度 71%。年平均日照时数 2 417 h，属大陆性高原寒温带季风气候，四季不分明，冷季长、干燥而寒冷，暖季短、温润而暖和。草地以高寒草甸为主。

（3）生产性能

麦洼牦牛公犊牛初生重为 11.5~15.5 kg，母犊牛初生重为 11.1~14.7 kg。6 月龄公犊牛体重 50~75 kg，母犊牛为 48~70 kg。成年公牛体高为 126 cm，体重为 410 kg；母牛体高为 106 cm，体重为 220 kg。成年阉牛屠宰率为 55%，净肉率为 43%。

在放牧条件下，每日早上挤奶一次，6~10 月 150 d 挤奶量为：初产 125~190 kg，经产 160~260 kg，泌乳高峰期为每年牧草茂盛的 7 月份。鲜乳中乳脂率 6%~7.5%、乳蛋白为 4.91%、干物质为 17.9%。

麦洼牦牛多数母牛 3.5 岁开始配种，有 5% 左右的 2.5 岁配种，大多数隔年产犊，一般终生产犊 6~7 头。母牛每年 5~11 月份为发情季节，7~9 月份为发情旺季。发情周期 18±4 d，发情持续时间为 16~56 h，妊娠期 266±9 d。公牛 2.5 岁具有配种能力，3~4 岁开始作为种用，5~8 岁配种能力最强。

图 2-10　麦洼牦牛公牛

图 2-11　麦洼牦牛母牛

3. 木里牦牛

（1）体貌特征

木里牦牛属以产肉为主的牦牛地方品种。被毛多为黑色，部分为黑白相间的杂花色。鼻镜为黑褐色，眼睑、乳房为粉红色，蹄、角为黑褐色。被毛为长覆毛、有底绒，额部有长毛，前额有卷毛。公牛头大、额宽，母牛头小、狭长。耳小平伸，耳壳薄，耳端尖。公、母牛都有角，角形主要有小圆环角和龙门角两种。公牛颈粗、无垂

肉，肩峰高耸而圆突；母牛颈薄，鬐甲低而薄。体躯较短，胸深宽，肋骨开张，背腰较平直。四肢粗短，蹄质结实。脐垂小，尻部短而斜。尾长至后管，尾稍大、呈黑色或白色。

（2）地理分布

木里牦牛主要分布在四川省凉山彝族自治州木里藏族自治县海拔 2 800 m 以上的高寒草地，以东孜、沙湾、博窝、保波、麦日、东朗、唐央等 10 多个乡镇为中心产区，在冕宁、西昌、美姑、普格等县也有分布。木里县地处凉山彝族自治州西北部、青藏高原边缘的横断山区，镜内雅砻江、木里河及水洛河将全县由北向南切割成四大块，形成南低北高、高山峡谷的地势，海拔 1 470~5 958 m。年平均气温 11 ℃。年降水量 818 mm。木里县有典型的立体气候特征，光热条件好、草地植被较好、牧草种类较多，全县草地共分为九个类型，以高寒灌丛草地面积最大。

（3）生产性能

木里牦牛成年公牛体高为 140 cm 左右，体重为 375 kg 左右；母牛体高 112 cm，体重为 228 kg 左右。公牛屠宰率为 53.4%，净肉率为 45.6%。泌乳期 196 d，泌乳量 300 kg。

木里牦牛母牛性成熟年龄为 1.5 岁，初配年龄为 3 岁，利用年限 13 年。每年 7~10 月份为繁殖季节，发情周期 21 d，妊娠期 255 d。公牛 2 岁具有配种能力，3~4 岁开始作为种用，利用年限 6~8 年。公犊牛初生重 17 kg 左右，母犊牛 15 kg。

图 2-12　木里牦牛公牛（邓友供图）　　　　图 2-13　木里牦牛母牛（邓友供图）

4. 娘亚牦牛

（1）体貌特征

娘亚牦牛又名嘉黎牦牛，属以产肉为主的牦牛地方品种。毛色较杂，纯黑色约占 60%，其他为灰、青、褐、纯白等色。头部较粗重，额宽平。眼圆有神，嘴方大、嘴唇薄，鼻孔开张。公牛雄性特征明显，颈粗短，鬐甲高而宽厚，前胸开阔、胸深，肋弓开张，背腰平直，腹大而不下垂，尻斜。母牛头颈较清秀，角尖距较小，角质光滑、细致，鬐甲相对较低、较窄，前胸发育良好，肋弓开张。四肢强健有力，蹄质坚实，肢势端正。

（2）地理分布

娘亚牦牛原产地为西藏自治区那曲地区嘉黎县，主要分布于嘉黎县东部以及东北部各乡。嘉黎县位于北纬 31° 07′ ~32° 00′、东经 91° 09′ ~94° 01′，平均海拔 4 497 m。年平均气温 –0.9℃，极端最低气温 –35.7℃；全年无绝对无霜期，地表冻结期 5 个月。年降水量 649 mm，年蒸发量 1 410 mm，属高原大陆性气候。全县草场面积约 1.3 万 km²，青草期 120 d 左右。嘉黎县是西藏的纯牧业区，草场均属高寒草原草场，全县 90% 属山坡草场，仅 15 km² 原始森林和 3 km² 耕地，主要种植青稞、冬小麦等农作物。

（3）生产性能

成年公牛体重 368.0 kg，体高、体斜长分别为 127 cm、147 cm；成年母牛体重 184.1 kg，体高、体斜长分别为 108.1 cm、120 cm。公牛屠宰率为 50.2%，净肉率为 45.0%。母牛泌乳期 180 d，年挤奶量 192 kg。乳主要成分为乳脂肪 6.8%、乳蛋白 5.0%、乳糖 3.7%、灰分 1.0%、水分 83.5%。

公牛性成熟年龄为 42 月龄，利用年限 12 年。母牛性成熟年龄为 24 月龄，初配年龄为 30~42 月龄；每年 6 月中旬开始发情，7~8 月份是配种旺季，10 月初发情基本结束；妊娠期约 250 d，两年一胎，利用年限 15 年左右。

图 2-14　娘亚牦牛公牛（信金伟供图）

图 2-15　娘亚牦牛母牛（信金伟供图）

5. 帕里牦牛

（1）体貌特征

帕里牦牛属肉乳役兼用型牦牛地方品种。2006 年被列入国家级畜禽遗传资源保护名录。帕里牦牛毛色以黑色为主，其余毛色较杂，还有少数为纯白个体。头宽，额平，颜面稍下凹。眼圆大、有神，鼻翼薄，耳较大。角从基部向外、向上伸张，角尖向内开展；两角间距较大，有的达到 50 cm。无角牦牛占总头数的 8%。公牛雄壮，颈部短粗而紧凑，鬐甲高而宽厚，前胸深广。背腰平直，尻部欠丰满，但紧凑结实。四肢较短强健、蹄质结实。全身毛绒较长，尤其是腹侧、股侧毛绒长而密。母牛颈薄，鬐甲相对较

低、较薄，前躯比后躯相对发达，胸宽，背腰稍凹，四肢相对较细。

（2）地理分布

帕里牦牛主产区位于西藏自治区日喀则地区的亚东县帕里镇海拔 2 900~4 900 m 的高寒草甸草场、亚高山（林间）草场、沼泽草甸草场、山地灌丛草场和极高山风化沙砾地。亚东县位于北纬 27°23′~28°18′、东经 88°52′~89°30′，地处西藏南部边境，区内山地连绵起伏，大致以帕里镇为界，北部和南部在海拔、气候和自然景观上有很大差异。牦牛分布区的北部地势高，海拔一般在 4 300 m 以上，但地形较开阔、起伏较平缓。年平均气温 0℃，1 月平均气温 −9℃，7 月平均气温 8℃；年降水量 410 mm，属高寒干旱气候。植被生长期约 150 d，天然草场以禾本科和莎草科牧草为主。

（3）生产性能

帕里公母牦牛平均体重分别为 318.3 kg、208.5 kg；眼肌面积分别为 74.46 cm^2、47.72 cm^2；平均屠宰率为 50.84%；平均净肉率为 42.36%；眼肌肉含粗蛋白 22.56%、粗脂肪 2.06%、肋肌肉含粗蛋白 17.82 %、粗脂肪 25.29%；母牦牛 8 月份日平均产奶量为 1.22 kg，乳脂率 5.95%，乳糖含量为 3.77%；牦牛毛绒产量 0.15~1 kg，绒纤维细度为 23.46 μm。

帕里牦牛性成熟年龄为 24~36 月龄，母牛初配年龄 3.5 岁，公牛初配年龄 4.5 岁。6~10 岁繁殖力最强，大多数两年一胎。季节性发情，每年 7 月份进入发情季节，8 月份是配种旺季，10 月底结束。母牦牛发情持续期一般是 8~24 h，发情周期 21 d，妊娠期 250 d 左右，翌年 3 月份开始产犊，5 月份为产犊旺季，6 月底结束产犊。

图 2-16　帕里牦牛公牛（信金伟供图）　　　　图 2-17　帕里牦牛母牛（信金伟供图）

6.斯布牦牛

（1）体貌特征

斯布牦牛于 1995 年全国畜禽品种遗传资源补充调查后命名，属兼用型牦牛地方品种。大部分个体毛色为黑色，个别掺有白色毛。公牛角基部粗，角向外，向上，角尖向后，角间距大；母牛角与公牛角相似，但较细；也有少数牦牛无角。母牦牛面部清秀，嘴唇薄而灵活。眼有神，鬐甲微突，绝大部分个体背腰平直，腹大而不下垂；体格硕大，前躯呈矩形，发育良好，胸深宽，蹄裂紧，但多数个体后躯股部发育欠佳。

（2）地理分布

斯布牦牛原产地为西藏自治区斯布地区，中心产区是距离墨竹工卡县 20 km 多的斯布山沟，东与贡布江达县为邻。斯布地处拉萨河流域，南靠山南地区，东邻工布江达县，西连拉萨市区，距拉萨 90 km，北抵那曲地区嘉黎县界。属农牧过渡地带。草原类型属高山草甸草场。年平均气温 5.5℃，最高气温 27.4℃，最低气温 –18.9℃；年降水量 450~500 mm，主要集中于 6~10 月份；相对湿度 52%；属温暖、半湿润气候。牦牛终年放牧于斯布河谷周围，海拔 3 789~4 200 m。墨竹工卡县是西藏自治区的主要粮食产地之一。农作物一年一熟，以青稞、冬小麦、春小麦、荞麦、蚕豆、油菜为主。

（3）生产性能

成年公牛体重 204.4 kg，体高、体斜长分别为 111.5 cm、121.8 cm；成年母牛体重 172.9 kg，体高、体斜长分别为 105.3 cm、116.8 cm。公牛屠宰率为 44.8%，净肉率为 34.8%。泌乳期为 6 个月，挤乳量 216 kg。乳成分为乳脂率 7.05%，乳蛋白质率 5.27%，乳糖率 3.48%，灰分 0.89%。

母牛一般 3 周岁性成熟，4.5 周岁初配；公牦牛 3.5 岁开始配种，但此时其受胎率很低。母牦牛 7~9 月为发情期，发情持续期为 1~2 d，发情周期 14~18 d。种公牛利用年限为 14 年。母牦牛从 3.5 岁开始到 20 岁左右还在使用。

图 2-18　斯布牦牛公牛（信金伟供图）

图 2-19　斯布牦牛母牛（信金伟供图）

7. 西藏高山牦牛

（1）体貌特征

西藏高山牦牛于 1995 年全国畜禽品种遗传资源补充调查后命名，属乳肉役兼用型牦牛地方品种。毛色较杂，以全身黑色为多，约占 60%；面部白、头白、躯体黑色者次之，约占 30%；其他为灰、青、褐、全白等毛色，占 10%。西藏高山牦牛具有野牦牛的体型外貌。头粗重，额宽平，面稍凹，眼圆有神。嘴方大，唇薄。绝大多数有角，草原

型牦牛角为抱头角，山地型则向外，向上开张，角距大；母牦牛角较细。公、母牦牛均无肉垂，前胸开阔，胸深，肋开张，背腰平直。腹大，不下垂，尻部较窄、倾斜。尾根低，尾短。四肢强健有力，蹄小而圆，蹄叉紧，蹄质坚实。前胸、臀部、胸腹以及体侧着生长毛及地，尾毛丛生呈帚状。

（2）地理分布

西藏高山牦牛主要产于西藏自治区东部高山深谷地区的高山草场，东部、南部山原地区，海拔 4 000 m 以上的高寒湿润草原地区也有分布。产区为西藏自治区东部横断山脉高山区，海拔 2 100~5 500 m。山高谷深，地势陡峭，气候与植被呈垂直分布。牦牛多生活在 4 000 m 以上高山寒冷湿润地区，全年无夏，年平均气温 0℃，无绝对无霜期。年降水量 694 mm，降水多集中在 7~8 月份；相对湿度 60%。良好的天然草场主要由高山草甸、灌丛草场构成，植被覆盖度大，可食牧草产量较高，草质较好。

（3）生产性能

成年公牛体重 299.8 kg，体高、体斜长分别为 124.7 cm、142.6 cm；成年母牛体重 196.9 kg，体高、体斜长分别为 106.0 cm、125.6 cm。公牛屠宰率为 50.4%，净肉率为 45%。母牛挤奶期 150 d 左右，挤奶量 138~230 kg。

每年 6~7 月剪毛一次（带犊妊娠后期母牦牛，只抓绒不剪毛），尾毛两年剪一次。公牛、母牛、阉牦牛的产毛量分别为 1.8 kg、0.5 kg 和 1.7 kg。尾毛最长，长 51~64 cm；裙毛居中，长 20~43 cm。

西藏高山牦牛晚熟，大部分母牛在 3.5 岁初配，4 岁初产。公牛 3.5 岁初配，以 4.5~6.5 岁的配种效率最高。母牛季节性发情明显，7~10 月份为发情季节，7 月底至 9 月初为旺季。发情周期 18 天左右，发情持续时间为 16~56 h、平均 32 h。妊娠期 250~260 d。母牛发情受配时间以早晚为多。母牛两年一产，繁殖成活率平均为 48.2%。

图 2-20　西藏高山牦牛公牛　　　　　图 2-21　西藏高山牦牛母牛

（引自《中国畜禽遗传资源志·牛志》）

8. 甘南牦牛

（1）体貌特征

甘南牦牛属以产肉为主的地方牦牛品种。其毛色以黑色为主，间有杂色；体质结实，结构紧凑，头较大，额短宽并稍显突起。鼻孔开张，鼻镜小，唇薄灵活，眼圆、突出有神，耳小灵活，母牦牛多数有角，角细长；公牦牛角粗长，角距较宽，角基部先向外伸，然后向后内弯曲呈弧形，角尖向后颈短而薄，无垂皮，棘突较高，背稍凹，前躯发育良好。尻斜，腹大，四肢较短，粗壮有力，后肢多呈刀状，两飞节靠近。蹄小、坚实，蹄裂紧靠。母牦牛乳房小，乳头短小，乳静脉不发达。公牦牛睾丸圆小而不下垂，尾较短，尾毛长而蓬松，形如帚状。

图 2-22 甘南牦牛公牛（石红梅供图）

图 2-23 甘南牦牛母牛（石红梅供图）

（2）地理分布

甘南牦牛产于甘肃省甘南藏族自治州，以玛曲县、碌曲县、夏河县为中心产区，在该州其他各县、市也有分布。主产区海拔 2 872~4 920 m，年平均气温 0.38 ℃，无绝对无霜期。降水量由南向北逐渐减少，西北部和东北部为 400~800 mm，东南部为 500~700 mm，5~9 月份是降水集中期，约占全年降水总量的 84%；相对湿度 58%~66%。降雪期与低温期相一致，长达 8~10 个月，全年降雪日数平均在 40 d 以上，连续降雪日冬季较多发生。具有典型的大陆性气候特点，高寒阴湿，四季不分明。草地类型主要有高山草甸、亚高山草甸、灌丛草甸、盐生草甸、林间草甸、沼泽草甸和山地草甸，植被覆盖度达 85% 以上。人工牧草主要有燕麦、箭筈豌豆和紫花苜蓿。天然牧草以禾本科草、莎草、科草为主，兼有少量豆科牧草。牧草一般从 4 月下旬开始萌发，9 月中旬开始枯黄，枯草期长达 7 个月。

（3）生产性能

在天然放牧条件下，公牦牛初生重不小于 12 kg，6 月龄重不小于 70 kg，18 月龄种不小于 100 kg，48 月龄体重不小于 230 kg；母牦牛初生重不小于 11 kg，6 月龄重不小于 65 kg，18 月龄种不小于 95 kg，48 月龄体重不小于 170 kg。48 月龄公牦牛体高

116 cm，体斜长 130 cm，母牦牛体高和体斜长分别为 111 cm、128 cm。

在全天然放牧条件下，成年公牦牛屠宰率不低于 49%，净肉率不低于 39%。150 d 泌乳期，泌乳量为 450 kg。

公牦牛性成熟期在 18 月龄，初配年龄为 30 月龄。母牦牛初情期在 30~36 月龄，发情季节一般在 7~9 月，一年一胎或二年一胎。

9. 青海高原牦牛

（1）体貌特征

青海高原牦牛属肉用型牦牛品种。分布区和野牦牛栖息地相邻，因野牦牛遗传基因不断渗入，故体型外貌多带有野牦牛的特征。毛色多为黑褐色，嘴唇、眼眶周围和背线处的短毛多为灰白色或污白色。头大、角粗，皮松厚，鬐甲高、长、宽。前肢短而端正，后肢呈刀状。体侧下部密生粗长毛，犹如穿着筒裙，尾短并着生蓬松长毛。公牦牛头粗重、呈长方形，颈短厚且深，睾丸较小，接近腹部，不下垂；母牦牛头长，眼大而圆，额宽、有角，颈长向薄，乳房小、呈碗碟状，乳头短小，乳静脉不明显。

（2）地理分布

青海高原牦牛主产于青海高寒地区。大部分分布于玉树藏族自治州西部的杂多、治多、曲麻莱 3 县 6 个乡，果洛藏族自治州玛多县西部，海西蒙古族藏族自治州格尔木市的唐古拉山乡和天峻县木里苏里乡以及海北藏族自治州祁连县野牛沟乡等地。主要分布于昆仑山系和祁连山系相互纵横交错形成的两个高寒地区。年平均气温 −3.5℃；年降水量 282~774 mm，相对湿度在 50% 以上。多为高山草甸草场，以莎草科和禾本科的矮生牧草为主，青草期 4 个月。少部分分布于包括玉树藏族自治州东部和果洛藏族自治州与黄南藏族自治州邻近的黄河上游地区，年平均气温 1.4℃，年降水量 460~774 mm，以莎草科和禾本科牧草为主，株高、覆盖度大，青草期 4~5 个月。

（3）生产性能

成年青海高源牦牛公牦牛体重 334.9 kg，体高 127.8 cm，体斜长 146.1 cm；母牛体重 196.8 kg，体高 110.5 kg，体斜长 123.4 cm。公牦牛屠宰率 54.0%，净肉率 41.4%。

青海高原牦牛初产母牛日挤乳两次，平均日挤奶 1.3 kg，150 d 挤奶量 195 kg；经产母牛日平均挤奶 1.8 kg，150 d 挤奶量 270 kg。鲜乳中水分、乳蛋白、乳脂含量分别为 82.21%、5.51% 和 5.99%。

青海高原牦牛公牦牛 2 岁性成熟后即可参加配种，4~6 岁配种能力最强，以后逐渐减弱。公、母牦牛利用年龄在 10 岁左右。母牦牛一般 2~3.5 岁开始发情配种，一年一产者占 60% 以上，两年一产者约 30%。母牦牛季节性发情，一般 6 月中下旬开始发情，7~8 月份为盛期。每年 4~7 月份产犊。发情周期 21 d 左右，个体间差异大；发情持续期

41~51 h，妊娠期 250~260 d。

图 2-24　青海高原牦牛公牛　　　　　图 2-25　青海高原牦牛母牛

（引自《中国畜禽遗传资源志 牛志》）

10. 中甸牦牛

（1）体貌特征

中甸牦牛属以产肉为主的牦牛地方品种。毛色以黑褐色为主，其次为黑白花，偶见纯白牦牛。头大小中等、宽短，公牛头粗重趋于方形，母牛头略显清秀。额宽、稍显穹隆，额毛丛生，公牛多为卷毛，母牛额毛稍稀短。嘴宽大，嘴唇薄而灵活。眼睛圆大、突出有神，眼睑以灰褐色、黑褐色为主，偶见粉色。鼻长微陷，鼻孔较大。耳小平伸。公、母牛均有角，无角牦牛极少见。角间距大，角基粗大，角尖多向上、向前开张呈弧形。颈短薄，公牛稍粗厚，无颈垂。颈肩、肩背结合紧凑。胸短深而宽广，公牦牛较母牦牛发达、开阔，无胸垂，鬐甲稍耸、向后渐倾，背平直、较短，腰稍凹，十字部微隆，肋骨稍开张，腹大、不下垂，尻斜短或圆短。尾较短，尾毛蓬生如帚状，尾梢毛色以黑色为主，其次是白色。四肢坚实，前肢开阔直立，后肢微曲，系短有力，蹄大、钝圆、质坚韧。母牛乳房较小，乳头短小，乳静脉不发达。公牛睾丸较小，阴鞘紧贴腹部。全身被毛密长，冬、春长毛下有绒毛，腹毛长及地。

（2）地理分布

中甸牦牛主产于海拔 2 900~4 900 m 的云南省香格里拉县中北部地区大中甸、小中甸、建塘镇、格咱、尼汝、东旺等地，周边的四川省乡城、德荣、稻城县及云南省大理白族自治州剑川县老君山等，在海拔 2 500~2 800 m 的中山温带区的山地有零星分布。香格里拉县平均海拔高度 3 200 m，位于云南、四川、西藏三省区交界处，年平均气温 5.4℃，大于 10℃年积温 790~2 300℃，最高气温 24.9℃，最低气温 –21℃；无绝对无霜期，冰冻期长达 124 d；年降水量 600~800 mm，降水主要集中于夏秋季，属半干旱、半湿润寒温型高原季风气候带。草地主要为高寒草甸、亚高山（林间）草甸、沼泽草甸、山地灌丛、疏林林间草地等类型。较温暖的可耕地区主要农作物为马铃薯、蔓菁、青稞、油菜、燕麦等耐寒作物。

（3）生产性能

成年中甸牦牛公牛体重224.4 kg，体高115.5 cm，体斜长126 cm；母牛体重208.8 kg，体高111.9 kg，体斜长125.8 cm。阉牛屠宰率54.3%，净肉率41.2%。

中甸牦牛一般4~6月份产乳泌乳，11月下旬至翌年4月份前干乳，泌乳期平均为195 d左右，年挤奶量210 kg，乳脂率为6.2%左右。

中甸牦牛属晚熟、低繁殖性能牛种，一般3~4岁性成熟初配。性成熟年龄公牛为24~36月龄，平均30月龄；母牛26~42月龄，平均36月龄。初配年龄公牛30月龄，母牛36月龄。一般7~10月份配种，次年3~7月份产犊，发情周期19 d左右，妊娠期259 d左右。

图2-26　中甸牦牛公牛

图2-27　中甸牦牛母牛

（引自《中国畜禽遗传资源志 牛志》）

11. 天祝白牦牛

（1）体貌特征

天祝白牦牛属肉毛兼用型牦牛地方品种。被毛为纯白色。体态结构紧凑，有角（角形较杂）或无角，前躯发育良好，腱部较高，四肢结实，蹄小、质地密，尾形如马尾。体侧各部位以及项脊至颈峰、下颌和垂皮等部位，着生长而有光泽的粗毛（或称裙毛）同尾毛一起似筒裙围于体侧；胸部、后躯和四肢、颈侧、背腰及尾部，着生较短的粗毛及绒毛。公牦牛头大、额宽、头心毛卷曲，有角个体角粗长，有雄相，颈粗，鬐甲显著隆起，睾丸紧缩悬在后腹下部。母牦牛头清秀，角较细，背腰平直，腹较大、不下垂，乳房呈碗碟状，乳头短细，乳静脉不发达。

（2）地理分布

天祝白牦牛中心产区为甘肃省天祝藏族自治县以毛毛山、乌鞘岭为中心的松山、柏林、东大滩、抓喜秀龙、西大滩、华藏寺等19个乡（镇）。中心产区位于北纬36°30′~37°35′、东经102°00′~103°40′，地处甘肃省中部、祁连山东端，海拔2 100~4 800 m，是青藏高原、黄土高原、内蒙古高原三大高原的交汇处。地貌类型多样，气候垂直差异明显。天祝藏族自治县除南部一些河谷属温带半干旱气候外，大部分地方属寒冷半干旱和半湿润气候。年平均气温 0.5℃，最低气温 –30℃；年降水量 300~416 mm，多集中于 7~9 月份；年日照时数 2 500~2 700 h。较大的河流有八条，年径流量 8 亿 m³，河流水质较好。土质以黑钙土、栗钙土、灰褐土为主，适宜天然牧草生长，植物类型及草地类型多样，有草原草场、山地草甸草场、灌丛草甸草场、疏林草甸草场、高寒草甸草场五种类型。牧草种类繁多，有饲用植物 41 科、139 属、198 种。种植的人工牧草品种有一年生燕麦、饲用玉米、箭舌豌豆和多年生牧草等。

（3）生产性能

成年公牛体重、体高、体斜长分别为 264.1 kg、120.8 cm、123.2 cm；母牛体重、体高、体斜长分别为 189.7 kg、108.1 cm、113.6 cm。公牛屠宰率为 51.9%，净肉率为 36.8%。阉牛屠宰率 54.8%、净肉率 44.0%。

母牦牛 5 月下旬到 10 月下旬 150 d 挤奶量为 340~400 kg，其中 1/3 以上被犊牛吮食。每年 6~9 月份为挤乳期（105~120 d），日挤奶量最高为 4.0 kg、最低为 0.5 kg。乳中含粗蛋白 6.53%±0.09%，粗脂肪 5.6%±0.4%，每百克含钙 135.9±4.2 mg、铁 0.37±0.03 mg、锌 0.43±0.02 mg，氨基酸总量 6.36 g。

成年公牛裙毛量、抓绒量、尾毛量分别为 3.6 kg、0.4 kg 和 0.6 kg；母牦牛分别为 1.2 kg、0.8 kg、0.4 kg；阉牛分别为 1.8 kg、0.5 kg、0.3 kg。

天祝白牦牛母牦牛 12~15 月龄性成熟，2~4 岁初配，一般 4 岁才能成熟。母牦牛 6~9 月份为发情期，发情周期 19~27 d，发情持续期 0.5~2 d，妊娠期 260 d 左右；多两年一胎。公牛 10~12 月龄性成熟，3~4 岁初配。公、母牦牛配种比例 1∶15~25，利用年限 4~5 年，繁殖成活率 63%。

图 2-28　天祝白牦牛公牛（郭宪供图）　　　　图 2-29　天祝白牦牛母牛

12. 巴州牦牛

（1）体貌特征

巴州牦牛属肉乳兼用型牦牛地方品种。其体格大，偏肉用型，被毛以黑色、褐色、灰色为主，黑白花色少见，偶可见白色。头较粗，额宽短，眼圆大、稍突出。额毛密长而卷曲，但不遮住双眼。鼻孔大，唇薄。分无角和有角两种类型，以有角者居多，角细长，向外、向上前方或后方张开，角轮明显。耳小、稍垂。体躯呈长方形，鬐甲高耸，前躯发育良好。胸深，腹大，背稍凹，后躯发育中等，尻略斜。尾短、毛密长，呈扫帚状，四肢粗短、有力，关节圆大，蹄小而圆、质地坚实。全身被长毛，腹毛下垂呈裙状，不及地。

（2）地理分布

巴州牦牛中心产区位于新疆维吾尔自治区巴音郭楞蒙古自治州和静县、和硕县的高山地带，以和静的巴音布鲁克、巴伦台地区为集中产区。产区位于北纬36°11′~43°20′、东经83°00′~93°56′，地处新疆东南部，天山屏障以北，阿尔金山绵亘以南，塔里木盆地的东半部袒露于两大山脉之间，草原辽阔，占全州总面积的1/5，约8.6万 hm²。境内高山终年积雪，水源充沛。盆地平均海拔2 500 m，四周高山环抱。年平均气温 −4.5℃，1月平均气温 −26℃，极端最低气温 −48.1℃，7月平均气温10.4℃，高于0℃积温1 252℃，冷季长达8个月，无绝对无霜期。年降水量279 mm，积雪期长达150~180 d。草原主要由针茅、狐茅和篙等高寒草种构成。

（3）生产性能

6月份测定，成年公牛体重、体高、体斜长分别为260.0 cm、117.8 cm、127.6 cm；母牛体重、体高、体斜长分别为209.1 kg、110.1 cm、119.3.6 cm。公牛屠宰率为48.3%，净肉率为31.8%。

在巴音布鲁克草原全年放牧条件下，6~9月份挤奶，一般挤奶期120 d，每天早晚各挤一次，平均日挤奶量2.6 kg，年挤奶量约300 kg，其主要成分为乳脂率5.6%、乳蛋白率5.36%、乳糖率4.62%、干物质17.35%。

巴州牦牛一般3岁开始配种，6~10月份为发情季节。上年空怀母牛发情较早，当年产犊的母牛发情推迟或不发情，膘情好的母牛多在产犊后3~4个月发情。发情持续期32 h，妊娠期257 d左右。公牦牛4~6岁配种能力最强，8岁后逐渐减弱。

图2-30　巴州牦牛公牛　　　　　图2-31　巴州牦牛母牛

（引自《中国畜禽遗传资源志 牛志》）

043

（二）培育品种

1. 大通牦牛

（1）体貌特征

大通牦牛由中国农业科学院兰州畜牧与兽医研究所、青海省大通种牛场培育，2004年通过农业部畜禽品种审定委员会审定。被毛黑褐色，背线、嘴唇、眼睑为灰白色或乳白色。鬐甲高而颈峰隆起（尤其是公牦牛），背腰部平直至十字部又隆起，即整个背线呈波浪形线条。体格高大、体质结实、结构紧凑、发育良好，前胸开阔，四肢稍高但结实，呈现肉用体型。体侧下部密生粗长毛，体躯夹生绒毛和两型毛，裙毛密长，尾毛长而蓬松。公牦牛头粗重，有角，颈短厚且深，睾丸较小，紧缩悬在后腹下部，不下垂。母牦牛头长，眼大而圆，清秀，大部分有角，颈长而薄，乳房呈碗状，乳头短细，乳静脉不明显。体型外貌具有明显的野牦牛特征。

（2）地理分布

大通牦牛主要分布在青海省大通种牛场，该场位于青海省大通县西北，祁连山支脉大阪山南的宝库山峡谷地带，东西长约 40 km，南北宽 15 km，海拔 2 900~4 600 m。年平均气温 0.5℃，全年无绝对无霜期，年降水量 463~636 mm。草地类型以高寒草甸和山地草甸为主，占草场总面积的 90.9%，可食牧草主要是禾本科草。

（3）生产性能

成年大通牦牛在 6 岁时，公牦牛体重平均为 381.7 kg，体高平均为 121.3 cm；母牦牛体重平均为 220.3 kg，体高平均为 106.8 cm。

天然草场放牧条件下，4~6 月龄全哺乳公牦牛屠宰率为 48%~50%，净肉率为 37%~39%；18 月龄公牦牛屠宰率为 45%~49%，净肉率为 36%~38%；成年公牦牛屠宰率为 46%~52%，净肉率为 36%~40%。

大通牦牛母牛 150 d 挤奶量 262.2 kg，平均乳脂率 5.77%，乳蛋白率 5.24%，干物质 17.86%。

大通牦牛的繁殖有明显的季节性，发情配种集中在 7、8、9 三个月。公牦牛 18 月龄性成熟，24~28 月龄可正常采精，平均采精量 4.8 mL，可利用到 10 岁左右。母牦牛初配年龄大部分为 24 月龄，少数为 36 月龄；发情周期 21 d，发情持续期 24~48 h；妊娠期 250~260 d。

（4）培育过程

大通牦牛是在青藏高原自然生态条件下，以野牦牛为父本、当地家牦牛为母本，应用低代牛（F₁）横交理论建立育种核心群，强化选择与淘汰，适度利用近交、闭锁繁育等技术手段，育成含 1/2 野牦牛基因的肉用型牦牛新品种，是世界上人工培育的第一个牦牛新品种，因其育成于青海省大通种牛场而得名。

图 2-32　大通牦牛公牛（郭宪供图）　　　　图 2-33　大通牦牛母牛（郭宪供图）

（三）新遗传资源

1. 金川牦牛

（1）体貌特征

金川牦牛属肉乳兼用型牦牛地方品种。公、母牦牛均有角，头部狭长，嘴宽唇薄；体型高大紧凑，胸廓深大，鬐甲较高，背腰平直，肩颈结合良好，体躯呈矩形；四肢强健，四肢较长而粗壮，前肢直立，后肢弯曲有力；蹄质结实，后腿粗壮，肌肉发达；全身被毛密长多为头、胸、尾部白色，身躯黑色，极少有纯白色的；腹部、胸前裙毛长，尾根着生较低，尾长，尾毛多，丛生帚状。公牦牛头部粗重，额宽，雄壮结实；母牦牛清秀，骨盆较宽，乳房丰满，性情温和。

（2）地理分布

金川牦牛主要分布在川西北高原，阿坝藏族羌族自治州西南部，地处青藏高原东部边缘，大渡河上游的金川县，分布于金川县毛日乡的热它、壳它、毛日、撒尔脚、七一、甲克、依生七个村，阿科里乡的阿科里、铁基、卡苏三个村，二嘎里乡的白塔村，俄日乡的嘎斯都村、嘛妮沟村、太阳河的松都牧场和烧达牧场、卡拉脚乡联办牧场、撒瓦脚乡联办牧场、集沐乡联办牧场、万林乡的西里寨牧场，共 8 个乡的 13 个村、6 个牧场。这些村和牧场属高山草甸草地，海拔 3 000~5 000 m，属大陆性高原季风气候，多晴朗天气，昼夜温差较大。常有冬干、春旱和伏旱。年均气温 12.7℃，年均日照 2 129.7 h，无霜期 184 d。年均降水量 616.2 mm，蒸发量 1 500 mm，河谷地带气候干燥。由于受海拔、气候、光照、水分、土壤、霜期、地形等因素影响，形成了植被类型多样性和复杂性。植被组成复杂多样，谷岭高差悬殊较大，此外在阿坝藏族羌族自治州壤塘县及甘孜藏族自治州道孚、丹巴县等山原地带也有零星分布。

（3）生产性能

金川牦牛成年公牛体高 127 cm 左右，体重为 324 kg 左右，母牛分别为 110 cm 和 225 kg 左右。成年阉牛屠宰率为 57.28%，净肉率为 44.33%。金川牦牛全年泌乳 180 d 左右，高峰期为 7 月初至 9 月中旬，平均日产奶 1~3 kg，全期产奶 215~ 420 kg。乳脂肪球

大、乳中蛋白质含量丰富，色好，乳脂率为 5.5%~8.0%。

金川牦牛性成熟较晚，一般 3 岁后才初配，终生产犊 5~8 胎，多数三年产两胎。犊牛成活率为 85.5%。母牦牛发情多分布在 8~10 月，产犊多集中于 4~5 月。

图 2-34　金川牦牛公牛

图 2-35　金川牦牛母牛

图 2-36　金川牦牛 15 对肋骨

2.昌台牦牛

（1）体貌特征

昌台牦牛以被毛全黑色为主，也有少量头、四肢、尾、胸、背部带白色花斑的个体和青灰色个体，前胸、体侧及尾部着生长毛，尾毛呈帚状。头大小适中，90% 的有角，额宽平，颈细长，胸深，体窄，背腰略凹陷，腹稍大而下垂，胸腹线呈弧形，近似长方形。公牦牛头粗短，角根粗大，向两侧平伸而向上，角尖略向后、向内弯曲；眼大有神，鬐甲高而丰满，体躯略前高后低。母牦牛面部清秀，角较细、短、尖，角型一致；颈较薄，鬐甲较低而单薄。后躯发育较好，胸深，肋开张，尻部较窄略斜。体躯较长，四肢较短。蹄小，蹄质坚实。前胸、体侧及尾着生长毛，尾毛帚状。

（2）地理分布

昌台牦牛中心产区位于四川省甘孜藏族自治州白玉县境内的纳塔乡、阿察乡、安孜乡、辽西乡、麻邛乡及昌台种畜场。主产区分布在石渠、色达、德格、甘孜、新龙、理塘、雅江等县。

（3）生产性能

成年公、母牦牛的体高分别为 125.63 cm、111.39 cm，管围分别为 20.73 cm、16.46 cm，体重分别为 355.97 kg、252.61 kg，体斜长分别为 156.07 cm、134.14 cm，胸围分别为 188.33 cm、168.71 cm。

3.5 岁母牦牛宰前重为 135.64 kg，胴体重为 65.56 kg，净骨重为 12.92 kg，净肉重为 45.88 kg，屠宰率为 48.41%，净肉率为 33.91%，胴体产肉率为 69.99%，骨肉比为 1∶3.55；4.5 岁公牦牛宰前重为 232.04 kg，胴体重为 109.60 kg，净骨重为 23.68 kg，净肉重为 79.08 kg，屠宰率为 47.19%，净肉率为 34.10%，胴体产肉率为 72.28%，骨肉比为 1∶3.46。成年公牦牛宰前重为 364.32 kg，胴体重为 186.60 kg，净骨重为 39.74 kg，净肉重为 147.84 kg，屠宰率为 51.15%，净肉率为 40.54%，胴体产肉率为 79.29%，骨肉比为 1∶3.73；成年母牦牛宰前重为 266.83 kg，胴体重为 125.67 kg，净骨重为 25.00 kg，净肉重为 100.83 kg，屠宰率为 49.34%，净肉率为 37.66%，胴体产肉率为 80.24%，骨肉比为 1∶4.03。年产奶量平均为 359.94 kg。

一般 3.5 岁开始配种，公牦牛 6~9 岁为配种盛期，以自然交配为主。母牦牛为季节性发情，发情季节为每年的 7~9 月，其中 7~8 月为发情旺季。发情周期 18.2±4.4 d，发情持续时间 12~16 h，妊娠期 255±5 d，繁殖年限为 10~12 年，一般三年两胎，繁殖成活率为 45.02%，犊牛成活率为 95% 以上。

图 2-37　昌台牦牛公牛　　　　　　　　图 2-38　昌台牦牛母牛

3. 类乌齐牦牛

（1）体貌特征

类乌齐牦牛属以产肉为主肉乳兼用型牦牛。被毛主要为黑色，部分个体为黄褐色或带有白斑；体型略矮，体躯健壮，头部近似楔形、大小适中，一般都有角、呈小圆环，角细尖；嘴筒稍长，鼻镜多为黑褐色，部分为粉色；四肢粗短，蹄质结实。公牦牛头型短宽，肩峰较小，前胸深宽，颈较短，无颈垂、胸垂及脐垂，尻形短；母牦牛头型长窄，颈薄，略有肩峰，背腰微凹，后躯发育较好，四肢相对较短。

（2）地理分布

类乌齐牦牛主要分布在西藏东部的昌都市类乌齐县境内海拔 4 500 m 以上的高山草甸草原地区。中心产区为类乌齐镇、卡玛多乡、长毛岭乡和吉多乡等乡镇，是经长期自然选择而形成的能适应当地生态环境的优良牦牛遗传资源，是当地牧民不可缺少、赖以生存的生活和生产资料。

（3）生产性能

类乌齐牦牛公犊、母犊平均初生重分别为 9.39 kg 和 8.90 kg；成年公牦牛体重、体高、休斜长、胸围及管围分别为 400.89 kg、124.21 cm、148.11 cm、188.05 cm 及 19.37 cm；成年母牦牛体重、体高、体斜长、胸围及管围分别为 243.56 kg、105.70 cm、127.96 cm、156.10 cm 和 15.01 cm；成年公牦牛屠宰率和净肉率分别为 51.67% 和 42.54%，成年母牦牛屠宰率和净肉率分别为 48.53% 和 42.73%。

全奶牛全年平均产奶 250 kg，含脂率 6.96%；半奶牛全年平均产奶 130 kg，含脂率 7.50%。

类乌齐母牦牛一般为 3.5 岁开始初配，成年母牛多为两年一产，每年一产占适龄母牛的 15%~20%，当年牛犊成活率为 85%，繁殖成活率为 45%；公牦牛一般 3.5 岁开始配种。

图 2-39　类乌齐牦牛公牛

图 2-40　类乌齐牦牛母牛

第三章

牦牛的生产性能

第一节　牦牛的生长发育

一、牦牛的生长发育阶段

牦牛的生长发育阶段划分：犊牛大致为初生至断奶，初生至1周岁；育成期指断奶至初次分娩，1~4岁；育成前期为断奶至初配前或性成熟，1~3岁，性成熟约3岁；育成后期（青年牛）为初配至分娩，3~4岁，体成熟在4岁左右；成年5岁以上。

二、牦牛的体重及体尺

以麦洼牦牛为例，该品种生长性能良好。据对四川省牦牛原种场选育核心群的测定，在自然条件下（即纯放牧，妊娠母牛冷季不补饲），犊牛初生重多数9~14 kg，在母牛不挤奶（即犊牛自由哺乳＋放牧）条件下，公犊0.5岁体重平均50~70 kg；育成公牛1.5岁80~120 kg，2.5岁150~180 kg，3.5岁160~200 kg，4.5岁200~240 kg；成年公牛（>5岁）350~550 kg；成年母牛（>5岁）180~350 kg。成年牛的体尺指标见表3-1。

表3-1　麦洼牦牛成年牛体尺及体重

性别	n	体高（cm）	体斜长（cm）	胸围（cm）	管围（cm）	体重（kg）
♂	11	123.3 ± 3.0	165.2 ± 12.6	195.1 ± 7.7	19.4 ± 1.4	442.6 ± 66.9
♀	44	107.7 ± 4.6	133.1 ± 10.9	164.0 ± 6.6	16.2 ± 1.1	251.7 ± 34.5

注：刁运华. 四川畜禽遗传资源志[M]. 成都：四川科学技术出版社，2009.

图3-1　体尺及体重测定

生产中一般为半哺乳（母牛挤奶，即犊牛限制哺乳时间＋放牧）的哺育模式。与全哺乳哺育模式比较，生长速度较慢，哺乳期和育成期各个年龄段体重较低，其中在前期的差异较大，达到显著水平。半哺乳公犊牛0.5岁体重平均60 kg左右，母牛挤奶强度（每日1~2次）越高，犊牛体重越低。

三、牦牛的体况季节性消长

由于高寒牧区天然牧草季节性（暖季－冷季；生长季－枯草季）供应不平衡（相对于低海拔地区）特别突出，在纯放牧条件下，牦牛冷季放牧采食牧草摄入量严重不足且品质较差，导致冷季掉膘严重，青年牛及成年牛越冬减重平均为 20%~25%，呈现剧烈的季节性体况消长变化。总体上，膘情最佳的时间在 9 月，最差的时间在 4 月至 5 月初。牦牛的长膘（增重）时间为 5~9 月份共计 5 个月，掉膘（减重）时间 10 月至翌年 4 月份计 7 个月。

四、牦牛的补偿生长能力

动物生长的某个阶段，因营养不足导致生长速度下降、发育受阻。当恢复良好营养条件时，生长速度比正常饲养的动物快，经过一段时间的饲养后，仍能恢复到正常体重，这种特性叫补偿生长。

牦牛在长达 6 个月的冷季（11 月至翌年 4 月）及 7 个月的枯草期（10 月至翌年 4 月）中，处于营养应激和冷应激，营养负平衡，动用体能储备，持续掉膘减重（犊牛由于处在生长速度最快的阶段，勉强能维持体重，但不增重，其越冬后周岁体重与越冬前 0.5 岁体重基本持平）的状态；在 5 月份牧草返青至 6 月份发挥补偿生长能力，恢复体重；在 7~9 月份牧草盛草期长膘增重，为越冬前储备体能，期间增重相当于年度净增重，即年度绝对生长的数量。

牦牛的补偿生长能力较普通牛种强，包括生长受阻程度大和补充速度快。生产中有谚语，"见青即上膘"，说明牦牛具有强的补偿生长能力。生长受阻程度大，青年牛及成年牛减重约 25%。据测定，成年母牛减重可高达 38%，此情况下仍可完全补偿生长（完全恢复体重），说明牦牛补偿生长能力具有畜种特殊性。补偿速度快，根据体重测定，牦牛在 6 月份的体重相当于越冬减重前的 9 月底体重，说明牦牛通过 5~6 月份仅 2 个月的长膘即补偿了长达 7 个月的掉膘。实际上，5 月份牧草处于返青期，产量低，尚未能充裕采食，推测其补偿越冬掉膘不需要 60 d。确切的补偿掉膘时间，即恢复到越冬前最高体重的时间，缺乏测定数据分析。

五、影响生长发育的因素与生产指导

母牦牛妊娠期营养水平：母牛妊娠期尤其是妊娠后期的营养水平，影响胎儿的发育。母牦牛妊娠后期处于饲草最缺乏、气温最低的季节，春季 3~5 月份，放牧不补饲

条件下处于严重营养负平衡阶段。由于牦牛具有较普通牛种耐寒耐饥能力强的环境适应性，一般能正常分娩，但犊牛初生重较低，哺乳期死亡率较高。试验证明，妊娠后期补饲改善营养水平，能显著提高犊牛初生重及后续的成活率。传统的饲养管理习惯为纯放牧不补饲；科学养殖要求补饲。

1. 哺乳期的挤奶强度

牦牛自然断奶的年龄为 12~18 月龄（因个体而差异），即哺乳期范围从 4 月份至翌年 10 月份，经过暖季青草期—越冬度春—暖季青草期。仅在暖季青草期挤奶，冷季由于营养缺乏，母牛产奶量极低，不挤奶。根据生产实践观察及试验结果，犊牛的生长发育速度随着母牛挤奶强度的提高而下降，犊牛的体重表现为全哺乳 > 日挤奶 1 次 > 日挤奶 2 次，以及挤奶期短（5~9 月份）> 挤奶期长（5~12 月份），提示牦牛的泌乳能力仅能满足犊牛的哺乳需要，几乎不应挤奶；而牧民认为至少在 7~8 月份产奶高峰期泌乳量有富余，应该挤奶。传统的管理习惯为母牛挤奶（目前，仅个别地区不挤奶），日挤奶 1~2 次，甚至据说有挤奶 3 次；高效养殖提出不挤奶全哺乳。不挤奶的哺乳模式避免犊牛生长发育受阻，甚至导致"僵牛"。

2. 育成期的饲养管理

为了节约饲养成本，传统生产中一般为纯放牧不补饲、不暖棚夜宿御寒，这造成育成期生长缓慢，越冬掉膘严重，生长周期长。育成期是犊牛之后成年之前生长发育速度最快的阶段，科学高效养殖要求满足其采食量，以充分利用和发挥此阶段生长速度快的潜力，具体措施有暖季保证放牧采食时间和采食量（研究人员提倡延长放牧时间甚至昼夜放牧），至少应在饲草最缺乏的春季进行补饲。对于繁殖用的牛只，越冬补饲能促进体重尽早达到性成熟体重及体成熟体重，从而提高繁殖成绩，同时也是初产顺利分娩的重要保障措施；对于非留种的淘汰育肥牛只，越冬补饲能缩短饲养周期。

3. 育成后成年前的饲养管理

此阶段虽然已经繁殖利用，但仍处于生长阶段，营养需要包括维持需要、生长需要、生产需要（泌乳需要等）。传统饲养方式同育成期，纯放牧不补饲；科学养殖要求改善饲养水平，降低挤奶强度。

系统环境因素：作为一般规律性，影响育肥性能因素有品种、生境、性别、是否去势、产犊月份等。

第二节　牦牛的产肉性能

一、牦牛的育肥性能

（一）牦牛出栏年龄及育肥方式的研究

一般牦牛在高寒牧区当地，根据牧草和气候季节性（暖季青草期为有利条件，冷季枯草期为不利条件）进行季节性生产。架子牛年龄为 3~4 岁。育肥期为暖季青草期，1 个暖季即 1 个牧草生长季为 5 月份至 10 月份约 180 d。生产实践中，习惯粗放的饲养管理，纯放牧不补饲，并无特别的育肥措施，属于自然生长的放牧育肥方式。

近年来，牦牛异地育肥再次成为研究热点，有多个科研单位开展此研究；异地育肥的原理是，将高寒牧区育成的架子牛转移至较低海拔的地区，利用后者冬春的光热有利条件及饲养管理条件，进行舍饲育肥；异地育肥的意义，减轻牧区冬春放牧草场压力，标准化育肥与生产标准化的肉产品，错峰出栏满足全年鲜肉市场需求。异地育肥生产方式，一般指架子牛短期育肥方式，也有研究者对全期育肥方式进行研究。2016 年前后，四川省阿坝藏族羌族自治州农业畜牧局开始大力推广牦牛异地育肥，技术名称为"阿坝州牦牛标准化养殖技术"，也称"4218 模式"。与牧区放牧育肥限于暖季青草期不同，异地育肥生产方式的育肥期不限于季节，可全年进行。架子牛异地育肥的育肥期，提出 3 个月左右或 100 d 左右。

对牦牛适宜的育肥期与出栏年龄进行试验分析，综合考虑生长期体重增长速度、出栏体重及肉品质、经济效益、草场放牧压力等因素，有研究分析，提出适宜的出栏屠宰年龄为 4.5 岁，有研究认为，通过育肥措施出栏屠宰年龄可提前为 3.5 岁。

图 3-2　牦牛育肥

(二)育肥技术与效果

1. 产区放牧育肥

技术要点：以犊牛全哺乳培育和冷季补饲为技术要点。

育肥期增重与出栏体重：育肥期 3~3.5 岁或 4~4.5 岁，180 d。在全哺乳及冷季雪天补饲（属于最低水平的补饲）及未去势条件下，日增重 430 g；3.5 岁出栏重可达 240 kg 以上。为了防止乱配，一般采取去势育肥（阉牛育肥）。去势易于育肥，但在去势后一段时间内生长速度降低。在低水平补饲的放牧育肥条件下，去势与不去势的 3.5 岁出栏体重估计差异不显著。

图 3-3 产区放牧育肥

2. 产区舍饲育肥

试验动物：麦洼牦牛 2.5 岁 40 头，公母各半；按样本量、性别、体重、体况均衡分配成试验组和对照组。试验地点：四川省龙日种畜场。试验期 11 月 20 日至 4 月 20 日计 150 d；分为适应期 8 d、过渡期 12 d、强化期 130 d。补饲料组成见表 3-2。记录采食量（表 3-2）、体重变化及料重比。

试验结果：试验组牦牛平均体重增加了 31.22 ± 0.69 kg，而对照组自然放牧平均体重下降 20.63 ± 0.14 kg，试验组体重比对照组平均增加 51.85 kg（表 3-3）。

表 3-2 麦洼牦牛 2.5 岁冷季舍饲试验牛只日采食量及料重比（n=20）

试验天数（d）	0~30	31~60	61~90	91~120	121~150
精料日采食量（kg）	0.78	1.44	1.51	1.64	1.76
青干草日采食量（kg）	2.3	2.18	2.09	2.11	2.01
日采食量（kg）	3.08	3.62	3.60	3.75	3.77
精粗比	20：80	40：60	42：58	44：56	47：53
占体重比（%）	2.37	2.94	2.92	3.0	2.79
料重比	18.48	15.5	15.4	16.0	14.1

引自：赵晓东. 冷季全舍饲对麦洼牦牛生长性能、血液生化和血清矿物元素的影响 [D]. 成都：四川农业大学，2014.

表3-3　麦洼牦牛2.5岁冷季舍饲试验牛体重变化及与对照组比较（对照20头，试验20头）

月份（月）	试验天数（d）	对照组（放牧）（kg）	试验组（舍饲）（kg）
11	0	127.3 ± 6.08	125.65 ± 7.15
12	30	127.7 ± 5.87[a]	129.9 ± 5.20[a]
次年1	60	124.3 ± 6.03[a]	136.84 ± 6.48[b]
2	90	119.02 ± 6.2[a]	143.20 ± 6.13[b]
3	120	112.59 ± 6.3[A]	149.40 ± 6.51[B]
4	150	106.65 ± 6.0[A]	156.87 ± 4.84[B]
试验期增重（kg）		−20.625 ± 7.14[A]	31.22 ± 6.69[B]
日增重（kg）		0.1373 ± 0.055[A]	0.20 ± 0.002 2[B]

注：标有不同小写字母的数据之间差异显著（$P < 0.05$），不同大写字母之间差异极显著（$P < 0.01$）。

引自：赵晓东. 冷季全舍饲对麦洼牦牛生长性能、血液生化和血清矿物元素的影响[D]. 成都：四川农业大学，2014.

图3-4　牧区本地集中育肥

3. 异地育肥

牦牛异地育肥一般是指将牦牛产区（高寒牧区，海拔 >3 000 m）的非生产畜，即指公牛架子牛，也可以是幼龄公牛，迁移至周边半农半牧区（海拔 2 000~2 800 m），利用后者的冬春气候优势和饲养管理条件等优势，进行短期舍饲育肥（也可以直线育肥）的技术和生产方式。

根据阿坝藏族羌族自治州小金县养殖户实践摸索及西南民族大学研究提出的阿坝藏

族羌族自治州牦牛异地育肥标准化"4218模式"（阿坝藏族羌族自治州小金县最早实践探索，生产技术及产业模式较为成熟，因此也称为"小金模式"），牧区4岁左右的架子牛，体重在200 kg左右，转到半农半牧区舍饲育肥100 d，增重80 kg。

4.犊牛肉生产

犊牛肉分犊牛白肉和犊牛红肉。犊牛白肉（"小白牛肉"）是指犊牛出生后，用初乳喂养3~5 d，然后完全用全乳、脱脂乳或代用乳进行饲喂，饲喂一定天数，达到一定体重时屠宰，所得之肉肉质细致软嫩、味道鲜美，高蛋白低脂肪，呈全白色或稍带浅粉色。因尚未喂青、粗饲料，肉呈白色，故称小白牛肉。犊牛红肉是指对犊公牛先用全乳或代乳粉喂养，然后再用谷物、干草等饲料饲喂，到6~12月龄时出栏屠宰，所得牛肉即为犊牛红肉。其肉色发暗，肌肉、脂肪相对较多，肉质略逊犊牛白肉，但也是牛肉中的上品。优势是生产成本比较低。

为了开发牦牛肉产品，也为了探索减轻草场（冬春草场）放牧压力的有效途径，在牦牛上也参考普通牛种犊牛肉生产技术，开展牦牛犊牛肉生产方式研究与示范。出栏年龄为犊牛出生当年出栏，出栏时间一般为入冬前的10月份。犊牛当年育肥出栏（0.5岁）将大大减轻草场放牧压力，其比常规的架子牛育肥出栏（3.5岁、4.5岁）缩短周期3~4年。

四川省草原科学研究院对红原麦洼牦牛犊牛的生长发育和屠宰性能进行了试验分析，探索犊牛肉生产技术。测定结果及与育成牛的比较见表3-4至表3-7。试验得出，麦洼牦牛犊牛肉生产出栏年龄为6月龄，平均出栏体重>80 kg，胴体重>47 kg，肉食用品质具有高蛋白、低脂肪、肉质嫩等优势。

据已有报道，国内牦牛犊牛肉生产主要为青海大通种牛场。该场从1996年以来开展了牦犊牛全哺乳育肥生产牦犊牛肉，根据报道的2003年生产数据，当年出栏6 000头中，成年牛2 500头，犊牛3 500头；5~7月龄牦犊牛平均体重77.61 kg。据此分析，该场已经呈现引领该地区犊牛肉生产产业化的发展势头。

二、牦牛的产肉能力与肉品质

牦牛肉的特点是色泽为深红色（肌红蛋白含量高），蛋白质含量高（21%）而脂肪含量低（14%~37%），肌肉纤维细（眼肌肌纤维直径为48~53 μm）。

（一）屠宰性能与胴体品质

四川省草原科学研究院详细测定麦洼牦牛0.5~3.5岁公牛在产区放牧育肥条件下的屠宰性能，3.5岁宰前重230 kg，屠宰率49%，净肉率达38%。

表 3-4　麦洼牦牛生长公牛屠宰性能

年龄（岁）	n	宰前重（kg）	胴体重（kg）	净肉重（kg）	屠宰率（%）	净肉率（%）	骨肉比
0.5	6	85.17 ± 11.48^b	48.58 ± 7.05^c	37.43 ± 8.25^c	58.84 ± 7.03^a	46.80 ± 2.83^a	1 : 3.13
1.5	10	117.85 ± 12.59^c	52.50 ± 4.32^c	42.45 ± 3.50^c	45.56 ± 3.00^b	36.48 ± 2.31^b	1 : 2.94
2.5	8	167.38 ± 12.74^b	81.12 ± 8.85^b	58.49 ± 7.38^b	48.38 ± 2.38^b	34.85 ± 2.25^b	1 : 2.98
3.5	8	230.19 ± 15.09^a	112.41 ± 9.51^a	88.46 ± 7.61^a	48.79 ± 1.43^b	38.39 ± 1.11^b	1 : 3.82

图 3-5　麦洼牦牛胴体

（二）肉食用品质

表 3-5　麦洼牦牛生长公牛肉熟肉率和剪切力

年龄（岁）	n	熟肉率			剪切力（kg）		
		辣椒条	外脊	小黄瓜条	辣椒条	外脊	小黄瓜条
0.5	6	0.73 ± 0.031	0.77 ± 0.033	0.82 ± 0.026^a	4.38 ± 0.560^b	4.66 ± 0.543^c	4.52 ± 0.727^c
1.5	10	0.72 ± 0.022	0.76 ± 0.024	0.78 ± 0.020^a	5.41 ± 0.354^b	5.39 ± 0.503^c	5.46 ± 0.485^c
2.5	8	0.71 ± 0.024	0.71 ± 0.026	0.69 ± 0.022^b	4.63 ± 0.423^b	7.12 ± 0.471^b	7.21 ± 0.594^b
3.5	8	0.69 ± 0.024	0.73 ± 0.026	0.70 ± 0.022^b	6.97 ± 0.423^a	14.23 ± 0.471^a	9.02 ± 0.550^a
P		0.780 2	0.433 1	0.001 2**	0.001 8**	<0.000 1***	0.000 1***

表 3-6　麦洼牦牛生长公牛肉 pH 值

年龄（岁）	pH_0 值	pH_{24} 值
0.5	6.62 ± 0.33	5.48 ± 0.28^b
1.5	6.69 ± 0.47	5.54 ± 0.36^b
2.5	6.76 ± 0.20	5.55 ± 0.09^b
3.5	6.65 ± 0.21	6.03 ± 0.23^a

（三）肉营养品质

表3-7　麦洼牦牛生长公牛肉营养品质

部位	年龄（岁）	脂肪（%）	蛋白质（%）	水分（%）
辣椒条	0.5	1.40 ± 0.34	21.98 ± 0.73	78.49 ± 1.10
	1.5	1.33 ± 0.28	21.41 ± 0.85	78.66 ± 1.13
	2.5	1.79 ± 0.17	20.70 ± 0.53	79.04 ± 0.42
	3.5	1.50 ± 0.28	22.08 ± 0.45	76.06 ± 1.03
外脊	0.5	1.05 ± 0.14	22.92 ± 0.77	77.28 ± 0.67
	1.5	1.18 ± 0.21	22.59 ± 0.53	78.30 ± 1.05
	2.5	1.55 ± 0.09	20.84 ± 0.34	79.34 ± 0.31
	3.5	1.25 ± 0.24	22.97 ± 0.27	75.98 ± 1.36
小黄瓜条	0.5	1.00 ± 0.14	23.00 ± 0.34	77.92 ± 1.08
	1.5	1.02 ± 0.16	22.68 ± 0.35	78.01 ± 0.84
	2.5	1.53 ± 0.10	20.91 ± 0.55	79.40 ± 0.55
	3.5	0.97 ± 0.26	22.85 ± 0.37	76.54 ± 1.33

三、影响育肥性能的因素与生产指导

1.育肥方式

根据相关研究，牦牛的适宜出栏屠宰年龄，在产区放牧育肥条件下，为4.5岁或3.5岁，即适宜的育肥阶段为3~3.5岁或4~4.5岁的暖季6个月。传统的牦牛育肥方式是自然生长，成年出栏（5~7岁），几乎无育肥技术可言，原因包括惜于饲草料投入、排斥饲喂工厂生产的饲料、"不杀生"的宗教观念影响。已有的牦牛育肥方式研究有产区放牧育肥、后期异地育肥、直线异地育肥。后期异地育肥即架子牛异地短期（100 d左右）舍饲催肥，出栏年龄与产区放牧育肥相近（3.5~4.5岁），育肥期日增重（可达800~1 000 g）显著提高；直线育肥即从断奶后幼牛开始舍饲育肥，育肥期为1年以上，与后期育肥比较，在达到同等出栏体重条件下，缩短饲养周期2年左右。在胴体质量及食用品质方面，随着育肥强度提高而改善。考虑到牧区牲畜超载草场退化、饲草缺乏、标准化生产程度低，应提倡异地育肥。

就产区放牧育肥方式而言，饲养管理方式影响育肥性能。由于传统饲养管理方式的习惯，饲养管理粗放，挤奶强度高，哺乳期生长发育受阻，冷季不补饲、无棚圈掉膘损失严重，育肥速度最慢。若推行3.5岁公牛出栏，此时平均体重仅200 kg左右。根据相

关研究或分析，放牧育肥出栏体重最好达到 250 kg 以上。

据估计，传统放牧育肥方式，出栏年龄 >5 岁。包括老龄淘汰牛只在内，出栏活重一般为 230~340 kg，屠宰率为 48%~53%，出栏率 <15%；若按全国牦牛存栏约 1 800 万头，年出栏率 15%，净肉重 100 kg 计算，年产肉 27 万 t。

在阿坝藏族羌族自治州红原地区，作为四川省现代畜牧业示范县，适时出栏管理较好，3.5~4.5 岁出栏，畜群结构较为合理。

2. 其他固定效应

作为一般规律性，影响育肥性能的因素有品种、生境、性别、是否去势等。

第三节　牦牛的产奶性能

一、泌乳季节性动态变化规律

牦牛为季节性发情配种，集中发情月份为 7~8 月，相应地，产犊集中月份在 4~5 月，少数母牛产犊月份晚至 6~7 月。生产中一般产后 10 d 至 1 个月后开始挤奶，因此挤奶月份从 4 月下旬开始。

泌乳量动态（泌乳曲线）与牧草生长物候期直接相关，随天然草场牧草季节性消长和气候的剧烈季节性变化而呈现剧烈变化，泌乳高峰期在 7~8 月份，日挤奶量平均 1.2~2 kg，对应青草期中的盛草期，泌乳量最低时期在冬春季节，对应枯草期，日挤奶量仅 0.3~0.5 kg。

冬春季由于气候严寒，牧草枯黄，牦牛放牧采食摄入营养不足，产奶量急剧下降，从生产的角度讲，基本仅能满足犊牛哺乳，不适宜挤奶。因此，牦牛的挤奶季节在暖季，也是青草期，一般 4 月下旬至 9 月下旬，也有挤奶至 11 月份甚至 12 月份，那样已经是过度挤奶了，严重影响犊牛泌乳期生长发育与安全越冬。产犊当年的挤奶时间大致是 5 个月，据此可将"标准泌乳期"产奶量指标定为 150 d 产奶量。

犊牛自然断奶情况下，断奶时间在 15~18 个月，也即产犊后第二年的 7~10 月份。母牛的哺乳期自（4~5 月份）产犊后开始，至翌年 7~10 月份。期间经过一次冬春，冬春泌乳量急剧下降而暂停挤奶，在翌年，随着进入暖季青草期，产奶量回升，可以继续挤奶。挤奶期被冷季（冬春）不挤奶分隔开为产犊当年暖季挤奶和翌年暖季挤奶，为了形象区分这两个挤奶期（或泌乳期），将产犊当年的挤奶母牛称为"全奶牛"，翌年挤奶母牛称为"半奶牛"。一般用全奶牛的产奶量作为泌乳期产奶量评价指标。

二、牦牛产奶性能的特点

牦牛产奶性能的"品种"特点：产奶量低，乳脂率高，功能营养丰富。

据生产实践中对犊牛自然断奶时间的观察，牦牛泌乳期可达 19 个月，即产犊月份 4 月份至翌年 10 月份，但冬春不挤奶，仅在暖季挤奶（5~10 月份）。通常以产犊当年（"全奶牛"）挤奶量作为评价指标。牦牛主要挤奶季节 5~9 月份，约 150 d。全奶牛 150 d 产奶量，在日挤奶一次情况下，平均 150 kg 左右，日挤奶 2 次时，约 200 kg 左右。半奶牛的挤奶量与全奶牛相比，一方面日产奶量有所下降，另一方面，由于母牛要发情配种，挤奶期短，仅 3 个月左右，估计为 50~80 kg。按照合理的日挤奶 1 次方式计算，如果只对全奶牛挤奶，则 1 个胎次产奶量 150 kg，年均产奶量 75 kg。繁殖利用年限内 3~5 胎，则每头终生产奶量 450~750 kg。

根据产奶量低的特点，日挤奶 1 次较为合理，入冬前的 10 月份不再挤奶较为适宜，以保障犊牛生长发育、安全越冬、母牛产后体况尽早恢复与发情、正常的繁殖率和犊牛成活率。再者，日挤奶 2 次的奶量并不成倍增加，而是小比例增加，从付出劳动的角度讲，并不划算；牦牛需要手工挤奶，挤奶劳动时间长，强度大，牧区妇女很辛苦。劳动力与产出在以前物资匮乏的年代，日挤奶 2 次较为普遍；随着经济发展和科学养殖技术的推广，目前，大部分为日挤奶 1 次，比如四川省阿坝藏族羌族自治州红原县，但有些地区至今仍沿用挤奶 2 次。

牦牛乳的乳脂率较高，在主要挤奶季节，平均乳脂率达 6% 左右，根据泌乳季节变化和放牧草场品质差异，变化范围在 5%~9%。乳蛋白率也较高，在主要挤奶季节，平均 4.5%~5.0%。干物质含量 18% 左右。

图 3-6　产奶性能测定

牦牛乳营养丰富，除了乳脂率、乳蛋白质率等常规营养指标比普通牛种显著高之外，其他功能性营养含量也较高。乳脂中不饱和脂肪酸含量多，脂肪较柔软；乳蛋白中 18 种氨基酸含量合计为 2 458 mg/100 g，各种氨基酸含量较高，且种类齐全，必需氨基

酸含量（赖氨酸除外）均高于或相当于荷斯坦牛乳；钙含量为 1 475.3 mg/L，比普通牛奶高 34%；除维生素 B$_5$ 外，维生素 A、维生素 C、维生素 B$_1$、维生素 B$_2$、维生素 B$_6$、维生素 B$_{12}$、维生素 D 和尼克酸、类胡萝卜素都高于普通牛奶。一些不饱和脂肪酸和维生素等成分与抗氧化能力有关，使得牦牛奶具有更大的抗氧化能力，为高原生活的保健食品。

三、影响产奶性能的因素及生产指导

1. 牦牛与杂交牛在产奶量和乳成分含率的差异

奶用犏牛的产奶量比牦牛成倍提高，但乳脂率、乳蛋白率下降。牦牛乳具有乳脂率高、脂肪球大等有利于加工酥油产品的特点；相比，犏牛虽然产奶量提高，但乳脂率下降，造成酥油产量提高幅度相对于奶产量提高幅度打了折扣，在以酥油为主要奶产品形式的牧区（相对于有鲜奶销售条件的牧区），奶用犏牛并不受到所有牧民的欢迎。牦牛奶酥油产出率大约为 8%。

传统的奶产品是酥油和奶渣，在大部分牧区没有鲜奶销售条件，酥油产品是主要的奶产品形式和重要的经济效益来源。酥油价格地区间差异大，在酥油价格较高的地区，酥油产品比鲜奶产品经济效益更高。

2. 两年一胎与一年一胎影响产奶实得量

自然断奶条件下为两年一胎，通过寄养、人工哺乳、早期断奶或激素诱导发情等手段可实现一年一胎。以连续两年为一个计算单位的话，两年一胎时，产奶量 = 全奶牛挤奶量 + 半奶牛挤奶量，一年一胎时，产奶量 = 全奶牛挤奶量 + 全奶牛挤奶量，后者产奶实得量较高。

采用传统自然断奶方式，每年产奶个体的群体比例约为 36%（包括全奶牛和半奶牛），单位挤奶量按年平均每头 100 kg（含全奶牛产奶量和半奶牛产奶量），全国按 1 500 万头奶牦牛计算，每年牦牛奶产量 60 万 t。由于藏族牧民的生活饮食习惯以及宗教活动的用途，牦牛奶产量中有一定比例用于自食（鲜奶、酥油、奶渣）及自用（酥油）。主要产品为鲜奶、酥油。

考虑到牦牛产奶量极低，从种质角度，并结合饲草资源缺乏的生产条件实际情况，不提倡追求奶用生产；提出生产中禁止过度挤奶，提倡不挤奶。分析认为，不挤奶有利于缩短饲周期及提高繁殖成活率，牦牛肉用生产效益高于兼用生产效益，至少来说过度挤奶是得不偿失的。若要追求产奶量，可从种间杂交生产奶用犏牛的途径解决。

3. 胎次及年龄影响产奶量

根据试验研究报道，在大约第 5 胎之前，随胎次增加而产奶量提高，其后逐渐减低，这符合一般规律。这提示，生产实践中繁殖利用年限可利用至第 5 胎，年龄 13 岁

左右。

4.泌乳期饲养水平影响产奶量

在纯放牧条件下，产奶量在9月份开始下降，10月份急剧下降，11月份的产奶量水平已经不具有挤奶的现实意义。有些牧户挤奶期至9月底，有些延长至12月份，后者与饲养规模小且家庭经济条件差有关。通过补饲，可以提高日产奶量并延长挤奶期，但饲养管理成本较高，可能并不经济适用。研究营养调控提高产奶量的文献报道很少，原因可能与其经济意义有关，至少认为，牦牛并不适合作为"奶牛"来追求效益。

5.挤奶强度影响产奶实得量

目前生产中，日挤奶强度主要有日挤1次和日挤2次，挤奶期大致有9月底结束和12月前结束。随挤奶强度提高，产奶实得量增加。但日挤奶2次较日挤奶1次，产奶量并非成倍增加，为（130~150）∶100，因为其产奶量是有限的。如上述，从牦牛的产奶量水平及挤奶对犊牛生长发育的影响来看，牦牛不适合作为"奶牛"，不应追求产奶实得量。

6.一般规律性

作为一般规律，影响生产性能的因素有品种、生境、天然草场产量品质等，这些为固定效应。

第四节　牦牛的产毛性能

一、牦牛的产毛特性

牦牛的被毛不仅有一般的粗毛，而且还着生绒毛，属于特种动物毛，具有畜种特殊性。粗毛外观上与普通牛种的被毛显然不同，特点是具有长毛，长毛主要着生于牦牛前胸、前臂、体侧或后腿，颈部上边及额部也有长毛（个体间有差异，毛长者甚至遮挡住眼睛），形状也具有特征，体侧下腹长而密的长毛形状似围裙（被称为裙毛），尾毛形状似帚。有人认为，牦牛是唯一产绒毛的牛种。根据国家标准《GB 12412—90 牦牛原绒》规定，牦牛绒是指从牦牛身上采集的、细度在 35 μm 及以下的毛纤维。

从生理及环境适应性角度，牦牛的毛绒生长能力及特征是对其栖息的高海拔生活环境的适应。牦牛之所以能在冬春严寒降雪天气下放牧，在无棚圈下躺卧于湿冷（零下30℃）冰雪之上，其毛被的结构特点对于御寒防湿抵风寒发挥着重要的作用，包括毛长度及密度、绒毛及分布部位（肩背的突出部位绒密度大、产量高）、被毛内的空气层。绒毛随冷暖季节交替而生长、脱落。5月进入暖季，绒毛由上而下、由前向后逐渐结毡，自行脱落，以利体热调节；每到9月气候逐渐转冷，绒毛开始生长，至翌年

2月最冷季节绒毛最为丰厚。

从经济价值角度，牦牛的绒毛具有与羊绒相媲美的高档毛纺原料的良好品质；牦牛的尾毛具有特殊用途，供制作戏剧道具如胡须、蝇拂、刀剑缨穗等以及假发（发帽）和工艺品，其中以白牦牛尾毛（可染色）最为珍贵；粗毛主要供制作毡、绳、帐篷等。在过去，游牧所需帐篷及牛绳等用牦牛毛编织。因此，牦牛毛对牦牛生产发挥着重要的生产和生活资料的作用。

二、牦牛的毛绒产量

据文献报道，牦牛背部含绒最多达71.89％，腹部最少，为20.84％，粗毛腹部最多，半细毛臀部最多。牦牛被毛含绒量随年龄增加而降低，幼龄牦牛几乎无皮下脂肪，保温御寒主要依靠被毛中丰厚的绒毛，犊牛几乎全是绒毛而无粗毛。母牦牛绒含量高于公牦牛绒含量。

据"牛毛绒性能分析报告"（四川省龙日种畜场），剪毛量随年龄、个体的增长而增加，公牦牛比母牦牛的剪毛量高，同时与营养状况、取毛绒的方法和时间有密切的关系。

表3-8　麦洼牦牛的剪毛量

年龄（岁）	母牦牛		公牦牛	
	n	剪毛量（kg）	n	剪毛量（kg）
2	5	0.59+0.12	2	0.83+0.21
3	4	0.63+0.15	2	1.10+0.28
4	7	0.71+0.18	3	1.2
成年	11	0.71+0.14	4	1.52+0.36

据"西藏三大优良类群牦牛产毛性能及毛绒主要物理性能研究"，一般产绒量平均可达0.6 kg。由于牧民不重视抓绒，没有把握最佳抓绒时间，部分绒自然落掉，实际收绒0.25 kg。

三、牦牛的毛绒品质

据试验报道，牦牛具有绒纤维细、无髓毛含量高、强力大、弹性好、保暖性能较好等品质优点，以及加工工艺物理性能较好，总体上评价与羊绒相当，是毛纺工业的高档原料。

表 3-9　麦洼牦牛的毛、绒的长度及细度

类别	长度（mm）	细度（μm）	毛股长度（mm）
毛	40.65~158.72	47.18~74.69	24.0~249.0
绒	19.24~54.80	15.51~24.68	—

四、影响毛绒性能的因素与生产指导

经济价值（市场行情）变化影响生产利用：牦牛的毛绒具有生产用途与经济效益。传统上，牧民有剪毛抓绒的生产目的；除了出售外，还用于编织帐篷、绳索、毛口袋等生产和生活用品，发挥了牧业生产生活的重要用途。在过去，工业生产的帐篷不普及，牧民游牧用帐篷便是使用牦牛毛通过传统编织工艺编织而成的（俗称"黑帐篷"）。

然而，随着动物纤维工业替代品的迅速发展，总体上讲，毛用家畜的经济效益趋于降低，尤其对于牦牛，因毛产量很低，毛绒利用已经不再受牧民重视，基本上不再利用。个别品种，如天祝白牦牛，由于毛绒性状的有利变异，经济价值较高，目前仍在利用。

获取时间及获取方法影响毛绒产量的实得量。牦牛毛绒的生长及脱落具有强的季节性，每年一次性剪取，适时剪毛抓绒可获得最大收获。生产中，不同时期、不同地区及不同牧户，由于重视程度不同，剪毛抓绒时间不同，有的不够重视，错过最佳获取时间，绒已经部分脱落，获得量较低。每年牦牛剪毛前，有的先抓绒，有的同粗毛一起剪。有的地区剪尾毛，有的不剪；有的哺乳母牛不剪毛，有的剪。

系统环境效应：影响毛绒生产性能的规律性固定效应因素有品种、生境、性别、年龄、季节等。

第五节　牦牛的役用性能

除了奶用、肉用、毛绒用等产品生产经济用途外，牦牛还具有驮载、骑乘、耕地等役用用途。

阉牛"两牛抬杠"一天可耕熟地 5 亩；长途驮重 100 kg，日行 30 km，可连续行走 7~10 d。瞬间最大挽力平均为 390 kg，相当于体重的 95.6%。驮重 75 kg，持续行走 30 km，耗时 6.2 h，休息 50 min 后生理状况恢复正常。

牦牛善于驮运，尤其是能在较高海拔雪山峻岭行进，为马匹所不及。在过去交通不便，牦牛驮运不可缺少，为牧业生产和生活做出了历史贡献，被誉为"高原之舟"。青

藏高原地势陡峻，山高路险，牦牛能稳健行进，与其肢、蹄生理特征有关。牦牛四肢较短，强壮有力；骨骼坚实致密，骨小管发育差，含钙、磷多；公牦牛骨断面上骨小管的密度为 26.6 个 / cm^2，骨致密部分（干物质）含氧化钙 35.9%，普通牛种公牛相应为 35.3 个 / cm^2 和 32.9%；牦牛蹄大而坚实，蹄叉开张，蹄尖锐利，蹄壳有坚实突出的边缘围绕，蹄底后缘有弹性角质的足掌，这种蹄不仅着地稳当，而且可减缓身体向下滑动的速度和冲力。

随着社会经济的发展，农业机械及车辆的应用，牦牛的驮载、骑乘、耕地等役用用途在弱化。耕地役用基本不用了。驮载通常是在转场时利用，随着牧道建设及牧区拖拉机及运输车辆的普及，目前牦牛驮载大大减少了。对于骑乘用途，目前多用于民族文化活动中，在生产中已经很少见，仅偶尔可见到，毕竟有马匹可利用。基本上每户养殖户都养殖有若干匹马；藏族牧民是"马背上的民族"，对马有特别的感情，喜欢骑马，因此尽管随着牧区交通的发展和摩托车的普及，放牧牦牛对于骑马的依赖大大减少，以及牧区基于草原生态保护提出"减马"政策，但仍然饲养相当数量的马。

第四章

牦牛的繁殖

第一节　牦牛的生殖生理特点

一、性成熟

幼年牦牛发育到一定时期开始表现性行为，生殖器官发育成熟，公牦牛产生成熟精子，与母牦牛交配，使母牦牛怀孕；母牦牛能正常发情排卵并能正常繁殖，称为性成熟。

牦牛性成熟的时间，尚无系统精确的测定。据在生产实践中观察，公牦牛在1岁左右就出现爬跨母牦牛的性行为，但此时没有成熟精子产生，也不能够使母牦牛受孕。在两岁以上才有成熟精子产生，并能够使母牦牛受孕。所以，公牦牛的性成熟时间是在两周岁以后。公牦牛的使用年限可达10年左右，配种能力最旺盛的时间是3~7岁，以后逐渐减弱。对配种能力明显减弱的公牛应及时淘汰。在自然交配的条件下，一头公牛可配15~20头母牦牛。公牦牛的嗅觉异常灵敏，能在成百头母牦牛群中迅速找到发情母牦牛。有的公牦牛只在配种季节才合群于母牦牛群中，且护群性强，配种季节过后，即自动离群到高山中去，翌年配种季节再回到母牦牛群中，这一习性，与某些野生动物相似。

母牦牛一般是2.5岁时第一次配种。有个别个体1.5岁时即出现发情并受配怀孕，也有的个体到3~4岁时才发情受配。母牦牛的初配年龄取决于当地的草场和饲养管理条件，营养状况好，个体发育正常，初配年龄就早，营养状况差，发育受阻，初配年龄就推迟。据对四川甘孜地区九龙牦牛的调查统计，2岁配种3岁产犊者占32.49%，3岁配种4岁产犊者占59.90%。母牦牛的利用年限为10年左右。

二、发情周期

母牦牛的发情周期很不一致，平均21 d，也有报道21.3 d、14.88 d，但是个体差异悬殊，最短者5~6 d，最长者60 d以上，一般14~28 d占多数，为56.2%。

母牦牛发情的症状不像普通牛那样明显。发情初期，外阴部略有充血肿胀，阴道黏膜充血呈粉红色，这时仅有育成后备公牛追逐，壮龄公牛不追逐。发情10~15 h后，逐渐达到发情旺期，精神不安，兴奋，吼叫，爬跨其他母牛，食欲减退，产奶量下降。阴唇肿胀并有黏液流出，常作举尾排尿姿势，阴户频频扩张，阴道湿润潮红，引诱公牛并接受交配。此后，发情征状逐渐减弱，阴道黏液变浓，逐渐进入休情期。

三、发情持续期

母牦牛发情持续期与发情周期一样不一致，平均为 41.6 h、51.0 h，个别短的 12 h，长的 94~118 h，一般 24~36 h。青年牦牛较正常，一般为平均 28 h、44 h；经产牦牛不正常，为 12~118 h。

四、排卵时期

母牦牛排卵时间，大约在发情终止后 12 h，范围为 5~36 h。黄体形成时间，约在排卵后 64 h，范围 30~120 h。

五、产后第一次发情

母牦牛产后到第一次发情的间隔时间多为 100 d 左右，也有报道 113.2（29~177）d。3~4 月份产犊的第一次发情间隔时间最长，以后逐渐减少，有产犊愈早第一次发情愈晚的情况。据各地观测结果：海拔低、气温偏高、牧草萌生早的地区，除 3 月份产犊的母牦牛有较多的（33.3%）在 7 月份第一次发情外，其余则大部分在 8、9 月份才发情；海拔高、气温低、牧草萌生迟的地区，3~4 月份产犊早的母牦牛，一般要到 8~9 月份发情，与产犊晚的牛甚至同一时期内第一次发情，这说明产犊早的母牦牛产后第一次发情不一定就早，而是集中在生态条件好的月份。牧草质量对母牛体况恢复，产后发情迟早影响是关键。

六、发情季节中发情次数

母牦牛在整个发情季节，多数只发情一次。据在青海大通牛场观察统计，发情一次者占 73%，发情 2 次者占 21%，发情 3 次以上的只占 6%。因此，抓好第一次发情的配种工作，对提高牦牛的繁殖率具有重要意义。同时也告诉我们，用母牦牛在下两个发情周期是否发情来判断是否妊娠是很不可靠的。

七、繁殖季节

牦牛的繁殖有明显的季节性，发情配种集中在 7、8、9 三个月。据在青海大通牛场对 416 头母牛的观察统计，7 月份发情的有 59 头，占 14.2%，8 月份发情的有 150

头，占 36.1%，9 月份发情的有 194 头，占 46.6%，三个月合计占 96.9%。6 月以前和 10 月以后发情的牛很少。产犊则集中于 4、5、6 三个月。

母牦牛的发情时间，与上年的繁殖状况有密切关系。"干巴"母牛（上年未产犊）发情最早，"牙日玛"母牛（上年产犊）次之，当年产犊的母牛发情最晚，甚至不发情。

关于牦牛的繁殖有明显季节性的问题，据调查，青海省大通牛场、果洛州乳品厂的牛群中，每年都有个别母牦牛于 9~11 月分娩，这就说明个别牛于每年 1~3 月发情受配，其明显季节性是相对而言，不是绝对的。

八、妊娠期

牦牛的妊娠期平均为 256.8 d（250~260 d），若牦牛怀杂种牛犊（犏牛犊），则妊娠期延长，一般为 270~280 d。

九、牦牛远缘杂交的繁殖问题

牦牛与普通牛进行远缘杂交，所生后代称为犏牛。犏牛具有明显的杂种优势，产奶量可提高 3~4 倍，产肉性能可提高 1 倍，役用能力也有明显提高。对牦牛进行远缘杂交是提高牦牛生产性能的重要途径。

对牦牛进行远缘杂交，在繁殖上遇到的问题：第一是受胎率比较低，据大规模杂交配种的统计，受胎率为 45% 左右（39%~51%），比牦牛纯种繁殖的受胎率低 20% 左右。受胎率低的原因，有人认为是由于所谓远缘杂交生殖隔离机制所致，是由于受精过程受阻，或者是由于胚胎发育不能顺利完成，当胚胎发育到一定阶段时停止发育，胚胎被母体吸收或排除。这种观点是根据动物远缘杂交的某些研究成果做出推测，至于牦牛远缘杂交受胎率低的确切原因，目前还不大清楚。一般认为，牦牛远缘杂交受胎率低，一方面与种间生殖隔离机制有关，另一方面也与配种技术有关。实践证明，配种技术水平高的技术员曾取得了较高的受胎率。因此，改进和提高配种技术仍是有潜力的。第二是流产率较高，据统计流产率高达 20% 左右，牦牛纯种繁殖的流产率一般为 3%~10%，与布氏杆菌病防治的程度有关，显然远缘杂交流产率高，其中一部分是由于远缘杂交本身的原因造成的。同时，在某些进行牦牛杂交繁殖的地方，曾出现怀孕母牛发生"胎水过多"的事例，其原因有待进一步研究。"胎水过多"是远缘杂交出现的特殊现象。第三是难产较多，其原因是杂种牛犊初生体重大，一般要比牦牛犊大一半，牦牛犊的初生体重一般为 11 kg 左右，杂种牛犊一般为 20kg 左右，为保证杂种牛犊顺利产出，必须搞好助产。

关于公犏牛的不育性，国内外学者做了大量的研究，我国处于世界前列，研究领域涉及杂交组合、细胞遗传学、组织形态学、生殖内分泌学、生物化学等，这些研究都揭示了在某一学科领域内公犏牛与其双亲的差异，为我们今天的研究积累了丰富的资料，但雄性不育至今仍未解决，甚至解决这一难题的根本途径也未找到，因此在雄性不育尚未克服之前，牦牛与普通牛的种间只能进行经济杂交。对牦牛及犏牛生殖内分泌的研究，据 Koxa Pnh.C 报道，杂种种公牛脑下垂体几乎没有嗜碱性细胞，而嗜酸性细胞比双亲多，睾丸曲细精管只发现精原细胞及初级精母细胞。许康祖等报道，公犏牛垂体前叶丙细胞多，甲细胞较少，乙细胞很难见到，公孕利巴牛甲丙细胞正常，乙细胞很少。说明公犏牛主要是缺乏精母细胞进行减数分裂的激素原动力。罗晓林对公牦牛及公犏牛垂体前叶远侧部电镜观察表明，公犏牛 FSH 细胞扩张，细胞核严重畸形，胞浆入核，分泌颗粒少。作者认为，公犏牛 FSH 细胞变异是导致雄性不育的直接原因之一。罗晓林采用放射免疫法对公犏牛 – 昼夜血液中黄体生成素（LH）、睾酮（T）、孕酮（P_4）和雌二醇（$17\beta-E_2$）的含量变化进行了研究，对昼夜间激素含量进行 t 检验，并对犏牛与牦牛、1/4 野血牦牛、1/2 野血牦牛、3/4 野血牦牛以上激素昼夜均值进行了单因子方差分析。结果表明，公犏牛性行为正常的生理基础是垂体前叶 LH 细胞所分泌 LH 水平及睾丸间质细胞所分泌睾酮水平正常。

母犏牛具有完全的生殖功能，2.5 岁就可发情配种，初配年龄比母牦牛早 1~2 年，母犏牛用普通牛或牦牛配种，受胎率较高，可达 70%~80%。而且多为一年一产（占 80%），繁殖季节也比母牦牛长，在较好的饲养条件下，几乎四季均能发情配种。

第二节 牦牛的繁殖技术

牦牛是培育程度很低的原始牛种，终年放牧，管理粗放，繁殖方式一般都是自然交配。随着畜牧科学技术的发展，特别是家畜繁殖技术的发展，人工授精技术在牦牛生产中已经被广泛采用。

利用杂种优势的方法能大幅度提高畜禽生产力，是现代畜牧业的重要技术手段；用生产性能高的种畜作父本与本地生产性能低且适应性良好的母畜交配，以此提高其杂种后代的生产性能，是一项成功的经验。我国早在 3 000 年前的殷周时期，已有利用本地黄牛与当地牦牛杂交生产犏牛增加乳肉产品的历史，但由于父本的生产性能也不高，所以后代提高的幅度极为有限。20 世纪 50 年代引进荷斯坦、西门塔尔、短角牛等良种公牛改良牦牛，杂交一代奶肉产量成倍增加，深受当地牧民欢迎，但由于引进良种公牛极不适应高原地区生态环境，很快引发高原病死亡，致使引种失败。中华人民共和国成立

后，在牦牛产区，畜牧科技工作者早在 20 世纪 50 年代就开始引用培育品种牛（如荷斯坦牛、西门塔尔牛等）与牦牛杂交，筛选最佳的杂交组合，利用杂交优势，提高乳牛的乳肉生产力。为了充分利用这些引进的良种公牛，克服自然交配遇到的困难，采用人工授精技术是最有效的办法。例如青海大通种牛场早在 1954 年就曾用荷斯坦奶牛采用人工授精技术对牦牛进行杂交改良；截至 1960 年底已有杂种牛 236 头。1973 年以后，牛的精液冷冻保存技术首先在各大城市的奶牛场推广应用，并相继建立起一批种公牛站，使牛的人工授精技术进入了一个新的阶段，使优良种公牛的配种潜力得到充分的发挥，大大地加速了品种改良的进程。在自然交配时，一头公牛可交配数十头母牛；采用人工授精，一头公牛可配数百头母牛；而采用冷冻精液配种，一头公牛的精液可为数千乃至数万头母牛授精。其次，冷冻精液可以长期保存，便于长途运输，因而使用上可不受时空的限制，可在任何时间和地点为母牛授精，牦牛产区地处青藏高原及其毗邻地区，高产的培育品种牛多不能适应这些地区的艰苦条件，曾经造成很大的经济损失。应用冷冻精液就不需要再把良种公牛饲养在当地，从而省去购买公牛、修建牛舍和饲养等费用。在四川、青海、甘肃和新疆等地，都已发展了应用普通牛的冷冻精液进行牦牛的杂交改良工作。四川在 1976~1982 年应用普通牛的冷冻精液杂交改良牦牛取得了很大的成绩。他们先后在 96 个牦牛改良的示范点上，组织了 74 955 头母牛参加配种，输精 37 170 头，受配率为 49.59%，受胎 14 935 头，受胎率为 40.18%，产犊 11 108 头，产犊率为 73.77 %，成活 10 248 头，成活率为 91.13%。

（一）应用普通牛冷冻精液对牦牛进行人工授精的操作方法

应用普通牛的冷冻精液对牦牛进行人工授精，其技术操作与内地相比，既有共同点又有牦牛本身的特点，综合各地的实践经验，其技术操作要点主要是：

1. 参配母牦牛的组群和管理

选好参配母牦牛是提高受配率和受胎率的关键。选择体格较大，体质健壮，无生殖器官疾病的"干巴"和"牙儿玛"母牛，即前年或去年产犊的母牛作为参配牛，根据母牦牛的发情规律，当年产犊的母牛，到配种季节很少发情，即使发情也要到配种后期。因此，当年产犊的母牛不宜参加人工授精配种。参配牛应于配种前一个月选出，组成专群，由有丰富放牧经验的放牧员精心管理，在划定的配种专用草场放牧，使之迅速抓膘复壮。配种的专用草场应远离其他牛群，以防公牦牛混群偷配。如因草场条件限制，配种牛群不能远离其他牛群，应设置配种专用围栏草场，将参配牛放在围栏内，以便与其他牛群分开。

2. 冷冻精液的准备

冷冻精液要于配种前向种公牛站订购，根据配种需要选购所需数量和符合质量要求的冷冻精液。购买的细管冻精精液要专人管理，还要定期抽检精子活力，在 38~39℃条件下镜检，精子活力不低于 0.30，直线前进精子数，不低于 1 000 万个，精子个体完

整率大于40%，畸形精子小于20%，在37℃存活时间不少于4 h，否则所购精液决不能用。贮精容器要附有牛的品种、牛号、生产性能、制作日期、数量等有关记录。冻精在运输途中要有专人负责，以确保安全。

3. 冻精配种

母牦牛一般于7月开始发情，由于各地气候的差别，开始配种的时间也不完全相同，一般多在7月初或7月中旬开始。

（1）母牦牛的发情鉴定

为了及时准确地检出发情母牛，可用结扎输精管或阴茎移位的公牛作试情公牛，也可用去势的驮牛为试情牛。但更简便易行的是用一、二代杂种公牛作试情公牛。杂种公牛本身无生育能力，不需做手术，且性欲旺盛，判断准确。一般每百头母牛配备2~3头试情公牛即可。配种开始后，放牧员一定要跟群放牧，认真观察，及时发现发情母牛。母牦牛发情的外部表现不像普通牛那样明显。发情初期阴道黏膜呈粉红色并有黏液流出，此时不接受尾随的试情公牛的爬跨，经10~15 h进入发情盛期，才接受尾随试情公牛爬跨，站立不动，阴道黏膜潮红湿润，阴户充血肿胀，从阴道流出混浊黏稠的黏液。后期阴道黏液呈微黄糊状，阴道黏膜变为淡红色。放牧员或配种员必须熟悉母牦牛发情的特征，准确掌握发情时期的各阶段，以保证适时输精配种。在实践中一般是将当日发情的母牛在晚上收牧时进行第一次输精，次日晨出牧前再输精一次，晚上发情的母牛，次日早晚各输精一次。

（2）冷冻精液的解冻与输精

解冻：解冻的操作速度要快，事先准备38~39℃温水，再用钳子提起一只细管，将表面擦干，放入温水中，可见管内精液颜色改变，迅速取出，将细管一端剪去，直接装在输精器（凯苏枪）上，即可输精。

输精：输精员将手伸入母牛直肠，找到卵巢，检查卵泡发育情况，确定母牛发情正常，并处于输精适期，即可输精。输精时先用手握住子宫颈并提起，另一手将输精管由阴道插入子宫颈口，然后将精液慢慢注入子宫颈内，抽出输精器，再用插入直肠的手按摩一下子宫，促使子宫收缩，将手抽出，输精即完成。

应用冷冻精液对牦牛进行人工授精，从参配牛的选择、放牧管理、试情、配种，以及冷冻精液的质量、解冻，检查和输精等各技术环节是一个彼此紧密联系的整体，任何环节的疏忽或差错都会影响配种结果，因此，必须严格地按照操作规程的要求认真做好。

（二）野牦牛的驯化及其米精利用

牦牛与其他牛种杂交只能产下犏牛，而犏公牛和犏母牛不能交配自繁，这是牦牛育种领域的一大死结，但是不同地方生态类型家养牦牛间的杂交改良效果也不甚理想。因为地方生态类群的变异是由特定的生态环境所致，其本身的遗传变异不大，所

有的育种学家都把目光投向了荒野上的牦牛，那也许就是最后的希望。对牦牛进行本品种选育，并在选育的基础上导入野牦牛遗传基因对家养牦牛提纯复壮，进而培育牦牛新品种。

图 4-1　野牦牛

1.野牦牛驯化标准

（1）公野牦牛

野牦牛必须综合评定，要求体况优良，生长发育良好，外貌体型合格，检疫确系个体健康，无其他缺陷，才能进站驯养。进站后，编戴耳号，公牛穿鼻戴环，系绳拴僵，同时建立个体档案和健康检查记录。成年公野牦牛体高 170~190 cm，胸围 240~270 cm，体斜长 210~230 cm，体重 800~1 200 kg。

（2）母野牦牛

母野牦牛比较公野牦牛，体型和体格上相差悬殊。基本标准要求是头顶生角，角基较小，角形细长，小而清秀。通常情况下，成年母牦牛体高 160~170 cm，体斜长 180~190 cm。

2.野牦牛的管理

（1）综合管理

进站后的野牦牛，多与人接触，注意驯化和调教，适应环境，慢慢适应人的饲养，尽量安排固定饲喂人员，使其与人相处，建立亲和关系，消除敌意，便于今后的驯养管理。早期管理，注意触摸牛体，定期擦拭，一则确保牛体洁净，二则有利于温顺性格的养成。注意改善牛舍环境，每日清扫，定期消毒饲喂用具，注意牛栏随时维修，防止外逃或伤人，要有足量的运动时间，采精前 1h，注意禁饲禁饮，避免影响采精生产。

（2）夏季采精期管理

采精日管理：5:30~6:30 由围栏草场赶回牛舍，准备采精，6:30~8:30 采精，8:30~10:00 采精完毕休息。10:00~16:00 时，同时赶回其余非采精野牦牛进行饲喂，刷拭牛体，观察牛况，防晒乘凉，16:00 后在围栏草场放牧运动，让牛自由采食，饲养员清扫、消毒牛舍。

非采精日管理：11:00~16:00 公母牦牛同时回舍饲喂精料，刷拭牛体，观察牛况，防晒乘凉，16:00 至次日 11:00 时围栏放牧，让牛自由采食，饲养员清扫牛舍。

（3）冬季非采精期管理

10:30~15:30 在围栏草场放牧管理，饲养员清理牛粪，打扫卫生，按时消毒，15:30 返回牛舍到次日 10:30 饲喂精料和青燕麦干草。刷拭牛体，观察牛况。

3. 疾病防治

健全卫生防疫制度，做好病害普查记录，随时留意牛只健康状况，做好牛病的预防和治疗。同时留意牛群变化，观察体况，做好常见病的预防和治疗，及时接种疫苗，树立防重于治的理念，每年定期修蹄护蹄，定期清扫牛舍，加强牛舍卫生消毒管理，确保牛舍洁净、卫生干燥，坚持封闭化管理，禁止外来人员随意进出。避免致病菌携带进入传播。

4. 野牦牛饲养

改善日粮营养，务必全价多样，确保适口性，改善消化功能。加强料草管理，禁止饲喂霉变劣质饲料，固定饲喂模式，饲用料草定时定量，先粗料后精料，注意勤添勤加，喂料后饮水，注意供给洁净饮水，确保水温正常。个别牦牛，比如青年野牦牛、怀孕的野牦牛、采精负担大的野牦牛等，注意酌情提高饲喂水平。

（1）采精期饲养

注意改善精料配方：大豆 15%，玉米 40%，麦麸皮 20%，脱毒菜籽饼 20%，食盐 1%。

用料饲喂方法：采精期间，加强围栏草场的放牧。同时注意每天补喂配合精料 2.5 kg/ 次，牛奶 1.2 kg/ 次，鸡蛋 3~5 个 / 次，注意在采精前 60 d 适量补充维生素和矿物质等。

（2）非采精期饲养

非采精期，注意调整日粮配方：大豆 15%，玉米 40%，麦麸皮 25%，脱毒菜籽饼 20%，食盐 1.5%。

非采精期的饲养：白天增加野牦牛户外运动时间，圈舍期间适量用青干燕麦草，每头牛每次用 15~20 kg，饲喂精料每头牛每次用 1.5 kg，精料 1 次饲喂，同时，注意补

饲胡萝卜和青叶菜，每次用 1~1.5 kg，注意适量补充矿物质舔砖，确保野牦牛有充足的营养。

经人工培育和驯化的野牦牛，能逐渐适应人为的圈养环境，慢慢消磨野性，而且在长时间的频繁诱导强化训练下，牛能逐渐适应假阴道采集精液的过程，而且严格执行饲养管理，野牦牛体质略有提升，生长性能保持良好状态，精液品质得到改善，大大提升射精量，在人工授精配种统计中，母牦牛受精受胎率能达 80 % 以上。野牦牛驯化改良效果较好。

5. 野牦牛精液冷冻的常规操作步骤

（1）精液采集

一般用假阴道按常规采精方法采集精液。正式采精前对野牦牛进行调教驯化，对精液质量不好的要排精，采精时用温水清洗野牦牛的包皮，然后用毛巾擦净。采精正式开始后成年野牦牛公牛每周可采 2 次，第 2 次采精当日可以连续采 2 回（间隔时间为 25~30 min）。

（2）精液品质检查

射精量：一般为 1.5~6.0 mL，平均为 3.75 mL。气味：正常精液略带腥味，无其他异味。色泽：正常精液的颜色呈乳白色，个别呈乳黄色。镜检：显微镜下野牦牛精子上下翻滚如云雾状，云雾状越明显说明密度越大、活力越好。活率：精液中直线前进的精子占全部精子数的比例，检查时取三视野，求其平均值，平均活力在 0.6 以上才能冷冻。密度：通过精子密度分析仪测其密度，密度必须使所加稀释液的总量与原精量比 ≥ 1。

（3）稀释

a. 一步稀释

向鲜精内加入稀释液（一液）总量的 1/2，将稀释好的精液置于 3~5℃冰箱内缓慢降温并平衡 3h，使其温度达到 5℃。

b. 二步稀释

用含有 16.3% 甘油的二液作二次稀释（甘油的加入量不宜过高，以 100 mL 稀释液中含 7.0~7.5 mL 为宜）。

（4）分装

a. 用分装仪进行分装，每剂量细管（每计量细管装 0.23 mL 稀释后的精液量）含前进运动的精子数 ≥ 1 000 万个。

b. 采用细管精液冷冻法冷冻将经过平衡后分装好的细管冻精放入自制的冷冻槽内，将液氮面初冻温度控制在 –80 ～ –95℃, 回升温度控制在 –110 ～ –130℃。冷冻 8 min 后迅速浸泡在 –196℃的液氮内。

（5）解冻方法

将水浴锅调到一定的温度（以40~42℃为宜），迅速抽取1支冻精，稍停片刻，使其液氮挥发掉，立即放入水浴锅中解冻，待其完全溶化后将解冻的细管取出，擦掉管外的水滴，用剪子剪断细管两端，把精液滴在37℃的恒温载玻片上，盖上盖玻片，置于400倍的显微镜下观察活力。

（6）影响牦牛精液品质的主要因素

a.气候和紫外线

野牦牛是青藏高原的特产动物，体格粗壮高大，体躯发育良好，具有较强的抗逆性，长期生活在高海拔的寒冷地区，对环境的依赖性较强。在青海西宁地区寒冷的冬季对野牦牛冻精的品质影响不大，只要做好防寒措施使睾丸不冻伤即可；但在炎热的夏季，如果饲养管理措施不当就会产生热应激反应，使牦牛精液品质下降。7~11月份为野牦牛采精的最佳时间；9~10月份为精液品质最好时间。野牦牛3岁性成熟，采精最佳年龄为5~6岁。由于野牦牛本身具有一定的野性，不好调教，因此采精应有一定的规律性、时间性，使野牦牛形成习惯。调查发现，在夏季同一温度下将几头采精牦牛分别放在室外和圈内饲喂同样的料，一周后室外经过阳光照射的牦牛精子活力比圈内饲养的牦牛低0.5%，可见紫外线对精液具有很强的杀伤力。

b.饲养管理

由于牦牛多采用天然草地放牧饲养，不能及时补充种公牛所需的营养物质，因此，在饲养上应注意幼年后备公牦牛和采精牦牛营养和水的充分供给；及时淘汰老牛、病牛。

第三节　牦牛繁殖新技术

一、同期发情技术

同期发情技术是现代畜牧生产中的重要繁殖控制技术之一，它是利用某些激素制剂人为地控制并调整一群母畜的发情周期，使它们集中发情、集中配种、集中妊娠、集中分娩，有利于组织生产和管理；另外，同期发情技术还有利于人工授精技术的进一步推广，同时也是胚胎移植工作的重要环节。同期发情技术在畜禽繁殖中已广泛应用，并已取得理想的效果。但对繁育在海拔3 000 m左右高寒少氧环境中的牦牛，同期发情技术仍处在探索阶段，进一步的研究将为生产应用提供理论与技术支撑。通过综述国内外牦牛同期发情技术的研究成果，从中选择出未来研究与应用的主攻方向，以达到最终提高牦牛生产效益的目的。

（一）牦牛的同期发情技术

牦牛同期发情技术的关键是药物的选择和应用。目前，常用的药物主要有激素和中药两大类。

1.激素处理

（1）单激素处理

a. GnRH 及其类似物　研究表明，GnRH 可激活母牦牛的卵巢活动，增加繁殖季节配种母牦牛的比例。蔡立利用 LRH-A2 对母牦牛连续进行了三年的试验，结果产犊率和犊牛成活率三年依次为 30.0% 和 100.0%，90.0% 和 93.5%，73.6% 和 100.0%，可见 GnRH 还有提高犊牛成活率的作用；字向东等对 20 头全奶母牦牛利用 LRH-A3 处理后于次年产下 10 头牛犊（产犊率 50.0%），GnRH 对全奶母牦牛作用不显著，诱导后发情率和第 1 发情期受胎率低，其原因之一可能是牦牛脑垂体对 GnRH 及其类似物的敏感性低，不能诱导分泌足够的 LH 峰值。

b. 前列腺素（$PGF_{2\alpha}$）或类似物 $PGF_{2\alpha}$　由于效果明显、价格低廉、使用方便，已被广泛应用于家畜同期发情，而且 2 次处理效果优于 1 次处理。Magash 等分别用捷克和匈牙利生产的两种 $PGF_{2\alpha}$ 制剂 Oestrophan 和 Enzaprost 处理母牦牛，结果发现注射 1 次 Oestrophan 和 Enzaprost 的牦牛同期发情率和受胎率分别为 60.0%、55.0% 和 58.3%、54.5%；而处理 2 次的分别为 82.6%、90.0% 和 78.9%、77.8%。同时 Magash 等还发现，任何一种制剂诱发母牦牛发情在牦牛的繁殖季节效果最好，发情率达到 60.0% 左右，表明 GnRH 只对处于繁殖季节的牦牛起作用，而对非繁殖季节的牦牛作用不大。权凯等也得出了与 Magash 等人相同的结论。这与在奶牛上的研究结果基本一致。

c. 促性腺激素类　Yun 对母牦牛肌注 FSH，7 d 内的同期发情率为 46.7%。屯旺等对空怀母牦牛注射 PMSG，3 d 后再注射 HCG，30 d 内同期发情率为 55.6%。与没做任何处理的母牦牛相比，虽然促性腺激素可提高发情率，但处理后的发情时间不集中。

（2）激素组合处理

a. GnRH 类似物 + 促性腺激素　GnRH 对母牦牛诱导发情率低，但它能通过刺激母牦牛脑垂体释放 FSH、LH，并且与促性腺激素组合又能提供外源性 FSH 和 LH，进而激活母牦牛的卵巢活动，增加繁殖季节配种牛的比例。曹成章等对母牦牛混合肌注孕马血清冻干粉和促排卵素使发情率达到 61.5%。王应安等对母牦牛利用 LRH-A3 和 PMSG 的同期发情率为 83.3%。可见，两者的组合使用使母牦牛达到相对高的同期发情率，值得在牦牛生产中推广应用。

b. 前列腺素（$PGF_{2\alpha}$）+ 促性腺激素　邵彬泉等把母牦牛分两组，一组宫注前列腺素，发情输精时再臀部肌肉注射 LH，另一组将同量药物均肌肉注射，两组的受胎率

分别为66.7%和65.0%；曹成章等对当年产犊的母牦牛肌注孕马血清冻干粉和前列腺素，同期发情率仅为22.2%；王应安等用氯前列烯醇和FSH处理母牦牛的同期发情率为73.3%。说明$PGF_{2\alpha}$和促性腺激素组合使用，可显著地提高发情率和受胎率，但对全奶母牦牛作用不大。

c.三合激素 三合激素由于成本低，便于在生产中推广。邵彬泉等对母牦牛利用三合激素处理使发情率达到85.0%，而配种后的受胎率仅为46.2%；刘志尧等和Yun利用三合激素也得到相似的结果。 Yun还发现经三合激素处理后出现2次发情的母牦牛高达68.1%。尽管其诱导后母牦牛发情率高，但受胎率低，且出现2次发情的较多。

2.中药制剂处理法

马天福利用复方淫羊藿进行母牦牛的同期发情处理，结果处理群的同期发情率分别为44.0%和18.0%，显著高于对照组；屯旺等对空怀母牦牛灌服传统藏兽医催情药，30d内的同期发情率为33.3%。可见，中药制剂诱导母牦牛也可提高发情率，但在生产中的应用还有待于进一步深入研究。

（二）影响牦牛同期发情的因素

1.牦牛生殖生理状况

牦牛是典型的季节性发情动物，对高寒环境有很强的适应性，已形成了其特殊的繁殖生理现象，在产犊当年的自然发情季节通常不发情，造成两年一胎甚至三年一胎的繁殖现象。另外，体重、年龄、营养状况、外界环境和生殖状态等对其发情效果也有一定的影响。

2.激素种类

用于牦牛同期发情的药物主要是激素类制剂，包括GnRH及其类似物、促性腺激素类、前列腺素类和三合激素等，单激素处理和混合激素处理对牦牛同期发情的效果不尽一致。因此，牦牛同期发情处理中激素的最佳组合效果还有待深入研究。

3.处理方法

牦牛同期发情处理中常用的方法主要有肌肉注射、子宫注射、阴道内埋植、耳下埋植和口服等。不同的使用方法直接影响同期发情的效果。相对而言，肌肉注射法简便易行，有广泛的应用价值，因而，研究肌肉注射法对同期发情效果的影响将具有重要的意义。

4.激素剂量

激素的使用剂量在母牦牛同期发情上存在较大差异，例如$PGF_{2\alpha}$为1.0~10.0 mL/头、PMSG 100~1200 IU/头、LRH 20~400 μg/头、三合激素0.75~5 mL/头。用药剂量对母牦牛同期发情效果影响明显，受胎率也各不相同。因此，研究激素最佳使用剂量是提

高母牦牛同期发情效果的重要途径。

（三）牦牛同期发情技术的应用前景

1. 牦牛胚胎移植

为了提高牦牛的繁殖率，近年来畜牧科技工作者正在开展牦牛的胚胎移植工作。在这项技术的应用中，同期发情技术是很关键的技术环节。在天祝白牦牛群体中开展胚胎移植工作的实践表明，使供体牦牛与受体牦牛处于相同的繁殖生理时期还需要开展大量的研究探索。

2. 牦牛人工授精

人工授精工作已对牦牛品质改良起到了良好的作用，特别是野牦牛的鲜精或冻精配种是牦牛复壮最为有效的途径之一。采用同期发情技术，不仅可以减少空怀母牦牛的数量，提高繁殖率，而且使人工授精工作成批、集中、定时，为牦牛生产提供技术支撑。

同期发情技术在畜牧业中发挥了重要作用。牦牛同期发情技术的研究与应用仍是一个新颖而艰难的课题。牦牛生活在海拔 2 500~5 000 m 的高寒地区，现场采样有一定的困难，限制了牦牛生殖生理方面的研究及牦牛同期发情技术的理论发展。因此，加强牦牛同期发情的基础理论研究，不但对生产实践有着重要的指导意义，而且还可逐步完善，提高牦牛同期发情技术的水平。

二、牦牛超数排卵技术研究

超数排卵是胚胎移植技术中的重要环节，超数排卵的效果直接影响到可用胚胎的数量和质量。近年来有关牦牛超数排卵有一些研究报道，主要方法有 CIDR–B +FSH +PG；CIDR–B+FSH 法；FSH+PG+HCG 法；FSH 递减法，FSH+LH 法，FSH+HCG 法；两次 PG+FSH 法；CuMate+FSH+PGF$_{2\alpha}$ 法，PGF$_{2\alpha}$+FSH 递减 + PGF$_{2\alpha}$ 法。其中最后一种超排法取得过一头牛可用胚胎 5 枚的较好结果。另外，权凯等用 2 次 PG 进行发情处理，第 9 d 用 FSH 超排（8.8g），结果为平均每头冲胚数 5.7 枚，可用胚胎 4 枚，与姬秋梅等报道的研究结果相近，与普通牛的超数排卵效果相似，是目前有关研究报道中最好的结果。

国内外用于超数排卵的药品和栓剂品种较多，但在牦牛超数排卵的结果上有较大的差异。不同厂家生产的同一种药品其应用效果也不同。由于牦牛应急反应较强，加之子宫颈较细，操作难度较大，获得可用卵母细胞的难度也较大。

试验表明，在发情期同一超数排卵处理条件下，可用卵母细胞的数量具有显著的个体差异。樊汇峰等对牦牛超数排卵过程中卵泡闭锁研究认为，在超数排卵早期阶段，卵

巢发育良好，有大量的选择卵泡被募集而增大成为优势卵泡，而这些优势卵泡的发展去向不同，有些个体中可以充分发育最后排卵形成黄体，另外有些个体优势卵泡的发育不充分，也不能排卵，而经过一段时间的生长期后体积逐渐缩小，始终没有黄体形成，超数排卵处理的失败。这可能与超数排卵处理开始时牦牛所处的繁殖周期阶段、营养水平及当地的气候条件等因素有关。

三、卵母细胞的采集及体外培养和体外受精

常用的卵母细胞采集方法为活体采卵和屠宰牛获得卵巢采集。因牦牛野性较大，加之生殖道比黄牛小，活体采卵较为困难，目前大多是通过屠宰牛获得卵巢，通过抽取和卵巢切割冲洗获得。一般屠宰牛后在 30 min 内取出卵巢，并置于 30~37℃ 的 PBS 或生理盐水（含青霉素和链霉素），在 6 h 以内（2 h 以内效果最好）运回实验室。卵巢切割法获得的可用卵母细胞比抽取法提高 1~1.5 倍，但总体数量比黄牛、奶牛少，可能是种间差异。张寿等研究表明，处于乏情期牦牛的卵巢上仍有卵泡发育，而且有一部分还是优势卵泡，大部分为选择卵泡和替补卵泡，而且右侧卵巢上的优势卵泡和选择卵泡显著多于左侧。

卵母细胞体外成熟（IVM）是体外受精的关键环节，因此体外成熟培养液的选择与配制显得尤为重要。迄今为止，有关牛羊体外成熟培养系统有多种，很多研究者（旭日干，1989；江金益，1989；Singh1989；刘泽隆 1999）利用 LH、HCG、FCS、17β-E$_2$、FSH 等激素促进卵母细胞体外成熟，但结果不尽一致。阎萍等使用培养液 M199（缓冲体系为 Earles 盐）+10%FBS +5.0 mg/LLH+ 1.0 mg/LFSH+ 1.0 mg/LE$_2$ + 双抗（青霉素 100 U/mL 和链霉素 100 μg/mL）培养可使牦牛卵母细胞体外成熟率达到 81.33%，卵裂率达 49.33 %，是较为理想的牦牛体外培养系统。卵泡期卵母细胞体外成熟率显著高于黄体期卵母细胞的体外成熟率（$P < 0.05$），这可能是与牦牛季节性发情的生态生理特征有关，牦牛的卵母细胞体外成熟培养系统仍需要做进一步的研究。

哺乳动物体外受精的关键在于卵母细胞的成熟、受精液及受精方式的选择。在牦牛的体外受精过程中，目前大多使用的是 BO 液和改良的 Tyrode's 液两种受精体系，两种液中均加入肝素钠和咖啡因使精子获能。在 BO 液体系中，先用含 10 mmol/L 咖啡因的 BO 液，离心洗涤（1 500 r/min，5 min）2 次，再用含 5 mmol/L 咖啡因的 BO 液，离心洗涤（1 500 r/ min，5 min）1 次，把精子的浓度调至 $1×10^6$~$2×10^6$ 个 / mL。何俊峰等对牦牛体外受精研究表明，使用 BO 液和改良的 Tyrodes 液受精 6 h 的差异不显著（$P > 0.05$）。而改良的 Tyrode's 液受精 18 h 虽然能提高卵裂率但会影响受精卵的早期发育，主要是 4 细胞和 8 细胞发育率。马友记等研究结果表明，牦牛体外受精胚胎发育温度在

37℃、38℃、39℃时，对卵裂率无影响，但是对囊胚期细胞发育率及孵化率有显著的影响，38℃时极显著高于其他两种培养温度。金鹰等报道，牦牛卵母细胞的卵裂率极显著地低于黄牛，囊胚发育显著低于黄牛，是否牦牛物种本身的特征，还是现有的培养体系不适合于牦牛有待更深入的研究。

四、牦牛胚胎移植技术研究

牦牛的早期胚胎发育与黄牛和奶牛类似，一般在受精后第7 d所得的胚胎为桑葚胚。阎萍等对12头高寒放牧条件下的牦牛进行了超数排卵处理研究，其中5头牦牛进行冲胚，获得胚胎19枚，但未见进一步做移植试验和后代生产的报道。权凯等对12头半野血牦牛进行超数排卵处理，获得胚胎20枚（其中可用胚胎14枚），也未见移植的相关研究报道。2006年，西藏自治区农牧科学院畜牧兽医研究所与云南中国科学院胚胎工程生物技术有限公司共同实施西藏牦牛胚胎移植获得成功，用$PGF_{2\alpha}$+FSH递减（8.9 g，第9 d开始分4 d注射）+$PGF_{2\alpha}$法处理了10头供牦牛，获得可用胚胎5枚，头均可用胚胎为0.5枚，移植于5受体并隔离，60 d进行B超检查，有4头怀孕，2006年6月顺利产下4头移植后代。2007年，甘肃农业大学在天祝白牦牛胚胎移植获得成功，用CIDR-B（1.9 g孕酮，InterAg，Hamilton，新西兰）+FSH（第5 d开始每天注射两次共4 d，10 mg）+PG（第7~8 d 10 mgPG分两次注射）和CIDR-B+PG，获得可用胚胎18枚，12枚移植于12个受体，其中5头妊娠，鲜胚移植受胎率和分娩率分别为50%和30%，两项指标较低原因可能与胚胎移植的不同环节有关。同期处理的受体牦牛鲜胚移植的受胎率（52%）显著高于冷冻胚胎移植的受胎率（38%），在自然发情受体牛的平均妊娠率显著高于同期发情受体牦牛。综上所述，牦牛的体外胚胎虽有相关的报道，但目前还仍处于摸索阶段。随着生物技术和相关学科等的发展，以及从事牦牛研究人员的不懈努力与国家对西部地区尤其对牦牛产业和科研的重视，牦牛学科及研究技术将会得到快速的发展。

孙永刚等通过研究黄牛和牦牛卵母细胞体外成熟时间、卵母细胞质量、精子处理方式、受精卵培养体系及冷冻—解冻后胚胎活力，结果表明：随着体外培养时间的延长，卵母细胞第一极体排出率增加，A级卵母细胞培养24h第一极体的排出率显著高于B级和C级卵母细胞，但相同体外成熟时间和相同分级的黄牛和牦牛卵母细胞第一极体的排出率差异不显著。用Percoll液梯度离心法和BO液洗涤法分别处理牦牛精液和黄牛精液后通过种间体外受精，BO液洗涤法处理的精液受精后的卵裂率显著高于Percoll液梯度离心法处理精液受精后的卵裂率，而两种方法处理精液受精后其囊胚率差异不显著。两种方法黄牛♀×牦牛♂ vs. 牦牛♀×黄牛♂）生产的早期犏牛胚胎用输卵管上皮细胞共培养和卵丘细胞共培养其囊胚率和孵化囊胚率都显著高于 SOF 液培养，而三种培养方法培养的早期犏牛胚胎的卵裂率差异不显著。两种 IVF 胚胎冷冻解冻后形态正常胚（90.52%±5.94% vs. 91.53%±7.34%）、24h 的存活率（61.45%±8.44% vs. 64.72%±11.82%）和 48h 的存活率（44.81%±6.21% vs. 48.47%±10.04%）均差异不显著。将黄牛♀×牦牛♂ IVF 犏牛胚胎移植到自然发情 4 头受体黄牛和 3 头受体犏牛，4 头牛怀孕并产犊，妊娠率为 57.14%，平均妊娠期 258 d。

第五章

牦牛的选育及改良

第一节　牦牛的本品种选育方法

牦牛育种，除了青海牦牛导入野牦牛血缘进行杂交培育成大通牦牛外，常规的本品种选育至今未有成熟的育种方法可参考。这与牦牛遗传资源的基础研究滞后有关。基于牦牛遗传资源的调查及种质特性分析，参照家畜育种一般理论与方法，结合四川省草原科学研究院承担麦洼牦牛选育研究项目实践，讨论性提出牦牛本品种选育的方法及措施。

一、资源调查评价

制订科学合理的选育方案或保种方案，需要基于对该遗传资源进行深入调查，准确评价其种质特性及与其他类群的遗传进化关系。调查方式包括生产调查（品种的典型体型外貌特征及生产性能、种畜的使用管理情况、种畜需求情况、饲养管理条件与习惯、主导生产方向与产品市场需求，等等）、资料调查（品种的形成与选育历史）、科学实验。在综合调查的基础上，形成"因种制宜"、因地制宜的选育方向和配套饲养管理技术方案。

品种特征特性分析主要根据性状表型分析（生产性能测定及与其他品种的比较分析），最好再辅以分子水平的检测分析，挖掘特色基因。在当前家畜的育种上，分子育种技术已经成为技术发展方向，尤其是对于牦牛这种原始（选育技术研究基础薄弱）、生长周期长（造成世代间隔长）、环境因素复杂且难以控制（导致难以进行准确遗传评定及遗传进展分析）的畜种，更具有重要的应用价值。

根据遗传资源的特色性状（一般指优良的经济性状，如肉、奶、毛绒；也应包括环境适应性），并结合当地的市场需求，确定选育方向和主选性状。

二、制订选育计划

1. 品种选择

地方良种或保护品种，评估选育的必要性。

2. 中心产区（核心保护区）

将中心产区的牦牛作为育种群的基础群来源以及选育过程中更新血缘的来源（优秀基因来源群体）。

3. 选育方向与选择性状

牦牛的主要经济用途为肉用和奶用，目前毛绒生产由于缺乏产品开发、产量低、价

格低等原因，经济效益差，已经不再是生产目的。因此，较为合理的选育方向为肉乳兼用或肉用，相应地主选性状为生长速度和产奶量。鉴于牦牛是少有的能产绒的牛种，该性状具有保护价值，以及某些少数品种表现出毛绒性状表型有利变异，如天祝白牦牛，从遗传资源保护的角度，这些品种的选育目标中应考虑其毛绒性能。为了可操作性，选择性状不宜太多；鉴于牦牛为季节性繁殖动物，可不考虑繁殖性状（产犊间隔），况且繁殖性状遗传力低，受饲养管理因素影响大，难以准确进行遗传评定。

4. 地点选择

选址于品种主产区，可采取育种场育种方式或合作社育种方式。

5. 所需条件

优质天然放牧草场；牧业基础设施（暖棚、储草棚、敞圈、巷道圈）及科研设施设备（大动物电子秤、乳成分分析仪）；稳定的技术团队；至少20年稳定的资金支持。

三、建立繁育体系

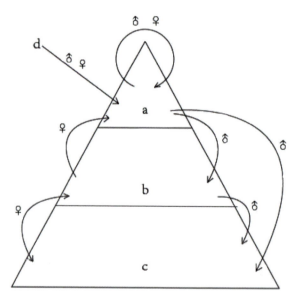

图 5-1　开放式核心群育种体系

a. 核心群　b. 繁殖群　c. 生产群　d. 与选育目标一致的外来群

四、选育方法措施

（一）选育性状

1. 主选经济性状

重点选育生长性状、产奶性状（150 d 产奶量、乳脂率、乳蛋白率）、肥育性能

（肥育速度：肥育期日增重；肥育效率：饲料转化率）。为了简化性能测定与遗传评估的性状数目，可以利用性状间遗传相关，以生长性能（生长速度）对肥育性能进行间接选择。

2. 其他重要经济性状

一些育种上重要但直接选择所需测定很麻烦或遗传力很低难以校正环境效应的重要经济性状或次级性状，根据选育基础条件而定，条件所限时难以兼顾。这些性状指标有产犊间隔、早熟性、长寿性、乳中体细胞数、饲料转化效率、屠宰率、净肉率、眼肌面积等。再者，遗传评估的性状越多，选育效率越低，选育进程越慢。尤其是由于牦牛世代间隔长，性能测定条件较差，多性状系统选育并不现实。

3. 外貌选择

外形外貌应无明显缺陷（必选项）；毛色一致性（可选项），有角或无角一致性（可选项）。

（二）选育基础群

1. 核心群规模

至少要求8头无血缘关系的种公牛，以至少形成8个家系，200头以上基础母牛。核心群种母牛的数量制约留种率与选择强度。由于牦牛的季节性发情配种及自然断奶造成繁殖率低，产犊间隔长，因此在达到同等选育强度，所需的核心群规模高于普通牛种。为了满足一定的选育强度的目的，核心群种母牛的数量应足够多，为留种率提供条件。

2. 组群方法

从中心产区大面积、广泛牧户中优选收集，集中到育种场。

3. 入选标准

选集核心群的个体入选标准，可以品种标准及其评级标准为依据制订，以评级为入选标准，也可根据基线调查，以平均值及标准差为依据制订。要求血缘清晰、纯正，体型外貌符合品种典型特征；公牛年龄4岁左右，母牛年龄5岁左右，特别优秀者可放宽年龄限制；公牛的主要生产性状（体尺体重）表型值要求高出中心产区平均值两个标准差以上，等级评定为特级；母牛主要生产性状（体尺体重、产奶量、乳脂率）表型值要求高出中心产区平均值至少一个标准差以上，等级评定为特级，至少一级。对于扩繁群（也称繁殖群，也有称为普通选育群）的入选标准，可比核心群放宽一个等级。严格说，除了对牛只本身表型鉴定外，还应该需要其父母的性能记录资料作综合评价，但实际上牧户缺乏这些记录。

4. 档案记录

每头牛必须建立档案，包括耳号、性别、年龄、胎次、体型外貌特征及评分、生长状况（体尺、体重测定）、引入地、户主姓名及联系方式，以及免疫情况等。

5. 防疫措施

按照种畜引进的防疫要求，进行检疫和免疫接种、驱虫。强制接种口蹄疫疫苗，在常规驱虫方案的基础上，建议进行血液原虫驱虫。

（三）繁育技术

应用人工授精（AI）技术，其重要性在，一方面可实现系谱记录，从而为利用亲属资料进行选择及计算育种值提供条件，提高遗传评定与选种的准确性；另一方面，可最大化良种的利用效率，促进特别优良个体的优良基因扩散。但实践中，条件所限难以实施。

可以采取小群控制配种的措施实现父系系谱记录（母牛的与配公牛记录）、一定程度的选配，或避免近亲繁殖的不完全随机交配。

实施犊牛早期断奶，实现一年一胎，为了快速高效繁殖，以利于降低留种率，提高选择强度，加快选育进程。

（四）性能测定、遗传评定与选择

牦牛的选育性状遗传评定与选种的基本要求：外貌鉴定（体型外貌评分）、生产性能测定、育种值估计。在能获得亲属信息，即能实现系谱记录的条件下，应充分利用系谱资料进行早期选择，利用半同胞资料提高遗传评定效率，利用后裔测验提高遗传评定精确性。遗传评定方法宜采用动物模型 BLUP 法或综合指数法。如果不能做到系谱记录，则只能使用性能测定法、个体选择法，在同龄组内对测定表型值进行系统环境效应（母牛年龄、胎次、犊牛性别、出生月份等）校正后选择。性能测定一般采用场内测定，大群测定方式；由于条件限制，未达到公牛站测定条件。

有效的选种依赖于精确的遗传评定，精确的遗传评定建立在准确的性能测定上。但实际上，牦牛的性能测定存在工作环境条件艰苦、设施条件差测定效率低、环境因素（包括饲管因素）复杂难以校正表型测定值等困难。牦牛育种中，往往测定条件较差以及资金（长期持续性稳定资金）有限，难以保证性能测定的准确性、完整性、系统性、持续性，因此通常外貌鉴定占主导地位。因此，有必要加强对体型外貌（包括乳房等部位的性状大小）与生产性能的相关性进行研究，以解决牦牛育种测定条件限制。

（五）培育技术

作为种畜场生产种畜，应该制定种畜培育技术。对于牦牛种牛培育，最好是全哺乳育犊。

作为选育群高产选育后代，培育的品种或品系在推广中应有配套的饲养管理技术，以发挥优良基因的生产潜力。根据选育方向，并考虑产区（为种牛推广地区）生产条件与养殖习惯的实际情况拟定，应优于现有的饲养管理。如果选育方向侧重肉用，则应配套研发肥育技术；如果侧重奶用性状选择，则应配套泌乳期饲养技术。

第二节　麦洼牦牛新品系选育

一、麦洼牦牛本品种选育的必要性

（一）麦洼牦牛为地方良种

麦洼牦牛是我国 20 世纪 80 年代初国家进行畜禽品种资源调查发现和挖掘出来的奶、肉兼用草地（高原）型地方优良品种，具有遗传稳定、乳脂含量高、营养物质丰富、共扼亚油酸及其他特殊成分含量高等优良特性，是全国牦牛地方优良品种，已被载入国家《牛品种志》和《四川省家畜家禽品种志》。其主产区在四川省阿坝藏族羌族自治州红原、阿坝及若尔盖三县，中心产区在红原县的麦洼、色地、瓦切一带。

（二）麦洼牦牛品种退化问题

近年来，由于麦洼牦牛近亲繁殖严重，重生产、轻保种选育，加上草地退化，饲养管理粗放，造成牦牛品种退化。主要表现为牦牛体格变小，生产性能下降，繁殖率降低，外貌表现杂等。特别是 20 世纪 80 年代牦牛承包到户实行分户饲养后，形成了大量的隔离小群体，种公牛一般在本群中选留。同时，牧区人口不断上升，为了维持和改善生活，不得不大量增加牲畜，现在牧区草场超载率在 50% 以上，给草地生态环境造成了巨大的压力。

（三）选育是解决品种退化和提升品种的必要选择

一是麦洼牦牛为地方良种、四川省级保护品种，因此有保种选育的必要性，也具有提升品种，充分利用遗传资源的必要性。

二是主产区户营牧场普遍自群留种，造成近亲繁殖，是导致品种退化的重要原因之一；为了解决品种退化问题，有必要建立育种场及良种繁育体系。

三是产区长期存在超载过牧问题，是草场退化的重要原因；而饲养周期长、畜群周转慢与超载有直接关系。通过选育提高生长速度，再结合饲养管理条件改善，达到缩短饲养周期一年，加快畜群周转，是减轻放牧草场压力，解决超载过牧问题的重要技术措施。

四是杂交改良效果不理想，因此需要立足本地品种。用大型品种九龙牦牛杂交改良主产区红原县的麦洼牦牛的试验表明，改良效果不理想，原因可能在于引种适应性。用大通牦牛改良的实践表明，后代野性较大，不利于挤奶管理，一些养殖户并不欢迎。

二、品系选育的科学性与可行性

（一）奶用方向选育的科学性与可行性

1. 麦洼牦牛奶用选育符合牦牛乳品质特性利用及生产习惯

牦牛的产奶性状是重要的经济性状，牦牛乳具有特别的营养价值与商品价值，从生产习惯角度，是与牦牛肉并重的重要生产方向。

2. 麦洼牦牛奶用选育符合其优良产奶性能的种质特性

麦洼牦牛以优良的产奶性能闻名，产奶量高、乳脂率高是其品种种质特性；该品种也是四川省级保护品种。因此，开展奶用品系选育符合保护特色性状的保种理论原则。

3. 麦洼牦牛奶用生产具有生产环境和社会经济等有利产业环境

麦洼牦牛为草地型牦牛，分布区红原、阿坝、若尔盖县为阿坝藏族羌族自治州的牦牛集中片区，且水草资源条件较好，交通发达，具有发展奶业生产良好的自然条件和区位优势。麦洼牦牛主产区红原县乳品加工业发展较早，"公司＋基地"的生产组织与服务模式较成熟和有效，乳品加工企业设置有收奶站，养殖户鲜奶输出及流通渠道完善，如今具有现代化奶粉加工生产线，因此奶业发展具有产业下游产业化带动的优势。

（二）肉用方向选育的科学性与可行性

1. 肉用性能选育符合麦洼牦牛具有良好的生长性能的种质特征

尽管麦洼牦牛属于中小型品种，体格相对较小，但实际上体质较结实，根据产区牧民、活牛交易经纪人、屠宰企业的实践经验反映，同等体高体长条件下体重较大，屠宰率较高，据此说明生长性能和产肉能力良好，因此具有选育肉用方向选育的遗传素质与价值。

2. 牦牛生产性能特征决定肉用方向为主导生产方向

尽管牦牛奶生产符合传统生产方式的习惯，某种角度上也迎合"不杀生"的宗教观念下不出栏上市屠宰的习惯，然而，牦牛为原始品种，产奶量极低，不足以作为"奶牛"提高养殖经济效益。另一方面，虽然牦牛生长速度较慢（架子牛暖季放牧日增重 <500 g），但具有较强的补偿生长能力，可以利用此能力来降低饲养成本提高经济效益，同时，根据异地育肥试验，牦牛架子牛（4 岁）异地舍饲育肥日增重可达到1 200 g，幼牛异地直线育肥条件下 3 岁可出栏。因此，肉用与奶用两大生产用途比较，侧重肉用生产应能获得最大化经济效益。

3. 牦牛超载过牧问题适宜以肉用生产方向解决

牦牛超载过牧问题，从技术层面上看，与出栏率低畜群周转速度慢有关，而奶用牛生产因繁殖母牛繁殖利用年限长而造成畜群整体周期长（母牛淘汰年龄 >12 岁，甚至 >15岁），因挤奶造成犊牛生长发育受阻导致非生产畜生长周期延长（出栏年龄 >4 岁，4 岁出栏的周期为 5 年）。因此，为实现牧区牲畜有效减量（"控畜""减畜""限养"等

政策）达成草畜平衡，加强育肥生产与加速出栏是重要的思路与技术措施。

4. 麦洼牦牛肉用生产具有地区出栏率高、屠宰加工发达等有利产业环境

麦洼牦牛主产区红原县发展成为四川省现代畜牧业示范县，表现在人工种草技术推广、牧业基础设施建设、种间杂交技术推广、适时出栏等各个方面的发展领先。其中，适时出栏是牦牛商品生产首要突破的关键制约因素，在牧区牦牛出栏屠宰受到养殖观念上的阻碍，难度较大，进展较慢，成为牦牛商品生产促进生态畜牧业的最大制约因素与瓶颈。红原县适时出栏取得突破性的进展，表现在非生产畜出栏年龄提前 1~3 年（牧户间有差异），繁殖母牛淘汰年龄提前 3 年以上，这为当地麦洼牦牛肉用生产提供了关键的条件。

其次，红原县在牦牛产业下游发展也较快，表现在现代化牦牛屠宰加工生产线的企业及活畜交易市场的建设、发展及成效较突出。产业下游的发展促进了上游养殖户畜产品输出的畅通和牦牛出栏及交易的活跃。

三、麦洼牦牛的选育历史

四川省草原科学研究院、四川省龙日种畜场于 1988 年开始麦洼牦牛的选育工作，组建有两个核心群，20 世纪 90 年代西南民族大学及四川省家畜改良站相继参与选育工作。在近 20 年的选育研究中，建立了较为完善的育种平台，育成核心群 1 个，200 余头；摸索出一套适用于牦牛的选育方法和相关技术，取得了阶段性的选育进展并获评科研成果，培养了一个四川省牦牛育种科研团队。

2004 年，经四川省畜牧食品局批准，在四川省龙日种畜场正式建立四川省牦牛原种场，并得到了农业部、四川省畜牧食品局、四川省发展和改革委员会、四川省改良站的大力支持，投入资金进行资源保护、选育研究和基础设施建设。同年，四川高原牦牛生态科技开发有限责任公司投入部分资金，按照育种要求，从麦洼牦牛中心产区引进麦洼牦牛 4 000 余头进行血缘更新，在这 4 000 余头牦牛中进一步筛选鉴定，新组建选育核心群 1 个。2008 年新选集核心群 1 个。对这两个新组建的核心群，依托四川省科技支撑计划畜禽育种攻关项目（"十一五""十二五""十三五"持续开展）开展新品系选育。

四川省龙日种畜场是省属事业单位，为全省最大的省级牦牛育种场，也是全省科研条件和生产条件最好的牦牛育种科研基地，长期致力于牦牛选育及饲养管理研究。该场位于麦洼牦牛主产区红原县龙日坝，平均海拔高度 3 600 m。全场草地总面积 30 余万亩，其中，可利用草地面积 25 万亩，其中，牦牛原种场 5 万亩。全场牦牛存栏 1.5 万 ~2 万头（随育种科研项目的开展增加）。建设有育种培训中心（1 200 m²）、牦牛棚舍（2 100 m²）、贮草棚（2 300 m²）、牛敞圈（12 000 m²）、犊牛舍（2 000 m²）、巷道圈（7 座）等科研试验基础设施。

图 5-2 麦洼牦牛选育核心群

注：奶用性能外貌特征：头清秀，颈细长，裙毛好，前后躯基本水平。毛色选择白脸。

麦洼牦牛选育工作有稳定的科研团队，主要实施单位为四川省草原科学研究院（牦牛研究所课题组）、西南民族大学（牦牛研究中心）、四川省龙日种畜场。

此外，随着红原县人民政府及阿坝藏族羌族自治州农牧局等政府部门对麦洼牦牛遗传资源的保护与利用的进一步重视，于 2013 年新组建麦洼牦牛高产奶品系选育核心群 1 个，新建红原县邛溪镇热多村选育点 1 个，并于 2015 年获四川省科技厅立项科技支撑计划支持"高产奶牦牛新品系选育研究"。该项目承担单位为阿坝藏族羌族自治州畜牧科学技术研究所（主持），四川省草原科学研究院、西南民族大学、阿坝藏族羌族自治州畜牧站等单位协作。

四、品系选育攻关项目

四川省草原科学研究院在国内率先开展牦牛品系选育实践探索，经过 20 世纪 80 年代末开始的 20 多年的选育实践经验积累，于 2004 年形成成熟的品系选育技术方案，并

开始组建基础群，获四川省科技厅立项支持（"麦洼牦牛新品系选育"），纳入四川省"十一五"畜禽育种攻关项目，随后"十二五""十三五"持续立项支持。

四川省科学技术厅/四川省科技支撑计划（农作物和畜禽育种攻关），"十一五""十二五""十三五"计划。

承担单位：四川省草原科学研究院，四川省龙日种畜场，西南民族大学

选育地点：红原龙日坝/四川省龙日种畜场/四川省牦牛原种场

选育时间：2004~2025年（预计）（预计4个世代，约4个五年计划支持）

五、品系选育技术方案

1.品系选育计划目标

根据麦洼牦牛生长性能和产奶性能优秀的品种特点和品系利用理论，拟选育肉乳品系和乳肉品系，培育后可以单独利用，也可以系间杂交。肉乳品系侧重生长性能及育肥性能，兼顾产奶性能；乳肉品系侧重产奶性能，兼顾生长性能。

2.性能选育目标

在主选性状上提高15个百分点，在兼顾性状上保持在品种平均值以上。

3.选育性状

肉乳品系的主选性状为育成期生长速度及育肥速度（日增重），其中生长速度以3.5岁公牛累积生长（校正为42月龄体重）为选择性状，结合体尺外貌评分；育肥速度以3.5岁育肥阉牛体重为选育性状，根据性状间遗传相关，通过生长速度及3.5岁公牛体重进行间接选择，以简化遗传评估性状的数目，兼顾产奶量性状。乳肉品系的主选性状为经产产奶量，根据胎次间产奶量的遗传相关，以初产产奶量为辅助选择性状（为了早期选择以缩短世代间隔），兼顾生长性状及体尺外貌评分。此外，为了品系外貌特征的整齐性，对毛色要求为纯黑色。选择纯黑色的依据是，根据选集基础群前对产区群体毛色类型（黑色、玉点、白脸或花脸、黑白花、白色、青色、驼色）分布的调查发现，黑色的比例较高，符合品种典型特征。

4.建系方法

采用群体建系法，即选集基础群，进行世代选育法。

5.繁育体系

建立"核心群—扩繁群—生产群"三级良种繁育体系。采用育种场育种方式，核心群和扩繁群在育种场中进行。核心群采用开放式群体继代选育法进行选育。生产群是指广泛的牦牛产区生产群，规划主要推广地为麦洼牦牛分布区红原、若尔盖、阿坝、壤塘（"阿若红壤"为阿坝藏族羌族自治州仅有4个牧区县，牦牛集中分布区），其次也包括对外地供种。设计的核心群规模为8头以上无亲缘关系的种公牛以

形成 8 个以上家系，种母牛 500 头，至少 300 头，分成两个以上核心群。严格核心群基础群个体的选集。

6. 性能测定

主选性状为生长性能、产奶性能、体系外貌评分。基于牧草生长及牦牛体重消长、繁殖、产奶呈现剧烈或严格季节性的特点，分析确定生长性能评价主要指标为，初生、0.5、1.5、2.5、3.5、4.5 岁体重，及 3.5 岁、4.5 岁体尺。1、2、3、4 岁体重为补助选择指标。根据泌乳规律，确定产奶性能评价指标为产犊当年（称"全奶牛"，翌年持续哺乳者称为"半奶牛"）挤奶季节 150 d 产奶量、月份产奶量、平均乳脂率。体型外貌评分包括目测评分项目（具体参照品种标准）和体尺实测项目，最常规的体尺指标包括体高、体斜长、胸围、管围 4 个项目。采用场内测定及场内比较的性能测定与遗传评估方式。

7. 遗传评定与选择

当前国内比较普遍使用的较为可靠（准确性较高）的遗传评定方法是最佳线性无偏预测（best linear unbiased prediction，BLUP）法计算育种值。但由于在公母混群放牧自然交配条件下，难以获得父系系谱记录，因而缺失父亲、半同胞、后裔等亲属信息，无法利用这些亲属资料进行育种值估算。对于生长性状选择，其具有中等遗传力，主要通过个体表型选择。需要对表型值测定数据按月龄（出生月份）等影响因素进行校正。然而，校正也是很困难的，这是因为影响表型值的环境因素复杂，难以在获取大量数据的基础上形成有效的校正公式。采用三阶段选择法，初生、断奶、3.5 岁，依次的性状指标为初生重及母亲产奶量资料、1.5 岁体重及外貌、3.5 岁体尺体重。同时，利用 4~4.5 岁的繁殖及产奶表现进行检验。根据群体均值及留种率，淘汰生长发育状况差者、体质弱者、繁殖产奶成绩差者、明显外貌缺陷者。

8. 繁殖技术

自然发情配种，本交，"小群控制配种"。由于不采用人工授精配种技术，在公母混群放牧自然交配的繁殖管理条件下，是难以实现严格的选配的，在这种情况下，提出了小群控制配种。小群控制配种具体做法是，（在发情配种季节）对每头种公牛安排一定量的与配母牛，组成一个单独的配种小群，有若干头种公牛则组成若干个配种小群，相应地，需要建立相应数量的围栏放牧小区。小群控制配种能够实现一定程度的选配、避免或控制近亲繁殖、家系等数配种（每头种公牛与大致等数的母牛配种）、父系系谱数据、后裔测定以及因此能计算公牛的育种值。

9. 培育技术

生产实践中，仍然普遍沿用传统的饲养管理方式，基本是全年纯放牧，不补饲，无棚圈（仅少数瘦弱牛和当年犊牛，在雪天少量补饲；暖棚夜宿也仅用于犊牛和犏牛），犊牛自然断奶。作为预期培育品系的配套饲养管理技术，采用在传统饲养管理条件的基

础上适当改善。主要改善措施是，采用全哺乳育犊及冬春适量补饲两项。各个世代饲养管理条件基本一致，便于世代间比较分析遗传进展。

六、品系选育过程

（一）组建育种群

2004 年，开始组建品系选育核心群（基础群，0 世代），构建扩繁群。从麦洼牦牛中心产区红原县麦洼、色地、瓦切、阿木、龙壤等乡镇进行大面积选购优良个体，先后共选集近 5 000 头（其中 2004 年首批 4 000 余头）。

入选标准包括血缘纯正、年龄、品质等项目，其中品质标准参考麦洼牦牛品种标准，并结合本次资源调查结果进行制定，包括体型外貌、体重体尺等项目。年龄 4 岁左右。

共组建核心群两个，编成核心群 I 和核心群 II，每群适龄母牛 200 头左右，种公牛（彼此间无亲缘关系）各 7 头和 5 头。总规模为适龄母牛 350 头左右，公牛血缘 12 个。组建核心群后余下的选购牛只补充到原有的扩繁群，形成 26 个群，总规模 1 万余头，其中适龄母牛 4 000 余头。若以基础母牛为指标，核心群规模占育种群规模约 9%（350/4 000）。

随着核心群每年繁育后代，组成种公牛培育群 1 个。每年将断奶后的公犊牛，除了每个核心群中最优秀的 1~2 头用于核心群种公牛世代更替使用而留群外，全部转入种公牛培育群。该群用于种用公牛培育，后推广种牛。

随着核心群每年鉴定后产生淘汰个体，组成（场内）生产群 1 个。该群同时用于开展种间杂交。

（二）育种群饲养管理

1.核心群饲养管理

根据产区生产实践，采用全年纯放牧、暖季不补饲、犊牛自然断奶等粗放饲养管理措施；基于品系的肉乳选育方向，也为了制种，采取全哺乳育犊、暖季补饲盐矿物质舔砖、冬春适量提高补饲水平的改善饲养管理措施。其中，对产奶性能仅测定 1 个胎次，作为选择依据，其他胎次不挤奶，以满足生产种牛的需要。

2.扩繁群饲养管理

与产区生产实践一致。日挤奶 1 次，挤奶期 4 月下旬至 9 月下旬，计 5 个月 150 d。

（三）性能测定与育种记录

对核心群开展性能测定，作为遗传评定与选择的依据，并建立育种档案系统。①采用双耳标加植入式电子耳标的个体识别方案，保证不因耳标脱落而影响识别。②繁殖系谱记录，包括犊牛号、母号、父号、产犊时间、胎次、性别、初生重等。其中，父号由

于采用本交，在放牧条件下自然交配的配种记录难以观察记录，加上小群控制配种将大大增加放牧管理成本而尚未开展，因此未能实现记录。③生长性能测定初生重、每年4月份（周岁龄）、7月份（盛草期）、10月份（半岁龄）的体重体尺，育成公牛测定至定选年龄3.5岁。④产奶性能测定150 d产奶量、乳脂率、乳蛋白率等指标。

（四）选种

核心群每年4月份和10月份进行鉴定、选择、整群。选种依据与标准：体型外貌鉴定要求外貌符合品种典型特征，基于体尺指标的体型评价，生长性能和产奶性能测定表型值同龄组排序，同时考虑品系毛色等外貌整齐度；根据留种率选留于核心群选育世代更替使用的个体。核心群后代每年留群的留种率，公牛5%~10%，母牛约80%。淘汰范围包括年龄超过预定的繁殖利用年限者、连续两年以上未产犊的适龄母牛、体质差者、生长性能及产奶性能低者、外貌特征不符合要求者；淘汰个体转入生产群。每年淘汰率为15%~20%。

（五）选配

由于尚未应用人工授精（AI）技术，也未严格实施小群控制配种措施，因此未进行严格的选配。实际上，每个核心群进行群内的自由交配。通过控制种公牛的配种利用年限，以及有计划地从中心产区引入优良公牛进行血缘更新的措施，控制近交程度。

（六）血缘更新

采取开放式群体继代选育法，核心群各个选育世代实行一定程度开放。根据种公牛的最佳配种利用年限、自群繁育后备公牛的性能表现，适时适度地从中心产区引入优秀个体进行核心群种公牛血缘更新。其中，2017年从中心产区麦洼乡选购优良个体60头，其中公牛14头，母牛46头，对核心群进行血缘更新，引入母牛数达到核心群原有能繁母牛数的15%，引入公牛数达到原有种公牛数的100%。

（七）制种供种

开展培育种公牛群的培育与推广。后备种公牛的培育措施见上面（二）。在纯放牧的基础上，采取全哺乳培育、自然断奶、暖季补饲盐矿物质舔砖、冷季补饲等改善措施。在3.5岁时，进行等级评定及定选。在3~4岁时进行推广，等级评定达到一级以上者对产区供种。

核心群年繁活犊牛可达120余头，其中可培育后备公牛60余头。为了提升制种供种能力，除了核心群繁育的培育种用公牛外，还从中心产区引入优良后备公牛补充至培育种公牛群，达到总规模200余头，年供种能力200头左右。另外，扩繁群年供种能力可达500头以上。

七、肉用性能选育进展

（一）建立了良种繁育体系

2015年底，核心群2个（核心群Ⅰ、核心群Ⅱ），600余头（含后备公牛群），其中种公牛家系10个，适繁母牛300余头。培育公牛群1个，250余头。扩繁群26个，1.5万余头，其中适龄母牛6 000余头。

（二）研究提出了牦牛性能测定科学指标与方法

生长性能测定方法：每年4、7、10月份进行体重体尺测定，具有科学性，是最佳测定方案。

产奶性能测定方法：每月3次间隔10 d测定法，测定值具有代表性；根据测定发现，在相邻的两个测定日间产奶量波动较大，提出改进方案，在每月3次测定的基础上，每次连续测定2 d取平均值。

图5-3 麦洼牦牛选育核心群

注：肉用性能外貌特征：头较粗短，颈粗而短，前躯明显高于后躯。选择毛色纯黑。

（三）肉用性能选育进展

核心群选育进入三世代。生长性能遗传进展：在放牧条件下，2.5 岁（30 月龄）公牛体重 196 kg（196.18+23.76 kg，*n*=20），与场内相同饲养管理条件下未进行选育的群体（182.00+15.36 kg，*n*=12）比较，提高 14 kg，为其 108%，提高了 8 个百分点。3.5 岁（42 月龄）公牛体重 241.6 kg。根据各个选育世代比较分析，生长性能（生长速度）遗传稳定性好。

表 5-1 麦洼牦牛品系选育核心群体重（全哺乳，纯放牧）

核心群 I				核心群 II		
年龄（岁）[世代]	性别	*n*	体重（kg）	年龄（岁）[世代]	*n*	体重（kg）
0.5[III]	♀	20	69.4 ± 13.02	0.5[II]	15	63.5 ± 10.07
	♂	30	75.9 ± 12.94		20	66.9 ± 11.36
1.5[III]	♀	20	131.7 ± 22.35	1.5[II]	22	117.7 ± 20.64
	♂	15	136.1 ± 17.04		12	125.6 ± 18.46
2.5[III]	♀	25	182.2 ± 25.22	2.5[II]	18	151.5 ± 29.50
	♂	20	194.7 ± 30.42		28	175.4 ± 34.60
3.5[II]	♀	35	213.1 ± 20.95	3.5[II]	18	213.9 ± 17.90
	♂	25	241.6 ± 22.65		12	237.0 ± 34.22
4.5[II]	♀	20	238.3 ± 29.29	4.5[I]	14	212.2 ± 31.15
	♂	5	276.6 ± 16.77		10	246.5 ± 27.63
5.5~6.5[II]	♀	46	232.8 ± 25.72	5.5~6.5[I]	28	224.5 ± 27.68
>6.5[II]	♀	58	258.8 ± 30.92	>6.5[I]	60	246.0 ± 26.86
	♂	3	496.5 ± 21.52		4	456.3 ± 28.25

（四）体型外貌整齐度及遗传稳定性

选育至三世代后，纯黑毛色遗传稳定性好：每个世代约 6 年，每年新生犊牛中出现非纯黑个体（主要为花斑和驼色）的比例 <5%。

第三节　杂交育种

截至目前，大通牦牛是我国唯一的一个通过杂交培育的品种。该品种由中国农业科学院兰州畜牧与兽药研究所和青海省大通种牛场连续 20 年执行农业部"六五""七五""八五""九五"重点项目而培育成功的牦牛新品种。于 2004 年 8 月 24 日通过品种审定。

一、杂交父本的选择及来源

大通牦牛的育种父本是野牦牛。野牦牛长年生活于海拔 4 500~6 000 m 的高山寒漠地带，由于严酷的自然选择和特殊的闭锁繁育，身高、体重、生长速度、抗逆性、生活力等性状的平均遗传水平远高于家牦牛，成年野牦牛体重 800~1 200 kg，3 月龄体重 90 kg，野牦牛和家牦牛杂交后代具有很强的优势表现。1982 年，从青海玉树州曲麻莱县购买了 1 头 2.5 岁的含 1/2 野牦牛血液的公牦牛；1983 年，从甘肃得到 2 头纯种野牦牛，后又陆续购回 6 头野牦牛作为育种父本，经驯化调教，于 1983 年采精、制作冻精获得成功。1987 年，兰州畜牧研究所和青海大通种牛场共同建立了牦公牛站。大通牦牛的育种母本是从大通种牛场适龄母牛群中挑选体壮、适龄、毛色为黑色的母牦牛组成基础母牛群。

二、育种过程及方法

在青海省大通种牛场经过捕获驯化野牦牛、制作冷冻精液、大面积人工授精，生产具有强杂种优势含 1/2 野牦牛血液的杂种牛、组建育种核心群、适度利用近交、进行闭锁繁育、强度选择与淘汰（公牛最终留种率 11%，母牛淘汰率 30%）、培育产肉性能、繁殖性能、抗逆性能远高于家牦牛的体型外貌、毛色高度一致、遗传性能稳定的牦牛新品种。按照预定育种目标，以青海大通种牛场为核心建立了牦牛育种体系。该体系包括种公牛站、F_1 代横交核心群、野血牦牛繁育场和扩大推广四个部分，呈金字塔结构，是一个开放式的牦牛育种体系。

其育种技术路线如下：

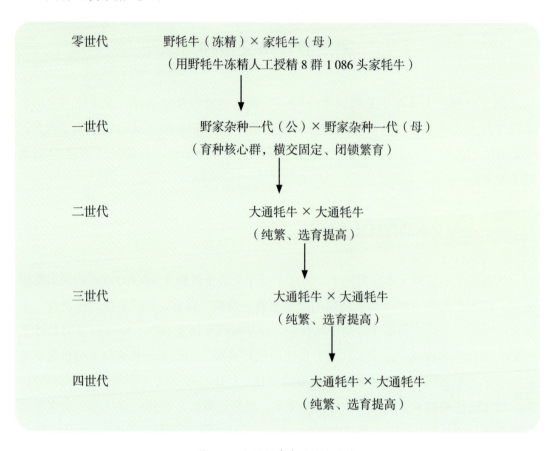

零世代　　　野牦牛（冻精）×家牦牛（母）
　　　　　　（用野牦牛冻精人工授精8群1086头家牦牛）

一世代　　　野家杂种一代（公）×野家杂种一代（母）
　　　　　　（育种核心群，横交固定、闭锁繁育）

二世代　　　大通牦牛×大通牦牛
　　　　　　（纯繁、选育提高）

三世代　　　大通牦牛×大通牦牛
　　　　　　（纯繁、选育提高）

四世代　　　大通牦牛×大通牦牛
　　　　　　（纯繁、选育提高）

图5-4　大通牦牛育种技术路线

三、品种特性

第一，生长发育速度较快，初生、6月龄、18月龄体重比原群体平均提高15%~27%；第二，具有较强的抗逆性和适应性，牦牛越冬死亡率连续5年的统计小于1%，比同龄家牦牛群体的5%越冬死亡率降低4个百分点；第三，繁殖率较高，初产年龄由原来的4.5岁提前到3.5岁，经产牛为三年产两胎，产犊率为75%；第四，抗逆性与适应性较强。突出表现在越冬死亡率明显降低，觅食能力强，采食范围广。

四、改良其他牦牛品种的效果

措毛吉等报道，通过引入大通牦牛对玛沁县雪山乡本地牦牛进行改良，F_1代犊牛出生时的活体重比当地犊牛高11.98%，6月龄时的活体重比当地犊牛高16.74%，18月龄时的活体重比当地犊牛高12.35%。以上能明显地反映F_1代犊牛比当地犊牛有更强的适应性，能更好地生长发育。

第六章

牦牛种间杂交

第一节　牦牛种间杂交现状

通常意义上的牦牛种间杂交主要通过公黄牛与母牦牛杂交生产犏牛，而通过公牦牛和母黄牛杂交得到的犏牛称为假犏牛。犏牛是牦牛与黄牛的杂交一代，具有明显杂交优势，肉、乳生产能力、役用能力都优于牦牛。产奶量一般 3.5~5.5kg/d，通过补充精饲料，最高可达 7 kg/d 左右，奶品质跟牦牛相比有所下降。产肉量比牦牛高，肉质优于牦牛。但公犏牛不育问题迄今尚未得到解决。犏牛外貌与杂交的父母代外貌密切相关，介于双亲之间，躯体高大，整体结构匀称，公犏牛多有角。被毛短，绒毛较少，毛色多倾向父系，适应高海拔、低气压、冷季长的恶劣生态环境，也能适应低海拔和气温较高的环境地区。根据牦牛在杂交组合中扮演的角色不同，分为真犏牛和假犏牛。本章就牦牛扮演母牛的角色进行犏牛生产介绍。

牦牛杂交改良历史悠久，我国早在 3 000 年前的殷周时期，已有利用引入半农半牧区的公黄牛与当地牦牛杂交生产犏牛的记录，其杂交后代比牦牛温驯，易于管理，乳肉产量也有增加。由于本地黄牛自身生产性能很低，杂种后代的表现亦有限。为了进一步提高杂交后代的生产性能，我国在 20 世纪 50 年代中期，开始在青海大通种牛场及四川红原县、若尔盖县等地引入荷斯坦牛和西门塔尔牛等种公牛与牦牛杂交，但因这些培育品种不适应高寒草地生态环境，直接引入培育品种公牛与牦牛杂交未获成功。20 世纪 70 年代中期在川西北牧区改用培育品种冻精人工授精改良牦牛，俗称"冷配"，获得了优良的杂种 F_1 代（图 6-1），其生长发育、产奶性能等都得到了极显著提升，但"冷配"存在两个难以解决的关键性问题：一是配怀率低，胎儿大，难产和母仔双亡率高，繁殖存活率低；二是牦牛粗放饲养管理条件难以满足其配种要求，给大规模推广应用带来困难。20 世纪 90 年代初，四川省草原科学研究院在川西北牧区开展从半农半牧区引进黄改公牛改良牦牛的研究，既"三元杂交"，由于其操作简便、改良效果较好、成本低，很快在牧区推广应用。

目前，在牧区进行的牦牛杂交改良模式主要还是两种：一个是以自然交配为主的三元杂交模式，另外是以人工授精为基础的冷配模式。两者在我国高寒牧区和周边半农半牧区都进行了示范推广，也得到了农牧民的认可。但是我国目前的杂交改良规模依然较小，杂种牛在牦牛群中的比例仅 5% 左右，其中很多是土种公黄牛杂交后代，优质犏牛的数量占牦牛总量的比例不到 1%，还需要进一步扩大技术示范和推广。

图6-1 荷犏牛

目前，犏牛杂交改良主要在我国的牦牛主产区进行，包括四川、青海、西藏等地都开展了牦牛杂交改良研究、示范、推广。四川省阿坝藏族羌族自治州牧区是目前牦牛改良较为集中和效果显著的地区，其中以红原县和若尔盖县为主要改良集中点。

红原县和若尔盖县为阿坝藏族羌族自治州纯牧业县，长期坚持开展牦牛杂交改良工作。2000年以后，通过县级部门和科研单位合作，在牦牛杂交模式、推广模式、利用模式等方面予以创新，使牦牛杂交改良在牦牛业生产中发挥了应有作用，并取得了较好的经济效益与社会效益。

杂交模式上，通过推进娟姗牛冻精与牦牛杂交生产娟犏牛的新模式，降低了母牦牛产犏牛的难产率，近几年四川省草原科学研究院通过引进娟姗牛性控冻精与牦牛杂交，提高了后代母犏牛比例，增加了牧民的挤奶收益。

推广模式现在主要通过建立杂交改良点，形成了红原县、乡、村"三级牦牛杂交改良体系"，并将此模式在若尔盖县大面积推广应用。"三级牦牛杂交改良体系"由县农牧局建立的专门改良站负责冻精的采购、发放，各乡、村杂交改良点进行基础设施建设配套，人工授精技术人员培养及各乡村杂交改良点配种人员配置；乡畜牧站配备专门的人工授精操作人员及负责杂交改良组织工作，承接、保存县家改站发放的冻精；各村落实组建杂交改良配种点，在公共草场划出冻精配种参配母牦牛集中放牧饲养管理专用草场，负责组织杂交改良基础母牦牛，安排人员专门负责参配牛群的饲养管理，保障配种技术人员的吃、住条件。各冻配点每年在牦牛集中发情季节前约半个月，即在6月底进行参配母牦牛的组群；7月中旬至8月底，于发情配种旺季，由人工授精人员蹲点配种，配种完毕后1周，各牧户将自家的牛领回，与牦牛群混合放牧，未配上的由公牦牛补配。采用集中点改良配种，统一采购冻精，统一配种的技术人员，大大提高了配种的

受胎率。

目前，四川省阿坝藏族羌族自治州主要推广人工授精生产优质犏牛技术，进行娟犏牛的生产。在若尔盖县的阿西、辖曼等地，建立人工授精改良点 6~8 个。每年可改良牦牛 800 头，此外，通过直接引进西黄种公牛与牦牛自然交配改良牦牛。2014~2016 年累计组群经产母牦牛 9 500 头，改良牦牛 6 800 头，生产犏牛每年达 2 000 余头。红原县在麦洼、瓦切等乡建立改良配种点 42 个，每个点集中组群 100~600 头经产母牛作为配种群体。2014~2016 年累计组群牦牛 1.6 万头以上，累计配种 1.5 万余头，人工授精繁殖成活犏牛 5 000 头以上。为广大牧民带来了实实在在的增收。

近几年随着阿坝藏族羌族自治州犏牛生产规模的扩大，除了传统杂交改良利用犏牛的产奶性能外，草地沙化治理、减畜抗灾、草地生态保护的要求，开展了公犏牛舍饲和半舍饲育肥，以此降低牛只存栏量，保护草地生态环境，提升后代养殖效益，提高牧民养殖收益。通过在松潘县半农半牧区开展异地育肥试验研究表明，牦牛、犏牛在舍饲条件下，生长速度分别达到 0.38 ± 0.13 kg/d 和 0.59 ± 0.08 kg/d。在半农半牧区养殖牦牛、犏牛增收可达 220.56 元/头、1 134.37 元/头。该技术显著提升了犏牛的产肉性能，促进了半农半牧区的秸秆资源利用。

第二节 牦牛杂交模式

一、杂交组合要求

在自然交配中使用的杂种公牛血缘要清楚，其公牛的良种牛血缘和半农半牧区藏黄牛血缘应各占 50%，符合种用标准公牛的生产性能。目前，杂种公牛主要应用西门塔尔公牛与本地黄牛生产适应本地气候和饲养条件的杂种公牛，这些公牛再引种到高寒牧区后，其适应性良好，自然交配受胎率与牦牛自然交配效果相当。该方法操作简便，成本较低，最大限度地降低了牧民劳动强度，繁殖存活率较高，犏牛生长速度和产奶量相比牦牛也有较大提高。

在应用人工授精技术杂交改良牦牛中，对父本的要求主要是其本身生产性能高，成年体格较小，这样选择的目的主要是避免杂交后代初生重过大，导致母牦牛难产或母子双亡。传统的人工授精技术杂交改良模式主要应用荷斯坦牛冻精改良牦牛，提高后代的产奶性能。目前，引进的冻精主要包括娟姗牛、安格斯牛等体型较小，用生产性能较高的牛冻精改良牦牛。

对杂交后代利用中，由于存在公犏牛不育的问题，杂交 F_1 代犏牛中公牛主要用于育肥，母牛主要用于产奶。F_2 代或回交后代主要用于育肥。其生产性能依然优于牦牛。

107

二、杂交利用模式

目前，牦牛杂交的方法较多，在自然交配和人工授精技术应用下，可根据自身实际需求开展相应的杂交改良技术。本书就目前常用的杂交模式进行列举，并提出适合该模式的利用方法。

（一）西（荷）黄自然杂交模式

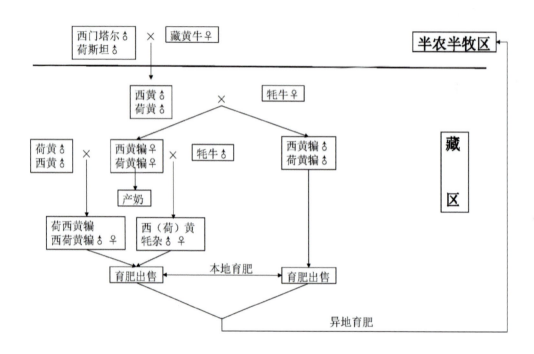

图6-2 "西（荷）黄♂ × 牦牛♀"杂交生产犏牛及利用模式

在早期的牦牛改良中，主要利用本地黄牛与牦牛自然交配生产犏牛。其生产的黄犏牛生产性能优于牦牛，但提高幅度较小。随着20世纪70年代黄改（利用优质肉牛或奶牛品种改良本地黄牛）的开展，在半农半牧区生产了大量的西黄牛、荷黄牛，这些优质公牛其适应性良好，生长发育快，经过引种到高海拔牧区进行适应性观察后，发现这些杂种后代可以很好地适应高海拔牧区条件，可利用西黄牛、荷黄牛公牛与牦牛自然交配生产犏牛。生产的F₁代犏牛中，母犏牛（西黄犏、荷黄犏）主要用于挤奶和持续利用。在持续利用中主要是与公牦牛进行交配产生F₂代杂牛；少部分F₁代母犏牛用西（荷）黄种公牛（图6-3）交配生产F₂代犏牛。产生的F₁代犏公牛和F₂代杂牛、F₂代犏牛可在藏区和半农半牧区育肥后出售。

108

图 6-3 西（荷）黄公牛

（二）娟姗牛冻精杂交模式

由于应用荷斯坦牛冻精改良牦牛过程中，母牦牛在产犊时出现难产和母子双亡的情况较多。2004 年后，采用娟姗牛冻精改良牦牛，生产娟犏牛（图 6-4），F_1 娟犏牛母牛用于挤奶，F_1 代娟犏牛公牛和 F_2 代杂牛育肥出售。

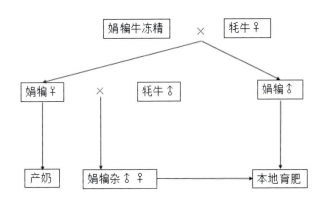

图 6-4 娟姗牛冻精改良牦牛生产犏牛及利用模式图

图 6-5 娟犏牛

（三）其他杂交模式

除了上面较为普遍使用的杂交模式以外，使用安格斯肉牛与牦牛杂交生产犏牛的模式也在我国青海牧区等地使用。其目的是利用安格斯牛与母牦牛杂交的优势，降低难产率，提高犏牛的生产性能和适应性。近年来还有青海柴达木福牛（图6-6）三元杂交（柴达木黄牛 × 牦牛 × 安格斯）生产犏牛的新模式。

图6-6　柴达木福牛

第三节　牦牛生产性能

一、犏牛生产技术

本节就目前犏牛生产中应用较广，牧民接受度较高的几种生产模式进行详细介绍。

（一）西（荷）黄犏牛生产模式

1. 杂种公牛的适应性良好

（1）成活率及抗病力

在杂种公牛引入的初期，一定要加强管理，防止其从低海拔地区进入高海拔地区的环境不适应，导致的各种疾病。在引入过程中，杂种公牛可能发生的疾病是感冒和下痢，其次由于饲养水平差异，在半舍饲或舍饲条件下直接过渡到放牧模式也容易导致杂种公牛不适应和掉膘死亡等。罗晓林等对249头引入公牛统计，成活率93.17%，死亡率为6.83%，死亡原因是项目研究初期饲养管理技术不完善，冬季寒冷及饲草料缺乏所致

110

（见表 6-1）。

表6-1 杂种公牛引种成活率

原产地	引入地	引入数（头）	死亡数（头）	死亡率（%）
甘肃临夏	四川红原	120	8	6.67
四川茂县	四川红原、阿坝、若尔盖	56	4	7.14
四川茂县	四川红原	73	5	6.85
合计		249	17	6.83

（2）生理指标

由于杂种公牛具有本地黄牛的血缘，其适应性优于培育品种纯种公牛，引入到川西北高寒牧区的西（荷）黄公牛的主要生理指标在正常值范围内。刚引进时比原产地的略高，这是从低海拔地区引入高海拔地区产生的一种正常生理反应。西黄公牛生理指标与荷黄公牛比较差异不明显；除呼吸、脉搏频率比公牦牛高以外，其他指标均与牦牛接近。所有测试指标的品种组间差异不显著（$P > 0.05$）（见表 6-2）。

表6-2 杂种公牛生理指标测定

地区	品种	n	体温（℃）	脉搏（次/min）	呼吸（次/min）	瘤胃蠕动（次/min）
原产地临夏	西黄	20	37.72 ± 0.93	73.73 ± 0.80	26.05 ± 0.85	1.63 ± 0.83
原产地临夏	荷黄	20	37.85 ± 0.80	73.87 ± 0.83	26.21 ± 1.12	1.80 ± 0.68
引入地红原	西黄	20	38.75 ± 1.05	75.03 ± 0.75	28.47 ± 0.94	2.00 ± 0.87
引入地红原	荷黄	20	38.77 ± 0.88	74.92 ± 0.78	28.63 ± 1.45	1.93 ± 0.75
原产地红原	牦牛	20	38.27 ± 0.52	69.20 ± 8.61	16.35 ± 3.28	1.15 ± 0.07

（3）放牧行为

引进的西（荷）黄杂种公牛，虽然生活环境、饲养方式等发生了变化，但放牧采食行为与牦牛区别不大，能随高寒牧区四季水草变化决定放牧采食行为，自由采食天然牧草，并在短时间内与牦牛群同群放牧饲养（图6-7）。这些特征与西（荷）黄杂种公牛含有的藏黄牛血缘有直接关系。改良后的杂种公牛能适应高寒牧区的饲牧条件，且生长发育良好。

图 6-7　同群放牧饲养

（4）繁殖行为

西（荷）黄公牛的性行为与公牦牛基本一致，配种季节性欲感强烈，常表现出强悍、发威、凶猛姿态，体格较小的公牛能独立完成配种，体格大的公牛为了避免压垮母牛，需进行辅助配种才能与母牦牛交配。配种期结束，逐渐恢复正常状态，可与牦牛混群放牧。

2. 繁殖性能良好

繁殖性能是考验杂交改良模式是否成功的基础。统计结果显示"西黄♂×牦牛♀"组合的繁殖性能各项指标均较高，繁殖成活率达到 43.85%，与牦牛（40%~45%）接近，比"荷黄♂×牦牛♀"高 2.44 个百分点，差异不显著（$P > 0.05$），比"荷斯坦♂（冻精）×牦牛♀"提高 20.15 个百分点，差异极显著（$P < 0.01$），难产率降低了95%，差异极显著。

"荷斯坦♂（冻精）×牦牛♀"繁殖成活率低主要是因为用荷斯坦冻精配母牦牛在人工授精时，因母牦牛野性强，必须捕捉捆绑，在捆绑过程中，产生应激反应，加之输精时，高寒牧区野外环境条件差，技术不熟练，母牦牛发情排卵时间难以掌握，以及荷斯坦血缘含量高，胎儿过大，羊水过多，难产率高。这就要求我们采用更多的先进设备进行繁殖技术改进，跟踪母牦牛发情期，降低母牦牛的人工授精应激反应，提高技术人

员和农牧民的人工授精水平。从以上研究来看，普通牛种的杂种藏黄公牛与牦牛杂交，采用自然交配的方法能获得比牦牛生产性能高的犏牛，同时繁殖成活率比较高，牧民劳动强度也不会显著增加，是目前容易推广的杂交技术（表6-3）。

表6-3 不同杂交组合繁殖性能比较

杂交组合	参配数（头）	实配		受胎		产仔		成活		繁殖成活率（%）
		实配数（头）	实配率（%）	受胎数（头）	受胎率（%）	产犊数（头）	产犊率（%）	成活数（头）	成活率（%）	
西黄♂×牦牛♀	260	216	83.08[a]	154	59.23[a]	134	87.01[a]	114	85.07[a]	43.85[a]
荷黄♂×牦牛♀	524	411	78.44[a]	302	57.63[a]	225	74.50[a]	217	96.44[a]	41.41[a]
荷斯坦（冻精）♂×牦牛♀	16 999	12 426	73.10[a]	5 623	44.90[b]	4 422	78.40[a]	4027	91.10[a]	23.70[b]

3. 生长发育良好

西黄犏牛初生至30月龄体重、体高、体长、胸围比荷黄犏牛相应的体重、体尺略低。西黄犏牛公母体重与荷黄犏牛相比，在初生、6月龄、12月龄、30月龄时差异不显著（$P > 0.05$），在18月龄、24月龄、36月龄差异显著（$P < 0.05$），但最大不超过22 kg。

以上说明，高寒牧区用半农半牧区引进的西（荷）黄杂种公牛改良牦牛，繁殖的 F_1 代犏牛，其生长发育从初生到30月龄呈直线上升，生长速度呈现为前期快、后期慢的特点。各年龄段的体尺、体重等生长发育指标都优于牦牛（表6-4）。

4. 产奶性能较高

西黄犏母牛第一胎平均日挤奶量与荷黄犏牛相比，差异不显著，但极显著地高于牦牛日产奶量。西黄犏母牛第一胎183 d总挤奶量与荷黄犏牛差异不大，分别是牦牛总挤奶量的2.83倍和2.65倍。结果表明，西黄犏牛与荷黄犏牛具有相近的奶用杂交改良优势（表6-5）。

西黄犏牛乳的干物质、乳脂肪的含量（分别为13.95%、4.34%）极显著地低于牦牛（$P < 0.01$），但与荷黄犏牛差异不显著（$P > 0.05$）。其他指标在组间差异均不显著（$P > 0.05$）（表6-6）。

113

表6-4 西（荷）黄犏牛的生长发育

组别	月龄	n	体高（cm）		体斜长（cm）		胸围（cm）		体重（kg）	
			♂	♀	♂	♀	♂	♀	♂	♀
西黄犏牛	初生	40	58.77±2.56	58.82±3.03	67.60±2.82	65.57±4.14	72.79±2.26	70.56±3.17	21.74±2.49	20.83±3.62
	6	50	84.25±3.74	83.06±3.77	99.78±4.27	98.43±4.53	113.25±9.98	114.42±5.69	99.69±10.12	97.53±7.26
	12	50	98.70±1.64	97.62±1.79	112.43±5.32	110.78±4.27	124.51±7.46	122.67±8.35	135.59±12.18	131.67±11.23
	18	50	103.36±2.13	102.38±1.41	127.77±2.74	125.63±3.41	143.69±5.31	140.25±5.83	183.89±15.27	180.68±14.55
	24	40	107.95±1.89	106.57±1.98	136.27±2.84	133.86±2.69	155.61±4.34	152.17±3.87	238.63±3.81	235.29±6.72
	30	40	113.33±1.53	111.29±1.75	148.50±4.43	145.26±4.72	169.27±4.08	165.54±4.99	326.75±13.61	321.29±15.35
	36	20	116.29±1.84	114.02±1.28	156.62±3.48	155.25±2.28	175.83±3.64	172.16±2.31	351.67±10.06	349.01±7.82
荷黄犏牛	初生	60	60.13±1.29	58.55±2.54	65.46±3.04	64.95±2.39	71.65±2.30	71.77±2.37	22.48±1.45	21.09±1.70
	6	60	86.46±1.39	85.35±1.27	96.77±3.09	95.67±3.17	117.46±6.47	115.31±3.63	106.13±7.54	103.45±5.73
	12	60	100.55±2.73	98.15±2.54	116.52±8.95	113.27±6.42	128.73±8.32	125.41±7.05	139.36±15.61	136.58±10.76
	18	50	107.33±1.72	105.84±2.18	124.58±2.79	122.36±3.96	147.25±7.38	145.47±6.43	200.38±13.57	198.65±12.57
	24	50	112.47±2.13	110.68±2.07	137.68±3.96	135.74±3.18	159.21±4.26	156.81±5.29	249.79±6.83	247.28±8.37
	30	40	116.61±2.31	115.29±3.16	154.29±6.03	151.08±6.29	173.84±5.97	171.96±7.80	339.17±9.88	355.43±11.17
	36	30	118.74±2.77	117.95±3.56	159.43±4.61	157.83±3.26	179.59±2.29	177.92±3.41	375.83±11.37	371.56±9.74
牦牛	初生	95	53.89±4.04	51.15±2.76	50.76±4.33	47.41±3.82	61.85±5.67	58.23±5.13	14.67±2.93	12.95±2.16
	6	86	79.09±5.59	78.50±4.77	87.90±11.93	86.63±7.10	104.73±8.60	104.32±8.03	68.07±15.36	67.18±11.23
	12	80	84.68±4.01	83.81±6.24	93.79±9.46	91.67±8.26	121.14±9.02	120.17±7.08	89.75±9.57	82.61±10.18
	18	78	95.68±7.35	93.97±2.87	107.47±6.17	104.95±4.26	133.11±7.44	129.97±3.92	130.17±19.83	119.57±11.26
	24	78	98.16±6.72	97.29±5.19	112.63±9.26	110.71±8.45	141.91±8.59	135.19±6.91	154.62±10.19	140.26±9.03
	30	51	105.10±2.81	103.81±2.13	119.30±7.67	117.08±4.02	147.86±5.40	140.11±3.69	184.30±13.37	155.86±12.21
	36	50	109.95±1.12	108.89±1.90	128.67±4.04	125.00±7.16	159.20±6.56	151.10±6.35	224.41±15.46	197.11±16.31

表 6-5 西（荷）黄犏牛挤奶量

组别	年龄（岁）	胎次	*n*	天数（d）	日挤奶量（kg）	总挤奶量（kg）
西黄犏牛	4	1	6	183	3.85 ± 1.45	704.55 ± 30.69
荷黄犏牛	3~4	1	15	183	3.60 ± 0.83	659.36 ± 41.34
牦牛	4~5	1	10	183	1.35 ± 0.16	248.70 ± 28.19

表 6-6 西（荷）黄犏牛乳成分

组别	胎次	*n*	干物质（%）	乳脂肪（%）	乳蛋白（%）	乳糖（%）	灰分（%）
西黄犏牛	1	6	13.95 ± 0.75	4.34 ± 0.24	4.31 ± 0.27	5.06 ± 0.22	0.78 ± 0.03
荷黄犏牛	1	4	16.07 ± 1.56	5.41 ± 1.18	4.71 ± 0.66	5.07 ± 0.31	0.77 ± 0.06
牦牛	1	6	17.69 ± 0.71	7.22 ± 0.65	4.91 ± 0.52	5.04 ± 0.37	0.77 ± 0.05

西黄犏牛与荷黄犏牛各月份挤奶量（表 6-7）均显著地高于牦牛。在暖季初始的 5 月份，西黄犏牛与荷黄犏牛挤奶量差异不显著，而在之后的 6~8 月，荷黄犏牛均显著地高于西黄犏牛。

表 6-7 西（荷）黄犏牛不同月份的挤奶量

测定月份（月）	牦牛		西黄犏		荷黄犏	
	n	mean ± SD（kg）	*n*	mean ± SD（kg）	*n*	mean ± SD（kg）
5	13	0.98 ± 0.23[a]	51	1.73 ± 0.33[b]	37	1.84 ± 0.42[b]
6	22	1.20 ± 0.24[a]	46	2.05 ± 0.30[b]	29	3.94 ± 1.11[c]
7	22	1.24 ± 0.26[a]	41	3.28 ± 0.41[b]	27	4.33 ± 0.81[c]
8	14	1.74 ± 0.46[a]	38	3.03 ± 0.29[b]	27	4.68 ± 1.22[c]
9	5	0.70 ± 0.20[A]			13	4.88 ± 0.13[B]

注：同一行中具有不同小写字母肩标的均值间差异显著（多重比较法，*P* < 0.05），有相同字母的，差异不显著；9 月份均值采用 t 检验法，差异极显著（*P* < 0.01）。

不同月份乳常规成分分析显示，除乳糖外，其他指标西黄犏牛及荷黄犏牛比牦牛略低。日挤奶 1 次的西黄犏牛各指标值比日挤奶 2 次的荷黄犏牛高（表 6-8）。

115

表6-8 西（荷）黄犏与牦牛不同月份乳成分比较

测定月份（月）	指标（%）	荷黄犏牛		牦牛		西黄犏牛	
		n	mean ± SD	n	mean ± SD	n	mean ± SD
8	干物质	14	14.69 ± 1.67	18	15.88 ± 0.78	27	14.87 ± 0.87
	脂肪	14	4.76 ± 0.85	18	5.26 ± 0.79	27	4.73 ± 0.44
	蛋白质	14	4.26 ± 0.55	18	4.36 ± 0.43	27	3.73 ± 0.45
	乳糖	14	4.72 ± 0.15	18	4.83 ± 0.09	27	4.78 ± 0.11
9	干物质	13	15.35 ± 1.60	14	16.67 ± 1.07	27	16.37 ± 1.42
	脂肪	13	4.75 ± 0.90	14	5.89 ± 1.06	27	6.30 ± 1.13
	蛋白质	13	3.88 ± 0.60	14	4.62 ± 0.39	27	4.05 ± 0.74
	乳糖	13	4.82 ± 0.18	14	4.93 ± 0.34	27	4.62 ± 0.17
10	干物质	12	15.94 ± 1.70	13	16.85 ± 1.38	13	17.14 ± 1.30
	脂肪	12	5.49 ± 1.19	13	6.00 ± 1.08	13	6.10 ± 0.98
	蛋白质	12	3.95 ± 0.42	13	4.35 ± 0.55	13	4.13 ± 0.53
	乳糖	12	4.61 ± 0.20	13	4.80 ± 0.20	13	4.52 ± 0.21

（二）娟姗牛冻精生产犏牛

1. 繁殖性能较好

"娟姗♂（冻精）× 牦牛♀"杂交组合繁殖成活率平均达34.8%，比"荷斯坦♂（冻精）× 牦牛♀"高11个百分点。"荷斯坦♂（冻精）× 牦牛♀"繁殖成活率低主要是因为荷斯坦牛体型大，造成胎儿过大，羊水过多，难产率高，产犊率（产活犊数/实配数）低。娟姗牛体型较小，与牦牛体型相近，难产少，产犊率比"荷斯坦 × 牦牛"高20.39个百分点。

表6-9 "娟姗 × 牦牛"与"荷斯坦 × 牦牛"的繁殖性能比较

杂交组合	参配数（头）	实配数（头）	产犊数（头）	产犊率（%）	成活数（头）	繁殖成活率（%）
"娟姗 × 牦牛"	56 661	10 162	26 757	55.56	19 820	34.82
"荷斯坦 × 牦牛"	16 999	12 426	4422	35.16	4027	23.70

2. 生长发育较好

表6-10 娟牦牛的生长发育

月龄	杂交后代	性别	n	体重（kg）	体高（cm）	体长（cm）	胸围（cm）
初生	娟牦牛	♀	8	15.55	—	—	—
	荷牦牛	♀	10	22.5	—	—	—
	牦牛	♀	77	12.9	—	—	—
6月龄	娟牦牛	♀	8	104.39	88.50	97.31	115.63
	荷牦牛	♀	31	85.80	83.32	96.25	103.38
	牦牛	♀	145	59.61	79.39	80.65	103.07
18月龄	娟牦牛	♀	8	140.40	98.75	117.25	137.75
	荷牦牛	♀	8	128.21	98.19	108.43	130.07
	牦牛	♀	29	92.16	93.79	97.00	124.92

娟牦牛的初生体重为 15.55 kg（表6-10），比本地牦牛提高 20.54%，比荷牦牛 22.5 kg 低 30.9%；6 月龄娟牦母牛的体重达到 104.39 kg，比牦牛提高 75.12%，其体高、体长和胸围分别提高 11.47%、20.66% 和 12.19%；18 月龄娟牦母牛的体重达到 140.4 kg，比牦牛提高 52.34%，其体高、体长和胸围分别提高 5.1%、20.87% 和 10.27%。

3. 产奶性能较高

表6-11 娟牦牛产奶性能

杂交后代	n	5月	6月	7月	8月	9月	10月	183 d（kg）
娟牦牛	17	3.55	4.15	5.10	5.15	4.30	4.30	814.6
荷牦牛	15	6.00	7.00	8.10	8.85	7.10	6.10	1323.6
牦牛	50	1.30	1.60	1.84	2.05	1.63	1.40	244

娟牦牛（胎次第一胎至第三胎）183 d 挤奶量 815 kg，是牦牛的约 3.34 倍（表6-11）。娟牦牛的挤奶量低于荷牦牛，是后者的 60%~70%。娟牦牛乳脂率 6.67%、乳蛋白率 4.37%，低于牦牛，高于荷牦牛（表6-12）。

表6-12 娟牦牛乳成分

杂交后代	胎次	n	干物质（%）	脂肪（%）	蛋白质（%）	乳糖（%）	灰分（%）
娟牦牛	1	6	14.72 ± 0.65	6.67 ± 0.57	4.37 ± 0.51	4.86 ± 0.34	0.84 ± 0.05
荷牦牛	1	71	14.95 ± 0.67	5.31 ± 0.55	3.99 ± 0.52	4.88 ± 0.33	0.83 ± 0.06
牦牛	1	6	17.69 ± 0.71	7.22 ± 0.65	4.91 ± 0.52	5.04 ± 0.37	0.83 ± 0.03

（三）安格斯牛冻精生产犏牛

选用安格斯牛冻精给牦牛输精的受胎率为 61.77%，其犊犏牛成活率为 76.19%。牦牛怀犏牛的妊娠期平均 275.81 d，范围在 261~290 d。与"荷斯坦牛（冻精）× 黄牛 × 牦牛"相比，其受胎率为 57.63%，提高 4.14 个百分点。与"荷斯坦牛（冻精）× 牦牛"相比，其受胎率为 44.90%，提高 16.87 个百分点（表 6-13）。

表6-13　安格斯牛杂交改良牦牛繁殖率

组别	参配数	实配		受胎		成活		妊娠天数（d）	
		头	实配率(%)	头	受胎率(%)	头	成活率(%)		
安格斯 × 牦牛	91	34	37.36	21	61.77	16	76.19	275.81	261~290

应用安格斯肉牛改良牦牛，生产的犏牛的体尺、体重指标均高于牦牛本交后代，其体型得到较大的改善，杂种优势十分明显，初生犏牛体重平均为 25.67 kg。与"荷斯坦奶牛 × 牦牛"杂交比较，差异显著（$P<0.05$）。安犏牛比"荷斯坦奶牛（冻精）× 牦牛"体尺、体重的有明显提高，体高、胸围、体重分别提高 3.2%、0.6%、3.6%，其中杂交后代体斜长比荷斯坦与牦牛杂交低 8.37%。说明安格斯牛与牦牛杂交比牦牛本交生长发育快，改善了牦牛本交后代普遍存在的体躯发育差、生长发育慢等缺陷。但是人工授精繁殖率较低依然是一个较大的问题，这跟娟犏牛、荷犏牛生产过程中遇到的问题一致。

表6-14　安犏牛犊牛体重体尺测定

品种	体高（cm）	胸围（cm）	体重（kg）
安犏牛	61.75 ± 2.55	75.25 ± 6.06	25.67 ± 4.70
荷犏牛	58.55 ± 2.54	71.65 ± 2.30	21.09 ± 1.70

二、母犏牛持续利用技术

（一）繁殖性能依然良好

2004~2008 年，结合四川省科技厅"母犏牛持续利用技术研究与示范""牦牛多元杂交组合试验研究"两个项目的实施，在红原县龙壤乡龙壤二村、阿木柯河乡牦牛杂交改良科技示范园区、瓦切乡五村，开展了西（荷）黄犏母牛持续利用的两个杂交组合试验，其繁殖性能以"荷黄♂ × 牦♀""西黄♂ × 牦♀"的繁殖性能为对照，结果见表6-15。

表 6-15　繁殖性能比较

杂交组合	参配数	实配		受胎		产仔		成活		繁殖成活率
		实配数（头）	实配率（%）	受胎数（头）	受胎率（%）	产仔数（头）	产仔率（%）	成活数（头）	成活率（%）	
西黄♂×荷黄犏♀	63	53	84.13^a	43	68.25^a	37	86.05^a	26	70.27^a	41.27^{Ab}
荷黄♂×西黄犏♀	68	54	79.41^a	44	64.71^a	32	72.73^a	28	87.50^a	41.18^{Ab}
西黄♂×牦牛♀	260	216	83.08^a	154	59.23^a	134	87.01^a	114	85.07^a	43.85^A
荷黄♂×牦牛♀	524	411	78.44^a	302	57.63^a	225	74.50^a	217	96.44^a	41.41^A
荷斯坦♂×牦牛♀	16 999	12 426	73.10^a	5 623	44.90^b	4 422	78.40^a	4 027	91.10$_a$	23.70^B

注：表中字母相同表示差异不显著（$P>0.05$），字母不同表示差异极显著（$P<0.01$），相同大写字母与小写字母间表示差异达显著水平（$0.01<P<0.05$）。

从表 6-15 可看出，"西黄♂×荷黄犏♀""荷黄♂×西黄犏♀"这两个杂交组合的繁殖成活率接近，比"西黄♂×牦♀"繁殖成活率略低，与"荷黄♂×牦♀"繁殖成活率接近，比"荷斯坦♂（冻精）×牦♀"高 17 个百分点。卡方显著性检验结果表明，二元杂交的"荷斯坦♂（冻精）×牦♀"组在受胎率和繁殖成活率两指标上与多元杂交牛具有显著（$0.01<P<0.05$）或极显著水平的差异（$P<0.01$）。

（二）杂交后代生长发育较快

测定"西黄♂×荷黄犏♀""荷黄♂×西黄犏♀"杂交后代的生长发育，包括初生、6 月龄、12 月龄、18 月龄体重、体尺指标，作为肉用性能评价指标。测定结果见表 6-16。

表 6-16　母犏牛持续利用后代生长发育测定

组别	月龄	性别	n	体重（kg）	体高（cm）	体斜长（cm）	胸围（cm）
西黄♂×荷黄犏♀	初生	♀	23	22.29 ± 4.60	61.69 ± 6.12	57.31 ± 6.86	64.92 ± 5.99
		♂	14	21.62 ± 4.42	59.57 ± 6.90	56.79 ± 5.49	62.68 ± 6.65
	6	♀	18	79.58 ± 3.26	86.00 ± 6.56	82.50 ± 7.40	88.33 ± 4.04
		♂	8	81.00 ± 4.82	84.00 ± 7.21	84.67 ± 3.79	89.00 ± 6.08
	12	♀	15	102.50 ± 8.50	87.30 ± 9.12	91.60 ± 4.11	101.10 ± 7.33
		♂	11	105.50 ± 8.73	98.50 ± 9.85	97.00 ± 4.16	115.20 ± 10.00
	18	♀	15	152.00 ± 10.30	103.32 ± 6.15	115.25 ± 7.53	137.24 ± 7.16
		♂	11	160.85 ± 11.18	118.63 ± 7.80	127.83 ± 3.89	139.12 ± 4.35

续表

组别	月龄	性别	n	体重（kg）	体高（cm）	体斜长（cm）	胸围（cm）
荷黄♂ × 西黄犏♀	初生	♀	18	24.50 ± 5.71	62.53 ± 5.37	57.00 ± 3.97	64.00 ± 4.25
		♂	14	23.25 ± 1.01	62.37 ± 5.66	56.50 ± 4.95	65.50 ± 3.54
	6	♀	15	86.84 ± 2.37	89.49 ± 5.31	81.50 ± 9.19	93.50 ± 6.36
		♂	13	88.00 ± 2.08	91.00 ± 7.87	82.33 ± 1.53	93.33 ± 6.51
	12	♀	8	105.62 ± 9.08	86.24 ± 8.92	98.35 ± 9.80	111.32 ± 5.74
		♂	5	109.63 ± 8.37	98.63 ± 8.83	93.86 ± 7.13	113.31 ± 7.24
	18	♀	8	160.10 ± 8.66	98.84 ± 7.74	107.46 ± 5.39	139.40 ± 5.55
		♂	5	162.47 ± 10.10	101.75 ± 4.75	117.52 ± 4.74	140.50 ± 4.22
西黄犏	初生	♀	40	20.83 ± 3.62	58.82 ± 3.03	65.57 ± 4.14	70.56 ± 3.17
		♂	40	21.74 ± 2.49	58.77 ± 2.56	67.60 ± 2.82	72.79 ± 2.26
	6	♀	50	97.53 ± 7.26	83.06 ± 3.77	98.43 ± 4.53	114.42 ± 5.69
		♂	50	99.69 ± 10.12	84.25 ± 3.74	99.78 ± 4.27	113.25 ± 9.98
	12	♀	50	131.67 ± 11.23	97.62 ± 1.79	110.78 ± 4.27	122.67 ± 8.35
		♂	50	135.59 ± 12.18	98.70 ± 1.64	112.43 ± 5.32	124.51 ± 7.46
	18	♀	50	180.68 ± 14.55	102.38 ± 1.41	125.63 ± 3.41	140.25 ± 5.83
		♂	50	183.89 ± 15.27	103.36 ± 2.13	127.77 ± 2.74	143.69 ± 5.31
荷黄犏	初生	♀	60	21.09 ± 1.70	58.55 ± 2.54	64.95 ± 2.39	71.77 ± 2.37
		♂	60	22.48 ± 1.45	60.13 ± 1.29	65.46 ± 3.04	71.65 ± 2.30
	6	♀	60	103.45 ± 5.73	85.35 ± 1.27	95.67 ± 3.17	115.31 ± 3.63
		♂	60	106.13 ± 7.54	86.46 ± 1.39	96.77 ± 3.09	117.46 ± 6.47
	12	♀	60	136.58 ± 10.76	98.15 ± 2.54	113.27 ± 6.42	125.41 ± 7.05
		♂	60	139.36 ± 15.61	100.55 ± 2.73	116.52 ± 8.95	128.73 ± 8.32
	18	♀	50	198.65 ± 12.57	105.84 ± 2.18	122.36 ± 3.96	145.47 ± 6.43
		♂	50	200.38 ± 13.57	107.33 ± 1.72	124.58 ± 2.79	147.25 ± 7.38

续表

组别	月龄	性别	n	体重（kg）	体高（cm）	体斜长（cm）	胸围（cm）
牦♂× 牦♀	初生	♀	95	12.95 ± 2.16	51.15 ± 2.76	47.41 ± 3.82	58.23 ± 5.13
		♂	95	14.67 ± 2.93	53.89 ± 4.04	50.76 ± 4.33	61.85 ± 5.67
	6	♀	86	67.18 ± 11.23	78.50 ± 4.77	86.63 ± 7.10	104.32 ± 8.03
		♂	86	68.07 ± 15.36	79.09 ± 5.59	87.90 ± 11.93	104.73 ± 8.60
	12	♀	80	82.61 ± 10.18	83.81 ± 6.24	91.67 ± 8.26	120.17 ± 7.08
		♂	80	89.75 ± 9.57	84.68 ± 4.01	93.79 ± 9.46	121.14 ± 9.02
	18	♀	78	119.57 ± 11.26	93.97 ± 2.87	104.95 ± 4.26	133.11 ± 7.44
		♂	78	130.17 ± 19.83	95.68 ± 7.35	107.47 ± 6.17	129.97 ± 3.92

"西黄♂×荷黄犏♀""荷黄♂×西黄犏♀"杂交后代的体重与同年龄段牦牛相比差异显著。"西黄♂×荷黄犏♀"杂交后代初生、6月龄、12月龄、18月龄公母牛平均体重分别为21.96 kg、80.29 kg、104.00 kg、156.43 kg，比"荷黄♂×西黄犏♀"杂交后代相应低1.92 kg、7.13 kg、3.63 kg、4.86 kg。

"西黄♂×荷黄犏♀"杂交后代6月龄、12月龄、18月龄平均体重比母本荷黄犏牛相应体重低24.50 kg、33.97 kg、43.09 kg，差异显著（$P < 0.05$）；显著（$P < 0.05$）高于牦牛，依次高12.66 kg、17.82 kg、31.56 kg。

"荷黄♂×西黄犏♀"杂交后代初生、6月龄、12月龄、18月龄平均体重比母本西黄犏相应低11.19 kg、26.00 kg、21.00 kg，差异显著（$P < 0.05$）；显著（$P < 0.05$）高于牦牛，依次高19.79 kg、21.45 kg、36.42 kg。后代生长发育较快，具有明显的杂种优势，可持续利用一代（图6-8）。

图6-8 母犏牛杂交及后代

121

三、公犏牛育肥及产肉性能

由于犏牛具有雄性不育的特点，目前公犏牛主要用途是育肥出栏。其本身具有显著的杂种优势，再结合半农半牧区和农区的饲草、秸秆资源等进行育肥，可以获得很好的屠宰性能和经济效益。

（一）公犏牛产肉性能

在本地传统放牧饲养条件下，比较了犏牛、黄牛和牦牛的屠宰率。其头重、皮重、前二蹄重、后二蹄重、瘤胃网膜脂肪重、前胸腔脂肪重、胴体重、胴体肉重、胴体骨重和眼肌面积等屠宰性能测定项目均以西黄犏牛最大，牦牛最小，表明犏牛的杂种优势明显，这也与其生长发育数据相一致（表6-17）。

表6-17 1.5岁西黄犏牛、西黄牛及牦牛的屠宰性能

项目	西黄犏牛	西黄牛	牦牛
宰前重（kg）	179.83 ± 24.04^a	153.67 ± 28.11^{ab}	113.67 ± 17.62^b
头重（kg）	11.00 ± 1.50^a	8.80 ± 1.31^{ab}	6.57 ± 0.12^b
皮重（kg）	11.00 ± 1.80^a	9.35 ± 1.52^{ab}	6.83 ± 0.81^b
前二蹄重（kg）	2.04 ± 0.27^a	1.88 ± 0.28^{ab}	1.48 ± 0.08^b
后二蹄重（kg）	2.28 ± 0.38^a	1.90 ± 0.36^{ab}	1.52 ± 0.13^b
瘤胃网膜脂肪重 kg)	0.65 ± 0.43^a	0.33 ± 0.03^a	0.28 ± 0.09^a
前腔脂肪重（kg）	0.91 ± 0.72^a	0.42 ± 0.03^a	0.40 ± 0.02^a
胴体重（kg）	79.30 ± 16.13^a	64.67 ± 6.43^{ab}	48.57 ± 7.39^b
胴体肉重（kg）	57.90 ± 13.01^a	48.47 ± 7.22^{ab}	36.87 ± 4.54^b
胴体骨重（kg）	21.40 ± 3.47^a	16.97 ± 2.63^a	11.47 ± 1.51^b
眼肌面积（cm²）	41.00 ± 13.08^a	33.27 ± 9.47^a	23.10 ± 4.06^a
屠宰率（%）	43.79 ± 3.08^a	42.50 ± 3.62^a	42.74 ± 0.92^a
净肉率（%）	31.90 ± 2.97^a	31.67 ± 1.27^a	32.54 ± 1.26^a
胴体产肉率（%）	72.78 ± 2.58^a	74.72 ± 3.68^a	76.12 ± 2.11^a
骨肉比	28.26 ± 4.35^a	34.99 ± 0.20^a	31.08 ± 0.38^{ab}

注：同行中标注同样字母的表示差异不显著（$P>0.05$），标注不同字母差异显著（$P<0.05$）。

（二）公犏牛异地育肥

1. 公犏牛育肥效果与屠宰性能

（1）农区育肥效果和屠宰性能

2006年至2009年的冬春季节（即当年10月到次年4月），在四川省崇州市开展育肥试验。试验牛只由具有一定肉牛养殖经验的农户饲养。育肥方式为舍饲，牛只日粮主要由酒

糟、黑麦草、麦麸、米糠等组成。试验牛在进场和出场时各称重一次，每日记录饲料消耗量。21头犏牛经过5个月左右的育肥，每头平均增重88.31 kg，日增重545.54 g，详见表6-18。

表6-18　公犏牛异地育肥增重效果

时间	头数	育肥期（天）	始重（kg）	末重（kg）	增重（kg）	日增重（g）
2006.11~2007.3	10	145	170.60±18.54	249.10±21.04	78.5	541.40±132.34
2008.10~2009.4	11	177	192.23±37.42	289.45±29.29	97.22	549.31±34.62
平均		161	181.93±31.26	270.24±32.47	88.31	545.54±130.23

屠宰测定育肥和未育肥犏牛各3头。育肥犏牛宰前重246.67 kg，胴体重127.5 kg，屠宰率51.69%，净肉率40.80%，肉骨比4.93：1。未育肥犏牛宰前重161 kg，胴体重74.13 kg，屠宰率平均46.04%，净肉率34.27%，肉骨比3.64：1。育肥犏牛与牧区未育肥犏牛相比，屠宰率提高5.14个百分点，净肉率提高6.53个百分点（表6-19）。

表6-19　育肥犏牛屠宰性能

饲养状况	头数	宰前重（kg）	胴体重（kg）	屠宰率（%）	净肉率（%）	肉骨比（%）
育肥	3	246.67	127.5	51.69	40.80	4.93
未育肥	3	161	74.13	46.04	34.27	3.64
相差		85.67	53.37	5.65	6.53	1.29

（2）半农半牧区育肥屠宰效果

2015年5月4日至10月28日，在四川省阿坝藏族羌族自治州松潘县（海拔2 800 m）开展半农半牧区育肥试验。选择均为3岁牦牛（6头）和公犏牛（5头），预饲天数为15 d，饲喂总天数为153 d（5月19至10月18日）。牛舍是封闭式牛舍，透明采光板圆弧顶带斜面彩钢板砖混建筑，水泥地面，采光保温性能良好，拴系饲喂。牛只采用当地产青干草、秸秆和酒糟饲喂加精饲料补充。所有牛都进行驱虫和免疫处理。

牦牛、犏牛日增重分别达到0.37±0.12 kg和0.57±0.08 kg，犏牛日增重显著高于牦牛。牦牛和犏牛屠宰率分别为48.88±3.91%和52.75±3.01%，犏牛屠宰率显著高于牦牛（表6-20）。

表6-20　异地育肥犏牛屠宰性能

品种	补饲前重（kg）	补饲后重（kg）	总增重（kg）	日增重（kg）	宰前重（kg）	皮重（kg）
牦牛	211.50±18.77	270.17±37.27	58.67±19.80	0.37±0.12	253.08±34.10	15.64±3.08
犏牛	332.60±36.27**	423.30±48.69**	90.70±12.85*	0.57±0.08*	417.20±48.66**	28.70±1.55**
品种	头重（kg）	蹄重（kg）	净骨重（kg）	净肉重（kg）	净肉率（%）	屠宰率%）
牦牛	13.66±1.31	5.06±0.28	36.42±3.41	86.33±7.13	34.41±3.45	48.88±3.91
犏牛	26.32±2.66**	6.10±0.85**	61.93±3.50**	158.15±22.39**	37.88±2.78	52.75±3.01

注．* 表示0.01<P<0.05，** 表示 P<0.01。

2. 半农半牧区公犏牛育肥的牛肉品质分析

3岁凹黄犏公牛经过160 d育肥的犏牛其三个部位（辣椒条、眼肌和小黄瓜条）的剪切力均显著或极显著低于牦牛，表明其嫩度优于牦牛肉（表6-21）。

表6-21　犏牛不同组织部位剪切力测定表

部位	牦牛（kg）	犏牛（kg）
辣椒条	5.39 ± 0.76*	4.66 ± 0.76
眼肌	7.47 ± 1.15**	4.60 ± 0.86
小黄瓜条	6.44 ± 0.93**	4.14 ± 0.79

注：* 表示 $0.01 < P < 0.05$，** 表示 $P < 0.01$。

通过测定显示犏牛、牦牛在三个部位的L值（亮度）比较接近，犏牛的a值（红绿）、b值（黄蓝）均低于牦牛，说明牦牛肉红亮度高于犏牛，牦牛肉色较犏牛肉偏深（表6-22）。

表6-22　犏牛不同部位色差值比较

部位	品种	色差值		
		L	a	b
辣椒条	牦牛	45.13 ± 1.50	10.25 ± 1.33	6.89 ± 0.82
	犏牛	46.50 ± 1.34	9.39 ± 0.71	6.53 ± 0.77
眼肌	牦牛	43.87 ± 1.15	5.97 ± 0.45**	4.55 ± 0.22**
	犏牛	43.88 ± 1.35	3.74 ± 0.52	2.83 ± 0.25
小黄瓜条	牦牛	47.95 ± 1.18*	9.74 ± 1.21**	8.11 ± 0.90**
	犏牛	45.56 ± 2.24	5.51 ± 0.42	5.10 ± 0.74

注：* 表示 $0.01 < P < 0.05$，** 表示 $P < 0.01$。

测定结果显示，犏牛的眼肌和小黄瓜条两个组织的熟肉率高于牦牛，辣椒条的熟肉率略低于牦牛（表6-23）。

表6-23　犏牛、牦牛不同部位熟肉率比较

品种	辣椒条（%）	眼肌（%）	小黄瓜条（%）
牦牛	68.93 ± 2.54	69.20 ± 3.66*	74.01 ± 1.69
犏牛	66.94 ± 6.74	77.27 ± 5.30	75.97 ± 4.90

注：* 表示 $0.01 < P < 0.05$。

3. 半农半牧区公犏牛肉营养成分分析

使用近红外仪 SupNIR-1520 测定了牦牛、犏牛 3 个部位（辣椒条、小黄瓜条和眼肌）的粗蛋白、粗脂肪和水分。犏牛在育肥后肌内脂肪含量均高于牦牛，具有与牦牛相近的蛋白、水分比例。三个部位的比较发现牦牛的辣椒条具有较高的脂肪含量，而犏牛在眼肌中的脂肪含量最高（表 6-24）。

表 6-24　犏牛、牦牛肉常规营养成分分析

品种	辣椒条			小黄瓜条			眼肌		
	粗脂肪（%）	粗蛋白（%）	水分（%）	粗脂肪（%）	粗蛋白（%）	水分（%）	粗脂肪（%）	粗蛋白（%）	水分（%）
牦牛	1.33±0.19	21.38±0.14	79.72±0.31	0.92±0.09	22.25±0.51	78.95±0.44	0.91±0.09	22.18±0.50	79.02±0.45
犏牛	1.55±0.19	20.70±0.37**	80.05±0.22	1.35±0.06**	21.83±0.29	79.79±0.30**	1.60±0.54*	21.64±0.55	79.13±0.41

注：在牦牛与犏牛不同部位常规营养成分比较中 * 表示 $0.01<P<0.05$，** 表示 $P<0.01$。

检测显示犏牛三个部位肌肉组织的总氨基酸与牦牛无显著差异。大多数氨基酸含量差异不显著，犏牛在天门冬氨酸、丝氨酸、丙氨酸、蛋氨酸、脯氨酸的含量上与牦牛显著差异（表 6-25）。

表 6-25　犏牛、牦牛不同部位氨基酸成分比较

种类	眼肌		小黄瓜条		辣椒条	
	牦牛	犏牛	牦牛	犏牛	牦牛	犏牛
天门冬氨酸（%）	2.00±0.14	1.83±0.06*	1.93±0.15	1.91+0.04	1.96±0.14	1.69±0.20
苏氨酸（%）	0.86±0.06	0.82±0.02	0.88±0.07	0.87±0.02	0.89±0.06	0.74±0.09*
丝氨酸（%）	0.77±0.05	0.73±0.03	0.79±0.07	0.78±0.01	0.82±0.06	0.66±0.07*
谷氨酸（%）	3.22±0.25	3.09±0.08	3.26±0.28	3.21±0.09	3.37±0.23	2.91±0.34*
甘氨酸（%）	0.91±0.11	0.88±0.05	0.95±0.07	1.00±0.05	0.93±0.11	0.86±0.15
丙氨酸（%）	1.32±0.09	1.21±0.03*	1.29±0.12	1.29±0.04	1.29±0.13	1.12±0.15
胱氨酸（%）	0.07±0.01	0.08±0.01	0.08±0.004	0.08±0.003	0.08±0.004	0.08±0.01
缬氨酸（%）	1.00±0.08	0.94±0.03	1.00±0.07	0.96±0.04	0.95±0.06	0.88±0.11
蛋氨酸（%）	0.49±0.04	0.50±0.02	0.53±0.04	0.53±0.01	0.54±0.03	0.46±0.05*
异亮氨酸（%）	0.93±0.08	0.86±0.03	0.90±0.07	0.87±0.04	0.87±0.05	0.79±0.10
亮氨酸（%）	1.69±0.12	1.58±0.04	1.66±0.13	1.63±0.04	1.69±0.11	1.47±0.18
酪氨酸（%）	0.63±0.06	0.63±0.02	0.67±0.05	0.66±0.02	0.67±0.04	0.58±0.07
苯丙氨酸（%）	0.67±0.07	0.68±0.02	0.73±0.05	0.71±0.03	0.73±0.05	0.65±0.08
赖氨酸（%）	1.74±0.13	1.74±0.05	1.85±0.16	1.81±0.05	1.87±0.13	1.64±0.19
组氨酸（%）	0.78±0.05	0.81±0.04	0.83±0.04	0.81±0.03	0.77±0.04	0.68±0.08
精氨酸（%）	1.25±0.10	1.22±0.04	1.29±0.12	1.27±0.06	1.32±0.10	1.15±0.14
脯氨酸（%）	0.88±0.09	0.75±0.06*	0.74±0.04	0.83±0.06*	0.82±0.09	0.68±0.09*
氨基酸总量（%）	19.23±1.37	18.36±0.36	19.48±1.57	19.18±0.46	19.66±1.50	17.03±2.07

注：在牦牛与犏牛不同部位常规营养成分比较中 * 表示 $0.01<P<0.05$，** 表示 $P<0.01$。

125

测定了牦牛和犏牛肌肉中的磷、钾、钠元素，测定结果显示牦牛和犏牛的肌肉组织中三种元素含量均无显著差异（表6-26）。

表6-26 犏牛、牦牛不同部位磷、钾、钠含量比较

品种	眼肌			小黄瓜条			辣椒条		
	磷（%）	钾（%）	钠（%）	磷（%）	钾（%）	钠（%）	磷（%）	钾（%）	钠（%）
牦牛	0.19±0.02	0.40±0.04	0.06±0.01	0.20±0.01	0.41±0.01	0.06±0.005	0.18±0.01	0.35±0.02	0.07±0.01
犏牛	0.18±0.01	0.38±0.02	0.07±0.01	0.19±0.01	0.39±0.03	0.06±0.01	0.18±0.01	0.36±0.03	0.07±0.01

对牦牛和犏牛肉中矿物微量元素进行测定，砷、汞、铜、锰未检出，镉部分检出。检出限为：砷：0.01 mg/kg；汞：0.000 15 mg/kg；铜：1.0 mg/kg；锰：1.0 mg/kg；镉：0.001 mg/kg。重金属检出值均远低于"食品中污染物限量"国家标准（GB 2762-2005）的规定值，犏牛肉、牦牛肉的绿色、健康、安全特性进一步得到验证（表6-27）。

表6-27 犏牛、牦牛不同部位矿物微量元素含量比较

部位	品种	铅（mg/kg）	铬（mg/kg）	钙（mg/kg）	镁（mg/kg）	铁（mg/kg）	锌（mg/kg）
眼肌	牦牛	0.029±0.002	0.044±0.003*	47.18±6.93	192.50±20.17	18.37±2.11*	30.03±4.48
	犏牛	0.036±0.005	0.038±0.005	43.45±1.74	183.00±11.40	15.56±1.61	31.06±2.63
小黄瓜条	牦牛	0.036±0.008	0.046±0.003	42.55±2.76	203.00±5.80	16.63±1.64	26.02±0.74
	犏牛	0.024±0.006	0.042±0.004	41.94±3.08	203.80±12.79	14.25±1.59	28.18±3.24
辣椒条	牦牛	0.017±0.002**	0.048±0.005	44.40±5.63	179.67±9.40	19.55±1.40	37.58±4.23
	犏牛	0.035±0.002	0.042±0.004	42.20±4.32	191.80±10.13	17.80±1.72	41.36±3.02

注：在牦牛与犏牛不同部位常规营养成分比较中 * 表示 $0.01<P<0.05$，** 表示 $P<0.01$。

第四节　牦牛饲养管理及杂交改良技术要点

一、杂种种公牛培育技术

（一）血缘和体型外貌

血缘清楚，培育品种牛血缘占50%。西门塔尔牛杂种公牛被毛多为黄白花或红白花，少数因母牛毛色而为黑白花；荷斯坦杂种公牛毛色黑白相间较明显。全身结构匀称，体质结实，生长发育良好，雄性特征明显，头部轮廓清晰，头稍粗重，眼睛明亮有神，嘴宽大，颈短宽而深，胸较深长开张，背腰平直，宽而无拱凹，腹部不下垂，尻稍

长宽，略斜，肌肉结实匀称，四肢较粗壮、较高，结实端正，蹄质坚实，蹄叉闭合较好，步履稳健；无单睾、隐睾，睾丸正常、大小一致，性反应敏捷，夏季全身被毛有光泽。

（二）杂种公牛评定标准

杂种公牛培育标准见表6-28。分别在0.5岁、1岁、1.5岁进行综合评定，对外貌评分，体尺和体重综合评分后确定等级，三级以下即进行淘汰。

表6-28　杂种公牛体重、体尺等级评定标准（kg，cm）

年龄（岁）	等级	荷黄公牛					西黄公牛				
		体重	体高	体长	胸围	管围	体重	体高	体长	胸围	管围
0.5	一	135	107	108	115	13	135	107	108	115	13
	二	125	105	105	113	12	125	105	105	113	12
	三	120	103	103	112	11	120	103	103	112	11
1	一	190	114	118	130	14	200	115	120	135	14
	二	170	111	114	125	13	180	112	116	130	13
	三	155	108	112	120	13	165	110	114	125	13
1.5	一	230	120	125	140	16	250	122	130	145	16
	二	220	118	122	135	15	230	120	125	140	15
	三	200	116	120	130	14	210	118	120	135	14

（三）档案建立

杂种公牛在购入后及时进行防疫注射，隔离观察两周后，健胃，定期驱除内外寄生虫并防疫注射，配戴耳标，建立种公牛档案，逐一对其父母系血缘、公牛特征、购入地、培育方法、生长发育、防疫驱虫、发放地及牛只照片等项内容进行详细记录。

（四）饲养管理及利用

按杂种公牛营养需求，饲喂配合精料1.5 kg/d，青干草6.5 kg/d，饮水1~2次/d；适当补饲青绿多汁饲料和矿物质及微量元素添加剂。每天运动5 h。根据公牛体况适当增减营养摄入量，使公牛保持中上等膘情。

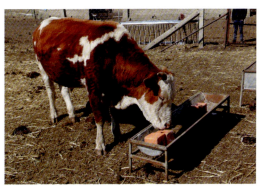

图6-9　杂种公牛补饲

（五）定期进行生长发育跟踪测定

杂种公牛要定期跟踪体况，测定其生长发育水平，做好疾病记录，在满足配种基本要求的情况下进行留种。公牛在后期饲养管理中主要以保持体况为主，体重不能增长过快，防止体重过大降低配种成功率。

二、母本和杂交组合的选择

亲本是经济杂交和改良提高的基础，参配亲本越好，其杂种优势越明显。要进行经济杂交和改良提高，必须首先重视加强牦牛本品种的选育提高。当前在牦牛养殖的各区域都出现了不同程度的退化，因此急需加强牦牛本品种的选育提高，才能选出优质母牦牛作为母本。母本的好坏不仅直接影响本身的发情、受胎产犊和后代成活率，而且还影响到后代的品质。参配母牛挑选的基本原则是一致的，必须是经产的半奶母牦牛，严格杜绝"老、弱、病、残、幼"母牛进入改良群，在条件允许的基础上可对母牛进行生殖疾病（如阴道炎、子宫炎、卵巢囊肿等）的检查，淘汰病畜。

根据不同自然、人文和杂交用途选择合适的杂交组合。目前，牦牛的杂交改良方向主要是肉用和奶用。不同地区海拔差异、气候环境差异对父本的选择也有差异。同时，不同地区饲养管理精细化程度和技术人员配置情况也会影响杂交改良效果。基于各个地方的差异化需求，杂交父本和杂交模式的选择也更为重要。在人工授精条件较成熟的地方采用集中配种和管理，而在条件较差的地区采用自然交配的模式更为适宜。

三、自然交配生产犏牛的技术要点

（一）杂种公牛引种和适应性训练

一般情况下，在当年5月左右选择符合杂种公牛种用标准的1.0~1.5岁公牛进行引种。其主要原因有以下三点：

第一，5月份高原天气渐渐转暖，此时引入杂种公牛，可以避免引入的公牛受冻引发其他的疾病和死亡，造成不必要的损失。

第二，由于此时高原牧区大部分地区牧草已经开始返青，引入公牛可以顺利地从舍饲饲养过渡到放牧饲养。

第三，由于1.0~1.5岁的公牛已经完成了种用鉴定，且适应性较强，有的已经具备了繁殖能力，可以在当年的7~9月在牧区进行调教配种，增加其利用年限，节约成本。

杂种公牛的引种注意事项主要有以下几点：

第一，就近原则选择种公牛。这样做的好处是可以避免长途运输，同时牧区与周边半农半牧区县的自然环境条件差异较小，杂种公牛引入牧区易适应。

第二，在公牛运输途中，车辆要缓慢行驶，不能急刹车和猛转弯，防止公牛受伤。押运人员要随时注意车内响动，1 h 左右停车观察车厢内牛只情况，如有躺卧的牛只应及时扶起，防止踩踏。运输车辆应选择带顶篷的类型，避免牛只在运输过程中受凉感冒。车内应事先铺垫好干草，利于牛只站立。

第三，加强公牛的适应性训练。公牛在运送到目的地后，开始时应少量多次饮水，并少量添加干草，同时注意牛只保暖，条件允许的情况下在水中添加维生素补剂。天气晴好的情况下，可以从第二天起，10 时以后将公牛从牛棚放出，下午 16 时以前收牧，期间给牛只饮水。训练公牛适应高原环境，习惯采食天然牧草。避免过早过晚收牧，防止牛只感冒。在公牛收牧后，还需补饲青干草和精料，过渡期一般 15 d 左右，伴随着时间的推移减少补饲量。过渡期结束后，杂种公牛就可以随群放牧了，根据其体况可以补饲一定的精料。

第四，杂种公牛越冬要特别注意保暖。高寒牧区的冬季持续时间长，昼夜温差大，极寒天气多，加上高海拔缺氧，种公牛极易患上高原病。高寒牧区冬季一般从前一年的 10 月持续到第二年的 4 月，在此期间，杂种公牛除了要夜宿暖棚外，还应该给牛只穿戴保暖棉衣。在冷季减少公牛室外活动时间，降低其体能消耗，适当增加能量饲料或者能量舔砖的补充。

（二）参配母牦牛的组群要求及管理

参配母牦牛的组群时间，依据当地的生态条件而定，应在母牦牛发情季节前一月完成。一般情况下，海拔越高，发情季节越延后，川西北高原一般是在 6 月中旬组群。选择体格发育成熟的经产母牦牛作为母本，不能有不利于繁殖的各种疾病。由具有丰富放牧管理经验的放牧员精心管理，在划定的配种专用草场放牧，快速抓膘。配种群的公母牛比以 1：15~1：20 为宜，此时应该将公牦牛与配种群隔离，防止偷配。

（三）自然交配生产犏牛

组群完成后，就开始自然交配生产优质犏牛了。采用的是自然交配，但是在母牛发情配种过程中不是完全放任自流。由于牦牛和杂种公牛的体型差异巨大，体型较小的母牛发情后，公牛爬跨会导致其站立不稳或者摔倒，配种成功率降低。此时，通过添加简单的人工辅助配种架（图 6-10），将发情母牛绑定到配种架上，再进行人工辅助配种，可以很好地解决这个问题。

在 9 月初，杂种公牛与母牦牛的配种完成后，应放入公牦牛进行补配，防止母牦牛空怀，提高母牦牛的受胎率。配种完成后的母牦牛应加强放牧和适当补充精料，改善妊娠母牦牛的体况，使其安全越冬度春。

图 6-10　人工辅助配种架

四、牦牛人工授精技术要点

人工授精技术可以快速扩大优良种公畜的改良范围和头数，降低传染性疾病的生殖传播概率，克服引种公畜不能适应高海拔恶劣环境，减少公畜饲养成本。但是也是目前应用难度较大、影响优质犏牛生产的关键因素之一，是牦牛产业现代进程的关键技术，其关注点必须引起足够的重视。

（一）参配母牦牛的组群和管理

参配母牛群的组织：牦牛的发情大多数集中在每年的 6~9 月。因此，可因地制宜地开展牦牛集中组群饲养管理、集中输精配种、集中接产护幼的改良模式。在 6 月初，对母牦牛组群、隔离并大群集中饲养，7~8 月集中人工授精后，放入公牦牛进行补配。

放牧跟群管理：选择有丰富经验的放牧员进行精心跟群放牧，可使牛群快速抓膘复壮。改良时隔离用草场应远离其他牛群，防止种公牛偷配，如因草场条件限制，配种牛群不能远离其他牛群，应设置围栏隔离。一般每 100 头参配母牛群应配备 2~3 头试情公牛（当年阉割的种牛或犏公牛）。

（二）母牦牛发情鉴定

1. 试情及肉眼观察法

（1）发情前期（又称发情初期）

跟踪和观察时发情母牛有好动、主动靠近公畜、性情不安、尾巴摇动频繁、有爬跨其他母畜的性行为。从生理上看，外阴无肿胀，触摸卵泡发育不明显，有公牛追逐，但不接受爬跨。

（2）发情期（又称兴奋期）

发情期是母牛发情性行为冲动的主要时期，从性行为上发情母牛表现极度不安、烦

130

躁，采食和反刍基本停止；主动接近公畜，高度接受公畜或其他母畜的爬跨，并出现静立性反射（站立不动），尾巴偏于一侧，并把尾部朝向公牛，表现出等待接受公牛的爬跨；生理上表现出外阴肿胀，阴道内充血呈潮红色，有分泌物排出，触摸卵泡时流出透明黏液（呈油状），卵泡发育形成。此期能持续6~8 h，这个时段特别重要，应输配第一次，为最佳输配期。

（3）发情后期（又称安静期）

发情后期从发情性行为表现出从高度兴奋转为相对安静，终止一切性行为活动；有意识地远离公畜，性情开始恢复正常，更不接受公畜的爬跨。同时，外阴肿胀开始消退，阴道黏膜变为浅白色，流出的黏液变浓稠状呈蛋黄色。从触摸卵泡时即将或已排卵，此期能维持6 h，这时进行第二次输配为宜。

2. 直肠检查法

直肠检查法是将手伸入母牦牛的直肠内，隔着直肠壁触摸子宫颈和卵泡的变化情况，以确定适时输精的最佳时期。

（1）子宫颈变化

发情初期，子宫颈较硬而细小，此时用枪套入时容易找到子宫颈口，但子宫颈内障碍较大，应不断套入，因宫颈长为3~4 cm，有3~4个环状结构；中期变得粗大而松软，颈口完全打开，此时最容易套入；后期开始变得松软，子宫颈口肌肉完全松软，此时不易把握住子宫颈口，子宫颈内壁很脆弱，枪套入有一定难度，颈口内膜容易擦伤。

（2）卵巢变化

发情中期，一侧卵巢比另一侧大，卵泡约蚕豆大小，触摸有波动感。若卵巢上有硬块状，但有波动感，有可能是卵巢囊肿等；中期卵泡有一触即破之感，卵泡直径为1.5 cm左右大小；后期卵泡破裂而液体消失，卵泡壁变为松软，形成一个小的凹陷。

（三）冻精解冻及质量检查

购买的优良种公牛冻精在未使用的情况下，长期保存在液氮罐中，使用时在现场取出。取出的细管冻精立即在38~40℃的温水中解冻。

在同批细管冻精要抽查几支进行镜检（可在输精前或输精后），要求精子活力必须在0.3以上，精子数量要达5 000万个以上，具体操作为：解冻后取一小滴放在载玻片上，放上盖玻片，在事先调好的显微镜（低倍）下检查精子的活力和密度。

（四）人工授精

将受配母牛的尾巴用绳系于一侧（左侧），操作者用凉水清洗母牛后躯，抹上肥皂，术者戴上长臂手套（右手），并涂上肥皂或润滑剂，手掌朝上，可先用中指伸入肛门内，刺激母牛的尾部排粪牛舒神经，让母牛自然排粪，抽尽直肠壶内器全部粪便，再用毛巾洗净阴户上的粪便。

131

术者手指成锥形从外至内缓慢伸入直肠内，母牛努责时要暂停伸入，然后从内至外进行触摸卵巢→子宫角→子宫体→子宫颈（为 3~5 cm 长的硬柱体），用拇指、食指、中指和无名指推住将固定后，术者另一只手握住输精枪斜向上插入阴道内，避开尿道口，缓慢平行进入阴道内部；左右手紧密配合将输精枪对准缓慢插入子宫颈口，在过 3~4 个环状皱褶后进入子宫体部 2 cm 处，输精枪稍退一点注射精液。要做到"轻插、慢注、缓抽"，待精液注入子宫体内，缓慢抽出输精枪，另一只手把子宫颈向上提一下，以防止精液倒流；再将手退出，进行清洗消毒，输精完成。

图 6-11　人工授精

（五）做好详细的记录

为了区分和跟踪受配母牛怀孕情况，应在输精完成后及时打上耳标，根据后期发情情况确定是否为返情母牛，统计母牛受胎率。

按照事先做好的"牦牛改良配种记录表"，做好每天的记录工作，记录表具体内容为：序号、耳标号、母牛年龄外貌特征、胎次、输精时间（1 次、2 次）、种公牛（品种）编号数、备注（输精员）等。

（六）人工授精操作注意事项

1. 受配母牛的保定

按照正确的保定方法，将发情母牛的头角固定在人工辅助配种架前端横杆上，操作人员在操作过程中避开母牛的后腿蹬踢区。

2. 操作人员要求

操作人员应戴上乳胶手套操作。

3. 液氮罐的放置

室内操作时，通常把液氮罐放置在不受阳光照射的墙边或角落处。野外操作时，在帐篷内打坑，将液氮罐放在坑内，避免倒伏，减少液氮挥发。

4. 细管冻精解冻

冻精解冻温度不能低于38℃，不能高于40℃，否则会影响精子活力，即影响受精率。解冻时要特别注意观察细管是否破裂，精液是否外流。

5. 输精枪的使用

装枪时外套管内塞子要紧贴其顶端。外套管顶端要与枪筒顶部完全接触，以防止输精时精液倒流至输精管嘴内。

6. 正确掌握输精枪插入的力度

输精时推枪力度要轻，尽量避免损伤子宫颈口和子宫内壁而出血，影响精子活力，诱发母牛疾病。

7. 直肠把握术者要求与母牛的努责协调配合进行

母牛努责时一定要停止进入，待努责停止后再实施把握，同时，当母牛后驱摆动过大或要坐地时，术者要尽快取出手，避免术者手部受伤。

五、怀孕母牦牛的管理

母牦牛怀孕中后期，正是冬春枯草季节，且环境温度极低，母牦牛处在既要满足自身维持能量的需求，又要供给胎儿的营养，使胎儿快速发育的时期。这个时期单纯的放牧已经难以满足胎儿生长发育的正常需求，杂交改良的怀孕母牛营养需求更大，更容易导致营养缺乏症，表现出消瘦、体弱多病、羊水过多、腹大下垂、行动迟缓等症状，严重时会造成流产，引起母子双亡等。这个时期需要加强对怀孕母牛的补饲，特别是营养状况差的母牛。补饲的标准是使母牛保持中等营养水平以上，满足胎儿生长发育的正常营养需求。每头生产杂交犏牛的母牛应该保证每天摄入青干草5 kg以上，同时每天每头补饲精饲料0.5~1 kg，为其安全越冬度春提供保证。

六、杂交后代饲养管理技术

（一）犊牛的饲养管理

刚产下的杂种犊牛要弱于牦犊牛，对寒冷和疾病抵抗能力差，尽可能地让母牦牛舔犊，如果不舔犊则用食盐辅助，建立母子关系。在产后一小时内保证犊牛吃到初乳。做好保温和卫生，随时检查犊牛的精神、行动、食欲、粪便等。杂种犊牛初生期随母就近放牧，防止远距离放牧造成疲劳。尽早补饲，开始时可将精料同牛奶混拌并涂抹在犊牛的嘴巴和鼻镜上，由少到多诱导其采食，以使犊牛顺利通过断奶关。

杂交改良犊牛培育技术要点：

（1）0.7 d确保犊牛吃好初乳，7日龄时进行犊牛副伤寒免疫。犊牛出生后4~6 h

对初乳中的免疫球蛋白吸收力最强，出生 1 h 必须吮吸初乳，尽早获得母源抗体。

（2）8 d 以后喂常乳，半月后逐渐训练采食精料，一个月左右训练采食混合青饲料，确保犊牛正常断奶和促进瘤胃的发育。

（3）加强疾病防治。牧区犊牛疾病很多，热毒病等的发病率和死亡率很高。犊牛期跟群放牧，观察牛只精神状况、行动、食欲、粪便等，发现疾病及时治疗。

（二）幼牛冷季饲养

1. 冷季饲养技术

杂交改良牛耐寒性差，且 6~12 月龄的幼牛性情比较活泼，合群性较差，与成年牛混群放牧时相互干扰很大，采取单独组群及"放牧＋暖棚＋补饲"方式饲养。天气较好时放牧，要晚出牧、早收牧，充分利用中午暖和时间放牧。出牧前和收牧后补喂精料。天气恶劣时最好不出牧，在暖棚内喂青干草和补饲精料，暖棚保持清洁干燥和卫生，个别体弱牛只覆盖保暖毛毯或辅以其他保暖设备。确保牛只安全越冬，减少死亡。

图 6-12　犏牛冷季补饲

2. 幼牛安全越冬度春的措施

贮备优质、充足的补饲草料，如优质青干草、芜根、麦麸、玉米面、青稞面、食盐等；搞好棚圈或塑料暖棚的建设，保持圈舍清洁、干燥、卫生及通风；及早进行合理的补饲，采取对体弱的牛只多补饲，冷天多补饲、暴风雪天日夜补饲的原则。

（三）幼牛暖季饲养

幼牛 1 岁左右到 1 岁半的阶段是犊牛生长发育的关键时期，采取"放牧＋补饲"方式进行饲养。在返青初期，犊牛还比较弱，防止犊牛过多采食和长时间放牧。随着天气进一步转暖和牧草的生长，要尽量延长放牧时间，做到早出牧、晚归牧，补喂矿物质、维生素、食盐等，个别体弱的补喂适量精料。及时更换草场和卧圈，减少寄生虫病的发生，做好驱虫和疫病防治工作。

134

（四）疫病防治

根据《麦洼牦牛主要疫病防治技术规程》（DB51/T572-2006）的标准要求，对杂种种公牛及犏牛进行疫病防治。

第五节　犏牛生产中的问题及建议

一、优质犏牛生产规模小

由于牦牛养殖本身具有一定的地域限制，青藏高原地区是牦牛主要养殖区域，当地缺乏优秀的牦牛生产管理人员和人工授精技术人员。因此，优质犏牛生产长期滞后。以四川省阿坝藏族羌族自治州犏牛生产为例，2016年，若尔盖县牦牛存栏数308 050头，目前，每年7~8月份通过设置集中改良点6~8个，参加组群配种改良2 400头左右；红原县牦牛存栏数为318 216头，参加牦牛冷配为4 814头，两个县人工授精牦牛比例仅占存栏总量的1.15%，改良数量较小，生产规模较小，难以形成产业经营主体。同时也导致目前优质犏牛数量不能满足牧民生产需要，且价格较高。

针对这个问题，应加大示范推广力度，扩大优质犏牛生产示范的带动效应，将这种模式应用到藏区或者牦牛主产区。结合藏区奶产业发展规模和产业扶贫创新，加强犏牛生产养殖模式在农牧民中的示范推广，让农牧民亲眼见到犏牛的经济效益。通过在各个乡镇增加建立集中改良点，引导牧民提供优质母牦牛集中改良配种，带动牧民学习配种技术，扩大改良范围和规模。

二、犏牛饲养管理亟需加强

犏牛养殖模式依旧延续过去牦牛放牧模式进行，养殖效益较低。犏牛产犊后生产负荷较重，除了其本身生长速度较快，营养需求旺盛外，还要挤奶，若得不到足够的饲料和矿物元素保障，将导致冬春季死亡率较高。

引导牧民开展养殖模式创新，务实发展牦牛业的物质基础，大力开展种草养畜。通过适度规模种草，收割晾晒后储备用于越冬。结合半农半牧区或者农区丰富的秸秆资源，开展犏牛异地育肥等。

三、设施设备落后

目前，针对犏牛饲养管理的设施设备较为落后，挤奶机、巷道圈（图6-13）等设施设备普及率较低。犏牛在产奶量较高的情况下，增加了牧民的劳动强度。此外，集中饲养的舍饲圈舍、牧草种植基地缺失，饲草料的收割、粉碎、搅拌、投喂设备等不配套、不完善，亟需增购与配套。

图 6-13　巷道圈

四、生产犏牛的杂交父本品种较为单一

目前，牦牛杂交改良使用的父本主要是荷斯坦冻精和藏黄杂种公牛（西 × 藏黄牛），其后代犊牛初生重都在 20 kg 左右，与牦牛 10 kg 左右的初生重比大了很多，难产率有所提高。可以通过引进一些体格较小的普通牛品种冻精进行改良，如：娟姗牛和黑安格斯牛。

引入新品种冻精，如黑安格斯牛和娟姗牛冻精进行改良，提升牦牛改良后代效益。在牧民不接受的情况下，由政府或者科研单位先行研发，探索引进效果，通过示范带动周边牧户饲养新杂交组合生产的犏牛。

五、犏牛生产技术有待深入研究

目前，牦牛人工授精技术较为成熟，但牦牛与黄牛在发情期、发情鉴定、生理生化指标上均有差异，在牦牛改良过程中使用的同期发情技术效果不明显，配怀率较低。此外，针对牦牛的早期孕检技术还不准确和完善，亦或是操作难度大，危险系数高，需要加强研发针对牦牛改良配种过程中的轻简化技术等。

第六节　雄性不育

在牦牛和普通牛的远缘杂交中，第一代杂交后代（ F_1 代犏牛）表现出明显的杂种优势，其中雄性个体具有典型的雄性特征，睾丸外观和性行为均表现正常，但由于种间

136

遗传的影响，其精子生成功能失调，表现为雄性不育和生殖隔离。雌性 F_1 代犏牛表现正常的生殖能力。因此，在实际生产中，只有利用亲本公牛才能继续杂交，但后代的适应性下降（与黄牛回交），或杂种优势降低（与牦牛公牛回交），随着这种级进杂交，退化更为明显。目前犏牛雄性不育性是牦牛改良和繁殖的主要障碍。雄性不育的现象由来已久，最早观察到和提出这种观点的是英国生理学家、生物化学家、群体遗传学家 J.B.S. 霍尔丹，他在发表于 1922 年的论文中提出"两个不同物种杂交产生的 F_1 代杂合子（异配体），其中一个性别要么不存在、要么产生较少、要么是不育的"。这种现象被称为霍尔丹守则（Haldane's Rule），这种规律在很多跨物种杂交中被观察到：比如哺乳纲（哺乳动物）、双翅目（苍蝇、蚊类）、直翅目（蚱蜢和蟋蟀）、真骨鱼类（骨鱼）、两栖类（两栖动物），也有一些是雌性不育或缺失，如：鸟类（鸟）、鳞翅类（蝶和蛾）、爬行类（爬行动物）等。在哺乳动物中主要是雄性配子不育或者不成活，目前发现的符合霍尔丹守则的哺乳动物有 13 种，其中 9 种不育，4 种不成活。

表 6-29　哺乳动物中不育的几种类型

物种	不存活 / 不育	方法	符合霍尔丹守则	作者
Alouatta pigra and *A. palliata*	不存活	基因深入定量	一方符合	Cortés-Ortiz, et al. 2007
Alouatta caraya and *A. clamitans*	不存活	基因深入定量	是	Aguiar, et al. 2008
M. musculus and *M. domesticus*	不存活	基因深入定量	是	Payseur 2004
Peromyscus polionotus and *P. maniculatus*	不存活	杂交实验	是	Vrana, et al. 2000
2 haplotype clades of Elephas maximus	繁殖成活率降低	基因深入定量	是	Fickel, et al. 2007
Arctocephalus gazella, *A. tropicalis* and *A. forsteri*	繁殖成活率降低	基因深入定量	是	Lancaster, et al. 2007
Sorex antinorii and *S. araneus* （race Cordon）	不育	基因深入定量	是	Balloux, et al. 2000
Thrichomus pachyurus, *T. apereoides apereoides*, and *T. a. laurentius*	不育	杂交实验	是	Borodin, et al. 2006
Sorex araneus （Drnholec and Bialowie chromosome races）	不育	基因深入定量	是	Jadwiszczak, et al. 2006
Phyllotis mugister and *P. darwini*	不育	杂交实验	是	Walker, et al. 1999
Sorex antinorii and *S. araneus* （race Vaud）	不育	基因深入定量	是	Yannic, et al. 2008

137

国内外学者对牦牛远缘杂交后代雄性不育机理从杂交组合、组织形态、生殖内分泌、细胞遗传学、胚胎发育以及基因、蛋白表达等多方面进行了大量研究，但其确切的分子机理尚未得到证实，犏牛雄性不育机制还需要进一步探明。

一、牦牛和黄牛的生殖隔离

生殖隔离包括受精前隔离和受精后隔离。形态隔离是受精前隔离的一种，指异种间因生殖器官的形状、大小等差异过大，导致无法进行交配而产生的生殖隔离。谭春富等采集牦牛、杂交一代犏牛的雄性生殖器官，进行组织解剖学研究，结果发现，牦牛和犏牛的雄性生殖器官均由睾丸、附睾、输精管、尿生殖道、副性腺、阴囊、阴茎和包皮组成，公犏牛不存在生殖器官的缺失，并且外生殖器形态大小与牦牛无明显差异，因而犏牛的雄性不育不在形态隔离的范畴，这与实际观察到公犏牛有交配行为相符。但是犏牛的睾丸有明显发育不良，表现出轻而小，睾丸白膜上的血管分布稀少、管距大，用手按压睾丸表面弹性小、质地松软等特征。此外，附睾的长度与牦牛比较差异不显著，但重量上差异极显著，牦牛的附睾比犏牛的重得多。

二、精子发生异常

（一）睾丸、曲细精管的组织学特征和精子发生

睾丸是精子发生的主体环境，而曲细精管则是直接环境。王士平等、赵善廷等、秦传芳等对犏牛及其亲本的睾丸比较研究发现，犏牛睾丸的毛细血管仅是亲本的一半多，切片面呈黄色，明显的血液供应不足；犏牛曲细精管的界膜比牦牛的厚，尤其以基膜增厚最为显著，这与血液供应不足的后果可能是一致的，将导致曲细精管内环境无法维持正常的营养、激素水平。观察还发现，犏牛的曲细精管比亲本的细，而且粗细不均，有的管壁呈皱缩状。曲细精管是精子发生的直接环境，这个环境的任何条件发生细微改变，都可能引起精子发生异常。

精子发生是一个复杂的细胞分化过程，可分为三个阶段：①有丝分裂期，精原细胞经多次有丝分裂成初级精母细胞；②减数分裂期，初级精母细胞经减数分裂成精子细胞；③精子形成期，圆形精子细胞经变态发育成线形精子。有关精子发生程度的研究表明，犏牛精母细胞的分化主要至初级精母细胞，少数到次级精母细胞和精子细胞，极少数能发育为精子，问题似乎主要出现在减数分裂上，因为异源染色体在分配时可能导致细胞分裂的异常。

通过对精子发生的程度观察发现，犏牛的精原细胞数量与形态上基本正常，初级精母细胞数量明显减少，并且有的呈空泡化，直至精子细胞数量逐渐减少，形态异常也

更严重，没有找到精子，说明犏牛的精子发生各个时期均受到阻碍，且阻碍程度在后期阶段尤为严重，精子细胞向精子的变态发育被完全阻断，夏洛俊等的观察结果也证实如此。这是否与上述曲细精管的异常有关，有待进一步研究。

胡欧明等、陈智华等对犏牛减数分裂中联会复合体（synaptonemal complex，SC）进行观察发现，仅有少数精母细胞的常染色体能形成 SC 结构，并且有较多的三价体、插入环等异常现象，而异源的 X、Y 染色体间没有明显的联会行为。赵振民等、周继平等比较了 F_1~F_3 代减数分裂的情况和 SC 结构，发现随着代数的增加，减数分裂的状况逐渐好转，至 F_3 代时可见较多的 SC，并且 SC 形态、结构与正常牛接近一致，不过仍见到一些染色体断裂、解体、不平衡分离等现象，而且性染色体的 SC 多呈直线状，少数才有缠绕。这些研究进一步证实了，杂种的染色体异质性导致细胞分裂的异常，进而阻碍精子发生。

黄牛与牦牛杂交后的 F_1 代犏牛生精机能丧失，睾丸的发育随级进杂交代数的增高而逐渐恢复生精机能，表现出可育的渐进性。ивановаВ.В 报道，F_1 公牛造精机能全部破坏，精液中无精子；F_2 代公牛造精机能有所恢复，精液中偶尔可见到个别死亡精子，有些可见活动精子，但多数呈现出病理状态；F_3 公牛可育程度增高，有的能生成形态正常的精子；F_4 公牛大多数造精机能已基本正常。张旭静、贾荣莉进一步对杂种 F_1~F_3 代进行睾丸组织学比较研究发现，随杂种代数增加，睾丸白膜由厚变薄、血管由少增多、切面由深黄色变为淡黄白色，F_3 代与对照牦牛的形态及色泽较一致，而曲细精管的形态和粗细也逐渐恢复正常。对精子发生的观察结果是，F_1 代生精上皮多由 1~2 层细胞组成，精原细胞处于休止状态或死亡，精母细胞数量很少，无精子细胞及精子；F_2 代精原细胞死亡数比 F_1 代明显减少，精母细胞数比 F_1 代增多；F_3 代生精上皮细胞呈多层化分布，精原细胞死亡数极少，暗调 A 型细胞与明调 B 型细胞相间存在，可见较多核分裂相，精母细胞数目明显增多、呈多层分布，在曲细精管的不同区段可见数量不等的精子细胞和不同发育阶段的精子及成熟精子。可见睾丸的生精功能也是随着代数的增加而逐渐地恢复正常，因从 F_3 代开始可以观察到少数正常精子的生成，张容昶等将 F_3 代定为可育与不可育的临界代。理论上从 F_1 至 F_3 代杂种的基因异质性程度逐渐降低，这与生精性能逐渐恢复似乎存在一定相关性。以上研究对犏牛育性恢复进行了讨论，但对 F_2 和 F_4 公牛可育性恢复的程度，群体中所占的比例、个体间差异及其遗传机理探讨不足。

（二）调控精子发生的激素水平差异

LH 和 FSH 由垂体远侧部的嗜碱性细胞负责合成分泌。刘辉等研究发现，公犏牛的嗜碱性细胞显著少于公牦牛和公黄牛。罗晓林等通过电镜观察发现，公犏牛嗜碱性细胞中的 LH 细胞数量、形态与一般牛无异，但 FSH 细胞扩张，细胞核严重畸形、胞浆入核、分泌颗粒少；进一步用放射免疫法测定公犏牛一昼夜的 LH、睾酮（T）等激素水平，证实 LH、T 水平正常，与现实中公犏牛有交配能力并且第二性征发育良好相符。

（三）激素对支持细胞和间质细胞的影响

支持细胞在曲细精管中协助生殖细胞的分化，主要受 FSH 的调控；而间质细胞经 LH 刺激后合成和分泌 T。多个文献的研究表明，犏牛的间质细胞数量、形态上与亲本无明显差异，结合上文 LH、T 的测定结果进一步说明，公犏牛性行为正常且第二性征发育良好具有其激素基础；对支持细胞的形态观察没有发现异常。

三、细胞遗传学差异

许多研究证明，犏牛及双亲染色体数目均为 $2n=60$，但对染色体形态的研究结果不一（表6-30）。苏联学者 Ъкъеɪɪмкупов 对黄犏牛（黄×牦）研究发现，其性染色体与双亲同为亚中着丝粒，Y 染色体相对长度与父本（黄牛）相近。郭爱朴对假黄犏牛（牦×黄）研究发现，其 X 染色体与双亲同为亚中着丝粒，Y 染色体与父本（牦牛）同为亚中着丝粒（所用黄牛为中部着丝粒），相对长度三者之间差异不显著。陈文元对荷犏牛（荷斯坦×牦牛）及 F_2 代染色体研究发现，杂种牛常染色体与双亲同为近端着丝粒，X 染色体同为亚中着丝粒，而 Y 染色体与父本（黑白花）同为中部着丝粒，臂比率也同为 1.2。但李孔亮对黄犏牛及其双亲染色体研究发现，黄犏牛常染色体着丝粒与双亲同为端着丝粒，性染色体与双亲相近，为亚中着丝粒，三种牛间各对染色体相对长度的差异大部分是显著的，特别是 X 与 Y 染色体（包括臂比）的差异极显著（$P<0.01$），并据此认为这是犏牛雄性不育的原因之一。

表6-30 染色体形态的研究

研究者	Ъкъеɪɪмкупов（1980）			郭爱朴（1983）			李孔亮（1984）			陈文元（1990）			
	黄牛	牦牛	犏牛	黄牛	牦牛	假犏牛	黄牛	牦牛	犏牛	荷斯坦	牦牛	犏牛	尕利巴
对象	12公	26公	3公	2公	1公	1公	1公	1公	1公	1公	2公	2公	
	4母	17母	3母	3母	2母	2母	2母	2母	1母	1母	2母	1母	1母
相对长度 XX	6.16	5.78	5.95	5.23	4.80	4.69	5.18	4.72	4.98	5.81	5.11		
相对长度 XY	2.17	2.32	2.16	2.36	2.56	2.65	2.04	3.26	2.32	1.80	1.89		
常染色体	ST	ST		ST	ST	ST	T	T	T	ST	ST	ST	ST
X 染色体	SM	SM			SM	SM	SM	SM	SM	SM	SM	SM	SM
臂比				1.87	1.86	2.05	2.17	1.89	1.99	2.30	2.20		
Y 染色体	SM	SM		M	ЗM	SM	SM	SM	SM	M	SM	M	M
臂比				1.11	1.87	1.93	2.17	2.46	2.42	1.20	1.80	1.20	1.20

注：M–中部着丝粒；SM–近中部着丝粒；ST–近端部着丝粒；T–端部着丝粒。

四、生化遗传学差异

普通牛、牦牛血液蛋白和酶类存在种属特性。黄牛等普通牛血红蛋白（Hb）由 Hb^A、Hb^B、Hb^C 3 个复等位基因形成 5~6 条带，牦牛由 Hb^F、Hb^S 2 个主基因形成 3 条带，犏牛除形成与双亲相似的 4 条带外，表现出其本身的特征。普通牛血清蛋白为 8 条带，牦牛为 11 条，而犏牛为 9 条。乳酸脱氢酶（LDH）同工酶的类型一致，但各类活力存在种属差异。犏牛 LDH 同工酶的类型一致，但各类活力存在种属差异。犏牛 LDH 总活力和 LDH5 活力显著高于双亲。谷草转氨酶（GOT）谷丙转氨酶（GPH）、碱性磷酸酶（AKP）活力和胆固醇含量种间差异显著或极显著。这些差异是生物种属遗传特性的外在表现，也是种间杂种优势存在的重要标志，但与杂种雄性不育有何内在联系，尚需深入研究。

五、胚胎发育期的差异

字向东对牦牛以及普通牛精子对普通牛卵母细胞的体外受精和受精后的发育进行了研究。对解冻后的精子（荷斯坦牛 5 头，牦牛 $n = 5$ 头）运动性（正向游动）和顶体状态进行评估。在体外成熟的牛卵母细胞（$N=1\,652$）与荷斯坦公牛或牦牛精子受精，通过 18 h 共培育后，固定卵母细胞比例，并检查精子穿透力，多精受精和雄性原核形成。将受精的卵母细胞体外培养并评估卵裂和胚泡生产率。总体而言，精子的活力和顶体完整性存在物种差异（$P<0.05$）和时间效应（$P<0.01$）。检测到物种间相互作用的效应（$P<0.01$），但不影响顶体完整性。卵母细胞穿透的百分比和与牦牛精子受精的牛卵母细胞形成两个前核（97.4% 和 81.6%）比用荷斯坦公牛精子（77.8% 和 65.9%）（$P<0.01$）的更高，但多精的发生率（>2 原核）相似（$P>0.05$；分别是 10.8% 和 15.8%）。牦牛♂× 普通牛组合的卵裂率高于荷斯坦♂× 普通牛组（$P<0.05$；76.3% 对 63.3%），但囊胚率没有差异（17.9% 对 14.5%）。结论：牦牛精子能够成功地使普通牛卵母细胞受精，其杂交胚胎具有正常的胚胎发育能力。

六、多基因遗传不平衡假说

钟金城根据犏牛雄性不育的研究结果，提出了犏牛雄性不育的多基因遗传不平衡假说。假说认为，不育性是受多基因控制的，牦牛和普通牛由于在多个基因位点上的遗传差异而使犏牛的基因平衡失调导致不育。犏牛雄性不育是由多基因引起的，即牦牛与普通牛间在多个基因位点上存在遗传差异，致使公犏牛在双亲具有遗传差异的基因位点上平衡失调而导致精子发生过程受阻，从而产生不育。

（一）精子生成相关基因与犏牛不育

CG14是一个大鼠睾丸特异性表达的片段，黄海燕等采用CG14片段的放射性同位素标记探针对心、肝、肾、脑、睾丸及附睾组织的mRNA进行Northern杂交，同时将CG14片段转录为RNA探针，对成年雄性Sprague-Dawley（SD）大鼠、牦牛、犏牛（杂交不育）、犏牛三代（回交生育功能恢复）睾丸组织进行原位杂交。结果发现，在睾丸组织中有一条约1 258bp的mRNA特异杂交带；在附睾组织中有一条约1 351bp的mRNA特异杂交带，而在心、肝、肾及脑无杂交带。在SD大鼠、牦牛及犏牛三代的睾丸组织冰冻切片存在明显的CG14正义探针阳性杂交信号；在犏牛一代睾丸组织未见特异性阳性杂交信号；在各个组织切片中反义探针均未出现阳性杂交信号。这个研究结果进一步证实了CG14为睾丸特异性表达的片段，并揭示不育的犏牛与牦牛、育性恢复的杂种之间存在基因表达上的差异。

DAZ基因家族包括DAZ（Deleted in Azoospermia）、DAZL（DAZ-like）和BOULE基因，是精子生成的重要调控因子。DAZL起源于BOULE基因，位于人类2号染色体，BOULE位于人类的3号染色体上，是DAZ基因家族的祖先基因。DAZ基因家族在动物界的睾丸中表达（蠕虫除外），调控精子的正常发生；DAZ基因是DAZL的多拷贝基因，定位于Y染色体上，在人类和灵长目的睾丸中表达，其缺失将导致精子生成停滞。谢庄等通过组织切片、RT-PCR克隆测序、Real-time PCR技术、原位杂交技术以及二级结构预测和系统发育分析对DAZL和BOULE基因的组织表达、在睾丸组织中的表达差异水平分析，研究DAZL基因家族与犏牛不育的关系。推测BOULE基因与犏牛雄性不育有一定的关系。随后对牦牛、黄牛和犏牛DAZL基因的甲基化水平进行了分析，结果发现：牦牛DAZL基因的5'端存在CpG岛，CpG岛长1744bp，包含启动子区、第一外显子和第一内含子；犏牛DAZL5'端DNA甲基化水平（85.6%）极显著高于黄牛（71.4%）和牦牛（69.8%）。可见犏牛DAZL基因的高甲基化与其表达缺乏、雄性不育的表型是一致的，说明DAZL基因的甲基化对基因的表达调控起重要作用，可能对犏牛生精细胞减数分裂、雄性不育有重要影响。

BOULE基因有两条选择性剪接体，分别命名为BOULE1、BOULE2。两者的蛋白分析发现，BOULE1比BOULE2少一个螺旋，它们的RRM三维结构也证实了这一点。利用Real-time PCR技术对牦牛和犏牛睾丸组织中BOULE1、BOULE2的表达进行定量分析，结果表明，牦牛睾丸组织中剪接体BOULE1的表达量高而犏牛的表达量低，其中犏牛与牦牛的表达量差异极显著。牦牛睾丸组织中剪接体BOULE2的mRNA表达量高而犏牛的表达量低，其中犏牛与牦牛的表达量差异不显著。推测BOULE1与雄性不育有着密切的关系。进一步对牦牛、黄牛和犏牛BOULE基因的甲基化水平进行了分析，结果发现：牦牛BOULE基因的5'端存在CpG岛，CpG岛长2 000bp，包含启动子区、第一外显子和第一内含子；犏牛BOULE5'端DNA甲基化水平（17.5%）极显著高于黄牛

（5.2%）和牦牛（7.0%）。可见犏牛 BOULE 基因的高甲基化与其 mRNA 的低表达以及雄性不育的表型是一致的，说明 BOULE 基因的甲基化对 BOULE 基因的 mRNA 表达调控起重要作用，可能对犏牛生精细胞减数分裂、雄性不育有重要影响。

LDHC 基因在精子发生和能量生成中具有重要作用。Lin Huang 研究了 LDHC 的剪接模式和可变剪切体在成年牦牛、牦牛犊牛和犏牛睾丸中的水平，以揭示 LDHC 基因可变剪切在牦牛睾丸发育和精子发生过程中的作用。RT-PCR 扩增显示，睾丸中存在 LDHC 基因在转录物中由于缺失一个或多个外显子所形成的八个可变剪接体。缺失的外显子主要发生在外显子 7 和 4。外显子的缺失导致了一些可变剪切体翻译起点位移并形成终止密码子。用 LDHC 可变剪切体特异性引物进行 RT-PCR 分析表明，与成年牦牛（$n=14$）相比，牦牛犊牛（$n=6$）和雄性不育犏牛（$n=4$）的睾丸中全长 LDHC 的 mRNA 表达水平显著降低。LDHC 可变剪切体的比例在成年牦牛、牦牛犊牛和犏牛中差异显著；在未成熟或不育睾丸中含有更多的 LDHC mRNA 可变剪切体转录物。结果表明，可变剪接可能在睾丸 LDHC 表达中起调节作用，并且可能是犏牛不孕的一个因素。

在母体等位基因中优先表达的 H19 基因是哺乳动物中首次发现的印记基因之一。最近的研究表明，正确的印迹基因 H19 在人类精子发生中起着至关重要的作用。为了研究印记缺陷是否与雄性牦牛杂交不育有关，LIMing-gui 等对牦牛、犏牛和家牛睾丸中 H19 印记控制区（ICR）和 H19 mRNA 表达的甲基化模式进行了研究。结果表明，与牦牛和家牛相比，犏牛睾丸中 ICR 的第三个 CTCT- 结合因子（CTCF）位点明显低甲基化。正如预期的那样，在犏牛中 H19 的表达水平显著高于牦牛或家牛。这些结果表明，ICR 中 CTCF 结合位点的印迹缺陷可能与雄性犏牛的精子发生紊乱有关。因此，作者认为，通过解决 H19 的印记障碍，从而增加 H19 基因 mRNA 的表达，可能有助于降低 F_1 代雄性犏牛的不育性。

研究发现，F_1 代犏牛雄性不育主要是由精母细胞减数分裂障碍引起的联会复合体不能正常形成。在减数分裂同源染色体联会前，同源重组已经启动。骆驺为了探索犏牛雄性不育与减数分裂同源重组之间的关系，采用 Real-time qPCR 技术检测犏牛与其父本（黄牛）睾丸组织中减数分裂同源重组关键基因（Spo11、Mei1、Dmc1、Rad51、Msh4、Msh5、Mlh1 和 Exo1）mRNA 表达水平；采用生物信息学方法比较黄牛和犏牛差异表达基因编码区序列，分析序列特征。前期研究发现，犏牛睾丸组织基因组和印记基因异常甲基化，印记基因表达异常，基因组甲基化异常可能是导致犏牛雄性不育的主要原因之一。通过 Real-time qPCR 检测发现，减数分裂障碍、雄性不育的犏牛睾丸组织中减数分裂重组基因（Spo11、Mei1、Dmc1、Rad51、Msh4、Msh5、Mlh1 和 Exo1）mRNA 表达水平均低于减数分裂正常的黄牛。犏牛睾丸组织中 Spo11、Mei1、Dmc1、Msh4 和 Mlh1 等 5 个基因 mRNA 表达水平极显著低于黄牛，Msh5 和 Exo1 基因 mRNA 表达水平显著低于黄牛，推测睾丸组织中 Spo11、Mei1、Dmc1、Msh4、Msh5、Mlh1 和 Exo1 基因 mRNA 表

143

达水平可能与犏牛雄性不育有一定的关系。而黄牛和犏牛睾丸组织中 Rad51 基因 mRNA 表达水平差异不显著。

在哺乳动物中，DDX4 基因仅在生殖细胞系中特异性表达，被作为一种分子标记物广泛用于配子发生和原生殖细胞的起源、迁移、分化等的研究中。在睾丸组织中，DDX4 基因从精子发生减数分裂前开始表达一直持续到减数分裂后生精细胞的形成，即在精原细胞和尚未进入第一次减数分裂的精母细胞中大量表达，而在早期精子细胞中低表达，在晚期精子细胞、精子及体细胞中不表达，其表达产物是精子发生的必需蛋白。周阳等采用 real-time PCR 技术检测牦牛和犏牛睾丸组织 DDX4 基因 mRNA 表达水平，采用克隆测序技术获得牦牛和犏牛 DDX4 基因启动子区序列，采用亚硫酸氢钠测序法检测牦牛和犏牛睾丸组织中 DDX4 基因启动子区甲基化状态，发现牦牛睾丸组织中 DDX4 基因 mRNA 表达水平极显著高于犏牛；牦牛和犏牛 DDX4 基因启动子区 1 370 bp，含有核心启动子区（251 bp）和 CpG 岛（918 bp）。犏牛睾丸组织中 DDX4 基因启动子区甲基化水平（86.5%）极显著高于牦牛（67.0%）。牦牛睾丸组织 DDX4 基因表达水平极显著高于犏牛，获得了牦牛和犏牛 DDX4 基因启动子区序列，且犏牛睾丸组织中 DDX4 基因启动子区甲基化水平极显著高于牦牛。推测 DDX4 基因在牛精子发生过程中发挥着重要作用，且睾丸组织 DDX4 基因 mRNA 表达水平可能与犏牛雄性不育有一定的关系。

此外，付伟等利用实时荧光定量 PCR 分析睾丸精子生成中供能相关 FABP5 和 FABP9 基因表达量显示，FABP5 基因在犏牛睾丸中的表达量极显著大于牦牛，而 FABP9 基因表达量差异不显著。犏牛睾丸中异柠檬酸脱氢酶活力极显著高于牦牛，而 β−羟脂酰 CoA 脱氢酶和乳酸脱氢酶活力与牦牛接近。犏牛睾丸中 FABP5 基因表达上调以及参与三羧酸循环的柠檬酸脱氢酶活力提高，可能提示雄性不育犏牛睾丸组织在脂肪酸氧化供能水平上高于成年牦牛。

（二）联会复合体相关基因的影响

睾丸组织学观察发现犏牛睾丸中的精母细胞数量很少，无精细胞及精子，精原细胞在第一次减数分裂过程中仅有少数精母细胞的常染色体能形成联会复合体结构，联会复合体不能正常形成可能是导致 F_1 代犏牛雄性不育的原因。SYCP1、SYCP2、SYCP3、FKBP6 是联会复合体的重要组成部分，与精子发生过程中的减数分裂密切相关，这些基因的缺失或低表达可导致减数分裂不能正常进行、精子发生失败和雄性不育。

与联会复合体相关的四个基因 SYCP1、SYCP2、SYCP3 和 FKBP6 在牦牛的睾丸组织特异表达，在下丘脑、垂体、心脏、肝脏、脾脏、肾脏等组织不表达。它们可能与牦牛精子发生过程中的减数分裂有关，是影响精子发生的重要候选基因。

SYCP1 基因在牦牛和犏牛睾丸组织中都有表达，且表达水平差异不显著，说明 SYCP1 可能与犏牛雄性不育无关。SYCP2 基因虽然在牦牛和犏牛睾丸组织中都有表达，但表达水平差异显著，与犏牛精子发生失败的结果一致，说明 SYCP2 基因的表达水平可

能与犏牛雄性不育有一定的关系。SYCP3基因在牦牛和犏牛睾丸组织中都有表达，但表达水平差异极显著，与无精子症患者SYCP3基因表达水平越低精子发生水平越低的结果一致，说明SYCP3基因的表达水平可能与犏牛雄性不育有一定的关系。FKBP6基因在牦牛和犏牛睾丸组织中都有表达，但表达水平差异极显著，说明FKBP6基因的表达水平可能与犏牛雄性不育有一定的关系。

朱翔等对联会复合体相关蛋白SYCP3与犏牛不育的相关性进行了研究。黄牛和牦牛bSYCP3基因编码区序列全长为678bp，黄牛和牦牛的bSYCP3编码区同源性为100%，与其他哺乳动物相比也有较高的同源性（71%~83%）。研究表明SYCP3基因在哺乳动物的进化上是保守的，推测bSYCP3蛋白生物学功能可能与其他哺乳动物蛋白相似，即参与精子发生的减数分裂过程。采用Real-time PCR对牛下丘脑、睾丸等组织bSYCP3基因的表达情况进行了分析，发现bSYCP3基因仅在牛睾丸组织中特异表达，与小鼠、大鼠等哺乳动物的研究结果相同，说明牛bSYCP3基因为睾丸组织特异表达的基因。实时荧光定量PCR显示，表现出雄性不育的犏牛睾丸组织中bSYCP3基因表达量极显著低于黄牛和牦牛，而黄牛和牦牛之间差异不显著。犏牛的精子发生障碍的表型与人、小鼠SYCP3基因表达缺失或降低引起的不育表型一致，据此推测bSYCP3基因在牛精子发生和减数分裂过程中发挥着重要作用，且与犏牛雄性不育有一定的关系。

（三）减数分裂调控相关基因与犏牛雄性不育

Cdc2和Cdc25A是减数分裂的两个关键基因，其表达水平的下降将使精子发生不能正常进行，导致雄性不育。为了探讨Cdc2、Cdc25A基因mRNA表达水平与犏牛雄性不育的关系，董丽艳采用荧光定量PCR技术对Cdc2和Cdc25A基因的组织表达特征以及在黄牛、牦牛和犏牛睾丸组织中的表达水平进行了分析。结果表明，Cdc2和Cdc25A基因在牦牛各种组织中广泛表达，说明Cdc2和Cdc25A基因在各种组织细胞分裂和细胞周期运行中均发挥作用；黄牛和牦牛睾丸组织中Cdc2、Cdc25A基因表达水平均显著高于犏牛（$P<0.05$），说明睾丸组织中Cdc2和Cdc25A基因的低表达可能与犏牛雄性不育相关。此外，董丽艳还对减数分裂相关基因vasa基因在牦牛、犏牛、黄牛的物种、组织表达差异（牦牛睾丸、附睾、副性腺、垂体、下丘脑、心脏、肝脏、脾脏、肾脏、肺脏、胸肌、卵巢等）和表达量进行了分析，结果显示该基因仅在生殖细胞中表达，是影响精子发生的重要候选基因。通过荧光定量PCR检测犏牛及其亲本睾丸组织中vasa基因的表达水平，结果显示它在犏牛睾丸组织中的表达水平显著低于在黄牛、牦牛睾丸组织中的表达水平，说明vasa基因mRNA表达水平与犏牛雄性不育有一定关系。

李贤等根据黄牛Dmc1基因序列设计引物扩增出牦牛和犏牛睾丸组织Dmc1基因部分cDNA序列，全长均为1 059bp，两段序列包含完整的ORF，全长为1 023bp，编码340个氨基酸。生物信息学分析发现，犏牛氨基酸序列与黄牛和牦牛的同源性为100%，与其他动物也具有较高的同源性；牛Dmc1与其他物种一样，含有大肠杆菌（E.coli）

145

RecA 蛋白家族保守的第二结构域部分，包括两个核苷酸结合位点和 DNA 结合区，说明 Dmc1 蛋白在功能和进化上是高度保守的，推测牛 Dmc1 与人、鼠一样，在精母细胞减数分裂同源重组过程发挥着重要作用。系统发育分析发现，黄牛、牦牛和犏牛首先聚为一类，然后再与其他哺乳动物聚类，与鸟纲动物距离较远，与经典分类学方法一致。实时荧光定量 PCR 显示，Dmc1 基因在犏牛睾丸组织中的表达水平极显著低于黄牛和牦牛睾丸组织的表达水平，且犏牛表现出来的减数分裂障碍表型与小鼠 Dmc1 基因突变或敲除的表型一致，推测 Dmc1 基因可能与犏牛的雄性不育可能有一定的关系，是犏牛雄性不育的候选基因。

根据黄牛 RPA1 基因序列设计引物，并以黄牛、牦牛和犏牛睾丸组织为模板，通过荧光定量 PCR 检测犏牛及其亲本睾丸组织中基因的表达水平，结果表明，RPA1 基因在犏牛睾丸组织中的表达水平显著高于其在黄牛、牦牛睾丸组织中的表达水平，RPA1 基因表达水平与犏牛雄性不育可能有一定关系。

减数分裂相关基因 Prdm9（PR domain containing 9）是人类、小鼠减数分裂期重要的转录调控因子和重组热点定位的主控因子，而且是迄今为止报道的唯一与哺乳动物杂种不育基因。Prdm9 基因编码催化组蛋白的 H3 的 4 位赖氨酸发生三甲基化修饰的甲基转移酶。Prdm9 基因只在雌性和雄性小鼠的进入减数分裂前期的生殖细胞表达，它的功能异常可以导致不育的发生。Prdm9 基因敲除的雌、雄小鼠都出现不育，在睾丸组织中的三甲基化的变化会影响减数分裂相关的基因表达，三甲基化修饰减弱会引起减数分裂相关的基因表达出现变化，使得生殖细胞双链断裂得不到修复，导致同源染色体无法有效配对，最终不能产生成熟的配子。Prdm9 基因是物种特化的基因，它会阻止不同物种间的基因相互转移，例如，来自不同品系的杂交不育小鼠，一旦将一个品系小鼠的 Prdm9 基因转移到另一品系中，那么就会突破不育的界限。Prdm9 基因的发现为杂交不育研究提供了新的思路。Groeneveld 等根据对不同种黑猩猩的研究，提出 Prdm9 基因对种间的杂交不育扮演了一定的角色。鉴于 Prdm9 基因在杂种不育中扮演的重要角色，马晓琴克隆并比对分析了牦牛、黄牛 Prdm9 基因，尤其是对其锌指域，在 DNA 水平上进行了验证，并分析比较了种内和种间的差异。研究采用 3′–RACE、RT-PCR 等方法，从牦牛和黄牛睾丸组织总 RNA 中分别获得 Prdm9 基因的 cDNA 序列，长度分别为 2 580bp 和 2 421bp。牦牛和黄牛 Prdm9 基因的开放阅读框内有 10 个核苷酸同义突变、10 个核苷酸非同义突变以及 11 个氨基酸差异。采用荧光定量 PCR 方法分析成年牦牛（n=20）、犏牛（n=8）、犊牛（n=4）以及黄牛（n=4）睾丸中 Prdm9 基因的 mRNA 水平。结果显示，成年牦牛、黄牛睾丸中 Prdm9 基因的 mRNA 水平显著高于犏牛和犊牛。提示 Prdm9 基因的表达水平差异可能与牦牛种间杂交后代雄性不育有关。

（四）基因拷贝数变异与犏牛雄性不育

哺乳动物 Y 染色体（MSY）雄性特异区多拷贝基因家族的拷贝数变异（CNV）影

响着人和动物的生育能力。张龚炜等（2016）通过实时定量 PCR 调查了 5 个牦牛品种（$n=63$）、犏牛 F_1（$n=2$）、犏牛 F_2（$n=2$）和中国黄牛（$n=10$）的 TSPY（睾丸特异性蛋白、Y 染色体编码）、HSFY（热休克转录因子、Y 染色体连锁）、ZnF280BY（锌指蛋白 280B、Y 染色体连锁）和 PRAMY（黑色素瘤抗原前体，Y 染色体连锁）的拷贝数变异。TSPY 在牦牛公牛中表现出限制性扩增，平均几何平均拷贝数（CN）估计为 4 拷贝。而与亲本中国黄牛公牛（142 拷贝）比较，TSPY 的拷贝数在 F_1 代（385 拷贝）和 F_2 代（356 拷贝）中有极大的增加。犏牛 F_1 和 F_2 代的 HSFY 和 ZNF280BY 拷贝数依然高于牦牛和黄牛公牛。这些结果说明 MSY 基因组织差异存在于牦牛、黄牛以及犏牛中。TSPY 的拷贝数变异可能是犏牛不育的可能影响因子之一。

七、miRNA 组与犏牛雄性不育

李彩霞等通过高通量测序技术，比较牦牛和犏牛睾丸中 microRNA（miRNA）的数量和种类，旨在探索可能与犏牛雄性不育相关的 miRNA。用 TRIZOL 试剂提取牦牛和犏牛睾丸总 RNA，纯化小 RNA 后进行 Soleax 高通量测序，并对部分 miRNA 进行 qPCR 验证。测序结果显示，对两样本中小 RNA 测序所得所有片段与 miRBase 19 数据库进行比对，未比对上的片段用 miRDeep2 进行二级结构等特征分析，为候选新的 miRNA，共有 480 个。比对上的为已知 miRNA，共 466 个，其中在两组表达量大于 300 且差异倍数大于 2 倍的 miRNA 有 10 个。与牦牛相比，犏牛睾丸中有 8 个 miRNA 表达上调，2 个表达下调。有研究表明，其中的 3 个 miRNA（miR-34c、miR-34b、miR-355）分别与性别决定、附睾及精子发生有密切关系；还有报道表明，与其中 4 个 miRNA（miR-449b、miR-449a、miR-124-3p、miR-124-5p）同家族成员与雄性生殖相关。生物信息学分析显示：根据 miRNA 与其靶基因的 3'UTR 区互补配对关系，对组间表达差异明显的 10 个 miRNA 的所有靶基因分别进行 GO 功能富集分析和 KEGG 信号通路富集分析，得到与雄性生殖相关的基因功能分类和信号通路，如 MAPK、促性腺激素释放激素、减数分裂、细胞周期调节和细胞凋亡等信号通路。qPCR 验证显示：以 U6 为内参，定量 PCR 分析证实 bta-miR-124-3p、bta-miR-124-5p 的表达均在犏牛睾丸中显著提高，而 bta-miR-15b、bta-miR-449 的表达均在犏牛睾丸中显著降低，与高通量测序分析结果一致。

廖珂年进一步分析了牦牛、犏牛、黄牛的睾丸组织 miRNA 表达谱差异。通过高通量 Illumina HiSeq 2500 测序，牦牛、普通牛和犏牛中鉴定到已知 miRNA 前体分别有 509、511 和 585 个，对应的已知 miRNA 分别为 473、478 和 560 个。普通牛、牦牛和犏牛三个文库中共有 580 个 miRNA，其中相同的 439 个，普通牛、牦牛和犏牛睾丸特异表达的 miRNA 分别有 10、9 和 69 个，将普通牛、牦牛文库分别与犏牛文库进行统计分析，普通牛和犏牛文库共表达 unique miRNA 达 467 个（81.80%），在达共表达的 unique miRNA 中犏牛文库相对于普通牛有表达显著下调 8 个和表达显著上调 321 个。牦牛和犏牛文库共表达 463 个（81.20%）unique miRNA，其中犏牛文库相对于牦牛表达显著下调 11 个和表达显著上调 312 个。作者认为，相对于普通牛和牦牛而言，其 miRNA 表达谱和表达量应属于正常值，犏牛睾丸组织中的过表达或低表达都应属于不正常值，可能与犏牛不育相关。进一步分析发现，普通牛、牦牛文库分别与犏牛文库比较分析，犏牛的大部分 miRNA 相较牦牛和普通牛而言都是表达上调的。一般在动物机体中，miRNA 会通过作用于靶标 mRNA 的特定位点实现其对靶基因表达的转录后调控，抑制靶基因表达或降解靶 mRNA。所以，该研究中犏牛睾丸中大量上调表达的 miRNA 属过表达，可能抑制精子产生、发育、成熟以及雄性激素分泌相关的一些靶基因的表达，从而导致精子形成受阻。犏牛睾丸组织中表达下调的典型代表是 bta-miR-34c、bta-miR-449a、bta-miR-6526 等，其中未见 bta-miR-6526 的在任何组织的表达情况及功能特征的相关研究报道，miR-34c、miR-449a 已有研究表明，在具有生精障碍男性不育患者的生殖细胞中表达下调。miR-34c 的调控功能主要有两种：miR-34c 在生殖细胞分化方面的研究发现，过表达 miR-34c 时能促进 SSC 向精原细胞分化、减数分裂；另外研究发现，miR-34c 有抑制抑制 II 型子宫内膜癌细胞的增殖，促进细胞凋亡；miR-34c 还有下调周期相关蛋白及细胞周期阻滞的作用。在该研究中 bta-miR-34c 在犏牛睾丸组织中表达下调，靶向调控基因 Nanos2 上调，这与曾贤彬研究结果一致，可能导致精子无法正常形成。以往研究表明，let-7 家族成员广泛参与哺乳动物的生殖发育以及细胞增殖、凋亡等重要生命活动。该研究中，bta-let-7 家族在三种牛的睾丸组织中有丰富的表达，其中 bta-let-7b、bta-let-7c 显著表达上调，bta-let-7 家族可能参与调控犏牛睾丸内分泌、精子生成等生殖功能。

Xu Chuanfei 使用 Illumina HISeq 和生物信息学分析鉴定了牦牛和犏牛睾丸组织中差异表达 miRNAs，其中有 50 种已知的差异表达 miRNA 和 11 种新发现的差异表达 miRNA，其中有 11 种上调 39 种下调。同时鉴定了 13 个已知差异表达 miRNAs 的 50 个靶基因和 6 个新 miRNA 的 30 个靶基因位点。进行 GO 和 KEGG 分析以揭示 DE miRNA 的靶基因的功能。这些 miRNA 的鉴定可以更好地理解犏牛的生精障碍。

八、mRNA 组与犏牛雄性不育

曾贤彬等运用高通量测序技术对健康成年犏牛和牦牛的睾丸组织进行转录组测序和比较研究，探讨了犏牛激素调节、精子发生及细胞凋亡等相关基因的表达情况。结果表明，犏牛、牦牛睾丸组织中分别有 17 784 个和 18 529 个基因表达，在犏牛中表达显著上调和下调的基因分别有 5 000 个和 4 089 个。犏牛睾丸组织中睾酮合成相关基因

和抑制素基因表达均显著上调，认为前者的表达上调可能促进睾丸内睾酮分泌和后者的表达，而后者的表达上调可能分别抑制和几乎不影响脑垂体前叶合成、分泌促卵泡刺激素和黄体生成素。比较睾丸组织中细胞标记基因在两种牛间的表达差异，发现犏牛精原干细胞、支持细胞、间质细胞、肌样细胞（睾丸纤维化）和已分化精原细胞的标记基因分别呈显著表达上调和下调，而减数分裂后期或精子形成期呈极显著下调。精原干细胞自我更新与分化异常可能导致犏牛精子发生障碍，认为其与视黄酸信号通路障碍密切相关。Syce3、Fkbp6 和 Dmrt7 等在犏牛睾丸组织中极显著表达下调与同源染色体间，尤其是性染色体间的联会复合体数量减少有关。Spo11 和 Dmc1 分别参与双链断裂和同源修复过程，其在犏牛睾丸中表达下调分别可能使联会复合体减少和同源修复失常。参与高度浓缩细胞核的相关基因，尤其是 Tnp2、Hmgb4 和 H1fnt 等几乎不表达，其调控表达基因 Crem，GRTH/DDX25 等极显著表达下调，该现象与犏牛生精细胞最终只能分化至圆形精子细胞阶段的结果相符。促凋亡相关基因，如 p53、TNF-α、Trail、Bmp8b、Bax、Caspase-3、Caspase-6 和 Caspase-7 表达均显著上调，而抑凋亡基因，如 survivin、Bcl-2 等显著下调，这可能是导致犏牛睾丸组织中有更多的生精细胞发生凋亡的原因之一。

虽然已经做了很多关于精子发生阻止机制的研究，但有关牛犏牛与牦牛睾丸之间转录组表达差异的研究却很少。Cai-xin 等在观察比较犏牛、牦牛睾丸组织中精原细胞发生的基础上，在 Illumina HiSeqTM 2000 平台上对两者睾丸组织基因转录组进行高通量测序。转录组分析确定了 2 960 个差异表达基因（DEGs），其中 679 个上调，2 281 个在犏牛中下调。这些差异表达的基因中有很多显著差异基因与犏牛的雄性不育相关。高表达的 STRA8 和 NLRP14 可能与犏牛睾丸组织中未分化的精原细胞累积和严重细胞凋亡有关。下调的 SPP1、SPIN2B 和 PIWIL1 与细胞周期进程和精原细胞基因组完整性有关；下调的 CDKN2C、CYP26A1、OVOL1、GGN、MAK、INSL6、RNF212、TSSK1B、TSSK2 和 TSSK6 还参与减数分裂。此外，与牛精子生成组分相关的许多基因也出现下调。Wnt/b-catenin 信号通路参与上面这三条明显富集的通路中，而 Wnt3a、PP2A 和 TCF/LEF-1 的下调可能促成了犏牛精原细胞分化的阻滞。数据表明，犏牛精子的生精抑制可能发生于精原细胞分化阶段，在减数分裂过程中加重，导致精子形态异常，缺乏受精能力。

九、Proteome 与犏牛不育

基因组学虽然在基因活性和疾病相关方面提供了有力的根据，但基因的表达方式具有时空特异性和组织特异性。因此，研究生命现象，阐释生命活动的规律，只了解基因组的表达规律是远远不够的，还需对生命活动的直接执行者——蛋白质进行更深入的研究。一个以"蛋白质组（Proteome）"为研究对象的生命科学时代已经到来。蛋白质组（Proteome）是澳大利亚学者 Williams 和 Wilkins 于 1994 年首先提出，表示"一个细

胞或一个组织基因组所表达的全部蛋白质"，是对应于一个基因组的所有蛋白质构成的整体。而蛋白质组学（Proteomics）是指应用各种技术手段来研究蛋白质组的一门新型科学，其目的是从整体的角度分析细胞内动态变化的蛋白质组成成分、表达水平与修饰状态，了解蛋白质之间的相互作用，揭示蛋白质功能与细胞生命活动规律。其研究内容主要包括：鉴定特定细胞、组织或器官的蛋白质种类（蛋白质组全谱鉴定），特定条件下蛋白质的表达量变化研究（定量蛋白质组学），明确蛋白质在生命活动中执行的功能（功能蛋白质组学），揭示蛋白质之间的复杂相互作用机制（相互作用蛋白质组学），描绘蛋白质的精确二维、三维以致四维结构（结构蛋白质组学）以及蛋白质翻译后修饰研究（修饰蛋白质组学）。蛋白质组概念的提出，标志着生命科学的一个崭新时代——蛋白质组时代已经开始，它是继基因组研究之后的又一"大科学"，即以蛋白质组为研究对象，通过对基因表达产物——蛋白质进行整体、动态、定量水平上的研究来阐述环境、疾病、药物等对细胞代谢的影响，并分析其主要作用机理、解释基因表达调节的主要方式。

付伟等对牦牛和犏牛睾丸中可能存在的低丰度核蛋白的表达差异进行了研究，采用试剂盒分别提取了牦牛（$n=4$）和犏牛（$n=4$）睾丸的细胞核蛋白，利用双向电泳对核蛋白进行分离，获得了分辨率和重复性较好的电泳图谱。选取在重复试验中均有2倍及以上差异表达的蛋白质点进行质谱鉴定，结果在牦牛和犏牛睾丸中检测到17个差异表达的蛋白点，其中14种蛋白质获得成功鉴定，包括在牦牛睾丸中高表达的11种蛋白质和在犏牛睾丸中高表达的3种蛋白质。牦牛睾丸中高表达的蛋白质中，核不均—核糖核蛋白K、核不均—核糖核蛋白H3、多聚C端结合蛋白1、核不均—核糖核蛋白A2/B1、精氨酸–丝氨酸丰富剪接因子3、真核翻译延伸因子1–γ等6个蛋白质均参与基因的转录调控和翻译后修饰；而F肌动蛋白、旁斑蛋白元件1、线粒体型磷脂氢谷胱甘肽过氧化物酶则参与了精子的形成或保护；这些蛋白质在犏牛睾丸中的表达显著下降，推测可能与犏牛精子发生障碍有关。

孙磊利用iTRAQ方法对牦牛和犏牛睾丸蛋白组进行比较研究，鉴定出了256个显著差异表达蛋白，其中大量上调蛋白可能参与多种应激反应（特别是炎症性应激）、增强生精细胞间黏附性或抑制生精细胞向曲细精管管腔的迁移，而许多下调蛋白主要与精子发生中多种细胞代谢缺陷和细胞分化过程有关，这项研究发现的很多重要蛋白可能与犏牛精子发生阻滞相关。在犏牛和牦牛睾丸表达差异蛋白中，排在前四位的上调蛋白是PTX3、S–100、H1.0和Osteoglycin，其差异倍数分别为3.8、3.5、3.1和2.9，相比之下，排在前四位下调蛋白是MHC classII、Ropporin–1、SNRPF protein和Protamine2，差异倍数分别为–6.9、–4.7、–4.5和–4.2。大量上调蛋白可能参与多种应激反应（特别是炎症性应激）、增强生精细胞间黏附性或抑制生精细胞向曲细精管管腔的迁移。一些高表达蛋白（ICAM1），微纤丝相关糖蛋白4（MFAP4），胰岛素样生长因子结合蛋白前

体 7 （IGFBP7）、Dermatopontin （DPT）、整合素 α9 （ITGA9）、整合素 β1 （ITGB1）可以提高细胞的黏附力，阻碍生殖细胞从基底膜脱离向生精小管管腔内迁移。许多下调蛋白与精子发生过程中各种代谢过程和细胞过程的缺陷有关。PIWIL1 和 TDRD1 表达下降可能影响 PIWI 或 piRNA 在保护生殖细胞基因组的完整性的功能；Gpx4 在精母细胞中耗竭，引起精子严重异常，这可能也是雄性不育的原因；线粒体细胞色素 BC1 复合体亚基 2、7 和 9 的下调，与阿尔茨海默病的途径和氧化磷酸化有关，这可能会导致线粒体功能障碍和犏牛睾丸生殖细胞凋亡；PSME4 是一种大量表达的核蛋白，PSME4 的缺失，导致雄性生育能力明显下降。总之，参与各种代谢过程的蛋白表达下调可能导致精子发生阻滞。通过对 465 个差异表达蛋白在 KEGG 数据库通路富集，共获得了 15 个显著富集通路，其中排在前五的是细胞外基质受体相互作用（P < 0.01），蛋白质的消化和吸收（P < 0.01），阿尔茨海默氏病（P < 0.01），核糖体（P < 0.01）和磷酸戊糖通路（P < 0.01）。在细胞外基质受体相互作用通路中，整合素及其配体的过表达（细胞外基质）可能有助于生精细胞耐受拉力而不被牵离。通过对阿尔茨海默病和氧化磷酸化通路的综合分析表明，诸如线粒体细胞色素 BC1 复合体亚基等蛋白的下调可能导致犏牛睾丸细胞线粒体功能障碍和细胞凋亡。

十、不育机理的争论

（一）生殖内分泌异常论

王坪、谭春富、罗晓林认为，犏牛垂体 LH 细胞形态和数目正常，FSH 细胞扩张，数目减少，因而 FSH 分泌不足，缺乏使精母细胞进行减数分裂的激素原动力，造成精子发育受阻。

（二）远缘种间组织异质性论

有的学者认为，种间的异质性造成杂种后代的某些器官组织，特别是敏感的性器官，在构造和机能方面产生缺陷或遭到破坏，以至杂种新陈代谢紊乱，在发育早期精子形成受阻，通过改善早期的饲养环境就可克服杂种雄性不育。现代遗传学却认为，杂种雄性不育与可育的根本原因是由于其遗传基础发生了变化，外界因素的改善虽有助于生精机能的恢复，但其首先必须具备相应的遗传基础。

（三）染色体和基因性不育论

一些学者认为，牦牛和黄牛等普通牛染色体数目相同，形态相似，但它们的 Y 染色体结构不同，致使公犏牛"异源"（指来源于不同物种）Y 染色体和 X 染色体配对时，其间固有平衡被扰乱，导致减数分裂不正常，精子发育受阻。Chandly 曾对 1 599 例男性不育患者系统研究后指出，导致不育的染色体效应主要是通过两种途径影响减数分裂过程的：一是由于染色体组的不平衡分离，产生异常精子，导致不受精或受精后流产、死

胎或出生有遗传缺陷的不平衡杂合子婴儿；二是由于精子生成过程障碍，导致无精症或精子数目减少，引起不育或生育力降低。Dobzhansky 将精子形成障碍分为染色体性和基因性；染色体性不育是指染色体所包含的基因相同，但其线性排列不同，因而在联合时不能配对。基因性不育是指尽管每对染色体包含的基因及其线性排列相同，但由于基因突变侵袭了减数分裂的某一时期而造成整个分裂过程的错乱，使染色体的配对失败。牦牛远缘杂种生精过程紊乱是染色体性，还是基因性，或者是两者结合造成的，有待深入研究。

迄今对雄性犏牛生精机理紊乱的遗传机理研究仍未获得突破性进展，可育的公犏牛国内外均未见报道，但育性恢复的回交后代公牛却时有报道，表现出雄性可育的渐进性。可育公牛应该具有特定的遗传基础，目前认为由于黄牛等普通牛和牦牛的 Y 染色体结构不同，致使公犏牛"异源" Y 和 X 染色体配对时，其间固有平衡被紊乱，导致减数分裂不正常，精子发育受阻。推而论之，"同源" X 和 Y 染色体配对时应该正常。犏牛为"异源"配对，故雄性不育，而雌性可育，说明 X 和常染色体结构的种间差异不大（或不影响繁殖机能），在与父本连续回交的以后各代中，由于染色体的随机组合，产生出染色体组成多样的杂种后代，其中雌性仍可育，而雄性表现出可育的渐进性，F_1（犏牛）中 X 和 Y 全为"异源"配对；F_2 中 1/2 为"异源"配对，1/2 为"同源"配对；F_3 中 1/4 为"异源"配对，3/4 为"同源"配对。其通式相应为（$1/2^n$）（n 为回交代数）和（$1-1/2^2$）；其回交各代中可育公牛的比例理应为"同源"配对的比例基本相符。目前虽有资料表明，回交公牛的育性逐代恢复，但对其类型、比例、遗传机理和规律未见深入研究，如果能找到可育的 F_2 或 F_3 公牛并使其与母犏牛交配，其后代含牦牛遗传物质 37.5% 或 31.25%，介于 F_1（50%）和 F_2（25%）之间，生产性能可望与 F_1 相似，适应能力优于 F_2，对牦牛杂交改良和育种将大有用处。但因 F_2、F_3 的适应性差，往往将其公牛在早期淘汰。因此，从杂种公牛可育的渐进性入手，在系统研究其遗传机理和规律的同时，建立早期鉴别可育公牛的方法，进而寻求可育公牛是克服犏牛雄性不育"障碍"的可行途径之一。

联合复合体（SC）是减数分裂前期同源染色体形成的一种与联会、交换及分离密切相关的非永久性核内细胞器。特定物种的 SC 特征相对稳定，不同物种区别可以很大。利用电镜研究 SC 的形成和行为不仅是一种更为精确的核型分析和鉴别染色体畸变的有效手段，而且更重要的是通过绘制 SC 模式图，可以了解每一种生物的细胞遗传学特征，查明染色体联会过程及其异常表现，已被用于男性不育患者减数分裂异常的研究。因而，将其用于研究牦牛和黄牛等普通牛远缘杂交后代可育与不育牛的染色体联会、配对行为及特征，是探讨其遗传机理的有效手段之一。

根据不同种属生物遗传基础不同，作为其基因生化表现型的同工酶谱也有不同的原理，利用特定染色体标记同工酶技术和不同染色体的形态特征作为遗传标记，追踪不同物种的染色体在远缘杂交后代中的流向，并结合外部表现和可育程度，不仅可研究探

索牦牛远缘杂交后代雄性不育与渐进可育的遗传机理，而且可将特定的遗传标记与不同的表型性状或数量性状基因群位点（QTL）联系起来，使标志基因辅助选择（MAS）成为可能。Hamrton 等人曾利用已定位于马、驴 X 染色体上的葡萄糖 –6– 磷酸脱氢酶（G6PD）活性和带型的种属差异成功地鉴别了母骡体内不同亲体来源的 X 染色体。Tanksly 等以西红柿属间杂种的回交组合为材料，研究了果重等 4 个数量性状，结果表明，控制这 4 个性状的最小 QTL 数分别为 5、6、5、5，并将其与特定的同工酶座位联系起来，确定了这些 QTL 所在的染色体。

以 RFLPs 为代表的 DNA 分子遗传标记的多态性研究技术，使遗传变异的检测从传统的基因产物水平发展到直接检测 DNA 序列本身的变异。具有能以孟德尔方式稳定遗传，动物各种组织中普遍存在，不受环境、年龄或发育方式的影响、方便、实用以及数量多等特点，因此自 20 世纪 80 年代中期开始，已在不同物种的基因定位、遗传分析、未知基因分离、性状选择等不同领域中得到广泛应用，为遗传图谱的构建战略和技术带来了革命性变化。人类初级 RFLP 基因图（Donis–keller，1987）的绘制成功，使异常染色体起源研究取得了很大进展。Grompe（92）、Callen（87）、Phelan（88）等利用 X 染色体上的 RELPs 作为遗传标记对人 X 染色体数目异常和双着丝粒结构等异常的起源和形成机理进行了成功探讨。裴宏深利用位于人 X 染色体着丝粒区的 a 卫星 DNA 探针检测 X 染色体的父母源。张文艳等用 RAPD 技术对不同近交系小鼠的遗传背景进行了成功的检测和区分，并发现了与小鼠性别相关的 DNA 遗传标记。同时，研制基因图的理想工具是在单个标志位点的等位基因频率间存在明显差异的 2 个遗传距离和表型差异较大的畜群杂种。目前，Musmusculus 鼠和 M.spretus 鼠和杂交后代被认为是制作鼠基因图的有力工具。梅山猪、欧洲猪与欧洲野猪 3 品种间两杂交可望作为猪标志基因图和 QTL 定位的模型。牦牛和普通牛间的遗传距离不亚于以上组合，表型变异非常大，远缘杂交一代雄性不育而母性可育，回交后代表现出雄性可育的渐进性，可望作为制作牛类标记基因图和数量性状位点（QTL）定位的良好素材。因此，应用分子遗传标记技术研究牦牛与黄牛远缘杂交后代雄性不育与渐进可育的遗传机理，不仅具有可靠的理论基础，而且具有重要的应用价值。

十一、恢复育性的尝试

杂种公牛精子发育受阻，除主要受制于决定精子形成的基因能否正常表达外，这可能与某些其他基因，特别是有关激素基因的表达受阻有关。因此，注射必要的外源激素，改善环境条件，在一定程度上均有助于公牛生育能力的恢复。

（一）利用外源激素

据许康祖等报道，给 4 头 1.5 岁尕利巴（F_2）公牛注射人绒毛膜促性腺激素

（IICG），每日皮卜注射一次，每次为2 509 IU，共7次。经注射前后的对照观察，睾丸中曲细精管弹性改善，精母细胞层次增多，间或出现了初级精母细胞等，似有利于生殖能力的恢复，但未见更深一步的研究结果。

（二）饲养环境和条件的改变

据贲正坤等报道，将一批犏牛（荷斯坦冻精 × 牦牛）从高海拔的阿坝藏族羌族自治州迁至成都平原，饲养方式由天然牧场全年放牧改变为人工舍养，随后用荷斯坦公牛与 F_1 代犏母牛级进杂交产生 F_2 代杂牛，饲养条件不变，但配合进行各种性诱导措施（原文未具体提及），试采精发现其中 1 头公杂牛的精液里有正常精子，采集该公杂牛的精液，分别对 F_1、F_2 代荷斯坦进行人工授精，结果 F_1 荷斯坦均顺利产生后代（F_2 流产），证明此公犏牛育性恢复。

综上所述，牦牛与黄牛的远源杂交雄性不育是自然界生殖隔离机制的一个普遍现象，其不育性主要表现为睾丸发育不良，生精功能紊乱，精子发生在减数分裂期、变态发育期等受到阻滞，因而不能或只能产生少量正常精子，但是随着回交代数增加，精子发生的状况逐渐得到改善，至 F_3 代时可产生一定量的正常精子繁殖后代。当前对牦牛远缘杂交不育问题的除了形态组织学观察，还进行了影响形态学发展的激素表达水平研究。随着分子生物学技术进步，目前已经从对犏牛不育的单基因探讨过渡到多基因和基因组学研究的水平。除此以外关于犏牛不育的蛋白组学研究也已经开启。这些研究找到了大量与犏牛不育相关的基因以及调控通路，需要更进一步做相关验证试验找出其决定犏牛不育的关键调控因素。为最终揭示和解决牦牛杂种的不育机制提供理论和实践基础。

第七章

牦牛的饲养管理

第一节 天然草地放牧

放牧是牦牛最主要的生产方式，也是成本最低廉的饲养方式。同时放牧的益处很多：能使牦牛适度运动，增强对疾病的抵抗力；对牦牛的性活动有着良好的影响，可以延长种公畜的使用年限；使母牦牛提高繁殖能力并正常分娩，生产健壮的犊牛。此外，合理的放牧可以促进牧草的生长，提高草地生产力，延长草地利用年限，为牦牛产业的可持续发展提供充足的饲草料资源。但不合理的放牧，常常导致草场退化甚至沙化等。

传统放牧方式，牦牛以天然草地放牧为主，放牧大多实行无论公母、无论大小，牦牛、马匹、绵羊、山羊等家畜混群，逐水草而牧，牧民过着随水草而居的游牧方式。放牧的核心是根据水、草、畜的自然变化轮换使用草场，使大面积的草场得到均衡利用。通过游牧方式不断调整放牧压力，促进牧草资源的合理利用，同时也避免灾害。随着社会的发展，现在基本实现了牧民定居、草场到户（组），逐步改变了牧民逐水草而居的生产方式。但牧区牦牛的生产仍然以放牧为主。牦牛放牧草场大多属高山寒冷草场。随各地气候的不同、草场面积与产量和质量的不同、放牧条件如劳力役畜多少的不同，多按地形地势（山群走向）作垂直带将草场分为两季、三季或四季草场。

一、传统草场的划分及其利用

（一）两季草场划分及利用

两季草场，即冷（冬春）暖（夏秋）两季草场（图7-1）。冷季草场，海拔多在2 500~3 800 m之间，离定居点（又称为"冬房"）或棚圈近的低洼地带，地势较平，在冷季避风向阳，气候较暖，干燥而不易积雪，牧草生长良好。还可在冷季牧场附近留一些高草地或灌木区，以备大雪将其他牧场覆盖时急用。冷季草场利用时间为7~8个月（每年10~11月至来年5~6月份）。暖季草场，海拔多在3 500~4 800 m的高山上，地势高峻，夏季气候凉爽，无蚊虻，天气多变，降雪时间来临较早，气温低而变化剧烈。暖季草场利用时间为4~5个月（每年6~7月至10~11月）。在生产中要充分利用暖季牧场，尽量推迟进入冷季牧场的时间，以节省冷季牧场的牧草和冷季补饲的草料。

两季草场的划分与利用由来已久，牧区各地多采用，是一种较简单的草场划分与放牧利用方法，不利于草场更新和减少寄生虫危害。

以两季草场为例，介绍一下牦牛的季节性放牧。每年夏初（5月），即由冬春牧地转入夏秋牧地进行放牧。每年入冬前（11月）清点圈存数后，转入冬春牧地。放牧总的原则是"夏秋早出晚归，冬春迟出早归"，以有利于采食抓膘和提供产品。冷季放牧，

搬迁一般为2~5次。冷季要充分利用中午暖和时段放牧，在午后要饮水。晴天放牧阴山及山坡，风雪天近牧或在避风的洼地或山湾放牧，出牧、收牧要慢。暖季放牧要及时更换草场，每隔15~25 d搬迁一次营地，延长每天放牧时间，让牦牛多采食牧草，天气炎热时，中午在凉爽的地方让其卧息及反刍。搬迁的方向和路线基本上是固定的，年年如此。两个营地的距离，以不超过20 km为限。20世纪80年代以后，大部分天然草原、牲畜已承包到户。随着牧区人口的增长，牲畜数量发展过快，草地超载严重，搬迁的距离缩短，放牧半径缩小。

季节放牧制度可以使草原有休养生息的机会。但这种利用方式的局限性在于管理粗放，在严寒的冷季，天然牧草的枯萎期长达7个月之久，与牦牛对营养需要的全年相对稳定性之间，形成了季节性不平衡。致使牦牛冷季严重掉膘，甚至死亡，养殖效益低下。总体而言，牦牛生产中存在的冷季饲草料严重短缺与牦牛维持生产需要之间的矛盾未得到解决。

图7-1　两季草场

（二）三季草场的划分及其利用

三季草场，即冷季（冬春季）、暖季（夏秋季）和过渡（春末夏初、秋末冬初）三季草场。冷季草场，海拔多在2 500~3 500 m之间，气温较过渡草场同期高，地势较平坦，避风向阳，其利用时间为6~7个月（每年10~11月至来年5~6月）；过渡草场，海拔多在3 000~4 000 m之间，处于群山向上走向的地段，气候偏凉冷，为冷季转暖季和暖季转冷季草场的重复利用草场，其利用时间为2个月左右（每年5~6月、9~10月两个阶段）；暖季草场，海拔多在3 500~4 800 m或以上，地势高耸，气候凉爽，其利用时间为2个月左右（每年的7~9月份）。这种对草场的划分与利用，比两季划分与利用较好，但仍不科学。

（三）四季草场的划分及其利用

四季草场，即春夏秋冬四季都有相应的草场。这种对草场的划分与利用是较先进的方法，但这仅限于个别地方，全国的推广面积不大。

1.春季草场

春季气候变化幅度大，且大风大雪，牦牛也处在一年中最瘦弱的阶段，应选择靠近冬季草场的山谷坡地草场或高地、灌丛林，可以挡风的平坦草场、丘陵草地等。一般要求小气候条件较优越，避风向阳，雪融化快，牧草萌发较早，牛群从冬季草场赶来方便的地段作为春季草场。这种草场，海拔多在3 000~3 500 m或4 000 m，其利用时间为1个月左右，即每年的5~6月或6~7月。

2.夏季草场

应选择地势较高、凉爽通风、蚊虻较少、水源好的地段划为夏季草场。传统上将当地因地势过高，远离定居点，冷季及降雪时间来临较早，而且气温低、变化剧烈，只有夏季才能利用的地段作为夏季草场。这种草场，海拔一般在3 500~4 800 m或以上的地段，草场面积宽广，其利用时间为3个月左右，即每年的6~9月或7~10月。

3.秋季草场

选择条件一般与春季草场相同。牛群从高山和边远的夏季草场归来，很自然地以山腰为牧场。秋季草场要求牧草丰茂，饮水方便，利于抓膘。这种草场海拔在3 000~4 000 m之间，生长的牧草以禾本科为主，利用时间为1个月左右，即每年的9~10月或10~11月。

4.冬季草场

冬季气温低，草枯黄质量差，在划分草场时，条件许可应增加10%~25%的面积作为后备草场以应急。一般应选留距定居点近，避风向阳的低洼地、沟谷缓坡地、丘陵地、平坦地段作为冬季草场。这种草场，海拔在2 500~3 500 m或4 000 m，其利用时间为6~7个月，即每年的10~11月至来年4~5月或5~6月。

总之，春秋季草场的使用时间较短，面积较小。夏冬季草场的使用时间较长，面积也较大。

二、"4+3"划区轮牧

"4+3"划区轮牧模式由四川省草原科学研究院根据划区轮牧原理，结合高寒牧区实际，本着由易到难，便于实施的原则，提出的一种简单的划区轮牧新模式。该模式将天然草场划分为7个区，即5个放牧区（冬春草场2个区，夏秋草场3个区）、1个打草区（冬春草场）和1个休牧区（夏秋草场内）。牲畜冷季分别在2个放牧区进行轮牧，休牧区每年在夏秋草场轮换1次，割草场每5年在冬春草场轮换1次。该模式的核心是以草定畜，在此基础上进行划区轮牧、休牧、打草。轮牧小区的划定和轮牧方法如下。

（一）统计草场面积

使用GPS仪或大比例尺地形图，以牧户或联户为单位，测定可利用草地面积并绘制

成图。

（二）划分季节牧场

根据草场的特点和家畜的需要将草场划分为暖季草场和冷季草场。暖季草场选择在海拔较高的丘原山地，冷季草场选择在平坝河谷地带。

（三）划分轮牧小区

将草场划分为暖季草场和冷季草场后，再将冷季草场划分为3个小区，其中1个为割草区，割草区选择在靠近冬房，种、收、贮草便利的区域，要求土层较厚、土壤肥沃、地势平坦，面积为0.5~1亩/羊单位；将暖季草场划分为4个区，其中1个为休牧区，每个小区用围栏分割开。

（四）计算草地全年供草量

通过草地监测数据以及遥感数据确定草地最高月产草量，在8月中旬，结合草地面积估算草地的全年供草量，用公式（1）计算，用干草产量表示。

$$TG=HG_1 \times A_1 \times 70\% + HG_2 \times A_2 \times 50\% \qquad （1）$$

式中：

TG—全年供草量（kg）；

HG_1—8月暖季草场单位面积产草量（kg/亩）；

HG_2—8月冷季草场单位面积产草量（kg/亩）；

A_1—暖季草场面积（亩）；

A_2—冷季草场面积（亩）。

（五）计算家畜全年需草量

根据牧户或联户饲养的家畜种类、数量和畜群结构，将家畜换算成标准羊单位。根据标准羊单位的采食量，日消耗1.8kg标准干草，计算所饲养家畜全年需草量，计算方法见公式（2）。

$$NG=（AY \times C_y + AS \times C_s + AH \times C_h）\times 1.8 \times 365 \qquad （2）$$

式中：

NG—家畜全年需草量（kg）；

AY—牦牛的数量（头）；

C_y—牦牛折算成羊单位的系数；

AS—羊的数量（只）；

C_s—羊折算成羊单位的系数

AH—马的数量（匹）；

C_h—马折算成羊单位的系数。

（六）制定草畜平衡计划

根据草地全年供草量和家畜全年需草量之差，确定年度草畜平衡计划，草盈余可增畜，草亏缺需减畜或购草。

以上天然草地的划分及放牧利用模式也不是一成不变的，随着社会的发展也发生着变化。比如，近年来随着人工割草地的建立和草地区划的实施，以及公路交通条件的改善，草场的划分也发生着变化。特别是草地比较开阔，地势比较平缓，相对高差不大的地区，随着牧民定居工程及草场确权等政策的落实，以及畜牧业的大力发展，牧场的划分及利用变动较大。如将交通方便，地势较低，为了出售牛奶而划为暖季牧场的，因规划为人工割草地而改为冷季牧场。原来离公路干线远，交通不便，或被河流阻断，夏季不便利用而划分为冷季牧场的，因交通的改善而改成暖季牧场。

三、牦牛补饲

（一）草料等的储备

因地制宜地安排一些饲草料生产地，或从农区收购补饲的草料，是解决牦牛补饲草料的主要措施之一，尤其是解决牦牛安全越冬的有效措施。

（二）补饲

1. 暖棚或圈舍准备

在有条件的情况下，可考虑建设暖棚或挡风的圈舍，对原有的圈舍也要注意平时的维修，在冷季牛只进圈之前，要搞好圈舍的清扫、消毒、防疫卫生等。

2. 合理增加淘汰数量

暖季末或进入冷季初，是牦牛活重达全年的高峰期，除迅速出售供肉用的牦牛外，应对牦牛群进行细致的检查，在确保基本繁殖母牛出栏数的前提下，依年景及草料的储备情况，对老龄、伤残、失去繁殖能力、有严重缺陷、无饲养价值、有可能无法越冬的牛只，准确及时地淘汰（出栏或屠宰）。冷季牧场牧草质量差，难以安排全部牛只安全越冬的情况下，更要增加淘汰的数量，无法越冬的牛只应及时出栏。否则，如果冷季由于牛只无法越冬死亡，其所消耗的草料、投入的劳动力和经营管理等方面的费用全部等于白费。

3. 冷季补饲

由于气候的寒冷及草料的匮乏，冷季补饲通常只针对弱牛小牛，一般不开展全群的补饲。当发生雪灾后要进行全群的补饲。通常利用青干草进行补饲，也有利用少量的糌粑等补饲的。随着饲料产业的发展，现在利用牦牛或肉牛精补料来补饲的也逐渐增多。但这种补饲的目的主要是为了牦牛的"保命"，解决的是牛只的温饱问题，在储备的补饲草料较丰富的情况下，补饲越早牛只减重或掉膘越迟。

图 7-2 冷季牦牛简易补饲

在冷季要重点加强下列几种牦牛的及早补饲及护理：

产奶量高的母牦牛：这种牛由于较高的生产性能，进入冷季后最先减重。因其泌乳旺盛，进入冷季时尚未进入干奶期，体内储备较少。

当年产犊又怀孕的母牛：这种牛在大群中数量极少，但由于其产犊、哺乳兼挤奶并妊娠，再加上进入冷季后胎儿较大并迅速生长，需要大量的营养物质。这种牛在冷季放牧采食不足，如不加强补饲很容易出现乏弱。

初次越冬的犊牛：犊牛进入冷季正处于迅速生长发育期，被毛为初生毛，油脂腺少，易被雨雪淋透，保暖程度低，耐寒能力不及成年牛。加之活泼好动，放牧采食差而不安静，也很容易出现乏弱。

以上几种牦牛和计划育肥出栏的牛进行补饲，其目的是减少牦牛的掉膘，缩短饲养周期，提高出栏率和养殖效益，为下一步育肥打基础。相对保命型的补饲，养殖户越冬前尽可能多地储备草料，尽可能多地补饲。随着人工种草技术的发展及人们对打贮草基地的重视，妊娠母牛的补饲也越来越多地受到人们的重视，但是在现阶段仍然以混群放牧为主的生产方式，单独为母牛补饲操作比较困难，除非是分群饲养管理的大型国有牧场或单独饲养母牛的合作社等。

4. 矿物质补饲

（1）食盐补饲

为了增进改良牦牛采食上膘，可以适当进行食盐补饲。一般情况下是把食盐撒在帐篷附近任牦牛舔食。补饲食盐可以促进食欲，使牦牛上膘增重速度加快，食盐补饲一般在暖季进行。补饲食盐对放牧的牦牛有如下的作用。

①促进食欲，有利于抓膘复壮。高原牧场进入暖季后，牧草开始返青，此时牛群正渡过漫长的枯草冷季，机体普遍瘦弱，迫切需要丰富的营养物质供应，补充修复机体。但由于长期处于饥饿半饥饿状态，食欲消化机能都受到严重影响。

②可减少肝片吸虫等寄生虫的危害。经补饲食盐的牦牛，较少发生异食癖的现象，因而很少去饮沼泽和沟塘里的污水，较少舔舐墙角等地方，这就避免或减少了与寄生虫中间宿主接触的机会，减少和避免了肝片吸虫等寄生虫的危害。

③有利于母牛的提早发情、多产。放牧早期补饲食盐的母牛，由于食欲增强、采食青草量多，促进雌激素活动，体况恢复快、发情早。

（2）其他补饲

另外，部分养殖企业在全年采用矿物质舔砖让牦牛自由舔舐，以补充矿物质等。舔砖是将反刍动物所需的营养物质经科学配方和加工工艺加工成块状，供其舔食的一种饲料，其形状不一，有的呈圆柱形，有的呈长方形、方形不等。也称块状复合添加剂，通常简称"舔块"或"舔砖"（图7-3）。补饲舔砖能明显改善其健康状况，加快生长速度，提高经济效益。现在也有人研究牦牛的微生态制剂等方面的补饲。

图7-3　矿物质舔砖

第二节　饲草料生产及加工调制

一、饲草收获技术研究进展

牦牛主要分布于高寒地区，但在长达全年2/3时间的冬春寒冷季节，优质饲草缺乏常导致畜牧业生产受到极大影响。传统的草地利用方式，致使家畜全年处于"夏饱、秋肥、冬瘦、春死"的恶性循环中，畜牧业发展严重受阻。在生态优先的前提下，确保优质饲草供应，对高寒地区牦牛健康养殖具有重要的意义。20世纪90年代以来，人工草地建设逐渐成为保障优质饲草供应的重要举措。"川草2号"老芒麦（Elymus sibiricus L.）（图7-4）、"川草3号"虉草（*Phalaris arundinacea* L.）（图7-5）和饲草用燕麦（*Avena sativa* L.）（图7-6）等优良品种的大面积推广，鸭茅（*Dactylis glomerate*

L.）和苜蓿（*Medicago sativa* L.）等优良饲草的引进，增加了饲草的供应量，在一定程度上缓解了草畜矛盾。然而，极端气候条件下，短暂的牧草种植季节，使得饲草收获技术简单粗放，无法有效保障优质饲草的供给。针对部分牦牛饲喂的低海拔区域草料，诸如饲用玉米和其他高大禾草，相应的应用基础研究较少。

图 7-4　"川草 2 号"老芒麦

图 7-5　"川草 3 号"鹅草

图 7-6　燕麦

（一）一年生饲草收获技术

牦牛适应区域主要以低矮的一年生饲草，如黑麦草、紫云英、光叶紫花苕、燕麦等为主，禾本科低矮牧草最佳的收获期为抽穗期到初花期，豆科低矮饲草的最佳收获期为现蕾期到初花期，留茬高度 3~8 cm。现以一年生黑麦草和箭筈豌豆为例进行说明。

一年生黑麦草每茬的适宜收获期是孕穗期到初花期。一般可以在孕穗期开始收割（80%的植株进入孕穗期），到初花期收割完毕。在青藏高原积温较高的区域其优势体现在生长繁茂，草质柔软多汁，适口性好。孕穗期到初花期总可消化物质较多，粗蛋白和粗脂肪含量高，粗纤维含量相对较低，能够保证草产品质量和产量。但是，一年生黑麦草晾晒过程中不易控制水分，因而，应适当推迟至初花期刈割，有利于提高单位面积产量和可消化干物质产量。

箭筈豌豆最佳的收获时期为初花期到盛花期，可刈割 2~3 次，每次留茬高度为5~15 cm。其优势体现在初花期箭筈豌豆干物质中粗蛋白含量在 20% 以上，氨基酸、矿物质、维生素比较丰富，消化能 107~124 kJ/kg。然而，收获时遇雨容易腐烂。因此，箭筈豌豆需要进行快速晾晒，控制水分（叶片卷曲为宜）。

（二）多年生饲草收获技术

豆科多年生饲草最适收获期应该在花蕾期开始至盛花期结束，留茬高度一般为3~5 cm；禾本科多年生饲草应该在孕穗期开始至初花期结束，留茬高度为 5~10 cm。机械或者人工收获，收获时间在晴天、无露水时进行。以鸭草、紫花苜蓿为例进行描述。

鸭草株高 60~80 cm 时即可开始刈割。一般每年可割 2 次。气温较高区域，水肥充足，每隔 25~30 d 即可刈割一次。留茬高 6~10 cm。孕穗期草质柔软多汁，一般多用青饲，亦可青贮或晒制干草。其产草量高，干物质中粗蛋白含量可达 16.02%。然而，物候期较晚（收种后）鸭草草质粗糙，纤维含量高，晾晒时间长，叶片易脱落。推迟收获期，饲草中的粗蛋白降低，酸性洗涤纤维含量增加。收割次数增加，应增加刈割留茬高度。适当施用氮肥，有利于再生草的生长。

在青藏高原东南缘，紫花苜蓿每年可收获 2~3 茬，个别地区（高山高原区域）收获 1 茬。每茬次适宜的收获期是现蕾期至初花期，个别地区可以推迟到盛花期。一般可以掌握在现蕾期进行收获（80% 植株出现花蕾），到盛花期（50% 植株达到盛花）结束收割，留茬高度为 8~10 cm，要防止泥土混入。这个时期产量较高，可消化成分、蛋白质、微量元素较多。然而，春季和初夏收割雨水较多，大面积适时收获难度大。

（三）饲用玉米收获技术

饲用玉米最佳收割期应该在拔节后期开始，经历抽穗到乳熟期结束，留茬高度控制在 10~15 cm 之间。作为青饲的饲用玉米，在拔节期开始收获；作为青贮饲料的饲用玉米，应在抽穗期至乳熟期收获；收获籽实的饲用玉米，应在蜡熟期至完熟期即收获，

留茬高度相应提高至 15~20 cm；晚熟品种，应该在第一次降霜之前 20 d 收获。分蘖性较强的青贮玉米可以收获 2~3 次。叶多、细秆型青贮玉米在黄叶数为总叶数 1/7 或者初次出现黄叶或者抽穗后 30 d 开始收割，超过 1/3 乳线期到 1/2 乳线期结束收获，这个时期收获的饲用玉米，产量和质量相对较高，营养含量丰富，收割时粗蛋白高达 9.00%，消化率和适口性较高。应注意，收割时间不宜过早（抽穗前），也不要过晚（乳熟期后）。收割留茬高度通常在 15 cm 以上为好，不要连根刨起。

（四）适宜牦牛采食的饲草收获技术参数

禾本科饲草在孕穗期开始收获，经历初花期到乳熟期结束收获。豆科饲草在花蕾期开始收获，至盛花期结束收获。部分饲草可以提前或者推迟收获，根据当地气候条件决定。晚熟品种需要在降霜前一个月收获。各饲草收获的具体参数见表7-1。

表7-1　饲草收获技术参数

种类	收割时期	收割次数	留茬高度（cm）	备注
苜蓿	初花期	4~7	4~5	最后一次收割 7~8 cm；第一年只收割 1~2 次
白三叶	初花期	3~5	3~8	第一年收割 1 次
红三叶	初花期至盛花期	2~5	3~5	第一年收割 2~3 次
紫云英	现蕾期至盛花期	1	5~10	
毛苕子	分枝期至结荚期	1~2	10	与麦类混播，在麦类抽穗期刈割
箭筈豌豆	盛花期至结荚期	1~2	5~15	利用再生草可以增加留茬高度；盛花期 5~6 cm；结荚期 13 cm
红豆草	盛花期	2~3	5~6	
多年生黑麦草	盛花期	2~4	5~10	
多花黑麦草	孕穗期至初花期	3~5	8~10	
羊草	拔节期至抽穗期	2	3~5	
老芒麦	抽穗期至初花期	1~2	4~8	
披肩草	抽穗期	1	8~10	
鹅观草	抽穗期至初花期	3~4	10~15	
苇状羊茅	抽穗期	1~2	5~10	
猫尾草	初花期至乳熟期	2	5~10	
狗尾草	初花期	1	3~5	
饲用玉米	蜡熟期至完熟期	1	5~10	晚熟玉米在蜡熟中、晚期收获

种类	收割时期	收割次数	留茬高度（cm）	备注
青贮玉米	乳熟期至蜡熟期	1	5~10	
黑麦	抽穗期	2~3	5~8	
燕麦	拔节期至完熟期	1~2	5~6	青割，拔节期至花期；青贮，抽穗期至完熟期

二、青贮调制技术

（一）青贮调制技术研究进展

青贮是有效保存饲草营养成分的储草方式。20世纪70年代以来，高寒地区进行过一些青贮饲料调制技术的研究，以期能够常年为家畜生产提供优质粗饲料。通过添加剂处理和含水量控制可以有效提高青贮饲料品质，相关技术方法已经趋于成熟并在平原地区反复试验和论证。但高寒地区调制青贮饲料存在诸多困难，青贮饲料至今难以推广。其中最主要的原因是，7月以后，气温迅速降低（≤15℃），抑制了乳酸菌活性，乳酸发酵不充分，酸性环境形成较慢，最终因耐低温有害微生物大量增殖导致青贮饲料变质霉烂。尽管在低海拔地区或平原地区青贮调制技术研究早已进入生理生化特性及机理层面，但适宜高寒地区牦牛健康养殖的青贮调制相关基础性研究仍不完善，相关报道不多，也未形成有效的青贮技术体系。

（二）饲用玉米青贮调制技术

带苞整株（粮饲兼用型）青贮的，在乳熟末期收获；秸秆青贮的，籽实成熟收获后，及时收取茎叶黄绿色部分为原料。上述原料除净泥上，用专用青贮饲料粉碎机进行粉碎或人工铡碎至0.5~1.5 cm小段。将尿素和食盐与青贮原料混匀。玉米秸秆添加尿素0.5%，食盐0.3%；带苞整株玉米秸秆分别添加尿素和食盐0.5%~0.7%和0.3%。装贮与原料加工同时进行，青贮玉米秸秆在贮藏60 d后发酵成熟，即可使用。全株玉米青贮增加了青贮饲料中的养分含量，可在玉米产量和营养价值最高的阶段一次性刈割贮制，并及时播种下茬，增加了单位面积的饲料产量，保证了青饲料全年的均衡供给，消化率和适口性都得以较大幅度的提高。应注意，原料水分以65%~75%为宜，若植株过干，应将添加的外源性营养物兑水，分层泼施。装填原料时要踩紧踏实，严格密封；原料收割、加工、装贮封顶时间控制在当天完成最好；用青贮窖青贮时，要防止原料下沉后形成裂缝出现漏水透气。坑贮和地面堆贮时要注意排水；取用后及时密封，防止二次发酵、霉烂，减少损失。

（三）黑麦草青贮调制技术

将收割后的黑麦草中的泥土、石块等杂物清除干净，用切草机切成3~5 cm小段。切后晾晒1~2 d，使含水量降至60%~65%（图7-7）。若原料水分太高不易调萎时，通常添加一些农作物秸秆、饲料作物、玉米粉等，以降低青贮原料的水分。在青贮原料

填入青贮设施时加入 4% 左右的甲酸或 105 cfu/g 鲜样的乳酸菌制剂。在装贮过程中，边装边压，装填密度约为 500 kg/m³。装完后立即严格密封。黑麦草在贮藏 30 d 后发酵成熟，即可取用。黑麦草水分含量高，原料的干物质含量少，酸度大，容易产生大量渗出液，降低营养成分的含量。青贮时要注意含水量的调节，密封一定要严格。用青贮窖青贮时，要防止原料下沉后形成裂缝出现漏水透气；坑贮和地面堆贮时要注意排水；袋贮时注意防鼠及其他破坏塑料袋的因素。封口后可堆垛存放，堆垛存放高度最多 5 层，防止阳光直射青贮袋。取用时，应每日视家畜采食量随用随取，逐层取用，若表层有霉烂，应清除霉烂部分。取用后及时密封，要及时连续取用，防止二次发酵。

（四）紫花苜蓿青贮调制技术

收割后的紫花苜蓿，需要在自然条件下晾晒至含水量 50%~65%（将植株竖立，叶片和枝尖垂下即可，一般需要 4~6 h）。将饲草切至 2~3 cm 小段（或者机械压扁揉碎），装入青贮窖（或者袋装，灌装）或者裹包，压实（踩窖，从窖周围向中心逐层踩实，压紧），薄膜或者泥土密封，贮存 60 d 以后开窖取用。在紫花苜蓿调制过程中，经常使用甲酸（5 L/t）、乳酸菌（2.5 g/t）、糖蜜（30 kg/t）或者绿汁发酵液（将苜蓿榨汁之后放在 28~37℃ 发酵 2 d 左右）作为添加剂促进发酵。紫花苜蓿可以与黑麦草、玉米等禾本科作物进行混合青贮。苜蓿青贮的好处类似青饲苜蓿，相对调制干草，青贮叶片损失小，受气候影响也小，养分保存得好。夏季制作青贮，一般只需要在田间晾晒 2~6 h，春秋季节也只需晾晒 15~20 h。苜蓿青贮料消化率和适口性好，适合调制全混合日粮。紫花苜蓿青贮含水量高，只能在离用户近的地方生产。袋装青贮需要很大的空间贮藏，青贮袋不能堆叠，容易破裂；且用过的青贮袋不易降解，容易造成污染。应注意，快速压封窖，减少空气渗入窖中。制作青贮堆时，要用塑料膜密封，再用旧轮胎等重物压紧。定期检查青贮是否密封，能有效减少青贮损失。如果暴露在空气中，表层 1.2 m 的青贮可能腐烂一半，整个青贮可能损失 1/3。使用添加剂辅助发酵可防止腐败。大多数青贮添加剂的成分是乳酸菌、酶制剂、丙酸和乙酸。

三、青干草调制技术

传统意义上，农牧民喜欢在夏秋季将饲草调制成青干草。优质青干草含有较多的粗蛋白、维生素和矿物质，草质柔软，叶量丰富，气味芳香，适口性好，是草食家畜冬春季节必不可少的饲草料。我国早在 1955 年就有关于青干草调制研究的报道。青干草调制过程中营养损失主要有机械损失、淋溶损失、微生物呼吸作用和植物光化作用引起的损失。青干草调制时，自然干燥法是使用最为广泛、成本最低的方法，但受空气湿度、温度、日照强度等不可控因素影响较多，营养损失较多。通过添加防腐剂福尔马林、化学干燥剂 K_2CO_3、真菌抑制剂氨和丙酸等可以减少青干草调制过程中的营养损失。然

而，高寒地区饲草收获恰逢雨季，干草调制难度大，营养物质流失严重；储藏过程中常有霉变、腐烂发生，容易引起家畜中毒，给畜牧业生产带来严重危害。陈立坤等通过控制含水量、打捆密度及添加防腐剂等措施，优化川西北高寒牧区青干草加工调制技术，试验发现：老芒麦青干草捆含水量21%~25%时品质较好；含水量21%~25%、打捆密度300 kg/m^3、尿素含量2 g/kg时，老芒麦中粗蛋白、可溶性糖含量较高，中、酸性洗涤纤维含量较稳定，有利于提高青干草利用率、消化率和适口性。近年来，部分农牧民通过购买其他地区的优质青干草，增加冬春季节家畜饲草储备，但其成本较高，无法从根本上解决冬春牦牛饲草短缺的问题。

图7-7　饲草晾晒

图7-8　青干草捆

四、贮草设施与调制方式

（一）青贮窖

青贮窖是应用最普遍的青贮设施，按位置可分为地下式、半地下式和地上式；按

形状可分为圆形窖和长方形窖。在地势低平、地下水位较高的地方，建造地下式窖易积水，可建造半地下式或地上式青贮窖。圆形窖占地面积小，圆筒形的容积比同等尺寸的长方形窖要大，装填原料多，但圆形窖井窖喂用时，需将窖顶泥土全部揭开，窖口大不易管理；取料时需逐层取用，若用量少，冬季表层易结冻，夏季易霉变。长方形窖适于小规模饲养户采用，开窖从一端启用，先挖开 1~1.5 m 长，从上向下，逐层取用，一段饲料喂完后，再开一段，便于管理。但长方形窖占地面积较大。不论圆形窖或长方形窖，都应用砖、石、水泥建造，窖壁用水泥挂面，壁光滑，以减少青贮饲料水分被窖壁吸收和利于压紧。窖底只用砖铺地面，不抹水泥，以便使多余水分渗漏。圆形窖的直径 2~4 m，深 3~5 m，窖壁要光滑。长方形窖宽 1.5~3 m，深 2.5~4 m，长度根据需要而定，超过 5 m 以上时，每隔 4 m 砌一横墙，以加固窖壁，防止砖、石倒塌。

（二）青贮壕

青贮壕是指大型壕沟式青贮设施，适用于大规模饲养场使用。青贮壕可建成地下式、半地下式或地上式。此类建筑最好选择在地方宽敞、地势高燥或有斜坡的地方，开口在低处，以便夏季排出雨水。青贮壕是一个长条形的壕沟状建筑，一般宽 4~6 m，便于链轨拖拉机压实；深 5~7 m，地上至少 2~3 m，长 20~40 m。沟的两端呈斜坡，沟底及两侧墙面一般用混凝土砌抹，底部和壁面必须光滑，以防渗漏；地势低的一端敞开，以便车辆运取饲料。装填结束后，物料表面用塑料布封顶，再用泥土、草料、沙包等重物压紧，以防空气进入。

青贮壕的优点是造价低并易于建造，而且有利于大规模机械化作业，通常拖拉机牵引着拖车从壕的一端驶入，边前进边卸料，再从另一端驶出，既卸了料又能压实青贮原料。缺点是密封面积大，贮存损失率较高，在恶劣的天气取用不方便。

（三）堆贮

堆贮应选择地势较高而平坦的地块，先铺一层破旧的塑料薄膜，再将一块完整的稍大于堆底面积的塑料薄膜铺好，然后将青贮原料堆放其上，逐层压紧，垛顶和四周用一块完整的塑料薄膜盖严，四周与垛顶的塑料薄膜重叠封闭好，然后用真空泵抽出空气呈厌氧状态。塑料薄膜外面可用草帘等物覆盖保护，在贮放期应注意防鼠害，防止塑料薄膜破裂，以免引起二次发酵。国外利用堆贮法不仅能调制一般青贮饲料，而且可以通过抽气的方式调制出对密封条件要求严格的低水分青贮饲料。

（四）裹包青贮

将粉碎好的青贮原料用打捆机进行高密度压实打捆，然后通过裹包机用拉伸膜包裹起来，从而创造一个厌氧的发酵环境，最终完成乳酸发酵过程。小型牧草拉伸膜青贮配套机械有二种，分别为圆捆机，进口机 mp550 型，打成的圆捆高 52 cm，直径 55 cm，每捆质量 40~50 kg（含水量 55% 左右），生产效率为 10~12 捆 / h；圆捆裹包机，国产

ssw-cl，生产率为 60~70 捆 /h；专用青贮裹包膜，规格 250 mm×1 500 m×25 mm（进口），重量为每卷 9.42 kg，每捆耗膜量为 120 g，生产 1t 青贮料的膜成本为 75 元左右。可供大规模生产裹包青贮的配套机械和材料有两种，分别为圆捆机，机型 columbal rlo/serie200（进口），拉伸膜每卷 27.87 kg，每捆耗膜量为 750 g，生产 1t 青贮料的膜成本为 37.5 元左右；专用青贮裹包网，规格 1524 m×1.3 m，每捆耗网量为 10 m，每卷可捆包 145 个，生产 1t 青贮料的成本为 22 元。

裹包青贮除具有常规青贮的优点外，同时还有以下几个优点：制作不受时间、地点的限制；裹包青贮过程的封闭性更好，通过汁液损失的营养物质也较少，而且不存在二次发酵的现象。此外，裹包青贮的运输和使用都比较方便，有利于商品化。裹包青贮虽然有很多优点，但同时也存在着一些不足。一是这种包装容易破损，一旦拉伸膜被损坏，酵母菌和霉菌就会大量繁殖，导致青贮料变质、发霉。二是容易造成不同草捆之间水分含量参差不齐，出现发酵品质差异，从而给饲料营养设计带来困难，难以精确地掌握恰当的供给量。

（五）袋装青贮

近年来，随着塑料工业的发展，国外一些饲养场采用质量较好的塑料薄膜制成袋装填青贮饲料，袋口扎紧，堆放在畜舍内，使用很方便。塑料薄膜厚度为100~120 μm，小型袋宽一般为 50 cm，长 80~120 cm，每袋装 40~50 kg。市场农资门市有售直径 1~2 m 的直通式塑料制品，按需要长短剪取，用绳扎紧或塑料热合机封口即成。大型袋式青贮技术，是将饲草切碎后，采用袋式灌装机械将饲草高密度地装入由塑料拉伸膜制成的专用青贮袋，在厌氧条件下，完成青贮。可青贮含水率高达60%~65% 的饲草，一只 33 m 长的青贮袋可灌装近 100 t 的饲草。灌装机灌装速度可高达 60~90 t/h。

袋装青贮用时少，成本低，随时随地可以青贮，对时间要求不严格，又不与农业争劳力；该青贮技术操作方便，无损失，利用率高，适宜户贮，便于推广。但青贮袋容易破损，所以袋装青贮料应存放于适当的地方，预防羊啃鼠吃，在气温下降到 0℃ 用杂草等盖好保温，以防冻裂。

（六）贮草棚

选择地势较高（高于周边 10~20 cm）、周边排水较好的地方进行建造，新建贮草棚面积根据存储 150~180 kg / m³ 干草来决定，一般设置面积为 100~300 m³ 不等，长宽比为 3：1，高度为 5~6 m。考虑当地气候及坚固耐用性，草棚顶部采用厚度为 0.5 cm 彩钢瓦，四周支柱可以采用砖砌、木柱或钢柱等，一般就地取材。南方地区贮草棚需要建挡雨墙。贮草棚使用年限久，稳固性好，但建造成本高。

中国牦牛
ZHONGGUO
MAONIU

第三节　牦牛的饲养与管理

一、牛群结构优化

畜群结构亦称"畜组结构"或"畜群构成"。指在某种畜群总头数中，按性别、年龄和在生产过程中的作用划分的畜组在畜群中所占的比重。一个畜群通常包括基本母畜、种公畜、仔幼畜、后备畜、育肥畜等畜组。其中，基本母畜组是整个畜群的基础，其比重的大小决定畜群再生产的能力。畜群结构状况直接影响畜群的更新和周转速度。牛群结构与周转相互制约，相辅相成，直接关系到牛的出栏率和商品率等。牛群结构和周转是牧区的一个重要问题，它关系着牦牛的生产效率、经济效益及生态效益等方面。较其他以肉品生产的牛种，牦牛出栏率最低，一般 15%~20% 之间，出栏率低的原因主要有两个方面：一方面是由于牛群中老牛多，成、幼年牛死亡率高，生产母牛少所致；另一方面则是由于繁殖成活率低导致总增率低所造成的，即造成因果交替的恶性循环。这种恶性循环使得经济效益低下，草场生态压力加大。为了改变这种现状，可采取以下措施进行畜群结构调整。

（一）提高能繁母牛比例加速牛群周转

目前牧区牛群结构不合理，总的生产母牛占 30% 左右，最多的也不超过 40%。母牛的比例小，且非生产牛所占的比例大，其中 1~3 岁的幼年牛、役用牛最为突出，这一现状严重阻碍出栏率、商品率的提高。应结合提高繁殖成活率屠宰犊幼牛、异地育肥等多种手段来改变牛群结构，加速牛群周转。

（二）提高繁殖成活率加速牛群周转

目前产区牦牛一般是两年一产，繁殖成活率较低，为 40%~45%，低的 30%~40%；繁殖杂种牛为 30% 左右，高的 45%，低的 20% 左右。如果采取淘汰常年不孕、产后奶少的母牛，加强传染病防治和放牧管理等手段，能使繁殖成活率提高到 60%~70%。通过早期断奶、强度补饲等新技术的应用可达到或超过 80%。

（三）适时出栏加快牛群周转

四川省草原科学研究院研究提出的 3.5 岁牦牛适时出栏技术出栏公牛体重可达 270 kg，能有效缩短牦牛的饲养年限 2 年左右，且牦牛肉质较细嫩，头均可增收 1 000 元以上，经济效益较显著。

青海省大通种牛场通过出栏当年犊牛生产犊牛肉的方法来调整畜群结构及提高经济效益。出栏的全哺乳 5~7 月龄的犊牛体重可达 77.61 kg。在实行全哺乳犊牛当年屠宰过程中，母牛选留率为 75%~80%，公犊牛留种率为 12%~16%，其余的当年屠宰出栏，采取这一技术后，有力地促进了畜群结构的调整，8 年的时间里，母畜比例提高了 17 个百

分点。这种以产犊牛肉为主的牦牛生产方式，加快了牦牛的周转，减轻了草场的压力，加速了产业的发展。

（四）"牧繁农养"加速牛群周转

通过在牧区进行牦牛及杂牛的繁殖，农区和半农半牧区育肥的办法，加速牛群周转，增加农牧民的收入。该技术的优势在于把牦牛的"繁育阶段"与"生长育肥阶段"进行分拆，把繁殖阶段放在牛源较多的牧区进行，把生长育肥阶段放在设施设备完善，草料及光热条件丰富的半农半牧区及农区进行。有效配置资源，提高生产效率及减少草场压力。

除以上的生产方式外，还有放牧育肥、架子牛短期集中育肥等技术的应用也加速了牛群的出栏及生产效率，提高了经济效益，减少了草场的压力。

二、产奶母牦牛放牧管理

（一）产奶母牦牛的放牧

产奶母牦牛，有的群众称牦乳牛，负担生产牛奶、哺育犊牛和繁殖后代的任务，对其放牧工作的好坏，严重影响着产奶性能、犊牛生长发育及其繁殖性能。

对于带犊母牛，为了减少母牦牛的负担，在犊牛1岁时要进行人工隔离断乳，牧区多采用给犊牛带上藤条做的鼻圈来阻止犊牛吸食母牛的奶水。这样更加有利于减少犊牛对母牛的干扰和犊牛对母牛营养的摄取，使母牛迅速恢复膘情，为接下来的配种、妊娠、越冬等打下良好的基础。

图 7-9　带犊母牛

173

对于妊娠的母牛而言，每年 4~5 月份为母牦牛产犊旺季，在分娩前 3 个月如条件许可，应加强补饲，使胎犊能迅速生长发育并给产后产乳打好基础。在产犊旺季，应加强值班和观察，随时注意和准备接产，并防止临产母牦牛夜间离群产犊或产犊后带犊离群游走。这点对分娩杂种牛、初产牛、体弱牛尤为重要。母牦牛产后胎衣如超过 24 h 不下时，应请兽医人员及时处理。

夏秋季母牦牛挤乳，对哺育犊牛及发情配种干扰比较大。原因是挤奶次数多而占用时间多，造成日采食时间减少，必须延长放牧时间或进行夜牧，否则不能获得必需的营养物质，甚至进入冬季仍很瘦弱。产乳带犊母牦牛是否能当年发情配种，与夏秋放牧工作的好坏有密切关系。产乳带犊母牦牛在一般放牧条件下，9 月份以后才能恢复体况而开始发情，甚至绝大部分当年不发情，这并非牦牛的遗传规律，主要是由于目前饲养管理水平低所致。所以应通过加强放牧管理，适当控制挤乳次数与挤奶量，提前断奶等措施，使产乳母牦牛提早发情多发情，来年早产犊和提高其繁殖力。

对产乳母牦牛要实行跟群放牧，放牧人员应注意观察牛的采食和产乳的变化情况，及时改进放牧方法，合理更换草场轮牧，在放牧中尽量使产乳母牦牛达到三好，即采食好、饮水好、休息好，以提高产乳量。为此，应控制好牛群，避免奔跑、惊群和过多的游走或驱赶而影响采食和大量消耗体力，这方面在冬春冷季草场尤应注意。

（二）挤奶

挤奶是牦牛管理中劳动量很大的一项工作，传统的牦牛挤奶是先让犊牛吸吮，刺激泌乳神经引起放乳，然后手挤，在一次挤乳过程中吸吮和手挤要重复两次。一般挤乳工作由两人担任，一人挤奶，一人拉放犊牛吸吮及控制牛群。有的地方采用颈夹、不缚肢，在头前放一盛有少量盐、炒面等混合物的器具，让其采食诱其泌乳。此法较好，既补饲了盐又可促进泌乳，又节省劳力，一举两得。

牦牛乳房小而乳头短细。经产母牛的前后左右乳头 2.25~3.28 cm，乳头中间围度 4~5.9 cm、乳房中部围度 88.75~93.00 cm，乳静脉宽 0.63~0.65 cm，乳井直径 1 cm 左右。挤奶一般用拇、食、中三指滑榨法。

产奶母牦牛对生人、异物、异味、惊动等比普通牛种产乳牛更敏感。因此，已习惯的挤奶动作、口令及管理制度不要轻易改变，否则影响挤奶量。牛群的挤奶人员也要相对固定，有利于提高挤奶量。

产奶母牦牛应逐步废除日挤奶两次及其以上，推行日挤奶一次或不挤奶。除因劳动力不足而不挤奶的牛群外，一般对进行本种选育提高的核心群、生产犊牛群或个体及种间杂交牛群可推行不挤奶，均留给犊牛吮食。在夏秋暖季牧草丰盛时，如人食奶不够可以挤奶两次，但须给犊牛留足够的乳量，以不影响犊牛的生长发育为原则；也可考虑补饲犊牛奶粉等，解决母牛挤奶犊牛奶水缺乏的问题，但也要进行科学饲喂，防止犊牛哺乳过多致消化不良如拉稀等疾病。

挤奶的速度要快，每头牛挤奶的持续时间要短。这样不但可以提高挤奶量，而且可以缩短牛群所占的挤奶时间而及早出牧，增加采食时间。平时每头牛争取在6 min内挤完。

牦牛挤奶费时费力，且挤奶员要熟练掌握挤奶技术。高速度进行单调的挤奶动作，需要肩膀、前臂肌肉和指关节紧张地活动。挤奶时挤压乳头所需的肌肉力量有15~20 kg，挤奶员每天早晨如挤产奶牦牛25头，每头需时间8 min，挤奶速度按80~140次/min计算，在2.03 h内手与指关节的紧张动作要达到1.2万~2.1万次。如果挤奶的动作正确熟练，双手用力量较均匀地分布在前臂、手指和手掌的肌肉上，配合正确的坐着或蹲着的挤奶姿势，就不觉得疲乏吃力，则劳动效率高。否则蹲着挤或肌肉过度紧张，用力不均匀，不仅平均速度慢，而且时间不长就感到双手无力。此外，高山草原夏秋季早晨仍较冷，挤奶时不要挽袖子，以免胳膊受寒，也不要跪在湿地上挤奶，以预防风湿性关节炎。刚参加挤奶而技术欠熟练的人员，开始不要挤奶牛太多，应逐渐增加。

挤奶员要讲究卫生，定期进行健康检查，凡患有传染病的人员，在未治愈前不宜参加挤奶工作。挤奶时要洗净双手，注意手和挤奶用具等不要被牛只粪便污染，以保证奶的卫生。

挤奶员要注意保护双手，如手有麻木或疼痛感觉，应及早治疗。一般每天用温水（40℃）浸泡手臂1~3次，每次10~15 min，浸后搽少许润肤油脂，然后用双手轮换按摩（包括揉捏）手指、手指关节、手臂肌肉。按摩要有力量，并重复5~6次，以促进血液循环，增强肌肉新陈代谢与肌肉力量。坚持温水浸泡与按摩，可使疼痛减轻，具有防治作用。

（三）影响母牦牛产奶性能的因素

影响母牦牛产奶性能的因素，除了放牧管理外，还有以下一些影响因素。

1. 产犊（或分娩）时间

母牦牛的产奶量以分娩月而转移，也就是以草质草量为转移。一般情况下，第二泌乳月或第三泌乳月产奶量最高（5月份产犊，第二泌乳月产奶量最高，4月份产犊则第三泌乳月产奶量最高），二者均处在7月份。2月份前及8月份后产犊的母牦牛，产奶量均低，前者待至挤奶期已处于第五泌乳月，虽气温适宜，牧草茂盛，但乳腺活动机能已减弱（已过产乳盛期）；后者分娩当处于泌乳盛期时，已进入天寒草枯的冬季，均影响产奶量的提高。根据这一生态因素与泌乳的关系，应采取放牧管理的有关技术措施，将牦牛的产犊时间最好调整在4~6月或3~6月份，使产后乳腺活动强烈，提高产奶量，增加收益。尽量避免太早或过迟产犊。

2. 天气及草场质量

夏秋季天气变化对牦牛产奶量具有一定影响。天气炎热时，如下阵雨，产奶量会显

著上升，但阴雨连绵又会相对下降，在久晴不雨时，产奶量也会下降。在放牧管理相同的情况下，草场质量（牧草种类、覆盖度、高度和鲜绿细嫩程度）与牦牛的产奶量有很大的关系。

3. 牛只膘情

在自然条件相同的情况下，即同一草场上，由于放牧管理水平的差异而使牛只的膘情不同，则牛只产奶性能也不同。选择生长好草的地方，采用早出晚归、跟群放牧等措施，则膘情好、产奶性能较高；草场质量差，母牛膘情差的，生产性能也低。

4. 挤奶技术

挤奶技术熟练、动作迅速，则挤奶速度快、挤奶持续时间短、挤奶量多，反之则少。其原因是：母牦牛挤奶时由于犊牛吸吮和乳房擦洗受刺激后，大脑垂体后叶释放催乳素，形成排出反射，乳房膨胀，内压增加，乳头环状括约肌松弛，这时应迅速挤奶。因催乳素的作用时间较短，一般为 4~6 min。因此，挤奶的持续时间最好与这一时间一致或提前，以提高产奶量。

三、公牦牛与牦牛犊放牧管理

（一）公牦牛放牧管理

公牦牛放牧管理的好坏，不仅直接影响当年配种和来年的生产任务，也影响后代的质量。俗话说："母牛管一窝，公牛管一坡"，足以证明公牛在牛群中所起的作用。但是优良公牛优异性状的遗传和有效利用率，只有在良好的放牧管理条件下才能充分显示出来。

目前产区各地公牦牛的放牧管理可分为两种形式：一是大部分产区公牦牛都是随母牛群放牧管理；二是横断高山峡谷型牦牛产区（云南省中甸、四川省九龙县），青海省果洛、玉树州部分地区在配种季节公牛来群，冬春季则离群远游，群众叫"菩萨牛"或"神牛"。两种均不拴系，故冬春季或配种季节不补饲，配种时任其自由本交、近交程度高等，是当前牦牛退化的原因之一。

1. 配种季节的放牧管理

牦牛配种季节一般在 6~10 月份，少数可延长到 11~12 月份。在配种季节，公牦牛容易乱跑，整日寻找和跟随发情母牛，消耗体力大，采食时间减少，因而无法获取足够的营养物质来补充消耗的能量，容易形成弱的体质，尤以幼龄公牛更为严重。因此，有条件的地方应在配种季节实行一日或几日补喂一次谷物、豆科粉料或碎料加曲拉（干酪）、食盐、脱脂乳等蛋白质丰富的混合饲料。开始补喂时可能不采食，应采取留栏补饲或将料撒在石板上、青草多的草地上诱其采食，待形成条件反射就习以为常了。有条件的地方可通过公牦牛小群控制等手段进行选配，在这种条件下，要加高围栏，以免公

牦牛跳圈串群，造成后代血统不清。

2.非配种季节放牧管理

配种旺季过后，因牛群中还有未配完的母牦牛，应将多余的公牦牛隔出，以免过度交配影响体质；对母牛也可免于过度受配影响采食和体质以及导致繁殖疾病。隔出后，与非生产役用后备牛、幼龄公牛混合组群，赶到远离生产母牛群的边远草场上放牧，以免习性不同而相互干扰影响采食和保膘。有条件的仍应少量补饲，以利体质尽快恢复。这种放牧管理技术措施在当前承包到户的情况下，由于牛只数少而难以推行，但随着农牧业生产体制改革的深化，走联户联组或专业承包时定可实现。

（二）牦牛犊放牧管理

牦牛犊出生后，垫5~10 min母牦牛舐干体表胎液后就能站立、吮食母乳开随母牛活动，说明牦牛犊生活力旺盛。

牦牛犊半月龄左右或1周龄左右即可采食牧草，3月龄可大量采食，随着年龄的增长，哺乳量越来越不能满足其需要，迫使犊牛不得不加紧采食。同成年牛比较，牦牛犊每日采食时间较短，卧息时间长，其余时间游走、站立，偶尔也要奔跑。在牦牛犊放牧中除分配好的牧场外，应保证所需的休息时间，还要注意适度挤奶，以满足牦牛犊迅速生长发育对营养物质的需要。最好在枯草季节不挤奶，青草期日挤一次，留1~2个乳区，青草旺期日挤一次不留奶，这样有利犊牛生长发育，也有利母牛发情受配提高繁殖力。

春季产的犊牛要注意防冻，不要让其卧息在冰冻潮湿的地方，无棚圈等配套设施的地方，在夜间给犊牛体躯裹以旧帐篷或毡片等，以防寒防感冒，不远牧，应在圈地附近牧场放牧，并注意防狼。

高原草原牧区，对牦牛犊哺乳至6月龄就进入了冬季，一般不分群断奶。因此，入冬后虽对母牦牛不再挤奶，但幼牦牛还一直随母哺乳，甚至拖到再一胎产后还争食母乳，这种情况在牧区屡见不鲜。在冬春放牧时，幼牦牛恋乳，母牦牛带犊，均不能很好地采食。这种情况下，母牦牛除乏弱自然干乳外。妊娠母牛就无获得干乳期的可能，这不仅影响到母、幼牦牛的安全越冬过春，而且使怀孕母牛胎犊的生长发育受到影响，如此恶性循环，很难获得健壮的幼牦牛及提高牦牛的生产性能。为此应该对哺乳满6个月的牦牛犊分群断奶，对初生迟哺乳不足6个月而母牦牛当年未孕者，可适当延长哺乳期，但一定要争取对怀孕母牛在冷季进行补饲。

牦牛犊均为自然哺乳。由于对带犊母牛进行挤乳，为使牦牛犊正常的生长发育，在生产实践中，必须根据犊牛的健康状况，牧草采食量等，对哺乳量和挤乳量要进行相应的调整，一定要杜绝日挤奶2~3次。

改善牦牛犊哺乳期的饲养，一方面增加哺乳量，另一方面也要考虑对犊牛的补饲及暖棚等配套保暖设施的提供，为犊牛的生长发育提供良好的条件。尤其要避免犊牛越冬

过春死亡事件的发生。

四、牦牛放牧育肥

放牧育肥是当下牦牛育肥最为主要和廉价的方式。牦牛产区草原上5（或6）~10（或11）月份，是牧草生长发育茂盛，叶、茎、花、籽营养丰富的时期，也是各种牲畜生长发育和提高生产力的关键季节。如果能充分利用牦牛在此时期内上膘快的特性，对应淘汰处理的牦牛组群肥育出栏，则是最经济的育肥方法。放牧育肥应从以下几点着手。

第一，放牧育肥时充分利用盐土草场或每月补喂4~5次食盐，每次30~50g。条件许可，可补饲矿物质舔砖等添加剂，进一步促进食欲多采食牧草，加速新陈代谢，促进牦牛增膘。

第二，采取走圈放牧，充分利用其他牲畜不能放牧到的高山、边远草场。

第三，每日饮水不少于两次，否则影响新陈代谢，不利肥育。

第四，一定要在高山凉爽草场上放牧，避免蚊虻侵袭和天热影响采食：

第五，育肥应选择好的草场，且增加放牧时间，争取做到早出晚归。

第六，进入夏季草场前的1~2月应进行一次肠胃驱虫。

乳犊肉生产，在产区应按饲草饲料情况分全乳犊肉、半乳犊肉两种生产方法。前者采取哺乳期全哺乳，并补喂脱脂乳或代乳品以及少量混合饲料；断奶后补喂优质干草、青绿多汁饲料及少量混合精料。后者，哺乳期采取半哺乳（日挤母奶一次）并补喂脱脂乳或代乳品；断奶后补喂优质干草或青绿多汁饲料以及氨化秸秆等。

图7-10　放牧育肥

五、配种和去势

配种和阉割是牦牛繁殖措施中两个重要的环节，它不仅直接影响牦牛的增值和牦牛群的管理、产品的生产，而且与牦牛的选种、选配、后代的品质等关系密切。因而当地的牧民都比较重视。特别是公牦牛的去势，有一套熟练而安全可靠的操作技术。

在牧区多采用群配本交，公母比例一般为1:15~20，由公牦牛互相竞争而达到选配的目的。在生产犏牛时也有人采用人工辅助配种：发现发情的母牛后绑其前肢并套于颈上，牵拉保定，不用保定架；另外还有一种是通过保定架来对发情母牛进行保定。然后驱赶1~2头普通牛种公牛进行配种，配种后将公牛驱散，并将新鲜的牛粪或喷漆涂抹或喷洒在受配母牦牛的臀部、背部，然后放开保定的母牛。在推行种间杂交改良新技术的另一种配种方式为人工授精技术。在保定装置内给发情母牦牛进行输精。保定架的形式多种多样，有固定式的，有移动式的；有木质的，也有钢架的；有手动的，也有自动的。

为了良种牦牛的推广应用，现在也有对公牦牛采精制作人工冻精，进行人工授精的。首先是对公牛进行调教，使其习惯于采精，是牦牛进行人工授精和制作冻精的基础工作。公牛的调教时期选择也是至关重要。应该选择高山草地，正值天寒地冻、水冷草缺，牦牛膘情最差，最需草料之时，用饲草等为诱饵，进行有步骤、有计划地调教，易获得成功。经选择不作为种用的公牦牛或达到出栏标准活重350kg以上公牦牛，一般应在3周岁去势。因为牦牛体成熟晚，如去势过早则影响生长发育而降低产肉量和役用能力；如过迟则会因控制不严，而容易形成乱交乱配现象，影响后代品质，加重草场载畜量，不利于牛群周转，减少收入等。

牦牛的去势时期应在春末夏初（5~6月份）或秋季进行。这时牧草返青，气候渐暖而蚊蝇还少，去势后不会冻坏伤口、不易感染生蛆，刀口愈合快；也有在秋季进行的，秋季蚊蝇少，气候不冷，抵抗力也强，伤口愈合快。去势后，伤口未愈合前不要剧烈运动、追赶；还要注意伤口的变化，如发现化脓、生蛆、流血不止等现象，要及时治疗。条件许可最好用橡皮圈做无刀口去势，或用注射溶液法去势（即用10%氯化钙溶液100 mL加甲醛原液1 mL，大牛每头睾丸内注射15~20 mL、中等牛8~10 mL、小牛6~8 mL）。

刀口去势方法是：术者蹲于牛只臀部背侧方向，左手或右手一次将双侧睾丸挤于阴囊底部固定。右手或左手横握式持刀，在阴囊顶端或单侧纵向或双侧横向一次性切透皮肤、肉膜（切口不宜过长，以能挤出睾丸为度），使总夹膜暴露（不切开总夹

179

膜），术者以右手或左手握住两侧或单侧包有睾丸、附睾的总夹膜，左手或右手拇指和其他四指在腹壁方向紧拧精索，将睾丸和总夹膜一起用力撕断，然后撒消炎粉、涂碘酊即可。这种去势法，只能用于犊牛，对青壮年牛、成老年牛，其精索应结扎，而且应空腹一夜进行。

牦牛去势后，性机能停止活动，体内异化作用降低，同化作用加强，也就是说体内脂肪、蛋白质易于沉积育肥，且肉质细嫩味鲜。

六、剪毛与抓绒

（一）剪毛

牦牛一般在6~7月份剪毛，因气候，牛只膘情、劳动力等因素的影响可稍提前或推迟。牦牛群剪毛的顺序是先剪阉牛、公牛和育成牛，后剪干乳母牛、产奶母牛、犊幼牛；患皮肤病牛如疥藓牛留在最后剪，以防传染其他牛只，临产母牛在产后1~2周后或恢复了健康再剪毛。

剪毛是季节性很强的工作，一定要赶在雨季到来前进行完毕。剪完后应按颜色、种类如粗毛、尾毛、裙毛、绒毛分别整理打捆销售，这样可提高收益。

当天剪毛的牛群，早上不出牧。剪毛时要轻抓轻放倒牛只，防止圈内过分拥挤、剧烈追捕而致伤残。牛只放倒捆定后，要迅速剪毛，每头牛剪毛时间最好不超过20 min。为此，一头牛可以两人同剪，同时兽医人员可利用剪毛时对牛只防疫注射和检查疾病，并对剪伤及发现疾病的牛只予以治疗。

尾毛两年剪一次或分2~3年剪完，这样以便甩打蚊蝇和保护母牛生殖道。驮牛为防止鞍伤不宜剪鬐甲、背部的绒毛；母牛乳房周围的毛留茬要高或剪少量，甚至不剪，以防止蚊虻叮咬和乳房冻裂伤。对一些乏弱牛可保留体躯上部、腹底部的毛，以防天气突变冻死。

（二）抓绒

推广先抓绒后剪毛的毛、绒生产方法。这样先抓绒，可刺激被毛中绒毛、两型毛早长出，再剪毛，就可减轻气候突变寒冷的侵袭，同时剪毛迟一点，也不会发生感冒、冻死，这对犊幼牛、乏弱牛最适宜。抓绒只不过多费些劳动量，但可多增加收入。

七、防止狼害

危害牦牛生产的兽害中以狼害最为严重。狼群多为一只母狼所产的后代组成。一般

每窝 5~6 只，每群 10~30 只。狼奔驰力、持久力强，一只成年狼可拖跑与其相同体重的犊牛。当它们发现离群的幼牛时，尾随或潜伏下来伺机残害。放牧员要掌握好当地的狼害规律，加强放牧管理，使狼无法侵入。

第四节　牦牛的高效养殖新技术

一、适时出栏技术

牦牛适时出栏技术是四川省草原科学研究院提出的牦牛出栏新技术。该技术是一个综合的牦牛饲养配套技术，其包括母牦牛妊娠后期管理、犊牛培育、3 个暖季饲养管理、2 个冷季饲养管理、疫病防治和生产档案建立等环节。

（一）母牦牛妊娠后期管理

1. 妊娠后期补饲

妊娠期最后 3 个月每天在其归牧后平均每头补饲精料 0.3 kg、青干草 3 kg。

2. 牧场选择

安排距圈舍较近、水源充足的优质草场进行放牧。

3. 产犊季节放牧

在产犊季节，跟群放牧，备好接产和护犊工作。

（二）犊牛培育

1. 吮吸初乳及疫苗注射

犊牛在出生后 0.5~1 h 须吮吸初乳。随母放牧，7 日龄时进行犊牛副伤寒免疫。

2. 周岁前哺乳

初生至周岁实行全哺乳培育。

3. 犊牛分群

周岁时，除留作种用的公犊外，其他健康公犊去势单独组群并进行后续饲养管理。

（三）三个暖季饲养管理

1. 放牧 + 补饲

采用"放牧 + 补饲"的饲养管理方式。选择水草丰茂的牧场进行放牧，归牧后加补适量精饲料和食盐，补饲的精料为玉米粉或青稞粉，食盐的添加量为精料的 1.5%，将两者混匀后用水拌湿进行补饲，补饲标准按表 7-2 执行。

表7-2　暖季补饲标准

年龄（周岁）	精料（kg）
1~1.5	0.1
2~2.5	0.2
3~3.5	0.6

放牧时，每隔15~25 d搬迁一次营地。天气炎热时，中午在凉爽的地方让牛畜卧息及反刍。

2. 强度育肥期

对3岁阉牛从6月份开始到出栏进行强度育肥。

3. 出栏体重

3.5岁阉牛活体重达240 kg及以上。

4. 出栏时间

3.5岁阉牛选择在10~11月份出栏。

（四）两个冷季饲养管理

1. 放牧＋暖棚＋补饲

冷季采用"放牧＋暖棚＋补饲"的饲养管理方式。选择避风向阳的地方建造暖棚。在归牧后对其加补适量精料、青干草和食盐，精料为玉米粉或青稞粉，食盐的添加量为精料的1%~1.2%，将两者混匀后用水拌湿进行补饲，补饲标准按表7-3执行。夜宿暖棚。

表7-3　冷季补饲标准

年龄（周岁）	精料（kg）	青干草（kg）
1.5~2	0.2	1~2
2.5~3	0.3	2~3

2. 放牧要点

放牧季节，搬迁2~5次。晚出早归，利用暖和时段进行放牧，在午后饮水。晴天放牧阴山及山坡。风雪天近牧或避风的洼地或山湾放牧。出牧、收牧要慢。

（五）疫病防治

疫病防治按DB513300/T02-2010中的规定执行。

（六）出栏要求

在10-11月份，3.5岁阉牛体重达240 kg及以上时出栏。

（七）生产档案建立

建立相关生产档案，确保牦牛肉品质的可追溯性。

1. 生产记录

耳标编号、出生日期、性别、年龄、出栏体重、出栏时间等进行记录。

2. 免疫和用药记录

对全群的免疫、驱虫，以及个别牛的治疗用药等情况进行详细记录。

3. 饲料及牛群转场记录

对精料种类、生产厂家和牛群转场等情况进行记录。

二、短期集中育肥技术

（一）"牧繁农养"异地育肥技术

"牧繁农养"异地育肥是指在牧区充分利用当地草场条件，以放牧方式饲养母牛、繁殖犊牛，生长发育到架子牛后，转移到精料、气候和光热条件较好的农区或半农半牧区进行短期强度育肥，然后出售或屠宰。

在我国的青藏高原牧区饲养的牦牛头数较多，群体大，但气候十分寒冷，草场过度放牧，多年来该地区养牛往往是秋肥、冬瘦、春乏，甚至死亡，一头牛养 5 年以上才能出栏，经济效益低，草场压力大。采用"牧繁农养"异地育肥技术就可利用该地区牛源充足的优势。同时避免了草料严重匮乏及气候严酷等不利的因素，充分利用农区或半农半牧区丰富的饲草料资源及较好的气候资源。这种异地育肥技术从地理位置和温差上大大降低了牛只的能量消耗，缓解了草原牧区、半牧区牛多、圈舍少、草原过度放牧的矛盾，从而走出秋肥、冬瘦、春乏的恶性循环，加快牛群周转，提高经济效益。同时也发挥了农区气候温暖、草料丰富、管理精细的优势。所以，异地育肥技术的推广，对搞活牧区和农区、山区和平原的养牛业、经济发展和生态文明建设有着重要意义。

在牧区对 3.5 岁以上健康牛只进行收购，运输到半农半牧区进行饲养。由于半农半牧区全年可满足牦牛生长的气候条件，所以何时进牛，由养殖户根据自己的实际情况择机选购，不受季节的限制。而农区就要选择季节了，一般选择天气变凉的秋末、冬季或初春进行饲养，天气变暖之前出栏，以免造成牛只的应激及死亡等情况的发生。

在秋季选购的架子牛膘情较好，饲养周期较短，但价格较高。而冬季和初春引进的牛只膘情差，饲养周期较长，另外死亡率也较高，但价格相对便宜。

饲养管理与农区肉牛饲养方式相似。在育肥前进行驱虫处理，并合理利用棚圈挡风遮雨及保温，做好消毒，加强免疫。饲养过程中尽量合理利用当地的资源。育肥 3~6 个月后择机出栏。

（二）本地短期集中育肥技术

本地短期集中育肥比较典型的模式是四川省阿坝藏族羌族自治州小金县的"4218"

模式。该模式将在牧区天然草场放牧生长到 4 岁、体重达 200 kg 左右的牦牛转移到该县进行 100 d 左右的健康饲养（过渡期 10 d，驱虫健胃养殖 90 d），待体重增加 80 kg 左右后出栏。该模式经西南民族大学牦牛养殖专家数据测试分析，认为该养殖模式技术基本成熟、易学、易推广；生态效益明显，更加有利于草场植被的再生；经济效益突出，圈养育肥牦牛日增重 800~900 g，屠宰净肉率从 36% 增长至 43%，提高 7 个百分点，头均收入增加 800~1 000 元。

三、错峰出栏技术

青藏高原海拔高，气候寒冷多变，牧草供应在一年四季中极其不平衡：暖季较短促，仅有 5 个月左右，在暖季水热条件良好，牧草产草量和质量达到最优，这时候的牦牛膘肥体壮。但一年的其余 7 个月为漫长的冷季，进入冷季后，天寒地冻、水凉草枯，牧草营养价值迅速降低，很难满足家畜生长的营养需要。牦牛终年放牧饲养，牧草的生长受到气候影响，呈现明显的季节性，牦牛的生长也随气候和牧草的生长状况变化而变化，每年周而复始的经历着"夏肥、秋壮、冬瘦、春乏"的循环，一头成年牛的体重过一个冷季可以减损 25% 以上，犊幼牛生长发育停止，此外，牛只可能存在越冬体弱的死亡及雪灾造成的大面积死亡等问题。鉴于这种现实的情况，牧民一般选择在一年中牦牛最为肥壮的 9~11 月份集中出栏，由于大量的牦牛都集中在该时间段出栏，牧民相互竞争降低了活牛的价格。为了解决这个问题，一些学者专家提出了牦牛错峰出栏技术，所谓错峰出栏是指牦牛错开出栏高峰期育肥出栏。在冬季草场条件较好的牦牛养殖带实施错开出栏高峰期保膘肥育出栏，是延长牦牛鲜肉产品供给时间的有效措施。该技术的意义在于：第一，牦牛销售价格高，养殖户经济效益好；第二，能延长鲜牦牛肉的上市时间，缓解传统出栏模式下，牦牛肉的短期集中供应的问题；第三，该技术的大规模应用能有效实现牦牛肉的全年均衡供应，解决其他季节新鲜牦牛肉匮乏的问题。现将该技术要点介绍如下：

（一）牛只选购及进牛时间选择

牛只的选购选择在牦牛集中出栏牛源最多、价格便宜的时间进行，一般情况下选购的时间是 10~11 月。选择健康状况良好的牛只，年龄最好在 4 岁以上 6 岁以下的公牛或阉牛。其他成年公牛、阉牛和母牛只要经济效益好都可以养殖。

（二）牛只的饲养及出栏

错峰出栏的饲养模式多种多样，有采用"放牧 + 补饲"的，有采用直接集中育肥的，也有异地集中育肥的，主要是确保牦牛营养的补充及减少能量的损失。甘肃马登录等人采取"放牧 + 补饲"的技术手段进行饲养技术的研究：10 月中旬开始牛只采用"放牧 + 补饲"保膘肥育，白天放牧，早上出牧前补饲，每天补饲一次，确保每头牛能吃到

补饲饲料；放牧时选择地势比较平缓、避风向阳的山间坡地、饮水方便的冬季牧场，早9时出牧，晚18时归牧，晚上在暖棚中圈养。采用每天每头牛补饲青稞秸秆＋玉米粉＋育肥牛浓缩饲料1.5 kg（其中：玉米粉占70%，育肥牛浓缩饲料占30%），饲喂时将玉米粉、育肥牛浓缩饲料和青稞秸秆在饲槽中拌成麸草饲喂。经过60 d的补饲育肥，试验组平均增重16.04 kg，对照组平均掉膘16 kg。

在牦牛肉市场价不变的情况下，除去饲料成本，试验组相对增收417.1元/头。而试验组牦牛肥育出栏时，正值春节来临之际，鲜牦牛肉价格比冻牦牛肉高2元/kg，比出栏高峰期高4元/kg，因此，试验组实际增收520.21元/头。

试验表明，在市场牛肉价格不变的情况下，甘南牦牛应在掉膘前（10月下旬）出栏，若推迟出栏，需进行适当补饲；根据市场规律，11月后牦牛肉均有不同程度涨价，因此，错开出栏高峰期放牧加补饲育肥出栏，经济效益更加显著。

出栏的时间要根据市场牛肉价格和牦牛膘情，择机在12月中旬和翌年的1月上旬出栏。也可以根据往年的经验及市场的实际情况判断出栏时间。

四、公犊牛当年出栏技术

（一）小白牦牛肉生产中犊牛饲养管理技术

制作小白牦牛肉的小牦牛是指生后18~22周龄内全哺乳或代乳品饲喂，活重达80kg以上的公犊牛。因为其肉色相对成年牦牛颜色较浅，故称为"小白牦牛肉"。小白牦牛肉肉质细嫩，味道鲜美，营养价值高，蛋白质高，脂肪低，人体所需的氨基酸和维生素齐全，又容易消化吸收，是老少皆宜的理想肉食品。随着人们对天然无污染高档食品的追求，小白牦牛肉尤其是今后有机小白牦牛肉将有可能走向星级宾馆和高档饭店。

小白牦牛肉的生产有效地利用了犊牛生长发育迅速的生物学特点，加快了牛群的出栏周转，减少了犊牛越冬死亡，减轻了母牦牛的负担和草场压力，提高了牧民的经济收入。

在犊牛出生1 h后喂足初乳，以后几天犊牛随母放牧，自由吮吸初乳，一直到第7 d。第8 d至出栏时完全用代乳品饲喂，使用代乳品时，由于出生犊牛食管沟闭合不全，为了防止乳汁直接流入瘤胃，在代乳品饲喂时用奶瓶，奶瓶吸头仿生母牛乳头，犊牛容易接受。

所饲喂代乳品的配方为：炒玉米面或小麦粉50%、炒大豆粉17%、优质鱼粉12%、脱脂奶粉10%、酵母粉4%、葡萄糖或蔗糖4%、骨粉2%、食盐0.5%、微量元素0.5%。

将代乳料用约60℃的水溶解，代乳料克数：水毫升数为1∶5混匀，37℃时喂给犊牦牛，使用代乳品时，早晚各饲喂两次，时间分别在上午07：30和下午17：00。饲喂温度：1 周龄 37℃，以后 30~35℃。每头犊牦牛饲喂量稳定在 0.55 kg/d。每天上午饲喂后进入天然草场放牧，自由饮水，于下午 17：00 收牧后进行下午饲喂。

在犊牛 22 周龄后，体重达 80kg 以上即可出栏上市。

（二）犊牦牛肉生产中犊牛饲养管理技术

青海大通种牛场充分发挥暖季牧草营养丰富、母乳营养优势及犊牛早期生长发育优势和大通牦牛优良的遗传优势，进行犊牛的全哺乳，当年屠宰犊牛，5~7 月龄犊牛体重可达 70 kg 以上。这种模式主要是结合了本场牦牛的选种，一般情况下，母犊留种率 75%~80%，公犊留种率为 12%~16%，其余的犊牛当年屠宰。该技术有效减少了犊牛越冬死亡、调整了畜群结构、加快了周转、减少了草场压力等，同时也为市场提供了优质的高档犊牛肉。

第八章

牦牛的疾病防治

第一节 病毒病的防治

一、口蹄疫

口蹄疫，俗称口疮，藏语称"卡察欧察"，是由口蹄疫病毒引起的，感染偶蹄动物的一种急性、热性、高度接触性传染病。国际兽疫局（OIE）将其列为 A 类第一种烈性传染病。

（一）病原

口蹄疫病毒属于小 RNA 病毒科，口蹄疫病毒属。病毒粒子为正二十面体，分为七种血清型，包括 O 型、A 型、C 型、SAT 1 型、SAT 2 型、SAT 3 型以及 Asia1 型。各种血清型的病毒之间无交叉免疫反应，病后康复或免疫动物仍可感染其他血清型病毒而发病。由于病毒的不断变异，同一种血清型口蹄疫病毒又可分为多种亚型。口蹄疫病毒主要存在于病畜的水泡皮和水泡液中，在低温下可长期存活，但易被热灭活。病毒对乙醚、氯仿等脂溶剂有抵抗力，不耐酸碱，使用氢氧化钠、福尔马林等消毒剂均可杀灭该病毒。

（二）流行病学

口蹄疫病毒可感染猪、牛、羊、骆驼等多种偶蹄动物。其中，牛最易被感染，特别是牦牛和黄牛，犏牛和水牛次之。发病或处于潜伏期的家畜是主要传染源。病毒可通过健康牦牛直接或间接接触病畜的水泡液、唾液、乳汁、粪便、尿液、精液等分泌物和排泄物传播。病毒也可以通过空气传播，能随风散播到 50~100 km 以外的区域。历史上，我国口蹄疫流行有明显的季节规律，秋末开始，冬季加剧，春季减轻，夏季基本平息。但近几年来我国口蹄疫的发生已无明显季节性。近年来，我国不断有新亚型的 O 型和 A 型口蹄疫病毒传入和流行。当前 O 型优势流行毒株为缅甸谱系毒株 O/Mya98，A 型优势流行毒株是东南亚 97 毒株（A/Sea97）。我国在 2009 年 5 月后未发现 Asia1 型口蹄疫病毒。

（三）症状

牦牛感染口蹄疫病毒后，潜伏期为 2~4 d。发病初期，体温升高到 40~41℃，精神沉郁，闭口，流涎。发病 1~2 d 后，病牛齿龈、舌面、唇面出现蚕豆到核桃大的水泡，涎液增多并呈白色泡沫状挂于嘴边。采食及反刍停止。水泡经 1~2 d 后破裂形成溃疡，溃疡愈合，体温恢复正常，全身症状逐渐好转。在口腔发生水泡的同时，趾间及蹄冠的柔软皮肤上也发生水泡，很快破溃，然后逐渐愈合。少数病牛继发感染细菌，化脓、坏死，甚至蹄匣脱落，严重跛行。部分母牛乳房皮肤发生水泡。本病一般呈良性经过，即良性口蹄疫，经一周左右即可自愈，死亡率 1%~2%。少数病牛转为恶性口蹄疫，全身

衰弱、肌肉发抖，心跳加快、节律不齐，食欲废绝、反刍停止，行走摇摆、站立不稳，因心脏停搏麻痹而突然死亡。犊牛发病时看不到特征性水泡，主要表现为出血性胃肠炎和心肌炎，死亡率在80%以上。

（四）诊断

根据流行病学及症状特征可做初步诊断。为了确定病毒血清型，可采集病牛舌面水泡皮保存于50%甘油生理盐水中，送往口蹄疫国家参考实验室进行确诊。采用的检测方法包括：RT-PCR、VP1基因测序分析、补体结合试验、中和试验等。

（五）防治

1. 预防

（1）疫苗免疫接种是预防口蹄疫的有效措施。根据当前我国口蹄疫流行情况，采用口蹄疫O型、A型二价灭活疫苗进行免疫。若流行的口蹄疫病毒血清型、亚型有变化，应对疫苗的选择做出适当调整。

（2）有条件的牦牛养殖场，可在疫苗首免10~15 d之后、二免7 d之后采集血清送往相关实验室进行口蹄疫抗体水平检测，评估免疫效果并制订有效的免疫程序。

2. 发病后的处置

当疑似口蹄疫发生时，于当日向上级有关部门上报疫情报告，及时确诊。划定疫区，进行封锁。在疫区内严格实施隔离、扑杀、无害化处理、消毒等综合防制措施。在受威胁区，对牦牛进行疫苗紧急接种，建立免疫带，以防疫情扩散。

二、病毒性腹泻——黏膜病

牛病毒性腹泻——黏膜病，简称牛病毒性腹泻病，是由牛病毒性腹泻病毒（或叫作黏膜病病毒）引起的一种接触性传染病。

（一）病原

病原为牛病毒性腹泻病毒，属黄病毒科，瘟病毒属，为一种单股RNA，有囊膜的病毒。大小为35~55 nm，对乙醚、氯仿、胰酶等敏感，pH值3以下易被破坏，56℃很快被灭活，耐低温。病毒与猪瘟病毒、边界病毒为同属病原，与猪瘟病毒有抗原关系。仅有一种血清型，但不同毒株间有显著的遗传和抗原异质性。而根据分离的病毒在细胞培养中的表现分为两种生物型：致细胞病变生物型（CP型）和非致细胞病变性生物型（NCP型）。

（二）流行病学

牛病毒性腹泻病毒可感染不同品种、性别、年龄的牛，也可感染山羊、绵羊、猪、鹿等。急性期病牛的血液、分泌物和排泄物中均含有大量病毒，慢性病中往往发生持续感染，在血液和眼鼻分泌物中可长期分离病毒，健康牛、羊、猪等均可隐性感染而带

毒，因此病牛和带毒动物是主要的传染源。本病经消化道呼吸道都可感染，怀孕母牛感染后可经胎盘传给胎儿。20 世纪 80 年代以来，我国牦牛群中陆续发现牛病毒性腹泻病毒，四川、西藏、青海、甘肃等牦牛主产区地区血清阳性率在 16%~42% 之间，严重威胁牦牛健康。

（三）症状

该病潜伏期 7~14 d，临床上分急性和慢性两种型。急性型：常见于犊牛，死亡率很高，发病初期表现上呼吸道症状，体温升高（40~42℃），双相热，咳嗽，呼吸急促，流泪、流涎，精神萎靡。口腔黏膜发生糜烂或溃疡。多有腹泻症状，稀粪呈水样，初期淡黄色，后期常伴有肠黏膜，粪恶臭。重症病牛 5~7 d 内因急性脱水和衰竭死亡。慢性型：多由急性型转来，但齿龈通常发红，间歇性腹泻，流鼻汁，鼻镜干燥，后变成鼻镜糜烂，眼睛流泪或流黏糊透明分泌物，病牛发育不良，衰竭死亡。

（四）诊断

根据临床症状，结合流行病学情况，可做出初步判断。必要时可进行血清学或病原核酸检测，采取血液，分离血清，使用 ELISA 抗原检测试剂盒、血清中和试验检测病原；采集血液、尿液、鼻液或眼分泌物进行病原核酸提取，使用 RT-PCR 检测病毒核酸。

（五）防治

1. 预防

目前尚没有十分安全、有效的疫苗可防控该病，对猪瘟疫苗的使用存在争议。需加强饲养管理，定期消毒，加强引种检疫，发现有症状的牛及时隔离。

2. 治疗

本病无特效药。应对症治疗，止泻、防治脱水和电解质紊乱，控制细菌继发性感染。如：含糖盐水 1 000~2 000 mL，恩诺沙星注射液 8~18 mL，维生素 C 2~4 g，5% 碳酸氢钠 200~400 mL，混合静脉注射，每天一次，连用 5 天。

三、恶性卡他热

恶性卡他热，又称牛恶性头卡他或坏疽性鼻卡他，是由牛疱疹病毒 3 型引起牛的一种急性、热性、高致死性的传染病。其特征为发热，眼、口、窦、鼻黏膜剧烈发炎，角膜混浊，并伴有脑炎症状。死亡率极高，犊牛可达 100%。

（一）病原

本病病原为牛恶性卡他热病毒，属于疱疹病毒科、恶性卡他病毒属。病毒主要存在于病牛的血液、脑、脾等组织中。病毒对外界环境抵抗力不强，在体外只能存活很短的时间，不能抵抗冷冻和干燥。血液中的病毒在室温下 24 h 失活。常用消毒药都能迅速将

其杀火。

（二）流行病学

本病主要发生于 1~4 岁的牦牛、黄牛、水牛。绵羊和鹿也可感染，但症状小易观察或无症状，成为病毒携带者。带毒的绵羊是本病的传染源，发病牛多与绵羊有接触。一般认为健牛与病牛直接接触不感染。本病自然感染的方式目前尚不清楚，但认为与吸血昆虫叮咬及带毒绵羊接触时经呼吸道感染有关。本病全年都能发病，以冬季、早春和秋季较多发，气候突变和饲养管理不良是诱因。一般呈散发，有时呈地方性流行。

（三）症状

该病潜伏期长短差别很大，一般为 4~20 周。根据临床表现可分为最急性型、头眼型、肠型和皮肤型，以头眼型最多。

1. 最急性型

突然高热（41~42℃），稽留热，结膜潮红，呼吸困难，间或出现急性胃肠炎症状。常不出现头眼型的特征症状。病程短促，在 1~2 d 内死亡。

2. 头眼型

体温升高（41~42℃），稽留热。鼻镜干燥，表皮坏死、糜烂，形成大片干痂。鼻黏膜发炎，初为浆液性，后为脓性或纤维性，并带有血液和坏死组织。双眼严重发炎，结膜充血潮红，流泪，畏光，有脓性或纤维性分泌物。角膜从边缘开始呈环状混浊，逐渐向中央蔓延，严重者形成溃疡、穿孔。口腔黏膜红，干热，出现淡白色丘疹，覆盖黄色假膜，口气恶臭。中后期身体虚弱，低头耷耳，呼吸困难，心跳加速。少数病例肌肉颤抖，敏感，兴奋不安，磨牙，吼叫。严重病例在肛门及四肢内侧出现紫红色出血斑。病程一般为 5~14 d。

3. 肠型

高热稽留，呈纤维素性坏死性肠炎症状。

4. 皮肤型

体温升高，颈、背及乳房皮肤出现丘疹、疱疹、龟裂和坏死等变化。

（四）诊断

根据临床症状进行初步诊断。可采用 PCR、间接免疫荧光进行病原学检测。

（五）防治

1. 预防

在该病流行地区，避免绵羊等反刍动物接近牛舍，防止牦牛与其接触。当有病牦牛发病时，须及时进行隔离，并对牛舍和所有用具定期进行消毒。

2. 治疗

该病关键要及早确诊，尽早治疗，药量充足，若疾病发展到后期，很难治愈。可使用土霉素或者盐酸四环素注射液，在 1 000~2 000 mL 5% 葡萄糖注射液中添加药物

8~15 g，完全溶解后进行静脉注射，每天两次，配合静脉注射 500 mL 添加有 500 mg 氢化可的松注射液的 5% 葡萄糖注射液中。

四、牛瘟

牛瘟，又名烂肠瘟、胆胀瘟，藏语称"果尔"。牛瘟是由牛瘟病毒引起的一种急性、热性、高度接触传染性传染病。其临床特征表现为体温升高，消化道黏膜发炎、出血、糜烂和坏死。我国于 1956 年消灭了牛瘟，联合国粮食和农业组织（FAO）于 2010 年 10 月宣布全球消灭牛瘟。

（一）病原

牛瘟的病原为牛瘟病毒，属于副黏病毒科麻疹病毒属。只有一个血清型。牛瘟病毒对光照、干燥、高温的抵抗力弱，容易失活。病毒冻干后在 –70℃可长期保存。石碳酸、氢氧化钠等常规消毒剂均可迅速将其杀灭。

（二）流行病学

牦牛、水牛、黄牛等不分年龄和性别对本病均易感，尤以牦牛最易感，黄牛和水牛次之。病牛是主要的传染源。健康牛与病牛直接接触，或接触到被病牛排泄物污染的草场、饲草、饲料、饮水等，经消化道感染。

（三）症状

该病潜伏期为 3~15 d。病畜突然高热（41~42℃），稽留热 3~5 d。眼结膜、鼻、口腔等黏膜充血潮红。流泪流涕流涎，呈黏脓状。在发热后第 3~4 d 口腔出现特征性变化，口腔黏膜（齿龈、唇内侧、舌腹面）潮红，迅速发生大量灰黄色粟粒大突起，状如撒层麸皮，形成灰黄色假膜，脱落后露出糜烂或坏死，呈现形状不规则、边缘不整齐、底部深红色的烂斑。病牛体温下降后严重腹泻，粪稀如浓汤带血，恶臭，内含黏膜和坏死组织碎片。尿频，色呈黄红或黑红。从腹泻起病情急剧恶化，迅速脱水、消瘦、衰竭、死亡。病程 4~10 d。

（四）诊断

根据流行病学、病状特征，如病程急、体温升高、口黏膜出现烂斑及严重下痢、粪便恶臭等可初步诊断。RT-PCR 等病原学检测方法可以检测病毒核酸。血清学检测方法可用酶联免疫吸附试验（ELISA）、病毒中和试验。

（五）防控

应加强口岸检疫。一旦发生可疑病畜应立即上报疫情，按《中华人民共和国动物防疫法》规定，采取紧急、强制性的控制和扑灭措施。扑杀病畜及同群畜，无害化处理动物尸体。对栏舍、环境彻底消毒，并销毁污染器物，彻底消灭病源。受威胁区紧急接种疫苗，建立免疫带。

193

五、牛传染性鼻气管炎

牛传染性鼻气管炎，又称坏死性鼻炎、红鼻病，是 I 型牛疱疹病毒引起牛的一种急性、热性、呼吸道接触性传染病。以高热、呼吸困难、鼻炎和上呼吸道炎症为主要特征。

（一）病原

病原为 I 型牛疱疹病毒，属于疱疹病毒科 A 疱疹病毒亚科水痘病毒属。该病毒呈球形，带囊膜，成熟病毒粒子的直径为 150~220 nm。病毒对外界抵抗力较强，4℃以下保存 30 d 感染滴度无变化，56℃经 21 min 灭活，−70℃可保存数年。对氯仿、酒精、紫外线敏感。只有一个血清型，但存在不同的亚型。

（二）流行病学

牦牛、黄牛、水牛等均可感染 I 型牛疱疹病毒，各年龄阶段牛均易感。该病在西藏、青海、四川地区牦牛群体中广泛流行。发病牛及隐性感染带毒牛是该病主要的传染源。病毒存在于牛的鼻腔、气管、阴道分泌物中，可通过水平传播方式传播，如空气、飞沫、媒介物以及与病牛直接接触，或通过母牛传播给胎儿的方式垂直传播。该病在秋冬季易流行，断奶、运输应激以及同时接触其他病原体可促进该病的发生。

（三）症状

自然感染潜伏期一般为 4~6 d。病初高热（40~42℃），精神委顿，厌食，流泪，流涎，流黏脓性鼻液。鼻黏膜高度充血，呈红色。呼吸高度困难，呼出气体恶臭。眼睑水肿，眼结膜高度充血，流泪，角膜轻度混浊。重症病例，可见眼结膜形成灰黄色针头大颗粒，致使眼睑黏着和眼结膜外翻。母牛外阴和阴道黏膜充血潮红，黏膜上面散在有灰黄色、粟粒大的脓疱，阴道内见有多量的黏脓性分泌物。重症病例，阴道黏膜被覆伪膜，并见有溃疡。青年母牛常于怀孕的第 5~8 个月发生流产，多无前期症状，约有 50% 流产牛见有胎衣滞留。公牛龟头、包皮、阴茎充血，有时可见阴茎弯曲或形成溃疡等。多数病例见有精囊腺变性、坏死。2~3 周龄犊牛主要表现为咳嗽、呼吸困难，同时出现腹泻和排血便等消化道症状，死亡率可达 20%~80%。

（四）诊断

根据病史及临床症状，可初步诊断为本病。确诊本病要进一步做病毒分离，通常用灭菌棉棒采取病牛的鼻液、泪液、阴道黏液、包皮内液或者精液进行病毒分离和鉴定。也可进行 PCR，直接检测病料中的病毒病原。

（五）防控

1. 预防

在该病的流行地区，使用弱毒疫苗免疫：犊牛 4 月 ~6 月龄接种，空怀青年母牛在

第一次配种前40~60 d接种，妊娠母牛在分娩后30 d接种。怀孕牛不免疫。有条件的地区对病原检测为阳性的牛必须扑杀，并进行无害化处理。每年定期消毒。

2. 治疗

隔离病牛。多饮水，保持病牛鼻、眼睛、咽、口腔及生殖道清洁，使用抗生素治疗继发感染。腹泻严重可注射阿托品，输液、防止脱水。

六、牛流行热

牛流行热，又名三日热，是由牛流行热病毒引起牛的一种急性热性传染病。其特征为突然高热，呼吸促迫，流泪和消化器官的严重卡他炎症和运动障碍，大部分病牛经2~3 d即恢复正常。

（一）病原

该病病原为牛流行热病毒，为单股负链RNA病毒，属于弹状病毒科，暂时热病毒属。病毒粒子大小平均为140 nm×80 nm。病毒对氯仿、乙醚敏感。发热期病毒主要存在于病牛的血液、呼吸道分泌物及粪便中。

（二）流行病学

牦牛、黄牛、水牛等各种牛均易感，3~5岁壮年牛易感性最强，犊牛发病较少。病牛是该病的传染来源。病毒主要通过吸血昆虫叮咬传播，在一定地区造成较大的流行。发病和气候有关，一般在炎热、潮湿、多雨水的夏秋季节多发。

（三）症状

潜伏期为3~7 d。病畜震颤，恶寒战栗，体温升高到40℃以上，2~3 d后体温恢复正常。眼睑，结膜充血，水肿。呼吸次数每分钟可达80次以上，呼吸困难。食欲废绝，反刍停止。第一胃蠕动停止，出现鼓胀。粪便干燥，有时下痢。四肢关节浮肿疼痛，病牛呆立，跛行，起立困难而伏卧。妊娠母牛患病时可发生流产、死胎。乳量下降或泌乳停止。该病大部分为良性经过，病牛也多为良性经过，在没有继发感染的情况下，死亡率为1%~3%，部分病例因四肢关节疼痛，长期不能起立而被淘汰。

（四）诊断

根据流行病学及临床症状进行初步诊断。发热初期采血进行RT-PCR病原学检测、病毒分离鉴定，或采取发热初期和恢复期血清进行血清中和试验和补体结合试验。

（五）防控

1. 预防

加强卫生管理。做好日常消毒工作，切断病毒传播途径，定期驱杀蚊蝇。

2. 治疗

以镇痛解热辅助治疗为原则。口服水杨酸钠粉、小苏打粉，每天2次，连续使用

2~3 d。或使用其他解热镇痛药，如复方阿司匹林、复方安比、非那西酊等。当病牛病程持续时间较长，为防止继发感染，可使用抗生素进行治疗。

七、牛副流行性感冒

牛副流行性感冒是由牛副流感病毒 3 型引起牛的一种急性接触性传染病。应激因素如运输、转群、气候变化等容易诱发该病的局部流行。

（一）病原

该病病原为牛副流感病毒 3 型，属于单股负链 RNA 病毒，副粘病毒科呼吸道病毒属。该病毒只有一个血清型，但存在 3 种基因型。我国主要流行基因 1 型和 3 型。

（二）流行病学

自然条件下，该病仅引起牛感染，不同品种牛感染性无差异。发病牛和亚临床感染牛是本病主要传染源。病原可以通过患病牛的鼻眼分泌物或飞沫传播。该病可以垂直传播。牛副流感病毒 3 型在我国牦牛群中携带范围广，但一般在交易市场或运输过程中受到应激而发病，放牧的牦牛发病较少。

（三）症状

潜伏期为 2~5 d。牛感染后的临床症状表现可以由无临床表现的亚临床感染到严重的肺炎不等。部分牛呈现一过性感染或温和症状，如：咳嗽、发热、流鼻液等；部分牛体温升高达 41℃，流泪，食欲减退，精神不振，出现脓性结膜炎，随着病情加重，出现咳嗽，呼吸困难，流白沫样口涎，并继发感染引起严重的支气管炎。可引起怀孕母牛流产。发病率 60%~90%，死亡率 1%~2%。

（四）诊断

根据本病的发病特点、临床症状可初步诊断，确诊需要进行实验室检查，一般采集病变的肺组织进行病毒分离鉴定、病原 RT-PCR 检查，或采集发病早期和恢复期的血清用血凝抑制试验和中和试验检查特异性抗体。本病应注意与牛流行热和牛传染性鼻气管炎进行鉴别诊断。

（五）防控

1. 预防

加强饲养管理，注意冬季保暖、防寒，提升牛的抵抗力。可接种牛副流感 3 型弱毒疫苗。加强引种检疫，对刚经过长途运输后的牛，观察饮食、排泄情况，发现异常及时隔离治疗。

2. 治疗

采用对症治疗和控制细菌继发感染的措施。早发现，早用药，可使用青霉素、卡那霉素等抗生素控制继发感染，首次使用药量加倍。

八、轮状病毒感染

轮状病毒能引起多种幼龄动物感染，导致动物和人呕吐、腹泻、脱水、死亡。该病是引起牦牛传染性腹泻的重要病原之一。

（一）病原

轮状病毒属于呼肠病毒科，轮状病毒属。为双链 RNA 病毒，病毒粒子直径约为 70 nm，在电子显微镜下呈车轮状。根据衣壳蛋白组特异性抗原 Vp6 不同，可分为七个血清型（A~G）。可感染牛的是 A、B、C 群轮状病毒，其中对 1 周龄内犊牛危害最严重的是 A 群轮状病毒。轮状病毒基因组种内和种间的基因重组频繁发生，并且存在不同的基因型，通常将糖蛋白 Vp7（G）和蛋白酶敏感蛋白 Vp4（P）代表毒株的基因型。轮状病毒对外界有较强的抵抗力，在室温中可存活 7 个月，在粪便中可存活数日。55℃，加热 30 min 或甲醛可使其灭活。

（二）流行病学

病牛、隐性带毒的牛是本病的主要传染源。多发生于 1 周龄内的新生犊牛，经消化道途径感染。发病年龄越小，病情越重。本病的发病通常多集中在冬季，这与冬季天气寒冷，机体局部黏膜的免疫机能受到抑制有关。调查显示，G10 和 G6 型是我国牦牛中流行的主要轮状病毒基因型。

（三）症状

潜伏期 18~96 h，多发生于 15~90 日龄的犊牛。轮状病毒感染早期，病犊表现为精神沉郁，吃奶减少，流涎、不愿站立和吮乳，随后出现严重的厌食和腹泻。腹泻粪便呈白色或灰白色，有的呈黄褐色，粪较黏稠或呈水样，有时带有黏液和血液，有时附有肠黏膜及含有未消化凝乳块，排粪次数不一，腹泻持续 4~7 d，若不及时补液则脱水明显，病死率可达 50%。一般死亡率不超过 10%，但若有继发感染，特别在恶劣气候，病犊感染肺炎，则死亡率将会大大提高。

（四）诊断

本病发生于寒冷季节，引起犊牛发生水样腹泻，发病率高而病死率较低，根据这些特点，可以做出初步诊断。确诊需要借助实验室诊断，如通过 RT-PCR 检测方法，并对病毒阳性核酸片段进行核酸序列测定，分析病毒的基因型及变异情况。

（五）防治

1.预防

注意牛舍防寒保暖，加强饲养管理，增强母牛和犊牛抵抗力。在疫区要做到新生犊牛及早吃初乳，接受母源抗体的保护以减少和减轻发病。有条件的地方可通过注射疫苗预防牛轮状病毒感染。

197

2. 治疗

病牛立即隔离到清洁、干燥而温暖的牛舍内。对犊牛开始治疗时，停止喂奶，用葡萄糖甘氨酸溶液或葡萄糖氨基酸溶液给病牛自由饮用，也可静脉注射葡萄糖盐水和碳酸氢钠溶液，以防止脱水、脱盐而引起中毒及休克。使用抗生素治疗继发细菌性感染。

九、水疱性口炎

水疱性口炎是由水疱性口炎病毒引起牛、马、猪等动物的一种传染病。特征是在动物的口腔黏膜、乳头皮肤以及蹄部皮肤出现水疱及糜烂，但很少发生死亡。

（一）病原

病原为水疱性口炎病毒，单股 RNA 病毒，属于弹状病毒科，水疱病毒属。病毒粒子呈子弹状或圆柱状，具有囊膜。病毒对环境因素抵抗力不强，2% 氢氧化钠、1% 福尔马林可在数分钟内杀死病毒。

（二）流行病学

水疱性口炎病毒可感染多种动物，自然情况下，牛、马、猪等家畜较易感，绵羊、山羊、犬、兔等易感性较差。成年牛易感性高，1 岁以下的犊牛易感性较低。病畜为主要传染源，通过损伤的皮肤、黏膜和消化道感染。吸血昆虫可作为传播媒介。本病传染性不强，通常呈散发，流行范围有限，每次只有少数牛只发病，很少发生死亡。

（三）症状

牛感染水疱性口炎病毒后表现为无症状型、温和型和严重型三种。潜伏期 2~3 d，低热、精神不振、跛行、多涎。蹄冠、口腔黏膜或乳头出现水疱后，体温恢复正常。严重病例，舌上皮出现病变，引起采食困难、体重急剧下降，但很少发生死亡。

（四）诊断

根据该病的流行特点和临床症状，初步做出诊断，与口蹄疫的鉴别诊断需要依靠实验室手段。通常采集水疱皮、水疱液作为待检测病料，接种于 7~13 日龄鸡胚，绒毛尿囊膜接种，观察鸡胚病变。也可采用补体结合试验、中和试验，或使用 RT-PCR 检测病原核酸。

（五）防控

1. 预防

加强饲养管理，搞好舍内环境卫生，定期消毒牛舍，驱杀蚊等吸血昆虫。

2. 治疗

及时隔离治疗。本病多为良性经过，病程短，损害一般不严重。对症治疗，防止继发感染，口腔黏膜的烂斑、蹄部等用 0.1% 高锰酸钾冲洗，并涂抹碘液。

十、狂犬病

狂犬病是由狂犬病病毒引起温血动物感染的侵害中枢神经系统的一种人畜共患传染病，发病后死亡率几乎为100%，在我国牦牛群中偶有发生。

（一）病原

该病病原为狂犬病病毒，单股负链 RNA 病毒，属于弹状病毒科狂犬病毒属。病毒对脂溶剂（肥皂水、氯仿、丙酮等）、乙醇、甲醛、碘制剂以及季胺类化合物、酸、碱敏感；对日光、紫外线和热敏感。对干燥、反复冻融有一定抵抗力。

（二）流行病学

所有温血动物对本病易感，犬科、猫科动物是主要的易感动物。患狂犬病、健康带毒的病犬、病猫是该病的主要传染源。病毒存在于患病动物唾液中，通过咬伤或抓伤健康动物传播该病。四川、青海、西藏、新疆等我国牦牛主要养殖地区存在大量狗等犬科动物，使得该病在牦牛群中偶有发生。

（三）症状

病程一般为 4~6 d。病牛初期表现为精神沉郁，饮、食欲下降，吞咽障碍，流涎。发病 3d 左右出现前腿站立不稳、摔倒、间歇性兴奋冲撞、起卧不安等症状。后期严重脱水，四肢麻痹，衰竭死亡。有的兴奋与沉郁交替出现，最后麻痹死亡。

（四）诊断

根据患病牛是否有被其他动物咬伤，及其临床表现，可做初步诊断。确诊需取牛小脑、大脑皮层、大脑海马回等脑组织做石蜡切片、染色，显微镜观察包涵体。或进行 RT-PCR 病原核酸检测。

（五）防控

1. 预防

加强对犬的管理，对家犬进行狂犬病疫苗接种。若发现牦牛被狗等可疑动物咬伤，应对伤口彻底进行消毒处理。24 h 内注射狂犬病疫苗。有条件可注射狂犬病高免血清。

2. 发病后的处置

上报疫情，由畜牧部门采取封锁、隔离、扑杀、焚烧、消毒等措施迅速扑灭疫病。

第二节 细菌病的防治

一、牛布鲁氏菌病

布鲁氏菌病（Brucellosis）是由布鲁氏菌引起的人和多种动物共患的一种慢性传染

病。家畜中以牛、羊、猪多发，其特点是生殖器官和胎膜发炎，引起怀孕母畜流产、公畜睾丸炎及关节炎等症状，也称为布氏杆菌病或简称"布病"。

（一）病原

布鲁氏菌为革兰阴性球杆菌，大小在 $0.6~1.5~\mu m \times 0.5~0.7~\mu m$，散在分布，无芽胞和鞭毛，形成荚膜能力弱。布鲁氏菌难以着色，姬姆萨染色呈紫色，柯兹洛夫斯基和改良姜-尼氏染色将布鲁氏菌染成红色。布鲁氏菌为需氧菌，对营养要求较高，最适生长温度为 $37℃$，pH 值为 6.6~7.4，生长缓慢，尤其是牛种布鲁氏菌初次分离培养需在 5%~10% CO_2 下，需 5~10 d 方能形成菌落，在胰蛋白胨琼脂（TSA）上生长良好，形成的菌落为光滑隆起、白色水滴样小菌落，并有一定折光性。布鲁氏菌可以分解葡萄糖，产生硫化氢，不分解甘露糖，不产生吲哚，不液化明胶，VP 实验和 MR 实验均为阴性。

经对其生理生化等多方面鉴定，将布鲁氏菌属分为 6 个种 20 个生物型：即马尔他布鲁氏菌（又称为羊布鲁氏菌，共 3 个型）、流产布鲁氏菌（又称为牛布鲁氏菌，共 8 个型）、猪布鲁氏菌（共 6 个型）、犬布鲁氏菌、绵羊布鲁氏菌及沙林鼠布鲁氏菌（各一个型）。其中羊布鲁氏菌对人类致病力最强。

本菌对自然环境的抵抗力较强，在污染的土壤和水中可存活 1~4 个月，乳、肉中可存活 2 个月，粪尿中可存活 45 d，羊毛上可存活 3~4 个月，在冷暗的胎儿体内可存活 6 个月，在阳光直射下可存活 4 h，但此菌对热的抵抗力不强，$60℃$加热 30 min 或 $70℃$加热 5 min 即被杀死，煮沸立即死亡。对消毒剂的抵抗力也不强，2% 石碳酸、来苏儿、火碱溶液或 0.1% 的升汞，可于 1 h 内杀死本菌。5% 新鲜石灰乳 2 h 或 1%~ 2% 福尔马林，3 h 可将其杀死。0.5% 洗必泰或 0.01% 度米芬、消毒净或新洁尔灭，5 min 内即可杀死。

（二）流行病学

1. 易感动物

牛、羊、猪最易感，其次是马、鹿、骆驼，家禽较少感染，人亦易感。其中成年动物易感性比幼年动物高，母畜比公畜高，尤其是首次怀孕的母牛、母羊的易感性最强。人可感染牛、猪、羊、犬四型布鲁氏菌，其中以羊型对人的毒力最强，并有全身性病变，可发生波浪热。

2. 传染源

除发病动物外，野生偶蹄兽、啮齿类可成为本病的传染来源。在国内，羊为主要传染源，其次为牛和猪。

3. 传染途径

本菌主要通过消化道感染，其次是皮肤黏膜、伤口、生殖道。呼吸道感染较少。

4. 流行特征

本病一年四季都可发病，但主要集中在产仔季节，通常呈地方流行性。在牛羊群

开始发病时，仅出现少数母畜发生流产，随后陆续有大批母畜发生流产，甚至流产率达100%。在猪群开始时，仅少数公猪发生睾丸炎，接着大批母猪发生流产，多数母畜只发生一次流产，而二次流产的较少。

（三）临床症状

本病潜伏期2周至6个月不等。

公牛常见睾丸炎和附睾炎，睾丸肿胀发炎后萎缩、失去配种能力，多发生关节炎或跛行。

母牛常在怀孕后1/3期（6~8月）发生流产，流产前母牛常焦躁不安，阴道水肿，流出分泌物，多产死胎，快到产期可能是弱胎，产后1~2 d死亡，不死者长期带菌，易死亡。流产后胎盘常常滞留不下，长时间流恶露，由于胎盘滞留而导致了宫及其附近器官的急性或慢性炎症。

（四）病理变化

公牛发病后，睾丸常显著肿大，发生化脓—坏死性睾丸炎和附睾炎。病情严重者可出现关节炎、腱鞘炎和滑液囊炎，还可引起关节周围炎。其中最常发病的关节为腕关节、肘关节和股关节。发病的后期，则因结缔组织的广泛增生导致关节变形。

怀孕母牛发生流产后常继发子宫内膜炎，常见子宫绒毛膜间隙中有污灰色或黄色无气味的胶样渗出物，表面覆盖有黄色坏死物；胎儿病变主要以败血症病变为主，浆膜和黏膜有出血点和出血斑，皮下结缔组织发生浆液——出血性炎症。

（五）诊断

根据流行病学、临床症状、病理变化可怀疑本病。确诊需采集整个流产胎儿，或单取其胃、肠，母畜胎衣、子宫分泌物、乳汁、局部脓肿液、血液、血清进行细菌学与免疫学诊断。

1. 细菌学诊断

用病料直接涂片，经柯兹洛夫斯基和姜—尼二氏染色后，布鲁氏菌均被染成红色，而其他菌均被染成绿色。也可将病料接种于马鲜血/血清琼脂平板，培养24 h，可见圆形灰白菌落，常细腻而略呈白色菌落，小菌落的病料培养几小时轻微浑浊，液面无菌膜，时间久后有沉淀。

2. 免疫学诊断

（1）凝集反应　采集牛血进行试管、平板或虎红平板血清凝集试验，若凝集价为1∶100或更高者为阳性；1∶50为可疑；1∶25或更低为阴性。

（2）补体结合试验　包括检测系统和指示系统两部分，在实验过程中需要对溶血素、补体、抗原等多个组分进行标定，同时还需要制备绵羊红细胞。

（3）全乳环状试验　将0.5 mL 20倍稀释的抗原与0.5 mL牛乳在试管中混合，37℃孵育24 h，观察是否出现凝集来判定阴阳性结果。

（4）胶体金免疫层析法　在胶体金试纸条加样孔内加入待检血清，待渗入后再加入生理盐水 100 μL，3 min 后观察结果。检测线和质控线均出现红色者为阳性；检测线无色，质控线出现红色者为阴性。

（5）酶联免疫吸附试验（ELISA）　按说明书进行。

（六）防控

牛布鲁氏菌病传播途径多，必须采取综合性防控措施，一旦发现患病动物，彻底消灭传染来源，切断传播途径，降低易感动物数量，防止疫情扩散。

1. 定期建议，淘汰阳性牛

为了保护健康牛群，每年至少要进行 1 次检疫，防止病原入侵，尽量做到自繁自养，创造洁净的饲养环境。需要引进或外购补群时，新进入的牛群必须隔离观察 2 个月，同时进行 2 次检疫，确定健康后才能合群。种公牛每年配种前必须经过检疫，确定健康后才能利用。

2. 加强防范，控制人为传播

注射器和输精器械用后要严格消毒，不得连续使用，防止人为接种。病牛粪便和流产的胎儿、胎衣、羊水及其污染物不得随意丢弃，要作无害化处理。病牛舍及其运动场、饲槽和饲养用具等。要用 5% 克辽林或来苏儿、10%~20% 石灰乳、2% 氢氧化钠溶液等进行消毒。牛舍要随时消灭蚊、蝇、鼠等。

3. 定期预防注射，培养健康牛群

疫区牛每年要定期预防注射冻干布鲁氏菌猪 2 号弱毒菌苗、冻干布鲁氏菌羊 5 号弱毒菌苗或布鲁氏菌 19 号弱毒菌苗，以提高免疫力。

（七）公共卫生

人类布鲁氏菌病的预防，首先要注意职业性感染，饲养员、人工授精员、屠宰场与肉品加工厂工人，兽医、实验室工作人员等，必须严格遵守个人防护制度与卫生消毒措施，定期接种 M104 冻干活疫苗，随时做好个人防护措施。

第三节　寄生虫病防治

一、棘球蚴病（包虫病）

棘球蚴病又名包虫病，是带科（Taeniidae）棘球属（*Echinococcus*）的细粒棘球绦虫（*E.granulosus*）的幼虫—细粒棘球蚴（*E.granulosus*），寄生于牦牛的肝脏、肺脏及其他脏器的实质所引起的疾病（见图 8-1）。

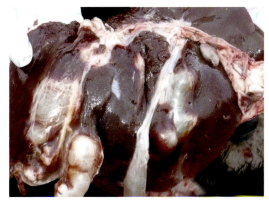

图 8-1　寄生牦牛肝、肺的棘球蚴

（一）病原形态

为包囊状结构，内含液体。近似球形，直径多为 5~10 cm，小的仅有黄豆大，最大可达 50 cm。囊壁为两层，外层为角质层，无细胞结构，内层为胚层（生发层），胚层生有许多原头蚴（见图 8-2），胚层还可生出子囊，子囊亦可生出孙囊，子囊和孙囊均可生出许多原头蚴。含有原头蚴的囊称为育囊或生发囊，而生发层上不能生出原头蚴的称为不育囊。

成虫寄生于犬、狼等动物小肠内，全长为 2.5~8 mm，仅由 3~4 节组成，头略成球形，有 4 个吸盘，具有顶突，顶突上有两排角质小钩（30~36 个），成熟节片内只有一组雌雄生殖器官，孕卵节片内子宫发达，内充满虫卵（400~800 个），睾丸有 50 个左右，螺旋状捻转的输精管，梨状的阴茎囊。

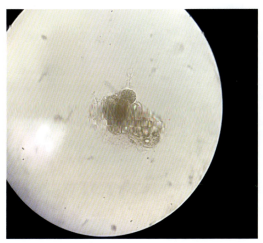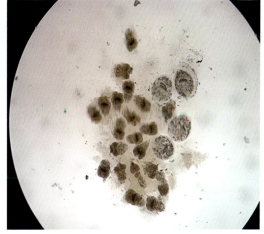

图 8-2　包囊中的原头蚴

虫卵为黄褐色，大小为 3.6~3.7 mm，一层辐射状纹的卵膜，内含六钩蚴（见图 8-3）。虫卵对外界的抵抗力强，强的直射阳光可杀死虫卵。

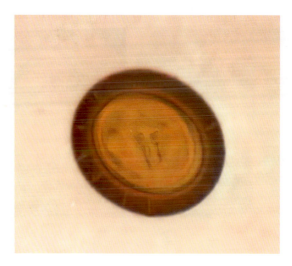

图 8-3　虫卵

（二）病原生活史

成虫的孕卵节片和虫卵随终末宿主的粪便排出体外，污染饲草、饲料或水源等。虫卵被中间宿主牦牛吞食后，卵中的六钩蚴在消化道逸出，进入肠壁血管，随血流进入肝脏、肺脏等处，发育为棘球蚴，终末宿主吞食了含有棘球蚴的牦牛脏器后，原头蚴在其小肠内发育为成虫。

在中间宿主体内的六钩蚴发育为棘球蚴需 5~6 个月，在终末宿主体内的原头蚴发育为成虫需 1.5~2 个月，完成生活史需 6.5~8 个月。

（三）症状

病畜轻度感染时，临床无明显症状，严重感染时，患畜表现长期的呼吸困难，咳嗽，当咳嗽发作后，病牦牛疲乏躺卧于地，食欲不振，反刍无力，瘤胃弛缓，常见膨气。病期长的，病畜消瘦贫血，可视黏膜黄染，包囊破裂时可引起严重的过敏反应。

（四）诊断

生前诊断比较困难，可采用免疫学方法，如酶联免疫吸附试验、间接血凝试验、皮试等，往往尸体剖检后在肝、肺等器官发现棘球蚴即可确诊。

（五）防治

（1）目前包虫病治疗没有特效药物，应遵守"预防为主，防重于治"的原则。手术摘除棘球蚴为最可靠的有效治疗方法，注意包囊绝对不可破裂。

（2）对饲养的家犬要拴养，实行"月月驱虫，犬犬驱虫"，可采用吡喹酮片，2.5~5 mg/kg·次，口服，粪便集中深埋或焚烧处理。

（3）放牧场野狗集中收容圈养，屠宰中发现被棘球蚴污染的脏器不得随意丢弃，必须焚烧或深埋等无害化处理。

4.采用羊棘球蚴（包虫）病基因工程亚单位疫苗（Eg95）免疫牦牛。

二、肝片吸虫病

肝片形吸虫病是由片形科（Fasciolidae）片形属（*Fasciola*）片形吸虫寄生于牦牛肝脏胆管中引起的一种寄生虫病（见图8-4），又称肝蛭。

图8-4 寄生于牦牛肝内胆管的肝片吸虫

（一）病原形态

有肝片形吸虫（*Fasciola hepatica*）、大片形吸虫（*Fasciola hepatica*）、中间型片形吸虫（*Fasciola* sp）3种。肝片形吸虫虫体扁似树叶状，新鲜时呈棕褐色，固定后为灰白色，大小为20~40 mm×8~13 mm，前宽后窄，前端呈三角形的锥状突出，口吸盘位于锥状突的前端，锥状突后左右有两个"肩"，腹吸盘位于肩的水平线上。大片形吸虫大小为25~75 mm×5~12 mm，虫体两侧缘趋于平行，"肩部"不明显，腹吸盘较大。中间型片形吸虫形状与大片形吸虫相似，大小介于肝片形吸虫和大片形吸虫之间，虫体染色后观察其储精囊内无精子（见图8-5）。

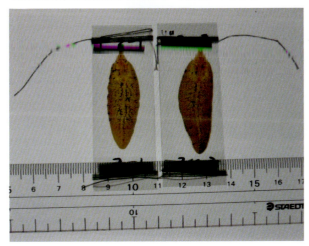
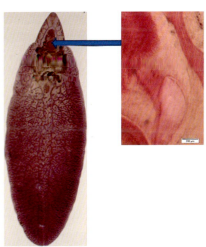

图8-5 中间型片形吸虫储精囊

205

虫卵为椭圆形，黄褐色或金黄色，有卵盖，卵壳较薄而透明，卵内充满卵黄细胞。卵大小为 0.13~0.15 mm × 0.07~0.09 mm，见图 8-6。

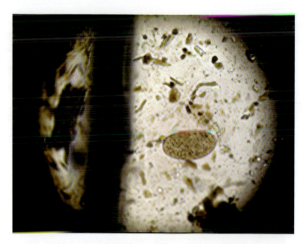

图 8-6　显微镜下观察到的片形吸虫卵

（二）病原生活史

片形吸虫成虫寄生在终末宿主牦牛的胆管和胆囊内，虫卵随胆汁流入肠道后，随粪便排出体外，在适宜的环境条件下孵化出毛蚴，毛蚴有纤毛，能自由游动，当遇到中间宿主锥实螺时，钻入螺体内，发育为胞蚴、母雷蚴、子雷蚴和尾蚴，尾蚴离开螺体，在水中游动碰到水草或其他物体时脱尾结囊，形成囊蚴。当牦牛吞食了带有囊蚴的水、草后而感染，囊蚴在十二指肠脱囊，进入肝脏胆管。童虫在牦牛体内 2~3 个月发育为成虫，成虫在牦牛肝脏胆管中可存活 3~5 年。

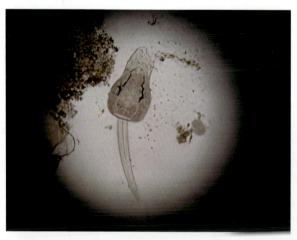

图 8-7　螺体内的尾蚴

（三）症状

1.5~2 岁病犊牦牛症状明显，表现消瘦、被毛粗乱、食欲减退、消化不良、便秘、贫血、黏膜苍白，最后因呼吸衰竭而死亡。成年牦牛如轻度感染，症状不显，多呈慢性经过。严重寄生时，病牦牛消瘦，母牦牛乳量减少，孕牦牛出现流产等。

（四）诊断

主要根据流行病学、临床诊断和粪便虫卵检查而确诊。死后主要采取蠕虫学剖检法检查肝脏，从肝实质找到幼小虫体，或从胆管、胆囊中找到较大的虫体而确诊。

（五）防治

1. 每年春秋或春冬两季对牦牛进行两次预防性驱虫，避免在有螺蛳和潮湿的草场放牧。

2. 消灭中间宿主螺蛳，一般用1∶5 000硫酸铜溶液、0.5%~1%五氯酚钠溶液、0.5%~1%砷酸钙或亚砷酸钙溶液（每平方米500~1 000 mL），也可用0.03%硫酸铵、$2.0×10^{-5}$的氨水等。

3. 病牦牛可采用三氯苯达唑，10 mg/kg体重，口服，六氯乙烷治疗，牦牛每千克体重0.2~0.4 g灌服，瘦弱牦牛将总剂量分两等份，在两天内灌服，最好在第一次治疗后的21 d进行第二次治疗；硫双二氯酚（又名别丁）按牦牛每千克体重0.04~0.06 g将药装到小纸袋内投服。

三、囊虫病

牦牛囊虫病，又称牦牛囊尾蚴病。该病是由牦牛肉绦虫的幼虫——牦牛囊尾蚴侵袭牦牛体的各部肌肉组织和器官的一种寄生虫病。

（一）病原形态

牦牛肉绦虫寄生于人的小肠中，虫体长3~12 m，是由一个无钩但有吸盘的头节和多至1 000~2 000个节片构成。头节上有4个吸盘，无顶突和钩。颈节细长，虫体中部为成熟体节，呈扁形，后部为孕节，内有一个子宫，两侧各有15~30个分枝，孕节为16~20mm × 4~7 mm，每节大约有10万个虫卵，卵呈圆形，长30~40 μm、宽20~30 μm，其幼虫是囊尾蚴，寄生于牦牛肌肉间结缔组织，特别是在腰肌、膈肌及舌肌中，呈卵圆形囊状，白色，长7.5~9 mm，宽4~6 mm，内含头节。

（二）病原生活史

在人小肠中的牦牛肉绦虫成熟后，孕节从成熟绦虫上脱离，随粪便排出体外，污染草场、饲草、饲料和水源。虫卵被牦牛吃入后，在肠道内孵化出六钩蚴。六钩蚴穿过肠壁，沿淋巴管和血管，进入全身身肌肉和器官，经11 d左右，长成成熟的囊尾蚴。在牦牛肉组织中，有许多囊尾蚴退化或死亡，有一部分成熟的囊尾蚴，当人们吃了未煮熟而感染囊尾蚴的牦牛肉以后，在人的胃肠道中囊壁被消化，头节露出后，吸附在肠黏膜上，不断生出体节，经8~10个月成熟，随后排出孕节，感染牦牛。

（三）症状

一般病牦牛不显任何临床症状，仅极少数病牛因囊尾蚴侵害心脏时，则发生心力衰

竭等症状。若人工感染时，病初体温升高到 40~41℃，虚弱、下痢，持续 4~5 d 后即可停止。并伴有食欲减退、喜卧、呼吸急促，呈胸式呼吸，心跳加快，经 8~12 d 后以上症状消失。

（四）诊断

生前一般难以诊断，主要依靠屠宰后检查咬肌、舌肌、深腰肌和膈肌，以发现囊尾蚴而确诊。检时用力切开肌肉，可明显地见到囊尾蚴。

（五）防治

本病目前尚无治疗办法。在本病流行地区，对所有的人员都要进行粪便虫卵检查，并对患牦牛肉绦虫病的患者定期驱虫。在牧场和定居点设立厕所，禁止人员随地大小便，并对厕所内的粪便进行生物热堆积发酵处理。加强肉品卫生检验，对感染有囊尾蚴的肉品按规定处理，加强卫生科普知识宣传，养成讲卫生、改变吃生肉的习惯。对个体屠宰户的牦牛只也要加强管理和肉品检验。

四、住肉孢子虫病

住肉孢子虫病是由住肉孢子虫科（Sarcocystidae）住肉孢子虫属（Sarcocystis）的多种住肉孢子虫寄生于牦牛体内所引起的原虫病，是一种人畜共患寄生虫病（见图 8-8）。

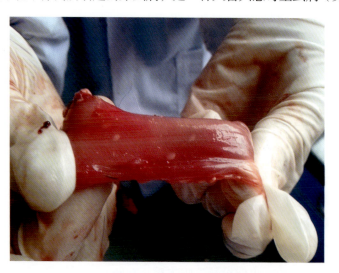

图 8-8　寄生于食道肌肉的大型住肉孢子虫

（一）病原形态

可感染牦牛的住肉孢子虫有三种，分别是以犬和郊狼为终末宿主的牦牛犬住肉孢子虫（Sarcocystis bovicanis）、以猫为终末宿主的牦牛猫住肉孢子虫（S.bovifelis）和以人为终末宿主的牦牛人住肉孢子虫（S.bovihominis）。

住肉孢子虫在牦牛肌纤维和心肌以包囊形态存在，在终末宿主小肠上皮细胞内或肠

腔中以卵囊或孢子囊形态存在。

包囊灰白色或乳白色，其纵轴与肌纤维平行，多呈纺锤形、椭圆形、长线状、圆柱形等，大小为 1~10 mm，小的需在显微镜下才可见到。囊壁由两层组成，内层向囊内延伸，将囊腔间隔成许多小室。囊内含有母细胞，成熟后为呈香蕉形的慢殖子，又称为雷氏小体。

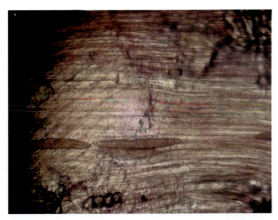

图 8-9　寄生于膈肌的住肉孢子虫包囊

（二）病原生活史

终末宿主食入感染有住肉孢子虫的牦牛肉后，包囊被消化，慢殖子逸出，侵入小肠上皮细胞内发育，7~9 d 后，粪便中就会出现感染性孢子化卵囊，牦牛食入住肉孢子虫感染性孢子化卵囊后，就会受到感染。孢子囊在肠内释放出子孢子，子孢子钻入肠系膜淋巴结，发育为裂殖体；裂殖体产生第一代裂殖子，裂殖子进入血液，并在心、肝、肾、脑、肌肉血管上皮细胞内形成第二代裂殖体，感染后 19~46 d，开始出现第二代裂殖子，裂殖子通过血液循环，进入心肌和骨骼肌中定居下来，形成住肉孢子虫包囊。牦牛首次感染住肉孢子虫后 70 d，体内的住肉孢子虫对终末宿主具有感染力。

（三）症状

牦牛急性住肉孢子虫病可引起牛的死亡，发生在感染后 26~33 d。多数表现为隐性经过，患畜精神沉郁，疲倦无力，食欲减退，消瘦，贫血，脱毛，母畜流产，腹泻，感染严重的牦牛衰竭死亡。

（四）诊断

生前诊断困难。主要借助于免疫学方法，如间接血凝试验、酶联免疫吸附试验等，结合临床症状和流行病学进行综合诊断；也可采取少量肌肉组织（腿肌、臀肌、背肌等），剪碎压片镜检，观察到住肉孢子虫包囊即可确诊。死后剖检发现包囊可确诊。

（五）防治

目前尚无特效药物，患病牦牛可试用抗球虫药物，如盐霉素、莫能菌素、氨丙啉等

治疗。应在预防上下功夫，加强肉产品检验制度，将住肉孢子虫列为必检项目；被住肉孢子虫污染的肉产品，要进行无害化处理；对引进的牦牛进行检疫，防止引入该病；对家养的犬、猫等肉食动物进行普查，消除病原。

五、蛔虫病

犊新蛔虫（*Neoascaris wtulorun*）也称牦牛弓首蛔虫（*Toxocaru vltulorum*），属于弓首科（*Toxocaridae*）新蛔属（*Veoascaris*）。主要寄生于犊牦牛的小肠，引起肠炎、腹泻、腹部膨大等症状。初生牦牛大量感染时可引起死亡，对牦牛养殖业的危害较大。

图 8-10　牦牛蛔虫虫体

（一）病原形态

犊新蛔虫的成虫虫体粗大，呈淡黄色，虫体体表角皮较薄，柔软。虫体前端有 3 个唇片，食道呈圆柱形，后端有一个小胃与肠管相接。雄虫长 10~25 cm，尾部呈圆锥形突起，弯向腹面。雌虫较雄虫大，长 15~30 cm，生殖孔开口于虫体前 1/8~1/6 处，尾直。

虫卵近乎球形，短圆，大小为 70~80 pm × 60~70 pm，壳较厚，外层呈蜂窝状，新鲜虫卵呈淡黄色，内含单一卵细胞。

（二）病原生活史

寄生在犊牦牛小肠内的雌、雄成虫交配，雌虫产卵随粪便排出体外，犊新蛔虫的虫卵在外界环境中的发育与猪蛔虫相似，在适宜的条件下，经 3~4 周发育为含第二期幼虫的感染性虫卵。成年牦牛吃了被感染性虫卵污染的饲料、青草或饮水后，在小肠内幼虫逸出穿过肠壁，在体内移行。过去认为，幼虫移行至母牦牛的生殖系统中，当母牦牛怀

孕后，通过胎内感染犊牦牛，经研究认为，这种说法证据不足。而在母牦牛体内的感染期幼虫通过乳汁感染犊牦牛已被证实，一部分幼虫移行到乳腺，犊牦牛吸乳时，幼虫进入其小肠进行第四次蜕皮，发育为成虫，成虫在犊牦牛体内生存2~5个月，以后逐渐从宿主排出体外。

（三）症状

犊新蛔虫的致病作用主要表现在幼虫的移行导致的组织损失，同时机械性刺激可以损伤小肠黏膜，引起黏膜出血和溃疡，并继发细菌感染，从而导致肠炎等。大量虫体的寄生可以引起机械阻塞，夺取宿主大量营养，从而使犊牦牛出现消化障碍。虫体代谢产生的毒素被犊牦牛吸收，也会引起严重危害，如出现过敏症状、阵发性痉挛等。轻度感染症状不明显。中度或严重感染时，犊牦牛可出现精神沉郁、消化失调，食欲不佳并腹泻，初排黄白色干粪，后排腥臭带黏液的黄白稀粪，口腔内也发出臭气味，严重者拉血痢，粪便黏性，有时出现腹痛，呼出气体带有刺鼻的酸味。大量虫体寄生时可引起虫源性肠阻塞或肠穿孔破裂，最后导致死亡。

（四）诊断

临床诊断除结合犊牦牛的发病症状外，还要进行必要的粪便检查（采用直接涂片法，盐水浮集法等），发现虫卵可以确诊。

（五）防治

（1）左旋咪唑。按每千克体重7.5 mg，一次性口服或肌肉注射。

（2）丙硫咪唑。按每千克体重10~20 mg，一次性口服。

（3）伊维菌素。按每千克体重0.2 mg，一次性皮下注射。

（4）加强环境卫生管理，对犊牦牛进行预防性驱虫是预防本病的重要措施。许多犊牦牛是带虫不显症状者，但其排出的虫卵可以污染环境，导致母牦牛感染。

（5）对怀孕母牦牛施行预防性驱虫。可以选在母牦牛临产前两个月，施用左旋咪唑，以杀灭其体内潜伏的幼虫，防止侵害胎牦牛。

六、肺线虫病

肺线虫病是由网尾科（Dictyocaulidae）、原圆科（Protostrongylidae）的线虫寄生于牦牛的肺部所引起的疾病。

（一）病原形态

有大型肺线虫和小型肺线虫两种。

大型肺线虫属于网尾科（Dictyocaulidae）网尾属（*Dictyocaulus*）的线虫。虫体呈丝状，黄白色，头端有4个小唇片，口囊浅。雄虫长40~50 mm，交合刺2根，为多孔性结构，为棕黄或黄褐色，导刺带色稍淡，也呈泡孔状构造。雌虫长60~80 mm，阴门位

于虫体中央部，其表面略突起呈唇片状。

小型肺线虫属于原圆科（Protostrongylidae）的线虫。虫体纤小，呈毛状，长约 12~28 mm，口有 3 个唇片围成，交合伞背肋发达。寄生于牦牛的肺泡、毛细支气管、支气管内。

虫卵呈椭圆形，灰白色，内含第一期幼虫，大小为 49~99 μm × 32~49 μm。

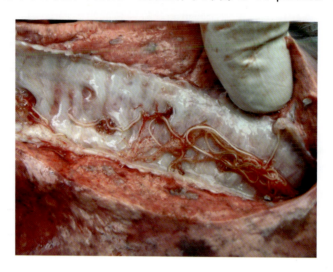

图 8-11　寄生于牛气管、支气管的肺线虫

（二）病原生活史

大型肺线虫为直接发育型。成熟雌虫产出的卵随着患牦牛咳嗽进入口腔后被咽下，进入消化道孵出第一期幼虫，随粪便排出体外，在适宜的条件下，蜕皮 2 次发育为感染性幼虫。牦牛在采食或饮水时吞食了感染性幼虫后感染，幼虫进入肠系膜淋巴结，随淋巴结循环进入心脏，再随血液流入肺脏，经 18 d 发育为成虫。

小型肺线虫为间接发育型。第一期幼虫随牦牛粪便排出后，钻入中间宿主（陆地螺和蛞蝓）体内，经 18~49 d 发育为感染性幼虫，其可自行逸出或仍留在中间宿主体内，后被牦牛吞食而感染。在牦牛体内的移行路径同大型肺线虫，感染后 35~60 d 发育为成虫。

（三）症状

肺线虫病易继发或并发细菌及病毒感染。病初表现咳嗽，尤以早晚明显，特别是在驱赶之后咳嗽加剧，咳出的痰液中可含有虫卵、幼虫或成虫，可视黏膜苍白。严重时迅速消瘦，呼吸困难，气喘，体温升高，死于肺炎或并发症。

（四）诊断

根据临床症状（咳嗽）和发病季节（春季），可怀疑为肺线虫病。进一步确诊，需直肠采集新鲜粪样，检查虫卵或采用贝尔曼氏法检查肺线虫幼虫。必要时可进行寄生虫学剖检，在肺脏的气管、支气管等处见虫体，可确诊。

图 8-12 采用贝尔曼氏法检查，显微镜下观察到的肺线虫幼虫

（五）防治

（1）定期在春季（2~3月份）进行预防性驱虫、圈舍和运动场所应保持清洁干燥，及时清扫粪便并堆积发酵，应尽量避免到潮湿和中间宿主多的地方放牧。

（2）治疗患牦牛可采用丙硫咪唑，剂量为每千克体重 5~20 mg，口服；左旋咪唑片，每千克体重 7.5 mg，口服，或左旋咪唑注射液，每千克体重 7.5 mg，皮下或肌肉注射。

七、莫尼茨绦虫病

莫尼茨绦虫病是曲裸头科莫尼茨属的扩张莫尼茨绦虫和贝氏莫尼茨绦虫引起的牦牛羊绦虫病。

图 8-13 牦牛莫尼茨绦虫节片

（一）病原形态

扩张莫尼茨虫呈带状，雌雄同体，头呈球形，稍带扁平，虫体前端为乳白色，后

213

端为淡黄色，长 1~6 mm、宽 16 mm。整个虫体分为头节、颈节、未成熟节片、成熟节片和孕卵节片 5 部分。头节上有 4 个吸盘，每个节片内含有两组生殖器官，每侧一组。雄性生殖器官包括两个扇形的分叶卵巢、两个卵黄腺、一个网状子宫和两个阴道，两侧均有生殖孔。雄性生殖器官包括分布于节片中央的 300~400 个睾丸以及位于两侧的雄茎囊，并于雄性生殖孔开口于节片侧缘。孕卵节片中充满了含卵的子宫。在节片的后缘有一排稀疏的圆形节间腺。

（二）病原生活史

寄生在牦牛、羊小肠内的成虫将虫卵或带有虫卵的节片随粪便排出体外。虫卵内的六钩蚴就在地螨内发育成具有侵袭性的幼虫一似囊尾蚴。当牦牛吃草时，将含有似囊尾蚴的地螨一起吃下。地螨在牛胃肠中被消化，似囊尾幼吸附在小肠黏膜上，逐渐发育为成虫。

（三）流行病学

主要感染牦牛，绵羊和山羊，尤其是犊牦牛和羔羊最易感染。主要发生在 5~7 月，6 月达到高峰。感染的程度与地螨的多少、螨生活条件有密切的关系。

（四）症状

一般呈慢性经过，轻度感染者，症状不明显；严重感染者，牦牛出现食欲减退、消瘦、喜饮水、常下痢、有时便秘，粪便中有绦虫节片，并有贫血。

（五）诊断

根据流行病学及症状可作出初步诊断，最可靠的诊断方法是依靠粪便中的节片和虫卵检查。一是每日清晨在牦牛圈或牦牛档绳处检查新鲜粪便中是否有长 1.5 cm 的黄白色节片；二是用饱和盐水漂浮法，检查粪便，以便发现虫卵。

（六）防治

对地螨多的地区经过几年的翻耕，人工种植牧草，则把地螨逐年消灭。在进入春季放牧的一个月后，进行一次预防性幼虫期驱虫，15 d 至一个月再进行一次驱虫。可用 1% 硫酸铜溶液，按每头牦牛犊用药 120~150 mL，一次灌服；驱虫灵（氯硝柳氨）按每千克体重用药 0.05 g，一次灌服；硫双二氯酚，按每千克体重 0.05 g，一次灌服。

八、胃线虫病

牦牛胃线虫病是寄生于牦牛胃内线虫的总称，危害极大，可引起消化道的炎症、临床上呈现消瘦、贫血、胃肠炎、下痢、水肿等。牦牛胃线虫主要有：捻转血矛线虫、奥斯特线虫、毛圆线虫、细颈线虫等。

（一）病原生活史

虫体寄生于消化道中，并排出虫卵。初排出的虫卵多呈椭圆形，壳薄，内含有已分裂为8~32个细胞的细胞团。虫卵在外界环境中在适当的温度（最适宜为20~30℃）和较大的湿度下1~2 d内便发育成幼虫。幼虫破壳而出，在土壤中生活，经过两次蜕皮后，变成具有感染力的幼虫。牦牛食入有感染力的幼虫而被感染（仰口线虫的幼虫还可以经皮肤感染）。这种感染性幼虫经常在夜间、阴雨和多雾的天气爬到湿润的牧草叶上，所以在这种天气放牧牦牛最易感染，感染后即在一定部位发育为成虫而寄生。

（二）症状

病原体在胃肠道寄生，在寄生过程中给宿主造成危害。由于在局部吸血，引起黏膜损伤和发炎，同时还分泌一些毒素，可使牦牛体血液不易凝固，致使血液由虫体造成的黏膜伤口大量流失。这种现象在仰口线虫、捻转血矛线虫、指形长刺线虫表现更为突出。有些虫体分泌一些毒素经牦牛体吸收后，可导致牦牛体内血液再生机能破坏或引起溶血而造成贫血。上述各种虫体引起的主要症状共同点为黏膜苍白、贫血，眼睑、胸部、腹部水肿，患牦牛精神不振，疲乏，不愿行走，消化不良，拉稀，日益消瘦，胃肠炎，有的拉稀、便秘交替出现。被毛粗乱，生长发育受阻，严重感染时，可导致病牦牛死亡。

（三）诊断

因胃肠寄生虫种类繁多，根据临床症状和粪便化验可用直接涂片法和漂浮法进行检查，检查时能见到不等量的圆形线虫卵，只有虫卵数量相当大，并出现相应的症状，才能判断是消化道线虫病，在解剖病（死）畜时，在胃肠中可找到大量寄生虫（数量在1 000条以上）。但有些虫体十分纤细，要仔细寻找才可发现。

（四）防治

改善饲养管理，不在低湿草地放牧，不放"露水草"，不饮死水、坑内水；建立轮牧制度；加强粪便管理，尽可能收集粪便，进行堆积发酵。同时定期进行预防性驱虫，每年进行两次以上。

本病的治疗可选用丙硫咪唑进行驱虫，每千克体重5~10 mg，内服。也可采用磷酸左旋咪唑，每千克体重8~10 mg，一次口服。敌百虫则采用每千克体重20~40 mg，一次内服。

九、梨形虫病

牦牛梨形虫病又称巴贝斯虫病，是牦牛巴贝斯虫寄生于牦牛红细胞引起的一种蜱传性的季节性血液原虫病，常与双芽巴贝斯虫混合感染。

215

（一）病原形态

牦牛梨形虫是一种小型虫体，长度小于红细胞半径，大小为 2.0 mm × 15 mm，形态有梨籽形、圆形、椭圆形、不规则形和圆点形等。典型形状为成双的梨籽形，尖端以钝角相连，位于红细胞边缘或偏中央，每个虫体内含有一团染色质块。每个红细胞内有 1~3 个虫体。

牦牛梨形虫的生活史与双芽巴贝斯虫生活史相似，也需要通过两个宿主的转换才能完成，且只能由蜱传播，包括裂殖生殖、配子生殖、孢子生殖 3 个阶段。

（二）流行病学

牦牛梨形虫与双芽巴贝斯虫一起广泛存在于有牛蜱的北纬 32° 至南纬 30° 之间，两者常混合感染。我国此病的分布不如双芽巴贝斯虫病广，已发现于河北、河南、陕西、安徽、湖北、湖南、福建、西藏、贵州、云南、四川、浙江、辽宁等地。该虫寄生于牦牛、水牛和奶牛。该病的发生和流行与传播媒介蜱的消长、活动密切相关。由于蜱的活动具有明显的季节性，分布具有地区性，因此该病的发生和流行也具有明显的季节性和地区性。不同年龄和品种的牛易感性有差异，犊牛发病率高，但症状轻微，死亡率低；成年牛发病率低，但症状明显，死亡率高。纯种牛和非疫区引进牦牛发病率高，疫区牦牛有带虫免疫现象，发病率低。

牦牛梨形虫传播媒介为微小牛蜱，以经卵方式由次代幼虫传播，次代若虫和成虫阶段无传播能力。我国虽然有可能作为牛巴贝斯虫传播者的全沟硬蜱（*Ixodes ersulcatus*）存在，但尚未见可证实其传播该病的报道。本病多发生于 1~7 个月龄的犊牦牛，8 个月以上者较少发病，成年牛多为带虫者，带虫现象可持续 2~3 年。致病作用、临床症状及病理变化与双芽巴贝斯虫病相似。

（三）临床症状

潜伏期一般为 10~15 d，病牦牛首先表现为高热稽留，体温高达 40~42℃，精神沉郁，食欲减退，脉搏和呼吸加快，轻度腹泻，反刍迟缓或停止，病牦牛迅速消瘦，可视膜苍白并逐渐发展为黄染，后期出现血红蛋白尿，尿色由浅红变为酱油色，乳牦牛乳减少或停止，怀孕母牦牛常发生流产，耐过急性期的牦牛转为慢性型并逐渐康复成为带虫者。

（四）诊断

在临床上，根据临床症状和流行病学可做出巴贝斯虫病的初步分析，这主要包括特征性症状（如高热、贫血、血红蛋白尿）、发病地点、李节、年龄、来源等。但确诊必须结合实验室检查。

1. 血涂片检查

采集外周血液（一般为牛耳静脉）制成薄血涂片，甲醇固定后染色镜检，发现红细胞内有特征性虫体，即可得出十分可靠的诊断结论。为了提高检出率，也可采用浓集虫

体的方法。即将可疑血液经抗凝处理后，低速离心，取上层红细胞涂片检查。这主要是因为含虫红细胞的比重比正常红细胞轻，经离心后大多位于上层。

2. 血清学检查

用于梨形虫病诊断的血清学方法很多，其中以补体结合试验、间接荧光抗体试验、酶联免疫吸附试验、间接血凝试验和乳胶凝集试验等方法显示出较强的特异性和敏感性而得到了较广泛的应用。血清学诊断方法多用来检测自然感染或人工感染梨形虫的体液免疫状况，即检测血清内特异性抗体来判断动物是否感染梨形虫。

3. 死后剖检

脑涂片在梨形虫病的死后诊断上具有重要意义。具体方法是用巴斯德吸管从牦牛的脑皮层中吸取涂片材料，然后制片、染色和镜检虫体，这种方法在地区性流行病学分析上有一定意义，但临床上没有多大价值。

4. 分子生物学诊断

随着分子生物学技术的发展，近年来，核酸探针技术和 PCR 技术均已成功地运用于梨形虫的诊断。

（五）防治

牦牛梨形虫病要及时确诊，尽快治疗。除了应用特效的药物杀灭虫体外，还应结合对症治疗。常用的杀虫药物有以下几种：

（1）三氮脒（贝尼尔）

三氮脒粉剂，临用时配成 5% 溶液作深部肌肉注射和皮下注射。牦牛剂量按每千克体重 3~7 mg，水牛剂量按每千克体重 1 mg，乳牛剂量按每千克体重 2~5 mg。可根据情况重复应用，但不得超过 3 次，每次用药要间隔 24 h。

（2）吖啶黄

吖啶黄又名黄色素、锥黄素。牦牛羊剂量为每千克体重 3~4 mg，极量为 2 g/头。用生理盐水或蒸馏水配成 0.5%~1.0% 溶液，静脉注射，注射前加温至 37℃，必要时 24 h后再次用药。

（3）咪唑苯脲

咪唑苯脲又名咪唑啉卡普。配成 10% 的水溶液肌肉注射或皮下注射。牛按每千克体重 13 mg，必要时每天 1~2 次，连续 2~4 次。

（4）硫酸喹啉脲

硫酸喹啉脲又名阿卡普林、抗焦素。配成 5% 溶液按每千克体重 1 mg 作皮下或肌肉注射。如疑有代谢失调或有心脏和血液循环疾患时，应分 2 次或 3 次注射，每隔数小时注射一次。

1. 灭蜱

蜱是预防牦牛梨形虫病的关键。根据流行区蜱的活动规律，有计划地采取一

217

此灭蜱措施，如药浴、人工摘除牦牛身上的蜱等。但热带和亚热带国家试图通过根除蜱来控制蜱媒疾病时，遇到了很大困难。影响蜱根除的原因主要有：蜱对杀螨剂产生了耐药性；新型杀螨剂价格昂贵；另外，蜱在家养动物和野生动物体上均能存活。澳大利亚研制出蜱的疫苗，通过降低蜱的繁殖力来控制蜱的数量也取得了一定的成功。

2. 药物预防

由于咪唑苯脲在体内代谢缓慢，导致它长期在体内残留，因此常将该药用于药物预防。据报道，该药的保护期可达 21~60 d。国内罗建勋等将该药制成缓释剂应用于临床也取得了很好的效果。

十、泰勒虫病

泰勒虫病是指由泰勒科（Theileriidae）泰勒属（Theileria）的各种原虫寄生于牦牛和其他野生动物巨噬细胞、淋巴细胞和红细胞内所引起的疾病总称。泰勒虫是蜱传性病原，我国主要有环形泰勒虫和瑟氏泰勒虫。

环形泰勒虫病是由环形泰勒虫（Theileria annulata）引起的一种季节性很强的地方流行性寄生虫病，流行于我国西北、华北和东北的一些省区。多呈急性经过，以高热、贫血、出血、消瘦和体表淋巴结肿胀为特征。

（一）病原形态

环形泰勒虫寄生于牦牛红细胞内的虫体称为血液型虫体，虫体很小，形态多样。有圆环形、杆形、卵圆形、梨籽形、逗点形、圆点形、十字形、三叶形等各种形状。其中以圆环形和卵圆形为主，占总数的 70%~80%，染虫率达高峰时，所占比例最高，上升期和带虫期所占比例较低。杆形的比例为 1%~9%；梨籽形的为 4%~21%；其他形态所占比例很小，最高不超过 10%，一般维持在 5% 左右，甚至更小。

寄生于巨噬细胞和淋巴细胞内进行裂殖增殖所形成的多核虫体为裂殖体，有时称石榴体或柯赫氏蓝体。裂殖体呈圆形、椭圆形或肾形，位于淋巴细胞或巨噬细胞胞浆内或散布于细胞外。用姬氏法染色，虫体胞浆呈淡蓝色，其中包含许多红紫色颗粒的核。裂殖体有两种类型，一种为大裂殖体（无性生殖体），直径约为 8 μm，呈蓝色，产生直径为 2.0~2.5 μm 的大裂殖子；另一种为小裂殖体（有性生殖体），产生直径为 0.7~1.0 μm 的小裂殖子。

（二）生活史

感染泰勒虫的蜱在牦牛体吸血时，子孢子随蜱的唾液进入牦牛体，首先侵入局部淋巴结的巨噬细胞和淋巴细胞内进行裂殖生殖，形成大裂殖体（无性型）。大裂殖体发育成熟后，破裂为许多大裂殖子，又侵入其他环形泰勒虫裂殖子巨噬细胞和淋巴细胞内重

复上述的裂殖生殖过程。伴随虫体在局部淋巴结反复进行裂殖生殖的同时，部分大裂殖子可随淋巴和血液向全身播散，侵袭脾、肝、肾、淋巴结、皱胃等各器官的巨噬细胞和淋巴细胞，进行裂殖生殖。裂殖生殖反复进行到一定时期后，有的可形成小裂殖体（有性型）。小裂殖体发育成熟后破裂，里面的许多小裂殖子进入红细胞内变为环形配子体（血液型虫体）。

幼蜱或若蜱在病牦牛身上吸血时，把带有配子体的红细胞吸入胃内，配子体由红细胞逸出并变为大小配子，两者结合形成合子，进而发育成为棍棒形能动的动合子。动合子穿入蜱的肠管及体腔等各处。当蜱完成其蜕化时，动合子进入蜱唾液腺，开始孢子生殖，产生许多子孢子。在蜱吸血时，子孢子被接种到牛体内，重新开始其在牦牛体内的发育和繁殖。

（三）流行病学

环形泰勒虫病的传播者是璃眼蜱属的蜱，我国主要为残缘璃眼蜱，它是一种二宿主蜱，主要寄生在牦牛身上。璃眼蜱以期间传播方式传播泰勒虫，即幼虫或若虫吸食了带虫的血液后，泰勒虫在蜱体内发育繁殖，当蜱的下一个发育阶段（成虫）吸血时即可传播本病。泰勒虫不能经卵传播。这种蜱在牦牛圈内生活，因此，本病主要在舍饲条件下发生。

在内蒙古及西北地区，本病于6月份开始发生，7月份达最高潮，8月份逐渐平息，病死率为16%~60%。在流行地区，1~3岁牛发病者多，患过本病的牦牛成为带虫者，不再发病，带虫免疫可达2.5~6年，但这种牦牛是蜱感染的来源，在饲养环境变劣，使役过度，或其他疾病并发时，可导致复发，且病程比初发严重。

由外地调运到流行地区的牦牛，其发病不因年龄、体质而有显著差别。当地牦牛一般发病较轻，有时红细胞染虫率虽达7%~15%，亦无明显症状，且可耐过自愈。外地牦牛、纯种牦牛和改良杂种牦牛则反应敏感，即使红细胞染虫率很低（2%~3%），也出现明显的临床症状。

（四）临床症状

潜伏期14~20 d，常为急性经过，大部分病牛经3~20 d趋于死亡。病初体温升高到40~42℃，为稽留热，4~10 d内维持在41℃上下，少数病牦牛呈间歇热。病牦牛随体温升高而表现沉郁，行走无力，离群落后，多卧少立，心跳和呼吸加快。体表淋巴结肿胀为本病特征，大多数病牦牛一侧肩前或腹股沟浅淋巴结肿大，初为硬肿，有痛感，后渐变软，常不易推动。眼结膜初充血肿胀，流出大量浆液性眼泪，以后贫血、黄染或点状出血。可视黏膜及尾根、肛门周围、阴囊等薄的皮肤上出现粟粒乃至扁豆大的、深红色、结节状出血点。病牦牛迅速消瘦，血液稀薄，红细胞减少至100万/mm³，血红蛋白降至20%~30%，血沉加快，红细胞大小不均，出现异形红细胞。后期食欲、反刍完全停止，出血点增大增多，濒死前体温降至常温以下，卧地不起，衰弱而死，耐过的病牦

219

牛成为带虫动物。

（五）诊断

本病的诊断与其他梨形虫病相同，根据临床症状、流行病学资料和尸体剖检可作出初步诊断，镜检血片、淋巴结或脾脏涂片上查到虫体可确诊；此外，还可作淋巴结穿刺检查石榴体。

（六）防治

至今对环形泰勒虫尚无特效药物，但如能早期应用比较有效的杀虫药，再配合对症治疗，特别是输血疗法以及加强饲养管理等可以大大降低病死率。

1. 磷酸伯氨喹啉

剂量为每千克体重 0.75~1.50 mg，每日口服一次，连用 3 次。该药具有强大的杀灭环形泰勒虫配子体的作用，杀虫作用迅速，投药 24 h，配子体开始被杀死，疗程结束后 48~72 h，染虫率下降到 1% 左右，被杀死的虫体表现为变形、变色、变小，死虫残骸在 1~2 周内从红细胞内消失。

2. 三氮脒粉剂

按 7 mg/kg 体重剂量，临用时配成 7% 溶液作深部肌肉注射和皮下注射，每日 1 次，连续注射 3~5 d，如红细胞染虫率不下降，还可继续治疗 2 次，为了促使临床症状缓解，还应根据症状配合给予强心、补液、止血、健胃、缓泻等中西药物以及抗生素类药物。对红细胞数、血红蛋白量显著下降的牛可进行输血。每天输血量，犊牦牛不少于 500~2 000 mL，成年牦牛不少于 1 500~2 000 mL，每天或隔 2 日输血一次，连输 3~5 次，直至血红蛋白稳定在 25% 左右不再下降为止。

预防的关键是消灭牦牛舍内和牛体上的璃眼蜱。用杀蜱药物控制蜱的侵袭。在本病流行区可应用牛泰勒虫病裂殖体胶冻细胞苗对牦牛进行预防接种，接种后 20 d 即产生免疫力，免疫持续期为一年以上。这些种虫苗对瑟氏泰勒虫无交叉免疫保护作用。

十一、牛皮蝇蛆病

牛皮蝇蛆病是由皮蝇科（Hypodermatidae）皮蝇属（*Hypoderma*）的昆虫幼虫寄生于牦牛体内所引起的一种慢性寄生虫病，见图 8-14。牛皮蝇蛆病是草原放牧牛最常见、危害较严重的寄生虫病之一。

（一）病原形态

有牛皮蝇蛆、纹皮蝇蛆、中华皮蝇蛆 3 个种。

牛皮蝇（*H.bovis*）外形似蜂，全身有绒毛，成蝇长约 15 mm，口器退化，不能采食，也不叮咬牛。虫卵为橙黄色，长圆形，大小为 0.8 mm×0.3 mm。第一期幼虫长约 0.5 mm，第二期幼虫长 3~13 mm，第三期幼虫体粗壮，颜色随虫体的成熟程度而呈现淡

黄、黄褐及棕褐色，长可达 28 mm，第七腹节（倒数第二节）腹面前、后缘均无刺，背面较平，腹面凸且有许多结节，有 2 个后气孔，气门板呈漏斗状。

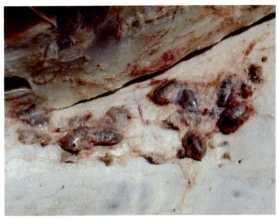

图 8-14　寄生于牛背部皮下的第二期或第三期幼虫

蚊皮蝇（*H.lineatum*）和中华皮蝇（*H.sinense*）的成蝇、虫卵及各期幼虫的形态与牛皮蝇基本相似，蚊皮蝇的第三期幼虫长约 26 mm，第七腹节（倒数第二节）腹面仅具前缘刺，中华皮蝇（*H.sinense*）的第三期幼虫前后缘均有刺。

（二）病原生活史

属于全变态，整个发育过程须经卵、幼虫、蛹和成虫四个阶段。成蝇在夏季晴朗炎热无风的白天，飞翔交配或侵袭牛只产卵，卵黏附于腹部两侧、前后肢等处的被毛上。经 4~7 d 卵孵出第一期幼虫，第一期幼虫沿着毛孔钻入皮内，在体内移行最后到达背部皮下形成包囊隆起，随后隆起处出现直径 0.1~0.2 mm 的小孔，幼虫以其后气孔朝向那里，第三期幼虫成熟后即由皮孔蹦出，落在地上慢慢蠕动，钻入土中化为蛹，其后羽化为成蝇，幼虫在牛体内寄生 10~11 个月，整个发育过程需要 1 年左右。

（三）症状

成蝇虽然不叮咬牛，但在夏季繁殖季节，成群围绕牛飞翔，尤其是雌蝇产卵时引起牛惊恐不安，表现为头高举，两眼圆睁，尾巴向上翘起，腿蹦踢，疯狂逃跑，跑向风口等处，这就是所谓"跑蜂"；影响牛采食和休息，引起消瘦，易造成外伤和流产，生产性能下降等，幼虫钻入皮肤引起局部痛痒，牛也表现不安。幼虫在牛体生活中分泌毒素，损害血液系统，引起贫血，有时因幼虫移行伤及延脑或大脑可引起神经症状，甚至死亡。

（四）病理变化

在牛背部皮下寄生时，引起周围结缔组织增生和发炎，背部两侧皮肤上柱状结节隆起，若激发细菌感染可形成化脓性瘘管，幼虫钻出后，瘘管逐渐愈合并形成瘢痕，严重影响皮革质量。

（五）诊断

主要根据流行病学、临床诊断和病理变化综合确诊。当幼虫出现于背部皮下时易于诊断，触摸牛背部皮肤可触诊到柱状隆起，在隆起处用力挤压，若挤出虫体，即可确诊，注意勿将虫体挤破，以免发生过敏反应。夏季在牛被毛上发现单个或成排的虫卵可为诊断提供参考。早期可采用国标 ELASA 方法诊断。

（六）防治

1. 预防性驱虫

每年 11 月初进行预防性驱虫，可起到较好预防效果。可选用阿维菌素片，每千克体重 0.3 mg，口服，休药期 35 d，泌乳期停用；伊维菌素注射液，每千克体重 0.2 mg，皮下注射，休药期 35 d，泌乳期停用；阿力佳透皮溶液，1% 浓度按每千克体重 500 µg 泼背，休药期 42 d，泌乳期慎用。

2. 治疗性驱虫

春季若发现皮肤上的瘤包，随时用手指把幼虫从瘤肿内挤出、杀死，以免其幼虫从皮下爬出，发育为成虫，到夏季再侵袭动物。

3.ELISA 方法检疫

采用国标 ELISA 方法加强对流进和流出动物的检疫，发现抗体水平高的动物及时治疗。

十二、疥螨病

牦牛疥癣病又称螨病，是一种慢性接触性传染性的牦牛外寄生虫病。

图 8-15　疥螨虫体

（一）病原形态

疥螨（穿孔疥癣虫）：虫体为卵圆形，长 0.2~0.5 mm，寄生于表皮下，穿成隧道，噬食细胞。痒螨（吸吮疥癣虫）：虫体为长圆形，长 0.5~0.8 mm。寄生于皮肤表面，用口器刺穿皮肤，吸吮皮下的淋巴和血液，以维持其生活。

（二）病原生活史

疥螨、痒螨、足螨以疥螨流行最广，危害严重。它的一生都是在宿主身上度过的。从虫卵发育到成虫，需要 2~3 周时间，即虫卵经 3~6 d 的孵化后，约经 11 d，孵出的疥螨性成熟，交配而产生新的虫卵。它们大部分的生活史在皮肤表面下层隧道中，包括交配、产卵和孵化。

（三）症状

主要发生在牛的头部和颈部，出现边缘不整齐的秃斑，表面盖灰白色鳞屑，病牦牛表现奇痒，舐食、啃咬、踢蹴患部，在牦牛圈墙壁、木桩、树木上进行摩擦，并出现食欲减退，反刍减弱，体质消瘦，发育停滞，精神萎靡，患部皮肤增厚，被毛稀疏或完全脱落，皮肤粗糙、枯裂，患部逐渐蔓延扩大，甚至延至全身。

（四）诊断

根据病牦牛患部脱毛、剧痒、有痂皮、皮肤增厚、消瘦及流行病学材料即可作初步诊断。但确切诊断必须要找到病原，检查的办法是用小刀在牛体患部和健康部的交界处刮取皮屑，直到微显出血为止，然后将白色皮屑放到黑纸上，或用煤油灯烟黑的玻璃上，放在阳光下照射，或放在炉子上加温，使之略高于体温，用肉眼或放大镜检查，则可看到灰白色的螨从病料中爬出，慢慢地移动。另一种办法是将刮下的痂皮放于 10% 苛性钾溶液中，浸泡 1~2 h，使其软化，用两片载玻片制成压片，然后用放大镜或低倍显微镜检查，也可见到虫体。

（五）防治

牦牛圈要保持清洁干燥。牦牛圈和用具、木桩、围墙定期用 20% 热石灰水、5% 克辽林溶液喷洒或刷洗消毒对牛群定期检疫。每年夏季对牦牛群进行药浴，用 0.05% 辛硫磷或 20% 林丹溶液配成 220 mg/kg，效果很好。用生石灰 5.4 kg、硫黄粉 10.0 kg、水 455 L，配成溶液洗涤。

十三、牦牛脑多头蚴病（脑包虫病）

脑多头蚴病是由带科（Taeniidae）多头属（*Multiceps*）的多头绦虫（*Multiceps multiceps*）的幼虫——脑多头蚴（又称脑包虫），寄生于牦牛的脑组织或脊髓内所引起的疾病，对犊牦牛危害严重（见图 8-16）。

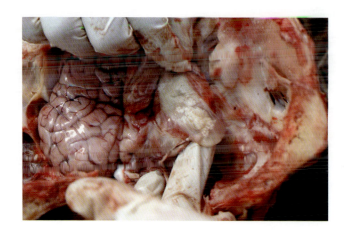

图8-16 寄生于牦牛脑部的多头蚴

（一）病原形态

多头蚴为囊泡状，囊体由豌豆到鸭蛋大小或更大，囊内充满透明液体。囊壁由两层膜组成，外膜为角皮层，内膜为生发层，其上生有菜花样的原头蚴群落，原头蚴具钩和吸盘，直径为2~3 mm，数目100~250个（见图8-16）。

成虫虫体呈白色，长40~100 cm，由200~250个节片组成，头节有4个吸盘，顶突和两排小钩，孕节片呈方形。虫卵呈圆形，大小为30~40 μm，内含六钩蚴，六钩蚴呈梨形。

（二）病原生活史

成虫寄生于终末宿主犬、狼、狐狸等的小肠内，随粪便排出孕节片或虫卵，污染牧场或饲料及饮水，被中间宿主牦牛吞食进入胃肠道，六钩蚴逸出，借小钩钻入肠黏膜血管内，而后随血流被带到脑脊髓中，经2~3个月发育为多头蚴。犬等终末宿主吞食了含有原头蚴的脑多头蚴，在终末宿主消化道中经消化液的作用，原头蚴附着在小肠壁发育为成虫，在犬体内经过45~75 d发育为成虫。

（三）症状

分前、后两个时期。前期为急性期。六钩蚴在脑组织移行引起的脑部炎性反应，表现为体温升高，脉搏和呼吸加快，患畜做回旋、前冲或后退运动。有的病例出现流涎、磨牙、斜视、头颈弯向一侧等。后期为慢性期。多头蚴寄生在大脑半球时，患牦牛表现为向着被压迫一侧进行"转圈运动"，还可造成视力障碍以致失明，患牦牛食欲消失，消瘦，卧地不起而死亡。寄生在大脑正前部时，牦牛头下垂做直线运动，遇到障碍物时把头抵在物体上呆立；寄生在大脑后部时，宿主头高举做后退运动，甚至倒地不起，寄生在小脑时，宿主神经过敏，易受惊，表现不安，易跌倒；寄生在脊髓时，宿主步伐不稳，后肢麻痹，大小便失禁。

（四）病理变化

脑膜充血和出血，慢性病例头骨有时出现变薄、变软和皮肤隆起的情况，虫体寄生部位周围组织出现萎缩、变性、坏死等。

（五）诊断

生前诊断困难，慢性病例可根据典型症状和流行病学资料而确诊，死后解剖在中枢神经系统发现多头蚴即可确诊。

（六）防治

寄生于脑浅表的多头蚴可采取手术摘除。急性病例可用吡喹酮试治，吡喹酮，每千克体重100~150 mg，一次口服，连用3 d。

做好预防工作，防治措施可参考棘球蚴病。

十四、蜱虫病

蜱（*Ticks*）是属于蛛形纲（Archnida）蜱螨目（Acarian）的一大类能够致病并传播疾病的节肢动物。蜱病是由蜱螨目的各种蜱寄生于家畜、伴侣动物、野生动物、鸟类而引起的一种吸血性外寄生虫病。除了本身致病以外，蜱还会传播多种疾病，包括多种人畜共患病。蜱包括硬蜱、软蜱和纳蜱，其中硬蜱、软蜱危害较为严重。

图8-17　牦牛蜱虫虫体

（一）病原形态

硬蜱呈红褐色或暗灰色，躯体呈卵圆形、虫体芝麻至米粒大，雌虫吸饱血后可达蓖麻籽大。背腹扁平，背面有几丁质的盾板，4对足。硬蜱头、胸、腹融合在一起，按其

225

外部器官的功能与位置区分为假头与躯体两部分。

（二）病原牛活史

硬蜱的发育过程为不完全变态发育，包括卵、幼蜱、若蜱和成蜱四个时期。雌蜱和雄蜱交配后，雌蜱吸饱血后离开宿主落地，爬到地表缝隙内或土块下经过一段时间（一般为4~9 d）才开始产卵，这一时期叫产卵前期（或称孕卵期）。卵产出后经过胚胎发育到从卵中孵化出幼蜱，这段时间叫卵期或孵化期，一般为2-3周，长者可达一个月以上。幼蜱出后经过几天的休止期，才寻找宿主开始吸血，饱血后幼蜱可达一个月以上。幼蜱孵出后经过几天的休止期，才寻找宿主开始吸血，饱血后幼蜱经一定天数的蜕变期变为若蜱，经过吸血变为成蜱。从雌蜱开始吸血到下一代成蜱出现为一个生活周期，即一代。硬蜱生活史的长短因种类不同而异。温度是影响蜱类发育的重要因素，环境湿度对硬蜱的发育也有明显影响，干燥不利于生长、发育。微小牛蜱完成一个世代所需的时间仅需50 d，而青海血蜱则需要3年。蜱类还存在滞育现象，这是对度过不良环境条件的一种适应。

（三）症状

蜱寄生引起的临床症状与寄生的数量和寄生部位有关。一般少数蜱寄生动物往往不表现明显的临床症状。严重感染时牦牛会出现烦躁不安，痛痒，经常蹭、抓或舔蜱寄生部位。寄生部位皮肤会出现发炎、水肿、结痂、增厚等症状。严重感染时牦牛会出现贫血症状，可视黏膜苍白、消瘦、生长发育不良等。如蜱寄生于趾间，即使是轻度感染，也会出现跛行等症状。有些蜱叮咬宿主后还会引起动物出现"蜱瘫痪症"，表现为食欲减退、运动失调、肌无力、流涎、瞳孔散大、瘫痪等，严重者可造成死亡。

（四）诊断

在牦牛体表发现寄生的幼虫、若虫和成虫可确诊，硬蜱多寄生于皮肤较薄、毛较少的部位，如耳根、腿根等处。在进行硬蜱种类鉴别时，未饱血的雄蜱比较容易观察，可以选择雄蜱来进行种类鉴别，可根据《我国硬蜱科分属检索表》进行鉴别。

（五）治疗和预防

硬蜱需要采取综合防治措施。对于寄生于牦牛体表的硬蜱可以用手工或机械清除，或用药物进行驱杀，如有机磷类药物、菊酯类药物和有机氯类药物进行喷雾、涂搽、药浴，或注射伊维菌素、阿维菌素、多拉菌素等大环内酯类药物。对于在圈舍周围活动的蜱可以采用堵塞畜舍内所有缝隙和小洞、在圈舍内喷洒杀虫剂等防治措施。对于自然环境中活动的硬蜱，可以采用轮牧及喷洒杀虫剂、消灭啮齿类动物、开展生物防治（如培育蜱的大敌，用鸡或蜥蜴吃蜱）等措施防治。

226

第四节　常见普通病的防治

一、口炎

口炎常由牦牛采食粗硬、尖锐或有毒牧草，误食草原毛虫，或自身牙齿磨口不正而引起。一些传染性因素，如牦牛感染水疱性口炎病毒、口蹄疫病毒也会表现为口炎症状。非传染性口炎症状主要为：病牛采食小心，缓慢咀嚼，口腔黏膜潮红并发生肿胀、甚至溃疡。口温较高，并散发出臭味，有泡沫样黏液从口角流出，但精神、体温无明显变化。

防治措施：排查并消除引起口炎的刺激因素。对牛病口腔进行消毒、消炎：口腔使用 0.1% 高锰酸钾溶液进行冲洗，或 2%~3% 硼酸溶液进行洗涤，每天 2 次；严重者肌肉注射青霉素。

二、食管阻塞

食管阻塞是由于牦牛采食成团、硬块食物或异物阻塞于食管腔道，不能下行到胃部的疾病。症状表现为：采食中突然发病，停止采食，精神紧张，头颈伸展，张口伸舌，大量流涎，呈现吞咽动作，呼吸急促。并伴有咳嗽和呕吐，从口、鼻流出大量唾液。严重者采食、饮水完全停止，瘤胃胀气，呼吸困难。

防治措施：加强管理，在牛采食时不可突然驱赶、惊吓；防止牛因饥饿而采食过急。早期确诊，及时排除异物。可使用开口器固定口腔，从外部把阻塞物由下而上推到咽部附近直接取出；当阻塞发生在颈中部或以下时，可用胃管向下推送，使阻塞物进入瘤胃。阻塞疏通后，应对食管局部炎症进行抗菌消炎治疗，并限制饲喂 1~2 d。

三、瘤胃积食

瘤胃积食是由采食多量难以消化、易膨胀的精料或粗纤维饲料，使瘤胃扩张所致。一般在放牧的牦牛中很少出现，但在一些集中育肥的牦牛养殖场常见。主要临床表现为：牦牛精神沉郁、腹痛、食欲减退，拱背起卧，起卧过程中常伴有呻吟声，便秘，粪便干硬；晚期四肢冰凉、全身战栗、停止进食，并严重脱水死亡。

防治措施：加强饲养管理，防止过食，在牦牛集中育肥养殖时，避免突然更换

饲料，粗饲料应适当加工软化后再喂。治疗原则为使瘤胃和肠运动恢复正常，促进瘤胃内部食物消化，保持电解质平衡。可使用硫酸钠 500 g、液状石蜡 500 mL、酒精 50 mL，加水 8 L，一次性灌服；静脉注射 10% 生理盐水 300~500 mL、氯化钙 100 mL。或使用中药治疗：大黄、山楂、陈皮、木香、槟榔、五灵脂研磨灌服，每天 1 次，连用 2 d。

四、瘤胃鼓气

牦牛瘤胃鼓气是牦牛在采食过程中食用过量易发酵产生气体的食物（豆科牧草、发酵青绿饲料、幼嫩青草等）或饥饿后采食大量饲草并饮水过量，导致大量气体在瘤胃积蓄使瘤胃急剧鼓胀，呼吸困难，若不及时救治，常在数小时或更短时间内死亡。在夏季幼嫩青草季节，牦牛群中发生瘤胃鼓气极为普遍，牧民称为"青草瘟"。

防治措施：日常饲喂不要让牦牛食用过量豆科牧草。治疗原则为及时排出牛体内气体，保持牛呼吸通畅，进行排气减压、制酵消沫，恢复瘤胃机能。如使用拳强力按摩瘤胃，促进气体排放；对病情危重牦牛可使用瘤胃穿刺。瘤胃消胀后当日不要立即饲喂，密切关注牦牛的反刍情况，待其反刍正常后才逐渐恢复之前的饲喂量。

五、皱胃左方变位

皱胃左方变位是指皱胃通过瘤胃下方移行到左侧腹腔，皱胃体漂浮于瘤胃与左侧腹壁之间。主要发生于母牛分娩后，犊牛与公牛很少发病。病初呈现前胃迟缓症状，随后左侧腹肋弓部彭大，听诊在左侧最后 3 肋骨区上 1/3 叩诊可听到明显的钢管音。在直肠检查时，瘤胃右移，瘤胃与左腹壁之间出现间隙。

防治措施：牦牛产后供应充足粗饲料，补充维生素和矿物质。可通过手术治疗皱胃左方变位。术后应注意护理，使用抗生素预防细菌感染。

六、支气管肺炎

支气管肺炎，又称小叶性肺炎、卡他性肺炎，是支气管和肺小叶群同时发生的炎症。常发生于寒冷季节的犊牛和体弱牦牛群。诸多因素引起，如：饲养管理条件差、牛群营养不良、抵抗力差，由肺炎球菌、流感病毒等病原感染引起。临床表现为体温弛张热，短钝痛咳，胸部叩诊呈局灶性浊音区，听诊有捻发音，肺泡音减弱

或消失。

防治措施：加强饲养管理，保持牛舍卫生、干燥、温暖，防止牛群受寒感冒。治疗原则为改善营养，加强护理。消炎止咳，促进渗出物吸收和排除，并使用青霉素、新霉素等抗生素治疗细菌感染。

七、尿石症

尿石症是指尿液中析出无机盐结晶，刺激尿路黏膜，引起出血、炎症和阻塞的一种泌尿系统疾病。该病可发生于牧牛、青年牛和泌乳牛。发病因素主要是尿液有沉淀物的存在，如磷酸盐、硅酸盐、草酸盐等。临床表现为尿频、食欲减退、排尿困难、呻吟，间或排除颜色、气味、透明度异常的尿液，甚至引起牦牛死亡。

防治措施：改善饲养管理条件，在炎热季节给牦牛补充足够饮水。发病后保守疗法治愈率不高，可以使用手术治疗（结石排除、阴茎截断与再造、坐骨部尿道切开等）配以合理的饲料、饮水等综合办法。

八、硒缺乏症

硒是动物机体必需的微量元素，当土壤、饮水、饲料中硒含量不足时会引起牦牛患硒缺乏症，由于犊牛生长发育较快，更容易患该病，尤以 1~3 月龄犊牛多发。犊牛发生硒缺乏症多以心力衰竭、运动障碍、呼吸困难为特征，心肌、骨骼肌变性、坏死，其病变肌肉褪色，外观呈煮肉样或鱼肌肉样，故称白肌病。

防治措施：在硒缺乏地区，预防该病通常采取给犊牛补亚硒酸钠（总剂量 3~5 mg）和维生素 E（总剂量 50~150 mg），皮下注射。治疗时按每千克体重肌肉注射亚硒酸钠溶液 0.1 mg，并配合维生素 E 制剂。

九、胎衣不下

牦牛在分娩后 12 h 内胎衣不能自然排除，临床统称为胎衣不下。胎衣在子宫内滞留会发生腐败，引起母牛子宫内膜炎等疾病，影响泌乳，腐败产物和细菌产生的毒素经子宫吸收导致败血症甚至母牛死亡。发病年龄主要是 2~4 岁初产母牛和 10 岁以上的经产母牦牛。发病原因：母牦牛在怀孕期间缺少补饲、营养不良，瘦弱，产犊时子宫收缩不全；感染布氏杆菌；或机体缺乏钙盐、矿物质。临床表现为拱背、阴门排出腐败恶臭液体。

防治措施：为防止母牦牛发生胎衣不下，在妊娠期对其进行适当的补饲，补充含钙

等矿物质及维生素 A 等，并保证每天足够的饮水。可通过手术或药物进行治疗。手术治疗应在产后第 2 天进行。牦牛站立保定，用 0.1% 高锰酸钾清洗阴门周围，术者戴长手套涂少量石蜡油，在母体胎盘和胎衣连接处小心剥离。若部分胎衣露在阴门外，可用一木棍戳进外露胎衣中间，用绳子扎紧，由快到慢同一方向捻转，并同时缓慢拽拉胎衣。药物治疗可肌注缩宫素 100 IU，同时使用 10% 生理盐水 1 000 mL、土霉素 1~2 g，灌入子宫内。12 h 后胎衣自然脱落。

十、子宫内膜炎

子宫内膜炎是牦牛在产后因大肠杆菌、链球菌、葡萄球菌等病原微生物感染子宫，或接产时子宫内膜受到损伤、子宫脱落、胎衣不下、助产不当等引起牦牛子宫内膜发炎。牦牛怀孕后期处于枯草季节，营养较差，产前或产后子宫有利于微生物感染，因此是牦牛的常见病。该病可分为急性化脓性子宫内膜炎、慢性化脓性子宫内膜炎、黏液性子宫内膜炎三类。

防治措施：预防该病，需注重牛舍卫生条件，加强消毒；加强牦牛营养补充，防止产后胎衣不下等情况发生；接产或人工授精时规范操作，用具严格消毒，避免器具对牦牛子宫内膜的机械损伤。治疗措施：将 0.5% 高锰酸钾溶液加温到 40℃借助导管冲洗子宫，每天 2 次，直至回流液变清凉；同时使用 10% 生理盐水 1 000 mL、土霉素 1~2 g，灌入子宫内，连用 3~5 d。

十一、生产瘫痪

生产瘫痪是母牛分娩前后突然发生的一种严重代谢性疾病，其特征为低血钙、知觉丧失、肌肉无力、四肢瘫痪。以奶牛最为常见，在牧区放牧的牦牛中，亦见有发生。母牛怀孕期和产后泌乳消耗大量血钙，使血中钙质不足或甲状腺机能紊乱，钙质吸收发生障碍等，是导致发病的主要原因。

防治措施：预防措施包括：在牦牛分娩前限制日粮中钙的含量，如钙镁含量比例调整为 1：3~1：10，分娩后立即补钙，日粮中钙含量增加至 100~150 g。生产瘫痪的治疗以提高血钙量和减少钙的流失为主，同时用其他疗法辅助，如使用 20% 葡萄糖酸钙 800~1 000 mL，静脉注射。

十二、乳房炎

乳房炎是成年泌乳牦牛的一种常见疾病，是导致牦牛产奶量下降的主要原因之一。其表现形式可分为隐性乳房炎、临床型乳房炎、非特异性或无菌乳房炎、慢性乳房炎4种。临床型乳房炎以乳房红肿、泌乳减少或停止、乳汁稀薄为主要特征。但调查显示，隐性乳房炎在牦牛中发病率最高，占乳房炎发病率的60%以上。牦牛患隐性乳房炎后无明显临床表现，但产奶量迅速下降。引起隐性乳房炎的病原菌包括金黄色葡萄球菌、无乳链球菌、大肠杆菌、肠球菌等。

防治措施：加强饲养管理，保持圈舍环境及牦牛自身体表卫生，保证挤奶卫生。使用氨苄青霉素、硫酸链霉素、安乃近注射液、氢化可的松注射液，肌注，每日2次，连用3 d。也有报道显示，中兽药组方瓜蒌柴胡汤可用于牦牛乳房炎的治疗；左旋咪唑可用于牦牛乳房炎的预防和治疗。

十三、腐蹄病

牦牛腐蹄病是一种以蹄真皮或角质层腐败、蹄间皮肤及其深层组织腐败化脓为特征的局部化脓坏死性炎症。发病原因主要是饲养管理不当，如日粮配合不平衡引起蹄角质发育不良；牛舍阴暗潮湿，卫生条件差；坚硬异物引起蹄伤，导致坏死杆菌、链球菌、化脓性棒状杆菌等病原菌感染。临床症状表现为一肢或多肢跛行，喜卧；趾间皮肤和蹄冠成红色或暗红色、发热、肿胀，皮肤开裂，有恶臭味；蹄底不平整，角质呈黑色。若病情进一步发展，炎性肿胀可蔓征至掌部、腱、趾间韧带、冠关节或蹄关节，表现为体温升高，食欲下降，精神沉郁，逐渐消瘦。严重者蹄角质分离，甚至整个蹄匣脱落。

防治措施：控制饲养密度，注意场地卫生，及时清除场内异物，避免牦牛蹄部损伤。治疗可使用高锰酸钾或硫酸铜溶液对牦牛进行蹄部药浴，经药浴处理后干燥30 min。对病情严重者可采用蹄部手术治疗：局部麻醉后，将蹄部病灶中的坏死组织、脓汁等彻底清除，再用中西药涂覆治疗。

十四、直肠脱出

直肠脱出是指牦牛直肠末端黏膜层脱出或直肠全层脱出于肛门之外，不能自动缩回的一种疾病，是牧区牦牛较常见的疾病。病因主要是营养不良、缺乏微量元素等导致直肠韧带松弛，肛门括约肌松弛，直肠黏膜下层组织机能不全而不能保持直肠正常

位置；或慢性腹泻、肠内异物和毒素、肠道寄生虫疾病等各种原因引起的强烈努责、里急后重或肠道运动异常。临床所见多数病例脱出部分如篮球大，黏膜坏死，龟裂、水肿严重。

防治措施：牦牛肛门括约肌的松弛常与持续腹泻或分娩时引起神经的长时间受压或损伤等有关，多是一种继发性病变，因此要做好原发性病变的处理和预防。主要使用手术方法进行治疗。手术前注意将脱出部分用生理盐水冲洗，高锰酸钾溶液消毒。根据直肠脱出的严重程度，使用整复脱出、固定肛门、手术切除等方法。术后肌肉注射抗生素控制感染，并根据病情采取镇痛、消炎、缓泻等对症疗法。

第九章

牦牛场的建设与组织管理

第一节　牦牛场的建设

一、场址选择

安全防疫卫生条件和减少对外部环境的污染是现代集约化牦牛场规划建设与生产经营面临严峻的问题，同时现代化的畜牧生产必须考虑占地规模、场区内外环境、市场与交通运输条件、区域基础设施、生产与饲养管理水平等因素，场址选择不当，可导致整个畜牧场在运营过程中不但得不到理想的经济效益，还有可能因为对周围的大气、水、土壤等环境污染而遭到周边企业或居民的反对，甚至被诉诸法律。因此场址选择是牦牛场建设可行性研究的主要内容和规划建设必须面对的首要问题，无论是新建牦牛场，还是在现有设施的基础上进行改建和扩建，必须综合考虑自然环境、社会经济状况、畜群的生理和行为需求、卫生防疫条件、生产流通及组织管理等各种因素，科学和因地制宜地处理好相互之间的关系。

（一）畜牧场场址的基本要求

1. 满足基本生产要求，包括饲草料、水、电、供热燃料和乡村公路及牧道。

2. 足够大的面积，用于建设畜舍，贮存饲草料、堆放垫草及粪便，控制风、雪和径流，扩建，能消纳和利用粪便的草地。

3. 适宜的周边环境，包括地形和排污，自然遮护，与居民区和周边单位保持足够的距离和适宜的风向，可合理地使用附近的草地，符合当地的区划和环境距离要求。

（二）场址选择的主要因素

选择场址时，不但根据畜牧场的生产任务和经营性质，还应对人们的消费观念和消费水平、国家畜牧生产区域布局和相关政策、地方生产发展方向和资源利用等做好深入细致的调查研究。

1. 自然条件因素

（1）地势地形

地势是指场地的高低起伏状况；地形是指场地的性状、范围以及地物——山岭、河流、道路、草地、树林、居民点等的相对平面位置状况。牦牛场的场地应选在地势较高、干燥平坦、地下水位低、排水良好、能保持牛舍干燥暖和和向阳背风的地方。

青藏高原牧区和半农半牧区建牦牛场应选在稍平缓坡上，坡面向阳，总坡度不超过25%，建筑区坡度应在 2.5% 以内。坡度过大，不但在施工中需要大量填挖土方，增加工程投资，而且在建成投产后也会给场内运输和管理工作造成不便。山区建场还要注意地质构造情况，避开断层、滑坡、塌方的地段，也要避开坡底和谷地以及风口，以免受

山洪和暴风雪的袭击。

（2）场地环境

必须遵从社会公共卫生规则，既不污染环境，便于排污，又不被周围环境所污染。牛场场地应远离沼泽地和易生蚊蝇的地方，位于居民区的卜风处，不应选择在畜产品加工厂、制革厂、化工厂、水泥厂和居民区排污点附近。牛场与居民区距离应保持 300 m 以上，与其他养殖场距离 500 m 以上，距交通主干道 300 m 以上。

（3）水源水质

一是水量充足，能满足生产和生活用水与建筑施工用水的需要。二是水质良好，不经处理或经过处理能符合饮用水标准。三是水源便于保护。首先要了解水源的情况，如地面水（河流、湖泊）的流量，汛期水位；地下水的初见水位和最高水位。对水质情况需了解酸碱度、硬度、透明度、有无污染源和有害化学物质等，以保证水源处于清洁状态。

（4）气候因素

气候因素主要指与建筑设计有关和造成畜牧场小气候的气候气象资料，如气温、风力、风向及灾害性天气的情况。拟建地区常年气象变化包括平均气温、绝对最高与最低气温、土壤冻结深度、降雨量与积雪深度、最大风力、常年主导风向、风频率、日照情况等。

（5）饲草料供给条件

牦牛属放牧型家畜，所需营养物质主要由草原的牧草供给。因此牧场必须有供牦牛放牧的冷季草场和暖季草场，同时还应有饲草料生产基地，为牦牛生产冷季补饲草料。

2. 其他因素

（1）牦牛场外观

要注意畜舍建筑和蓄粪池的外观。例如，选择一种长形建筑，可利用一个树林或一个自然山丘作背景，外加一个修整良好的草坪和一个车道，给人一种美化的环境感觉。在畜舍建筑周围嵌上一些碎石，既能接住屋顶流下的水（比建屋顶水槽更为经济和简便），又能防止动物入侵。

（2）与周边环境的协调

多风地区尤其在夏秋季节，由于通风良好，有利于牦牛场及周围难闻气味的扩散，但易对大气环境造成不良影响。

二、牦牛场总平面规划

（一）牦牛场总平面规划的原则

1. 根据不同畜禽场的生产工艺要求，结合当地气候条件、地形地势及周围环境特

点，因地制宜，做好功能分区规划。合理布置各种建（构）筑物，满足其使用功能，创造出经济合理的生产环境。

2. 充分利用场区原有的自然地形、地势，建筑物尽可能顺场区的等高线布置，尽量减少土石方工程量和基础设施工程费用，最大限度地减少基本建设费用。

3. 合理组织场内、外的人流和物流，创造有利的环境条件和低劳动强度的生产联系，实现高效生产。

4. 保证建筑物具有良好的朝向，满足采光和自然通风条件，并有足够的防火间距。

5. 利于家畜粪尿、污水及其他废弃物的处理和利用，确保其符合清洁生产的要求。

6. 在满足生产要求的前提下，建筑物布局紧凑，节约用地，少占或不占耕地，并应充分考虑今后的发展，留有余地。特别是对生产区的规划，必须兼顾将来技术进步和改造的可能性，可按照分阶段、分期、分单元建场的方式进行规划，以确保达到最终规模后总体的协调和一致。

（二）牦牛场功能分区及其规划

牦牛场通常分为生活管理区、辅助生产区、生产区和隔离区。生活管理区和辅助生产区应位于场区常年主导风向的上风处和地势较高处，隔离区位于场区常年主导风向的下风处和地势较低处。

1. 生活管理区主要包括办公室、接待室、会议室、技术资料室、化验室、食堂餐厅、职工值班宿舍、厕所、传达室、警卫值班室以及围墙和大门，外来人员第一次更衣消毒室和车辆消毒设施等。生活管理区应在靠近场区大门内侧集中布置。

2. 辅助生产区主要是供水、供电、供热、维修、仓库等设施，这些设施要紧靠生产区布置，与生活管理区没有严格的界限要求。对于饲料仓库，则要求仓库的卸料口开在辅助生产区内，取料口开在生产区内，杜绝外来车辆进入生产区，保证生产区内外运料车互不交叉使用。青干草贮备库应距牧场建筑物50 m以上，以防火灾发生。青贮窖应建在距牛区不远的地方。

3. 生产区主要布置不同类型的畜舍、家畜采精室、人工授精室、家畜装车台等建筑。

4. 隔离区内主要是兽医室、隔离畜舍及粪便和污水储存与处理设施。隔离区应处于全场常年主导风向的下风处和全场区最低处，并应与生产区之间设置适当的卫生间距和绿化隔离带。隔离区内的粪便污水处理设施也应与其他设施保持适当的卫生间距。隔离区内的粪便、污水处理设施与生产区有专用道路相连，与场区外有专用大门和道路相通。

（三）畜舍布置形式

1. 单列式布置使场区的净污道路分工明确，但会使道路和工程管线线路过长。此种

237

布局是牦牛养殖牧场小规模畜牧场和因场地狭窄限制的一种布置方式，地面宽度足够的大型畜牧场不宜采用。

2. 双列式布置是各种畜牧场经常使用的布置方式，其优点是既能保证场区净污道路分流明确，又能缩短道路和工程管线的长度。

3. 多列式布置在一些大型畜牧场使用，此种布置方式应重点解决场区道路的净污分道，避免因线路交叉而引起相互污染。

（四）畜舍朝向

畜舍朝向的选择与当地的地理纬度、地段环境、局部气候特征及建筑用地条件等因素有关。适宜的朝向一方面可以合理地利用太阳辐射能，避免夏季过多的热量进入舍内，而冬季则最大限度地允许太阳辐射能进入舍内以提高舍温；另一方面，可以合理利用主导风向，改善通风条件，以获得良好的畜舍环境。

光照是促进家畜正常生长、发育、繁殖等不可缺少的环境因子。自然光照的合理利用，不仅可以改善舍内光温条件，还可起到很好的杀菌作用，利于舍内小气候环境的净化。我国地处北纬20°~50°，太阳高度角冬季小、夏季大，为确保冬季舍内获得较多的太阳辐射热，防止夏季太阳过分照射，畜舍宜采用东西走向或南偏东或西15°左右朝向较为合适。

（五）畜舍间距

具有一定规模的牦牛场，生产区内有一定数量和不同用途的畜舍。除个别采用连栋形式的畜舍外，排列时畜舍与畜舍之间均有一定的距离要求。若距离过大，则会占地太多、浪费土地，并会增加道路、管线等基础设施投资，管理也不便。若距离过小，会加大各舍间的干扰，对畜舍采光、通风防疫等不利。适宜的畜舍间距应根据采光、通风、防疫和消防几点综合考虑。

在我国，采光间距 L 应根据当地的纬度、日照要求以及畜舍檐口高度 H 求得，采光一般以 $L=1.5~2H$ 计算即可满足要求。纬度越高的地区，系数取大值。

通风与防疫间距要求一般取 $3~5H$，可避免前栋排出之有害气体对后栋的影响，减少互相感染的机会，畜禽舍经常排放有害气体，这些气体会随着通风气流影响相邻畜舍。

三、牦牛舍类型

牦牛舍类型可分为开放式、半开放式和封闭式。

（一）开放式牦牛舍

开放式牦牛舍也称为敞篷式、凉棚式或凉亭式畜舍，畜舍只有端墙或四面无墙的（图9-1）。这类形式的畜舍只能起到遮阳、避雨及部分挡风作用。为了扩大完全开放

式畜舍的使用范围，克服其保温能力较差的弱点，可以在畜舍前后加卷帘，利用亭檐效用和温室效应，保证夏季通风良好、冬季保温也得到一定程度的改善。完全开放式畜舍用材少，施工易，造价低，多适用于炎热及温暖地区。

图 9-1　开放式牦牛舍

（二）半开放式牦牛舍

半开放式牦牛舍指三面有墙，正面上部敞开或有半截墙的畜舍（图9-2）。通常敞开部分朝南，冬季可保证阳光照入舍内，而在夏季只照到屋顶。有墙部分则在冬季起挡风作用。这类畜舍的开敞部分在冬天可以附设卷帘、塑料薄膜、阳光板形成封闭状态，从而改善舍内小气候。半开放式畜舍应用地区较广，在北方地区一般使用垫草，增加抗寒能力。

图 9-2　半开放式牦牛舍

（三）封闭式牦牛舍

封闭式牦牛舍指通过墙体、窗户、屋顶等围护结构形成全封闭状态的牦牛舍形式，具有较好的保温隔热能力，便于人工控制舍内环境条件（图9-3）。其通风换气、采光均主要依靠门、窗或通风管。它的特点是防寒较易，防暑较难，可以采用环境控制设施进行调控。另一特点是舍内温度分布不均匀。天棚和屋顶温度较高，地面较低；舍中央部位的温度较窗户和墙壁附近温度高，由于这一特点，必须把热调节功能差、怕冷的初生仔畜尽量安置在畜舍中央过冬。

图9-3　封闭式牦牛舍

四、半农半牧区牦牛舍

当前，在川西北高原半农半牧区，牦牛舍饲已经呈逐步发展趋势，牦牛舍作为牦牛的栖息场所，与其生长发育和生产性能的正常发挥密切相关。然而，目前牦牛养殖场普遍存在牦牛舍结构设计不合理，牦牛舍的内部环境调控能力差等问题，直接影响到牦牛舍的通风、防寒、采光以及有毒有害气体控制。研究选择位于半农半牧区的茂县、小金县、金川县境内的3个牦牛养殖场，对其牦牛舍的内外环境指标进行系统测定和分析评价。

对6栋牦牛舍进行了分析，根据畜舍划分方法，将6栋畜舍分为两种类型（见表9-1），测定牦牛舍温热环境指标和有毒有害气体指标。测定完成后，在两种类型牦牛舍中各随机选择1栋进行通风改造，改造方法是在屋顶安装无动力旋转风帽，密度为每10 m²一个，对改造后的牛舍再测定温热环境指标和有毒有害气体指标。

表9-1 试验牦牛舍类型及外围护结构参数

序号	编号	类型	屋顶类型	纵墙		端墙	
				长（m）	高（m）	长（m）	高（m）
1	A1	A（有窗式）	双坡式	40.35	3	10.03	3
2	A2						
3	A3						
4	A4			44.71	3.71	8.68	3.71
5	B1	B（半敞式）		30.54	2.41	8.52	2.41
6	B2						

（一）外围护结构热工学公式

1. 外围护结构总热阻的计算

热阻是反映阻止热量传递能力的综合参量。鉴于本试验牦牛舍的外围护结构（屋顶、墙）未做任何保暖措施，均为单一材料层，材料层热阻计算公式为：

$$R = \frac{\delta}{\lambda}$$

式中，δ为材料厚度；λ为材料导热系数。

外围护结构总热阻计算公式为：

$$R_0 = R_n + \sum R + R_w = \frac{1}{a_n} + \sum \frac{\delta}{\lambda} + \frac{1}{a_w}$$

式中，R_n为围护结构内表面热阻；R_w为围护结构外表面热；a_n为外墙屋顶和顶棚内表面换热系数；a_w为外墙和屋顶的外表面及顶棚外表面换热系数。

2. 总延迟时间的计算

总延迟时间：畜舍外围护结构内表面温度峰值比舍外综合温度峰值推迟的时间为外围护结构总延迟时间，单位为小时。计算公式为：

$$\varepsilon = 2.7 \sum D - 0.4$$
$$D = R \cdot S$$

式中，$\sum D$为围护结构各层材料热惰性指标之和；R为热阻；S为蓄热系数。

热惰性D表示温度在围护结构内部衰减快慢，D值越大，表示围护结构的热稳定越好；S蓄热系数见建筑设计资料集。

3. 外围护结构总衰减度的计算

外围护结构总衰减度计算公式为：

241

$$V_0 = e^{0.71\sum D}\left[0.5 + 3\left(\frac{R_w}{6A} + A + R_w\right)\right]$$

式中，V_0 为总衰减度；$\sum D$ 为围护结构各层材料热惰性指标之和；R_w 为夏季外表面换热阻。A 计算公式为：

$$A = \frac{\sum (R/S)}{\sum R}$$

式中，R 为材料层热阻；S 为材料蓄热系数。

4. 夏季低限热阻的计算

夏季低限热阻是保障内表面温度不超过允许值的热阻，夏季牦牛舍内外温差较小，舍外温度有时甚至高于舍内温度，仅仅靠自然通风是无法降低改善舍内温度，因此，只能加大外围护结构热阻，来满足家畜的需要。外围护结构夏季低限热阻公式为：

$$R_0^{xd} = \frac{t_{z,p} - t_{n,p}}{\Delta t_z} \times R_n$$

式中，$t_{z,p}$ 为综合温度昼平均值，计算公式为：

$$t_{z,p} = t_{w,p} + \frac{\rho J_p}{\alpha_w}$$

式中，$T_{w,p}$ 为舍外温度昼夜平均值；J_p 为辐射强度昼夜平均值；P 为外围护结构外表面对太阳辐射的吸收系数，与外围护结构粗糙程度以及表面颜色有关，白色石灰粉刷墙面取值 0.48，青灰色水泥墙面取值 0.7，红瓦屋面取值 0.7，蓝色取值 0.88；a_w 为外表面转移系数，与外表面热移阻 R_w 互为倒数，取 18.52；相关资料建议，$t_{n,p}$ 值允许比舍外温度昼夜平均计算值的允许值高 1℃，即 $t_{n,p}=t_{w,p}+1$；Δt_z 取值 2℃；R_n 为外围护结构内表面热转移阻，墙和屋顶分别取值 0.115 和 0.143。

5. 围护结构基本失热量的计算

围护结构基本失热量指，不考虑通风，冷风等因素，按稳定传热计算，外围护结构通过单位时间内的失热量。它能够反映围护结构的保暖作用。公式为：

$$O_{js} = \frac{F}{R_{o,d}}(t_n - t_w) = KF(t_n - t_w)$$

式中，K 为外围护结构的传热系数；F 为外围护结构的面积；t_n 为舍内计算温度，t_w 为舍外计算温度。

6. 冬季低限热阻的计算

冬季低限热阻：指畜舍在冬季正常使用并在必要时供暖的情况下，保证围护结构

非透明部分的内表面温度不低于允许值的总热阻。最低标准为保证内表面温度不至于过低，不会出现结露，但冬季低限热阻不能保证舍内温度达到标准值。公式为：

$$R_o^d = \frac{(t_n - t_w)nAR_n}{[\Delta t]}$$

式中，t_n 为冬季舍内计算温度；t_w 为冬季舍外计算温度；n 为温差修正系数，取1.0；R_n 为围护结构内表面热转移阻，屋顶与墙均取0.115；A 为考虑材料变形及热惰性的系数，易压裂变形的保温材料取1.2，$D \leqslant 3$ 的轻结构取1.1，其他围护结构取1.0；Δt 为舍内气温与外围护结构内表面温度允许值（建议 Δt：墙：舍内计算温度 - 露点温度；屋顶：（舍内计算温度 - 露点温度） - 1）。

（二）牦牛舍环境变化规律

1. 不同类型牦牛舍环境指标的比较

（1）暖季不同类型牦牛舍环境指标比较

表 9-2　暖季不同牦牛舍舍内温湿度全天变化

时间	计算温度（℃）		相对湿度（%）	
	有窗式	半敞式	有窗式	半敞式
8:00	23.33 ± 0.81^A	17.92 ± 0.3^B	94.86 ± 0.91	95.87 ± 2.09
14:00	33.33 ± 1.72^a	25.81 ± 1.27^b	52.87 ± 5.04	63.79 ± 4.01
20:00	27.58 ± 0.66^A	20.7 ± 0.42^B	74.12 ± 2.28	80.7 ± 3.87
24:00	25.69 ± 0.85^A	18.27 ± 0.13^B	84.55 ± 2.07	92.04 ± 2.99

注：表中横排数据右上标字母不同时，小写字母表示差异显著（$P < 0.05$），大写字母表示差异极显著（$P < 0.01$），下同。

由表 9-2 可知，有窗式、半敞式类型牦牛舍舍内计算温度存在显著或极显著差异（$P < 0.05$ 或 $P < 0.01$），具体表现为，同一时间，有窗式舍内温度均高于半敞式，且有窗式、半敞式牦牛舍舍内温度超出牦牛适宜温度（8~12℃）。

有窗式牦牛舍舍内相对湿度变化范围为71%~94%，半敞式牦牛舍湿度变化范围为81%~99%，显示有窗式牦牛舍低于半敞式，且两种牦牛舍夜间相对湿度均超出牦牛适宜湿度（60%~65%），牦牛长期处于高温高湿环境中，可能会使自身不能维持动态平衡，造成代谢酸中毒，增加热应激的风险。

综上，有窗式牦牛舍计算温度高于半敞式（$P < 0.01$），且两种牦牛舍全天舍内温度均高于牦牛适宜温度12℃；有窗式牦牛舍相对湿度低于半敞式，白天湿度较为适宜，夜晚温度较大，高于适宜温度范围。

暖季，不同牦牛舍舍内 NH_3 和 PM_{10} 的全天变化见表9-3。

表9-3　暖季不同牦牛舍舍内 NH_3 和 PM_{10} 变化

时间	NH_3（mg/m²）		PM_{10}（μg/m³）	
	有窗式	半敞式	有窗式	半敞式
8:00	17.11 ± 2.37	14.80 ± 3.21	43.95 ± 2.87ᵃ	4.85 ± 2.27ᵇ
14:00	8.39 ± 1.7	7.85 ± 1.63	23.42 ± 1.98ᵃ	1.4 ± 0.23ᵇ
20:00	7.28 ± 1.65	6.12 ± 0.47	36.57 ± 0.62ᵃ	1.87 ± 0.42ᵇ
24:00	10.26 ± 0.59	4.05 ± 0.18	28.44 ± 1.26ᵃ	1.65 ± 0.3ᵇ

由上表可知，有窗式、半敞式牦牛舍白天舍内 NH_3 浓度有较明显下降趋势，夜间浓度邻近国家卫生学标准限值，可能会对牛的健康造成不良影响。

（2）冷季不同类型牦牛舍舍内环境指标比较

表9-4　冷季不同牦牛舍舍内温湿度全天变化

时间	计算温度（℃）		相对湿度（%）	
	有窗式	半敞式	有窗式	半敞式
8:00	2.61 ± 0.92	0.92 ± 0.68	70.39 ± 0.88ᴬ	50.63 ± 2.90ᴮ
14:00	9.63 ± 1.14	9.16 ± 0.73	52.43 ± 2.01ᴬ	37.75 ± 2.16ᴮ
20:00	7.97 ± 0.61	6.65 ± 0.48	52.55 ± 1.81ᴬ	39.5 ± 6.28ᴮ
24:00	5.49 ± 0.64	4.36 ± 0.56	61.8 ± 0.99ᴬ	41.05 ± 4.79ᴮ

由表9-4显示，一天之中同一时间，有窗式牦牛舍舍内温度高于半敞式，但除中午以外，其他时间舍内温度均不满足牦牛适宜温度；同一时间，半敞式牦牛舍舍内相对湿度低于有窗式，且半敞式不满足牦牛适宜湿度（60%~65%）。

冷季，不同类型牦牛舍内 NH_3 浓度和 PM_{10} 变化见表9-5。

表9-5　冷季不同牦牛舍舍内 NH_3 和 PM_{10} 变化

时间	NH_3（mg/m³）		PM_{10}（μg/m³）	
	有窗式	半敞式	有窗式	半敞式
8:00	5.51 ± 0.56	5.28 ± 0.46	71.04 ± 11.53ᴬ	1.38 ± 0.19ᴮ
14:00	4.57 ± 0.53ᵇ	6.69 ± 0.31ᵃ	30.45 ± 6.20ᴬ	5.88 ± 0.73ᴮ
20:00	6.89 ± 1.05	6.97 ± 1.01	51.00 ± 5.35ᴬ	21.34 ± 3.61ᴮ
24:00	5.42 ± 0.64ᵇ	7.94 ± 0.93ᵃ	62.86 ± 8.63ᴬ	0.68 ± 0.15ᴮ

同一时间，舍内 NH₃ 浓度，半敞式略高于有窗式，均未超出卫生学标准；有窗式型牦牛舍舍内 PM_{10} 浓度高于半敞式（$P < 0.01$），但未超出卫生学标准。

2. 通风改造牦牛舍的环境分析

（1）暖季相同牦牛舍通风改造环境对比分析

通风改造牦牛舍（G 型、P 型）暖季舍内环境的比较见表9-6。

表9-6　通风改造牦牛舍暖季舍内环境比较

		计算温度（℃）	相对湿度（%）	NH₃（mg/m³）	PM_{10}（μg/m³）
有窗式	P 型	29.95 ± 0.33	73.96 ± 1.26	9.52 ± 0.85	65.54 ± 6.58
	G 型	28.23 ± 0.46	73.63 ± 1.85	9.15 ± 1.27	61.03 ± 12.98
半敞式	P 型	20.65 ± 0.49	83.21 ± 1.91	11.12 ± 1.59A	1.83 ± 0.21
	G 型	19.91 ± 0.33	83.88 ± 1.5	5.85 ± 0.35B	2.9 ± 1.21

由表9-6可知，加装了风帽的有窗式（G 型）舍内计算温度（28.23℃）低于有窗式（P 型）（29.95℃）；相对湿度，G 型低于 P 型；NH₃ 浓度，G 型低于 P 型。暖季，计算温度，半敞式 G 型低于 P 型；相对湿度，G、P 型舍内基本相同；NH₃ 浓度，G 型低于 P 型（$P < 0.01$）。综上显示，风帽加大了舍内通风换气，降低舍内计算温度、氨气浓度等。

（2）冷季不同牦牛舍通风改造环境对比分析

通风改造牦牛舍（G 型、P 型）冷季舍内环境的比较见表9-7。

表9-7　通风改造牦牛舍冷季舍内环境比较

		计算温度（℃）	相对湿度（%）	NH₃（mg/m³）	PM_{10}（μg/m³）
有窗式	P 型	7.37 ± 0.81	59.15 ± 2.77	6.67 ± 0.79	63.81 ± 6.41
	G 型	7.48 ± 0.74	57.91 ± 2.75	5.6 ± 0.68	66.59 ± 8.68
半敞式	P 型	4.45 ± 1.13	44.65 ± 3.62	7.75 ± 0.49A	7.3 ± 3.15
	G 型	6.09 ± 0.79	39.81 ± 2.73	5.68 ± 0.52B	6.34 ± 2.48

由表9-7可知，有窗式（G 型）牦牛舍舍内计算温度高于有窗式（P 型）型；舍内相对湿度，G 型低于 P 型；NH₃ 浓度，G 型低于 P 型。冷季，半敞式 G 型牦牛舍舍内计算温度高于 P 型；相对湿度分，G 型低于 P 型；NH₃ 浓度，G 型低于 P 型（$P < 0.01$）。综上显示，风帽加大了舍内通风换气，有效改善舍内计算温度、氨气浓度等。

（三）牦牛舍外围护保温隔热性能分析

外围护结构指建筑及房间各面的围挡物，包括门、窗、屋顶、墙等。外围护结构的主要性能有保温和隔热。隔热主要体现在，炎热季节，控制内表面温度不会过高，调节

舍内温湿度。在寒冷季节或寒冷地区，为使舍内热量不散失，家畜不产生冷应激，围护结构保温性能，显得尤为重要。

1.外围护结构热工参数

外围护结构包括屋顶、墙等，各牦牛舍建筑参数如下见表9-8。

表9-8　各牦牛舍外围护结构材料热工参数

		材料	厚度 δ（m）	导热系数 λ [W/（m·K）]	蓄热系数 S [W/（m²·K）]	热阻 R（m²·K/W）	热惰性指标（D）
有窗式	屋顶	石棉瓦	0.005	0.52	8.52	0.010	0.085
	墙	空心砖	0.2	0.58	7.92	0.345	2.732
		水泥砂浆	0.02	0.93	11.26	0.022	0.248
半敞式	屋顶	彩钢板	0.004	58.2	126.1	6.87×10^{-5}	0.009
		泡沫	0.05	0.042	0.36	1.190	0.428
		日光瓦	0.005	0.033	0.36	0.152	0.055
	墙	空心砖	0.2	0.58	7.92	0.345	2.732

2.外围护结构保温隔热性能

牦牛舍的隔热性能由夏季低限热阻、总衰减度以及总延迟时间来衡量。保温性能由冬季低限热阻及基本失热量来衡量。根据表9-8各材料层热工参数以及参考国家标准，计算出夏季低限热阻、总延迟时间、总衰减度、基本失热量，具体数据见表9-9。

表9-9　不同牦牛舍保温隔热性能指标

		隔热			保温	
		夏季低限热阻（m²·K/W）	总延迟时间（h）	总衰减度	冬季低限热阻（m²·K/W）	基本失热量（W）
有窗式	屋顶	0.977	≈ 0	1.32	0.386	2.58×10^{5}
	墙	0.521	7.646	10.36	0.263	2296.94
半敞式	屋顶	1.247	0.928	12.3	0.373	1146.86
	单层塑料膜	—	—	—	0.261	8978.42

暖季，有窗式墙体总热阻基本满足夏季低限热阻，总延迟时间为7~7.5 h，能较好避开高温时间段；屋顶热阻未达到夏季低限热阻，总延迟时间约0 h，总衰减度低，显示屋顶隔热性能较差。半敞式牦牛舍屋顶基本满足夏季低限热阻，总延迟时间1 h，显示半敞式屋顶隔热效果一般。

冷季，有窗式墙体总热阻为 0.345 m²·K/W ，满足冬季低限热阻 0.263 m²·K/W，且基本失热量较小，说明有窗式墙体满足保温要求；屋顶总热阻低于冬季低限热阻，基本失热量大，显示有窗式屋顶保温能力较差。半敞式墙体为单层塑料薄膜，热阻未能满足冬季低限热阻，保温能力较差；屋顶热阻为 1.34 m²·K/W，满足冬季低限热阻，基本失热量较低，表明其具有良好的保温能力。

（四）结论

①暖季，两种牦牛舍牛舍均存在舍内计算温度过高、夜间湿度较大、夜间氨气浓度处于超标风险状态的问题，高温高湿会加大高温的危害，对牦牛正常生活有着不容小觑的影响；冷季，两种牛舍存在舍内计算温度低的问题。

②通过安装风帽增加通风换气，能有效改善舍内环境，降低舍内有毒有害气体浓度，具有一定的效果。

③通过对屋顶和墙的热工性能参数计算，以及和标准参考值的比较发现，暖季，有窗式屋顶的隔热设计未能达到要求，半敞式牦牛舍屋顶保温彩钢板，虽能有效降低舍内温度，但仍未达到夏季低限热阻要求，建议有窗式屋顶可适当增加隔热层，至热阻不低于夏季低限热阻（0.977m²·K/W），半敞式牦牛舍屋顶保温彩钢板，经计算，可增加 1cm 保温泡沫层厚度，即可满足夏季低限热阻；冷季，有窗式牦牛舍墙体空心砖部分，热阻基本满足冬季低限热阻（0.263 m²·K/W），而半敞式牦牛舍单层塑料膜基本失热量（8 978.42 W）较大，不利于冷季保温，有窗式牦牛舍屋顶热阻（0.01 m²·K/W）不能满足冬季低限热阻（0.37 m²·K/W），建议增加保温层，半敞式牦牛舍屋顶热阻（1.34 m²·K/W）较为合适。

五、牧区牦牛暖棚

（一）牧区暖棚参数制定

在高寒牧区，牦牛冬季掉膘是影响牦牛生长的主要因素，为降低牦牛冬季掉膘，牦牛舍饲圈舍建设可以为牦牛冬季生长发育提供有效的基础设施。目前藏区主要的暖棚主要仅仅单独地提供了牦牛夜间避雨当雪功能，饮水设施和饲喂条件缺乏，利用率较低，保暖增重效果不显著。研究人员在四川省红原县牦牛科技园区开展了舍饲牦牛圈舍建设研究，建设了舍饲试验圈舍和相应配套舍饲，并对舍饲环境和条件进行试验评估。

1. 有窗牦牛舍样式、尺寸及饲养工艺

红原地区牦牛养殖规模较小，同时为便于饲养人员管理，有窗牦牛舍选择单列式布置。根据牦牛舍内饲养牦牛的数量以及饲养密度，确定有窗牦牛舍样式尺寸如下：

有窗牦牛舍设计为门式钢架结构，南北朝向，牛舍长度 63 m（轴－轴），跨度为 9 m，以 6 m 为一个开间，西侧设置宽度为 3 m 的饲料间，檐高为 3.2 m。南侧窗户采用通长塑钢推拉窗，窗户尺寸为 2.0 m×1.5 m，窗台 1.4 m。山墙上设计饲喂通道门，尺寸为 2.0 m×2.9 m，门为推拉门；在南侧纵墙设计 4 个通往运动场的门，尺寸为 2.4 m×2.9 m。门口设计坡道，坡道长 1.6 m，宽度由门洞口宽度决定。外墙处设计散水和勒脚，前者宽 0.6 m，后者高 0.8 m。牦牛舍屋顶采用双坡式、彩钢夹芯板屋顶，其厚度为 120 mm，屋顶坡度为 1：4，屋顶南坡上设计采光带。牦牛舍内部饲喂走道宽度为 2.2 m，饲喂料槽宽度为 0.6 m。

2. 有窗牦牛舍防寒设计

针对四川省红原县冬冷夏凉的气候特点，牦牛舍主要以防寒设计为主。

（1）确定露点温度

为了防止冬季牦牛舍墙体和屋顶结露，必须要求冬季牦牛舍温度要高于露点温度。而要计算露点温度，首先要确定冬季牦牛舍要求温度下空气中饱和水汽压。

露点温度确定：

$$E = E_0 \times 10^{\frac{7.45t}{235+t}}$$

式中：E_0 为 0℃时的饱和水汽压值，E_0=6.11 hPa；t 为温度（℃）。

$$RH = \frac{E_S}{E} \times 100\%$$

式中：RH 为相对湿度（%）；E_S 为露点时空气中的水汽压（hPa）；E 为监测时气温条件下的饱和水汽压（hPa）。

$$T_d = \frac{235}{\frac{7.45}{\lg \frac{E_S}{E_0}} - 1}$$

四川省红原县冬季相对湿度在 60% 左右，为确保设计合理，取 RH=75%，冬季舍内计算温度设为 T=8℃。根据以上公式可以得出：E_0=6.11 hPa，E=10.75 hPa，E_S=8.06 hPa，所以露点温度为 T_d=3.85℃。

（2）确定墙体保温指标

冬季低限热阻（$R_{0.min}$）是指牦牛舍在冬季正常使用并在必要时供暖的情况下，保证围护结构非透明部分的内表面温度不低于允许值的总热阻。经计算确定的围护结构构造方案的总热阻，必须大于或等于其冬季低限热阻。

墙体：

$$R_{0 \cdot \min} = \frac{(t_n - t_w) \cdot n \cdot a \cdot R_i}{t_n - t_1}$$

屋顶：

$$R'_{0 \cdot \min} = \frac{(t_n - t_w) \cdot n \cdot a \cdot R_i}{t_n - t_1 - 1}$$

式中：$R_{0 \cdot \min}$ 为冬季低限热阻（$m^2 \cdot ℃/W$）；

t_n 为冬季舍内计算温度（℃），此温度与不同种或不同类群的畜禽对环境温度要求有关，取 8℃；

t_w 为冬季舍外计算温度（℃），可查表（我国主要城市及周围地区舍外气象参数），其中红原地区冬季通风情况下，室外计算温度取 –15.1℃；

n：温度修正系数，牛舍的墙体与外界直接接触，取 1.0；

A：考虑材料变形及热惰性（D）的系数，页岩砖墙体取 1.0；

R_n：墙体和屋顶内表面交换热阻（$m^2 \cdot ℃/W$），查表得 R_n=0.115 $m^2 \cdot ℃/W$；

$[\Delta t]$：舍内气温与墙体内表面温度的允许温差。本设计采用舍内计算温度和相对湿度（RH=70%）情况下，墙体采用 $[\Delta t]=t_n-t_1$，而屋顶在采用 $[\Delta t]=t_n-t_1$。

将这些参数带入公式，分别得出墙体和屋面的冬季低限热阻分别为 0.64 $m^2 \cdot ℃/W$ 和 0.84 $m^2 \cdot ℃/W$。

（3）确定墙体厚度

墙体主体材料为烧结 KP1 砖，外墙及内墙用水泥砂浆抹面，厚度 δ_1=δ_3=0.02 m，如图所示。其中，烧结 KP1 砖的导热系数为 λ=0.58 W/m·℃，水泥砂浆的导热系数 λ=0.93 W/m·℃。

根据多层匀质材料的总热阻公式：

$$R_0 = R_n + \sum R + R_w = \frac{1}{a_n} + \frac{\delta_1}{\lambda_1} + \frac{\delta_2}{\lambda_2} + \frac{\delta_3}{\lambda_3} + \frac{1}{a_w}$$

n 为墙体内表面换热系数，冬季取 8.7 W/（$m^2 \cdot ℃$）；

a_w 为墙体外表面，其中：a 换热系数，冬季取 23.3 W/（$m^2 \cdot ℃$）；

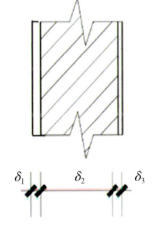

图 9-4　墙面材料

δ_1、δ_2、δ_3：为组成墙体的材料厚度，其中，δ_1=δ_3=0.02 m；

λ_1、λ_2、λ_3：墙体材料的导热系数，其中，λ_1=λ_3=0.93 W/（m·℃），λ_2=0.58 W/（m·℃）。

当 R_0=$R_{0 \cdot \min}$=0.64 $m^2 \cdot ℃/W$ 时，利用公式可计算出 $\delta_1 \approx 0.26$ m。由此可知，墙体厚度最少为 0.26 m，根据建筑模数要求，本设计采用 0.37 m 厚度的砖墙。

（4）确定屋面厚度

本设计采用聚苯乙烯彩钢夹芯板屋面（简称复合彩钢板屋面），外层和内层钢板的厚度分别为 $\delta^1=0.50\ mm$，$\delta_3 = 0.60\ mm$，导热系数 $\lambda_1 = \lambda_3 = 46.5\ W/（m \cdot K）$，导热系数 $\lambda_2 = 0.035\ W/（m \cdot K）$。根据计算结果及建筑材料常见型号，屋面材料采用 120 mm 厚复合彩钢板。

3. 有窗牦牛舍自然光照设计

（1）确定畜舍朝向

首先，根据当地的地理纬度、地段环境、局部气候特征及建筑用地等因素确定畜舍朝向。南北朝向的牦牛舍照射范围较大，阳光能够长时间地照射在牛体上。全封闭牦牛舍坐北朝南，可以减少冷风渗透，同时向东偏转 15°，便于早上更早接受阳光照射。

（2）根据冬至日太阳高度角确定牦牛舍窗户的上椽和下椽位置

太阳高度角是指太阳在牦高度上与地平面的夹角。太阳高度角随纬度、时间、日期不同而不同。北半球同一地点，同一时间的太阳高度角冬至日最小、夏至日最大。太阳高度角的变化直接影响通过窗口进入舍内的直射光量。太阳方位角是指太阳光线在地面上的投影与正南方向的夹角。太阳照射范围计算如下：

$$\sin h=\sin\varPhi \cdot \sin\delta+\cos\varPhi \cdot \cos\delta \cdot \cos\varOmega \tag{1}$$

$$\sin A = \frac{\cos\delta \cdot \sin\varOmega}{\cos h} \tag{2}$$

式中：h：当地任意时间的太阳高度角；$\varPhi$：当地地理纬度；δ：赤纬（太阳光线垂直照射地点与地球赤道所夹的圆心角）；$\varOmega$：太阳时角，上午为负，下午为正；δ 与 $\varOmega$ 的计算公式见公式（2）和（3）：

$$\delta = 23.45\sin(360 \times \frac{284 + m}{365}) \tag{3}$$

式中：m：计算日在一年中的日序数，从 1 月 1 日开始计算。

$$\varOmega=（n-12） \times 15 \tag{4}$$

式中：n：24 h 计算的当地时间。

四川省红原县地处 32.8° N，102.55° E。根据公式（1）（2）（3）（4）可以计算出冬至日上午 10 点，太阳高度角 $h=26.89°$，太阳方位角 $A=-30.11°$。根据牦牛舍的朝向与太阳方位角的关系，墙面法线与太阳方位的夹角为 γ，$\gamma=29.56°$。如果牦牛

250

舍朝向南，则南窗上檐和下檐至地面的高度与南窗光线投照到舍内地面的水平距离之间，存在以下关系：

$$H_1 = \frac{S_1 \cdot \tan h}{\cos \gamma} \qquad (5)$$

$$H_2 = \frac{S_2 \cdot \tan h}{\cos \gamma} \qquad (6)$$

式中：H_1、H_2：窗户上缘和下檐到室内地面的高度，S_1：南窗上檐光线透射到舍内的 a 到南墙外皮的水平距离；S_2：南窗下光线透射到舍内的 b 到南墙里皮的水平距离；h_d：太阳高度角；γ：南墙面法线与太阳方位的夹角。

为防止牛损坏玻璃窗，一般要求牦牛舍窗台高度不低于 1.5 m，考虑到牦牛相对于奶牛和肉牛来说体型较小，本设计拟采用窗台高 1.4 m，即 H_2=1.4 m。根据公式（5）（6），计算得出 S_2=1.94 m。根据建筑模数要求并结合牦牛舍高度，将牦牛舍窗户高度设计为 1.5 m。

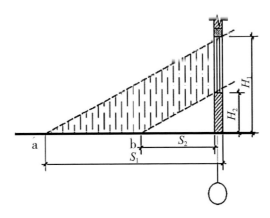

图 9-5　窗户与舍内采光的关系

综上所述，有窗牦牛舍南侧窗户窗台高度为 1.4 m，窗户宽度为 2.0 m。由于牦牛舍所在地冬季主导风向为西北风，北侧窗户处于迎风侧，因此减少北侧窗户尺寸，窗户宽度改为 1.5 m，间隔布置。

（3）屋顶采光带的设计

为了增加采光均匀性，牦牛舍屋面增设采光带。采光带的面积和位置的合理性对于舍内环境和牛舒适度有很大影响。屋面采光带的设计主要考虑三个方面，采光带面积、设置位置以及材料的选择，根据 CICR 要求，一般采光带面积为地面面积的 8%~10%。

4. 有窗牦牛舍通风设计

牦牛舍内的通风换气量可根据冬季的通风换气参数进行计算，并以最大值确定最小通风量。

（1）根据通风参数计算

参照肉牛舍设计标准，肉牛舍冬季的通风换气量的要求是大于等于 0.17 m^3/（h·kg）。通过公式计算出最小通风量：

$$L（m^3/h）=换气量标准 \times 家畜体重 \times 数量$$

（2）通风设计

由于红原地区冬季温度较低，为了达到较好的保温效果，本设计牦牛舍要求门窗关闭，舍内通风主要由屋檐下面的通气缝进行。

计算如下：

自然通风是以无风设计、只以热压为动力计算。

根据空气平衡方程式：

$$L_进=L_出=3\,600\,FV$$

$$V（m/s）=\mu\sqrt{2gH(t_n-t_w)/(273+t_w)}$$

式中：F：排气口面积（m^2）；H：进排气口中心之间垂直距离（m）；μ：排气口流量系数，取 0.5；t_n、t_w：舍内外通风计算温度。

红原冬季舍外通风计算温度 t_w =−15.1℃，t_n=8℃，由公式计算得到冬季最小通风量为 L，风速 V，通气缝面积 F。结合建筑要求及牦牛舍长度，确定通气缝宽度。

创新点：在牦牛饮水设施的建设上采用深挖机井与恒温循环供水系统相结合的方法，解决了冬季高原地区舍饲牦牛的饮水问题。恒温饮水系统对从机井抽提进入蓄水箱中的水进行不间断加热，保证温度恒定在牛只适宜的 17℃，通过循环泵与每只牛的饮水碗链接，通过压力阀控制饮水碗中的供水，保证牛只 24 h 不间断饮水，且水温恒定。

（二）牦牛暖棚饲养密度

暖棚养畜已成为我国牧区畜牧业发展的重要趋势。目前，在青藏高原，正在兴起牦牛暖棚养殖。因此，暖棚的建造规格以及养殖密度，越来越受到重视。本课题通过对川西北高原牧区的红原县不同密度牦牛暖棚的环境分析和评价，旨在通过暖棚最优饲养密度的分析，为牦牛棚舍的建设提供科学依据。

1.试验暖棚参数

选择一栋暖棚 A，设置三种不同饲养密度，分别为 0.22 头 /m^2、0.25 头 /m^2、0.29 头 /m^2。连续测定。

2.不同密度对舍内环境指标的影响

不同牦牛暖棚内环境及饲养密度见表 9 10。

表 9-10　不同牦牛暖棚内环境指标

饲养密度 （头 /m²）	计算温度 （℃）	计算相对湿度 （%）	氨气 （mg/m³）	硫化氢 （×10⁻⁶）	一氧化碳 （×10⁻⁶）	PM₁₀ （μg/m³）
0.22（C1）	5.13 ± 0.32	67.83 ± 1.63b	3.35 ± 0.46	0.00	0.00	36.55 ± 4.42
0.25（C2）	6.33 ± 0.41	57.6 ± 1.35c	4.35 ± 0.54	0.00	0.00	39.42 ± 3.72
0.29（C3）	7.58 ± 0.38	53.18 ± 1.26d	7.39 ± 0.67	0.00	0.00	32.43 ± 2.67

注：表中"0.00"表示含量低于仪器检出线。

不同密度间的计算温度、计算相对湿度以及氨气浓度，呈显著或极显著差异，表明密度对舍内温度、相对湿度、有害气体均具有一定的影响。随着饲养密度增加，舍内温度增加。

由表 9-10 可知，舍内硫化氢、一氧化碳值低于仪器检出线。由此可知，随着暖棚饲养密度增加，棚内计算温度和氨气浓度不断升高。

鉴于其他气体含量均低于仪器检出线，暖棚内有毒有害气体主要是氨气，因此，对不同密度下的氨气进行连续测定，测定时间为晚上 21:30 至次日上午 11:30，每小时 1 次。

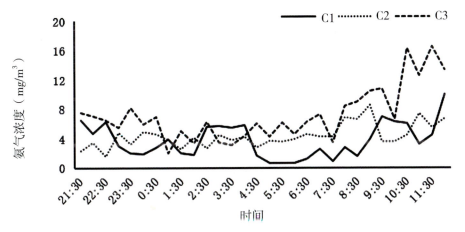

图 9-6　C 暖棚氨气浓度昼夜间变化

由图 9-6 可知，夜间氨气浓度缓慢上升，变化幅度较小，到早上 7:00~8:00，氨气浓度上升较快，可能与清晨排泄量变大有关；0.29 头 /m² 的氨气浓度最高，其次为 0.25 头 /m²，0.22 头 /m² 的棚内氨气浓度最低，表明密度对氨气浓度的影响较为明显；当 C 暖棚密度为 0.29 头 /m² 时，夜间氨气浓度超出农业行业标准（NT/T388-1999）规定的 20 mg/m³，可能会对牦牛健康产生不利影响。

因此，建议饲养密度为 0.25~0.29 头 /m²，即每头牦牛占地 3.45~4 m²，既可加大暖棚利用率，也可增加暖棚内温度，有利于防寒保温。

第二节　设施设备配套

一、牦牛多功能巷道圈

（一）高寒牧区现有巷道圈存在的问题

1.容纳圈过大，将牦牛（或犏牛）从容纳圈经喇叭口驱赶入驱虫免疫巷道非常困难，还易受强烈应激，导致工作人员受伤，牛只自身也会带来意外损失，效率低。

2.由于只有一个容纳圈，当圈里牛只数量越来越少时，变得焦躁不安，更难驱赶入巷道，甚至容易攻击伤人。

3.绝大多数巷道圈功能单一，仅仅能进行驱虫、免疫以及打耳号，少部分巷道圈虽然增加称重和分群设施，能进行称重和分群，但结构设计不合理，占用空间，多用耗材，也影响美观。

4.巷道是直的，牛只在巷道里穿行速度快，不利于开展工作。

（二）设计思路

针对以上问题，研发集生产性能测定、分级分群、疫病防治、引导上车等活动的多功能牦牛、犏牛生产及科研辅助设施。设计理念：满足牦牛生物学习特性，功能完善，经济耐用，使用方便、高效。

图9-7　多功能巷道圈

（三）结构组成及工作原理

1.容纳圈

容纳圈外形为一个近长方形结构，总大小按照平均每头牦牛1.5 m² 设计。容纳圈设一个中央容纳圈，中央容纳圈周围设多个子容纳圈。子容纳圈大小沿牦牛进入到巷道喇叭口的方向逐渐缩小。

2. 巷道

巷道为弧形结构，设置在容纳圈内部。巷道入口至出口的朝向以上午阳光不直射为宜。巷道净宽 70 cm，长度 12~14 m。

3. 生产性能测定区

生产性能测定区设置在巷道出口末端，净长 2.2 m，净宽 70 cm。

4. 上车台

上车台设置在容纳圈外部，通过一段短的引导巷道与生产性能测定区出口末端相连。

5. 容纳圈栅栏及巷道栅栏

横杆和小立柱选用圆柱形钢管。横杆外径 60 mm，壁厚 5 mm。小立柱外径 75.5 mm，壁厚 5.25 mm，高 1.5 m，顶端用圆球形管帽密封。第一横杆距离地面净高 10 cm，其余相邻横杆净间距均 24 cm。

6. 容纳圈平开门

选材及规格尺寸与容纳圈栅栏一致。在从下到上的第四根横杆下侧增加一条锁链，锁链直径 6 mm，内径 20 mm，节距 40 mm，链长 40~45 cm；上侧增加一卡子，卡子长、宽、高分别为 6 cm、4 cm、1 cm，卡子与立柱的间隙 10~12 mm。

7. 巷道入口平开门

横杆和竖杆均选用圆柱形钢管。横杆外径 75.5 mm，壁厚 5.25 mm，横杆两端用钢板密封。竖杆外径 60 mm，壁厚 5 mm，相邻竖杆净间距均 12.5 cm。平开门高度 140 cm，宽度 80 cm。

图 9-8　巷道入口平开门

8. 分群门

选材及规格尺寸与容纳圈平开门一致，去掉卡子下端的锁链，门宽 220 cm。

9. 悬挂式推拉门

悬挂式推拉门宽与巷道宽匹配，高 185 cm。滑动门门框竖杆选用圆柱形钢管，外径 60 mm，壁厚 5 mm。滑动门横杆除槽道 110 外，横杆选用圆柱形钢管，外径 48 mm，壁

厚 4 mm。把手 4 选用圆柱形钢管，外径 42.3 mm，壁厚 5.15 mm。槽道 110 与邻近的横杆净间距 10 cm，其余相邻横杆净间距为 20 cm。保护罩 3 选用 2 mm 厚的薄铁皮，半圆管状（或去掉一侧底面的长方体）。

10.大立柱

除与悬挂式推拉门共用的大立柱外，均选用圆柱形钢管，外径 114 mm，壁 7 mm，长 300 cm，其中地面部分长 180 cm，地下部分长 120 cm。地面部分立柱顶端之间选用宽、厚分别为 40 mm、10 mm 钢扁条连接固定。所有大立柱顶端用圆球形管帽密封。

11.连接卡子

选用宽、厚分别为 40 mm、10 mm 钢扁条。固定连接卡子两端合并圆的直径分别小于立柱直径和栅栏竖杆直径，卡子中间钻一个孔，用于安装螺丝。门连接卡子小端合并圆直径大于门竖杆钢管直径，卡子大端合并圆直径小于柱子直径，同时，在卡子中间及卡子大端各钻一个孔，用于安装螺丝。

图 9-9　悬挂式推拉门

12.免疫平台

免疫平台安置在巷道的悬挂式推拉门把手一侧。由水泥墩子和水泥台面构成，水泥标号为 425#，混凝土标号 250#。水泥墩子方柱形，高、宽、厚分别为 40 cm、40 cm、30 cm，水泥墩子间距 2.5 m。水泥台面厚 4 cm，宽 40 cm。水泥台面制作需要编结钢筋网，钢筋质量符合 GB13013 要求。

13.上车台

台底面宽 70 cm，长度 2 m~5 m。超过 3 m 的上车台，使用时需要在台底中间增加一支架。台底面外框选用宽、高、壁厚分别为 60 mm、40 mm、3 mm 的矩形方管。内部横杆选用宽、高、壁厚分别为 50 mm、50 mm、3 mm 的矩形方管，内部相邻横杆净间距

30 cm。台底面上铺厚 4 cm、表面粗糙防滑木板，木板上每隔 30 cm 再安装一根防滑木条。

侧面栅栏竖杆选用圆柱形钢管，外径 60 mm，管壁厚 5 mm，竖杆高度 1.6 m，竖杆两端口密封。横杆选用圆柱形钢管，外径 48 mm，壁厚 4 mm，横杆净间距 25 cm。

14.地面硬化处理

（1）硬化范围：中央容纳圈、喇叭引导口、巷道、生产性能区、上车台引导巷道。

（2）冻土层处理：验窝，确定土层深度。挖去冻土层，回填砾石。挖的宽度以目标区域两侧各延伸 40 cm。挖的深度，土层超过 1.2 m，大于 1.2 m，然后回填砾石；土层不超过 0.6 m，以下部分为沙石，去土和沙石 0.6 m，然后回填砾石。

（3）地面硬化：硬化宽度为目标区域两侧各延伸 15 cm。砾石夯实后先用标号 250号混凝土现浇硬化，厚度 25 cm；再用标号为 425 号的水泥进行硬化，厚度 20 cm。水泥地面要做防滑、防积水处理。

15. 防锈处理

巷道圈安装完毕后，所有钢管结构裸露部分均刷草绿色防锈漆两遍。

（四）技术参数

每头牦牛占地面积 1.5 m²，容纳圈总面积按群体规模的 1/3 设计，以 200~400 m² 为宜；部件选材符合 GB50018-2002 要求，热镀锌防锈材料，管壁厚度不低于 2 mm，焊接符合 H&Z562012-2002 规定；容纳圈及巷道的栅栏净高 140 cm；巷道净宽 70 cm，巷道长度 12~14 m；生产性能测定区净长 220 cm，净宽 70 cm；钢管埋入地下部分不低于120 cm，且用混凝土浇筑；冻土层去土不低于 120 cm；安装完毕后刷防锈漆两遍。

二、牦牛自动保定装置

（一）设计思路

由于牦牛野性强，不易控制，因此在对其进行修蹄、体检、直肠检查、配种、胚胎移植以及手术治疗等过程中，都需要把牦牛保定起来，限制其活动，以保障人和牦牛的安全，便于检查和治疗工作的进行。

（二）结构组成及工作原理

1.结构特点

牦牛用自动保定架为带脚轮的长方形整体结构，从前到后有三道自动门，中门到后门是牛体保定区域，前门到中门是牛头保定区域，自动门是由两扇活动门组成，上下有滑轨，电机带动两扇活动门开闭。牦牛自动保定装置中门到后门之间有两侧面板，其间距能自动扩大和缩小，用以夹紧或放松牦牛，以保定牛体在装置内不会晃动，两侧面板间距通过安装在顶部的电机和传动机构作调整，所述的侧面板分上下两块板，下侧面板可以向内转动 35°，两下侧面板可以抱住牛只的腹部，防止牛跌到。在牦牛自动保定

装置前部装有牛头固定机构，安装在前门和中门之间，安装在前门立柱上，用于固定牛头，所述的牛头固定机构固定形似钳形，有上下两钳臂，可以左右旋转、张开和闭合。

在牦牛自动保定装置后部安装有推牛横杆机构，电机可带动推牛横杆向前进或向后退，当牛只进入牦牛自动保定装置不到位时，推牛横杆可自动推牛体入位，确保后自动门关闭，推牛横杆用后可旋转隐藏。为了防止牛躯体下蹲，在牦牛自动保定装置上部安装有牛胸带和腹带保定机构。

2. 电气控制

在牦牛自动保定装置左侧面有电器控制箱和操作开关，控制三道自动门、推牛横杆等运行和两侧面板间距能自动伸缩。牦牛自动保定装置底板是钢木结构，其下安装电子秤，牛只进入该装置后可自动称重。

3. 使用方法

牦牛自动保定装置一次能保定一头犊牛，使用时三道门全部打开，犊牛依次通过后门、中门，进入前门，到位时前门关闭，牦牛不能前进，中门夹住牦牛的脖子，如进入不到位，横杆可自动推牛体入位，确保后自动门关闭；安装在前门立柱上固定牛头装置可以放下，钳形上下两钳臂固定牛头；如此时需夹紧牛体，电控两侧板夹紧牛体；装置上部配有胸带和腹带，其作用是防止牛躯体下蹲。

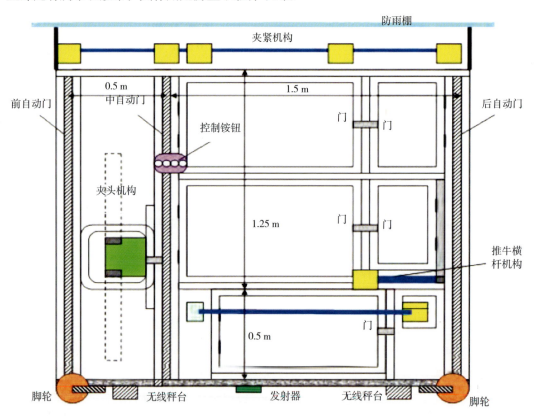

图 9-10 牦牛、犏牛自动保定装置设计立面图

258

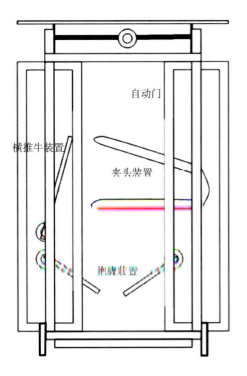

图 9-11　牦牛、犏牛自动保定装置设计正立面图

图 9-12　牦牛、犏牛自动保定装置实物图

（三）技术参数

设备尺寸：（外尺寸）长 2 100 mm × 宽 800 mm × 高 2 200 mm，（内尺寸）长 1 800 mm × 宽 700 mm × 高 1 800 mm；重量（空载）850 kg；电机数 7 个；控制方法：中央控制；可移动，可固定；耗电：交流 220 伏，350 W；结构：整体式。

三、人工辅助配种架

（一）设计思路

在牦牛三元杂交中，传统辅助配种方法是，放牧员套住母牦牛，将其两前肢绑定，让公牛爬跨进行配种。这种辅助配种的缺点是：第一，由于母牛前腿被绑，失去了平衡，会东倒西歪，不宜交配，当公牛体型体重较大时，易将母牛压垮倒地，导致配种失败，易造成母牛摔伤等问题；第二，费时费力，劳动强度大。鉴于此，设计轻便、安全、耐用、具有强支撑力的人工辅助配种专用保定架固定母牛，且公牛配种时前脚可以站在保定架辅助的支撑物上，更有利于完成配种。

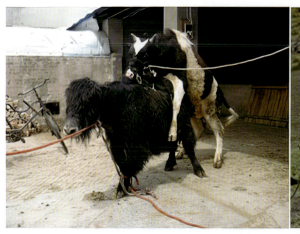

图9-13　传统辅助配种和保定架辅助配种

（二）结构组成及工作原理

保定架包括两个前立柱、两组后立柱、一组前横杆和两组侧横杆，一组前横杆包括两个相互平行的单前杆，两组侧横杆均包括三个相互平行的单侧杆，两组后立柱均包括三个相互平行的单柱，每组侧横杆的三个相互平行的单侧杆与对应的后立柱的三个相互平行的单柱为一体成型结构，单侧杆与对应的单柱之间为圆弧过渡，两组侧横杆上均设有防滑垫，防滑垫根据需要可选择塑料垫或金属垫等；前横杆的两端与两个侧横杆的前端连接，两个前立柱的上端与两组侧横杆的前端连接，两组后立柱的上端与两组侧横杆的后端连接，前立柱和两组侧横杆确定的区域为牛只站立区域，前横杆一端的上方安装有固定立柱，前横杆的两个单前杆上均设有多个对应的通孔，活动杆的下段设有对应的通孔，螺杆穿过前横杆的两个单前杆上的通孔和活动杆的通孔，活动杆的下段置于前横杆的两个单前杆之间，固定立柱的上部设有两个相互平行的固定横杆，活动杆的上段置于两个固定横杆之间，活动杆、前横杆和固定立柱围成一个用于限定牛只颈部的限位孔。

图 9-14　辅助配种架

（三）技术参数

长 130 cm，宽 42 cm；颈夹下沿离地面高度 80 cm，上下边沿高 30 cm，颈夹的活动夹杠位于中间 21 cm 处；埋深 50 cm。

四、牦牛、犏牛移动式挤奶机

（一）设计思路

传统畜牧业中，牦牛及犏牛奶由妇女手工挤奶获得。传统手工挤奶存在两大问题：第一，挤奶效率低下，工作量大，妇女极为辛苦劳累；第二，牛奶易被牛毛、灰尘等杂物污染，卫生指标达不到要求，奶品质量无法保证。

图 9-15　牦牛、犏牛两用挤奶机

为了解决以上问题，设计犏牛、牦牛专用移动式挤奶机，同时考虑转场及远牧点无电源条件，设计便携式、双动力供电挤奶机，根据犏牛、牦牛奶头及泌乳特点设计专用挤奶杯。

（二）结构组成及工作原理

专用移动式挤奶机，包括依次管道连通的真空装置、奶桶、集乳器以及奶杯；真空装置包括机架，在机架上设置有电机、真空泵以及真空罐支撑架，电机和真空泵传动连接，真空罐支撑架上连接有与真空泵连通的真空罐；机架上设置有能与电机切换使用的备用动力装置或在机架上设置有与电机电连接的备用供电装置。由于设置了能与电机切换使用的备用动力装置或在机架上设置有与电机电连接的备用供电装置，配合电机构成双动力的牦牛和犏牛两用移动式挤奶机，使得在断电的情况下，牦牛和犏牛两用移动式挤奶机也能正常工作，使用非常方便。使用时，依次连通真空装置、奶桶、集乳器以及奶杯，将奶杯作用于牦牛、犏牛的乳房，开启真空装置，奶杯开始挤奶；有电的情况下，使用电机作动力带动真空泵工作；没电的情况下，则切换备用动力装置作动力带动真空泵工作或者启动备用供电装置对电机供电，电机带动真空泵工作，使得真空罐里的压力降低，促使奶桶、集乳器压力降低，奶杯产生吸力，完成挤奶工作。备用供电装置可以是发电机、蓄电池等。

为减少噪音和污染，备用动力装置为汽油机。备用动力装置可以为柴油机也可以为汽油机，柴油机噪声大、污染大，易造成奶品质的下降。为方便调节皮带的松紧，电机底部设置有电机固定板，汽油机底部设置有汽油机固定板，电机固定板和汽油机固定板沿传动方向均设置有长孔，该长孔内配合有相应的固定螺钉。使用一段时间后，皮带会变长，为保证继续正常使用，可以旋松固定螺钉，微调电机或者汽油机的位置，然后再旋紧固定螺钉，以保证传动的可靠性；同理，若是更换新的皮带，也可以按此方式调节。为方便真空泵位置的调节，真空泵底部设置有真空泵固定板，该真空泵固定板上沿垂直于传动方向设置有长孔，该长孔内配合有相应的固定螺钉。使用一段时间后，因为更换皮带或者因为机械变形等情况，造成真空泵与电机或者汽油机的位置歪斜，需要调节；此时就可以旋松固定螺钉，进行微调，调节好后再旋紧固定螺钉。

为解决牧民牦牛和犏牛的混养，以及犏牛不同体格大小和同一犏牛个体不同胎次之间混养需要买两套以上设备的问题，在奶桶上设置有快速接头，奶桶和集乳器之间的管道通过该快速接头连通。由于奶桶和集乳器之间的管道通过快速接头连通，连接和拆卸都比较迅速，可以快速整体切换集乳器和奶杯，既可以给犏牛挤奶，也可以给牦牛挤奶，为两用设备，解决了牧民牦牛和犏牛的混养，以及犏牛不同体格大小和同一犏牛个体不同胎次之间混养需要买两套以上设备的问题。值得注意的是，同一犏牛个体不同胎次所需配套的奶杯不同，因为犏牛第一胎产仔后乳房的尺寸较小，第二胎产仔后的乳房

的尺寸比第一胎产仔后乳房的尺寸大，第二胎以后产仔后的乳房的尺寸变化不大，可以通用一种类型的奶杯。因此，同一犏牛个体不同胎次之间混养需要切换使用不同型号的奶杯。

真空罐可以绑扎固定在真空罐支撑架上，也可通过扣件固定在真空罐支撑架上，由于真空罐存在检修或者位置调节的情况，因此真空罐通过半圆夹固定在真空罐支撑架上，以方便拆卸检修或者调节位置。

为方便牦牛和犏牛两用移动式挤奶机的移动，机架前端底部设置有轮子，机架后端顶部设置有把手，操作人员可以通过把手方便地推动牦牛和犏牛两用移动式挤奶机移动。机架包括支撑脚，为减小牦牛和犏牛两用移动式挤奶机在使用时对地面的损伤，在该支撑脚底部设置有垫胶。由于电机或者汽油机在开启时，震动比较大，容易损伤地面，因此设置垫胶，以减小震动时机架对地面的损伤。

为方便真空罐的气压调节，真空罐上设置有压力表和调压阀。机架前端的边缘上设置有护罩，防止了电机、汽油机和真空泵等在移动真空设备使用时遭到奶水、粪便等的附着而造成损坏；同时还避免了工作时皮带滑脱造成事故。护罩还有一定的美观效果，使整个牦牛和犏牛两用移动式挤奶机给人观感上舒服。

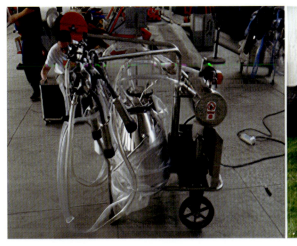

图9-16　犏牛、牦牛专用自动挤奶机

（三）技术参数

1. 挤奶杯

根据犏牛、牦牛奶头及泌乳特点设计挤奶杯。设计的弹性奶衬头部的奶头伸入口直径为 c，$20\ \text{mm} \leqslant c \leqslant 27\ \text{mm}$；在奶头伸入口下方的弹性奶衬内壁处设置有凹入弹性奶衬内壁的圆台，圆台下表面至弹性奶衬头部端面之间的距离为 d，$13\ \text{mm} \leqslant d \leqslant 17\ \text{mm}$，圆台直径为 f，$50\ \text{mm} \leqslant f \leqslant 60\ \text{mm}$；脉动空腔顶部至刚性外筒的底板下表面距离为 a，$145\ \text{mm} \leqslant a \leqslant 165\ \text{mm}$；脉动器接管与脉动空腔连

接处的孔中心线至刚性外筒的底板下表面距离为 b，5 mm ≤ b ≤ 16 mm；在弹性奶衬装入刚性外筒前，弹性奶衬外壁上与刚性外筒两端密封处之间的距离为 e，125 mm ≤ e ≤ 142 mm。

2. 挤奶机

（1）9JY-1 移动式挤奶机

旋片式真空泵：抽气量 170 L / min，真空度 50 kPa。

阻尼式气脉动器：90 次 /min。

不锈钢奶桶（单桶）：25L。

每小时挤奶：10 头。

功率：750 W。

（2）9JY-2 移动式挤奶机

旋片式真空泵：抽气量 210 L / min，真空度 50 kPa。

阻尼式气脉动器：90 次 /min。

不锈钢奶桶（单桶）：25 L。

每小时挤奶：20 头。

3. 机械挤奶和手工挤奶卫生指标检测

2013 年 7 月在红原县瓦切唐日合作社和四川省草原科学研究院科技园区取样，在四川大学生命科学院微生物学及微生物技术四川省重点实验室，参照《食品安全国家标准生乳》GB 19301—2010 及《食品微生物学检验菌落总数测定》GB/T 4789.2—2008 测定。检测结果见表 9-11，机械挤奶的细菌含量是手工挤奶的 1/10，挤奶效率是手工挤奶的两倍以上。

表 9-11　挤奶机挤奶的细菌指标及效率与手工挤奶的比较

项目	手工挤奶	挤奶机挤奶	比较
细菌含量（lg CFU/mL）	4.924	3.915	10 倍以上
挤奶时间（min/5 kg）	>14	6	2 倍以上
杂质污物含量	牛毛等杂质较多	封闭管道无杂质	干净卫生

第三节　牦牛场组织管理

目前，我国牦牛生产仍然是以千家万户分散放牧饲养为主。但近年来，牦牛养殖合作社及企业等新型经营主体迅速发展。由于本书相关章节已经介绍了牧户的饲养管理等

内容，这里不再赘述。在此仅以合作社或企业组织管理作一介绍。

无论是散户还是企业经营，盈利和可持续高质量发展才是牛场的终极目标，牛场的各项管理措施的制定和实施都是为了实现这一目标而服务的。劳动者是生产的决定因素，现代牛场管理的核心是员工管理及各项工作的制度化、标准化以及开源节流的计划管理及财务管理。

一、组织结构和人员配置

一个具有规模化的牛场一般由总经理、养殖部、技术部、经营部、办公室、财务部等构成。规模较大的牛场还可增加副总经理分管不同的下属部门，同时也可以考虑细分职能部门及增加相关部门。各部门有其具体的职能分工及岗位职责。

（一）总经理

总经理全面主持牛场的生产经营管理工作，制定各项管理制度及管理指标，建立和督促检查技术方案的落实及各项工作的进展，对下属各部门进行绩效评估。及时了解市场信息，调整生产技术计划。协调下属部门之间工作，协调和处理周边关系，解决纠纷问题等。

（二）养殖部

养殖部负责牛场养殖环节的工作，主要包括牛群的组织、饲草料的调制及投喂、疫病的防治、牛场环境清洁卫生等工作。该部门主要包括生产主管、畜牧师、兽医师、饲养工等人员。

由于养殖部门是一个牛场核心的部门，养殖部主要人员分工如下。

1. 生产主管

生产主管要有过硬的专业技能和一定的管理能力。制订生产计划和技术操作规程、监督生产进度及操作规程执行情况、制订饲草料采购计划、承担生产技术性事故责任等。

2. 畜牧师

畜牧师是牛场畜牧专业人才。制订牛群周转计划，制订饲草料配方和饲养管理规程，制订选种选配方案，负责牛场日常畜牧技术操作和牛群管理，负责生产性能测定，对技术方案进行评价并负责改进；制订饲草料产品或原料采购标准，负责原料进厂验收工作及成本控制，负责全场员工技术培训及生产档案管理等工作。

3. 兽医师

兽医师建立并贯彻牛场卫生防疫制度、兽医制度及免疫程序，负责全场消毒防疫工作，每日巡视牛群，发现病情及时处理解决，建立治疗档案，遇到疫情及疑难病例及时报告，承担兽医技术性事故责任。

265

4. 饲养工

饲养工按照饲养方案和饲喂量进行牛群的饲喂。负责牛只饮水、搞好料槽、水槽卫生，观察牛群采食、饮水、粪便和精神状况等，发现异常及时报告。经常与兽医师、其他养殖部门人员沟通，做好交接班工作。

5. 饲料工

饲养工按照饲草料配方配合饲草料。严格按照规程操作各类饲草料加工机械，确保安全生产。每一天按照发料单，给各班组运送饲料。注意检出异物或发霉变质的饲料。每月汇总各类饲料的进出库及配合好财务人员的库存清点等工作。

（三）技术部

技术部负责技术的研发、技术标准和规程的制定、监督生产过程中技术规程的落实及生产质量控制等。

（四）经营部

经营部负责牛相关市场信息的收集、种牛的选择与采购、草料产品采购、牛只的销售等。

（五）办公室

办公室负责行政、人事、后勤管理、办公物资的采购等。

（六）财务部

财务部具体负责公司财务制度的制定、执行 / 财务的预核算及其管理等。

二、生产管理

牛场的生产管理主要包括饲养计划、周转计划、饲草料供给计划和产品生产计划等。

（一）饲养计划

根据单位的实际情况及生产的终端产品的要求等制定饲养计划。其主要包括饲草料的选择、不同牛群饲养方式的确定，配种及繁殖制度、消毒及免疫制度、生产管理制度的制定，出场及出栏标准的确立等。有条件的单位应该制定本单位的相关标准，使有关人员有规可依，实现标准化生产。

（二）周转计划

在一年中，由于犊牛的出生、后备牛的生长发育和转群、各类牛的淘汰和死亡以及牛只的买进、卖出等，致使牛群结构不断发生变化。在一定时段内，牛群结构的增减变化称为牛群周转。牛群周转计划是牛场的再生产计划，是指导全场生产，编制饲草料供应计划、产品生产计划、劳动力需要计划和各项基本建设计划的重要依据。编制周转计划的主要依据有以下方面：

一是牛群结构。统计上年度年末各类牦牛的实有头数、年龄、性别、胎次、生产性能及健康状况等。在这个基础上确定年内牛群数量的变化情况，如牛群的存栏数量、淘汰数量、按计划应出栏的数量等。

二是本年度内配种及产犊计划。预计今年所产的犊牛数量，同时初步确定参配母牦牛预计生产牦牛犊的数量和犏牛犊的数量。

三是计划本年度淘汰、出售或购进的牛只数量。计划年度淘汰、出售或购进的牛只数量及计划年度末各类牛要达到的头数和生产水平及计划年度末各类牛要达到的头数和生产水平。

四是确定母牛繁殖成绩，犊牛等的成活率等。计算历年本场牛群繁殖成绩，犊牛、育成牛的成活率，成年母牛死亡率及淘汰标准。

五是确定能繁母牛在牛群中的比例和使用年限。母牦牛的使用年限和淘汰出栏决定着基础母牛的数量，同时也决定着青年母牛的预留的数量及比例。从理论上母牦牛的使用年限可以达到12年及其以上，但取决于饲养管理水平、牦牛体质及繁殖性能等。所以要根据本单位的具体情况来确定。

六是明确牛场的生产方向、经营方针和生产任务。编制周转计划时要确定牛场的生产方向是什么、主要产品有哪些。根据以上内容制定其经营方针和生产任务。

七是了解其他情况。了解牛场的基建及设备条件、劳动力配备及饲料供应情况等。

（三）饲草料供给计划

饲草料是牦牛或犏牛养殖的基础，养牛场必须每年制定饲草料生产和供应计划。编制饲草料计划应用牛群周转计划（每个时期各类型牛的饲养头数）、不同类型的牛只饲料定额等资料。按照各类群牛的饲养头数及饲养时间分别乘以各种饲料的日消耗定额，即为各类牛群的饲料需求量。然后把各类牛群需要的饲料量相加，再增加5%左右的损耗量。根据本场饲料的自给量，按照当地的亩产，即可安排种植计划及供应计划。

（四）产品生产计划

要以市场为导向，制订牛场产品生产计划。要明确出产的产品是犊牛、母牛、种牛还是育肥牛等，按照计划来确定实现的数量及要达到的要求。由于该产品是本单位实现利润最为主要的渠道，所以产品计划显得尤为重要。为了制订好产品计划进行高效生产，牛场需从以下几方面做好工作。

1. 规范生产管理制度

牛场要加强制度建设，要整合系统的规划生产，建立健全管理制度，规范、约束职工的行为，建立良好的生产秩序，做好生产管理、规范生产计划编制等工作。

2. 适度规模、适当产能

牛场规模也称生产规模或饲养规模，是正常生产年份可能达到的生产能力。牛场牛

产要注重规模效益，应具有一定的饲养量，但也不能认为生产规模越大越好。除了考虑经济效益等因素外，要重视劳动效率、运输效率、饲草料生产的土地面积、草场面积、饲草料贮存、粪污排放以及牛群管理对效率的潜在影响。通过限制因素指标，可确定适度规模饲养量及适度产能。

3. 销售及市场供应计划

按照市场的需求计划及销售的数量来制订生产计划，并配套相关资源。

4. 生产日程安排及进度管理

要制订一个详细的全年生产产品的规划日程表。按照日程表进行生产进度的掌握与控制。

二、财务管理

财务管理的具体内容是对资金、成本和利润的管理等。

（一）固定资金的管理

固定资金是固定资产的货币表现，固定资产是固定资金的实物形态。固定资金管理是对企业固定资产所占用及其所体现的资金的增减变化和使用效果进行的计划、控制、检查工作。要正确地核定固定资产的需要量，要本着节约的原则核定，以减少对资金的过多占用。要建立健全牛场固定资产管理制度，提高固定资产的利用效率。固定资产因使用而转移到产品成本中那部分价值称之为折旧费，通过折旧率来计算折旧费。折旧率是折旧费数额占固定资产原值的比例，计算公式如下：

$$折旧率 = \frac{（固定资产原值 - 净残值）}{（固定资产原值 \times 预计使用年限）}$$

（二）流动资金的管理

流动资金是养牛场在生产领域需要的资金，主要用于牛只的购买、饲料和药品的购买、人员工资发放等。流动资金管理是为合理使用流动资金对资金来源及运用所进行的计划、组织、核算、监督的总称。

牛场流动资金的管理主要包括储备资金的管理和生产资金的管理。储备资金是流动资金中占用较大的资金。要加强物资采购的计划性，既要做到按时供应，保证养牛场生产的正常需要，同时又要防止过多的积压。另外也要加强出库管理，加强材料的验收、入库、领取等工作，做到日清、月结、年终全面盘点核实。生产资金是在生产过程中从投入生产到产品产出以前占用的资金。

流动资金的利用效率主要是通过资金周转次数、销售收入资金率和流动资金利润率

等指标反映。这些指标可以按定额流动资金或全部流动资金计算。

流动资金周转率：包括周转次数和周转天数。一定时期内的周转次数愈多，或周转一次所需时间愈短，资金利用效果愈好。计算公式为：

$$全年或定额流动资金（年）周转次数 = \frac{全年销售收入总额}{全年全部或定额流动资金平均余额}$$

$$流动资金周转天数 = \frac{365\ d}{年周转次数}$$

产值资金率：是指企业在计算期内每百元总产值占用的流动资金。每元产值占用的流动资金愈少，资金利用效果愈好。计算公式为：

$$每元产值占用全部或定额流动资金 = \frac{全年全部或定额流动资金平均余额}{全年总产值}$$

$$每元产值占用全部或定额流动资金提供产值 = \frac{全年总产值}{全年全部或定额流动资金平均占用额}$$

销售收入资金率：是指企业计算期内每元商品产品销售收入占用的流动资金。每元商品产品销售收入占用的流动资金愈少，资金利用效果愈好。计算公式为：

$$销售收入资金率 = \frac{每元商品产品销售收入}{流动资金}$$

流动资金利润率：是指企业计算期内每百元流动资金提供的销售利润。每百元流动资金所提供的销售利润愈多，资金利用效果愈好。计算公式为：

$$全部或定额流动资金利用率 = \frac{全年利润总额}{全年全部或定额流动资金平均余额}$$

（三）成本管理

成本管理是牛场在生产经营过程中各项成本核算、成本分析、成本决策和成本控制等一系列科学管理行为的总称。参与成本管理的人员也不能仅仅是专职成本管理人员，应包括各部门的生产和经营管理人员，并要发动广大职工群众，调动全体员工的积极性，实行全面成本管理，才能最大限度地挖掘企业降低成本的潜力，提高企业整体成本管理水平。

牛场的成本核算是指对牛场生产费用支出和产品成本形成的会计核算。牛场生产费

用支出包括饲草料费、工人工资及福利、燃料动力费、医药费、固定资产折旧费、低值消耗品、牛场管理费等。畜产品或牛的体重是牛场的主要生产成果，所以牛群的畜产品或活重是反应产品率和饲养费用的综合经济指标，在以肉用为主的牦牛生产中可计算饲养日成本、增重成本、产奶成本、活重成本和产肉成本等。

1. 饲养日成本

饲养日成本指每头牛饲养一日的平均成本。计算公式为：

$$饲养日成本 = \frac{本期饲养费用}{本期饲养头日数}$$

2. 增重成本

增重成本是增重体重的单位成本。计算公式为：

$$增重单位成本 = \frac{（本期饲养费用 - 副产品价值）}{本期增重量}$$

本期增重量 =（本期末存栏活重 + 本期离群活重）-（期初结转活重 + 其本期转入活重 + 新购入活重）

3. 活重单位成本

活重单位成本也称毛重成本，是指一定日期的牛只活重的平均单位成本。计算公式为：

$$育肥牛活重单位成本 = \frac{期初活重总成本 + 本期增重总成本 + 投入转入总成本 - 淘汰畜残值}{期末存栏活重 + 期内离群活重}$$

4. 千克牛肉成本

千克牛肉成本是指生产每千克牛肉所消耗的成本。计算公式为：

$$千克牛肉成本 = \frac{出栏牛饲养费 - 副产品价值}{出栏牛的牛肉总产量}$$

（四）利润管理

利润是销售收入扣除销售成本和销售税金后的余额。利润是企业生存发展的核心指标。利润管理是企业目标管理的重要组成部分。

1. 利润管理的要求

①加强产品的成本管理：只有充分利用人力、物力和财力，不断降低产品成本，才能增加利润。

②加强销售管理：加强对产品销售计划、执行销售合同、遵守规定的价格、及时发货、办理统算和收回货款、加快产品销售速度、增加产品销售数量的管理，以提高产品

利润总额。

③完善经营管理体制：根据牛场的实际情况，通过完善经营管理制度充分调动牛场内部的积极性，使其产生内生动力，以提高整个牛场的利润水平。

2.利润核算

利润率是反应牛场利润水平的指标，通常利用销售利润率、成本利润率、产值利润率、资金利润率、净利润率等指标反应牛场的经济指标。

① 销售利润率：一定时期的销售利润总额与销售收入总额的比率。它表明牛场销售收入获得的利润，反映销售收入和利润的关系。计算公式为：

$$销售利润率 = \frac{产品销售利润总额}{产品销售收入总额}$$

② 成本利润率：一定时期的销售利润总额与销售成本总额之比。它表明牛场销售成本获得的利润，反映成本与利润的关系。计算公式为：

$$成本利润率 = \frac{产品销售利润总额}{产品销售成本总额}$$

③ 产值利润率：一定时期的销售利润总额与总产值之比，它表明牛场产值获得的利润，反映产值与利润的关系。计算公式为：

$$产值利润率 = \frac{产品销售利润总额}{产品总产值}$$

④ 资金利润率：一定时期的销售利润总额与资金平均占用额的比率。它表明牛场资金获得的销售利润，反映企业资金的利用效果。计算公式为：

$$资金利润率 = \frac{产品销售利润总额}{资金平均占用额}$$

⑤ 净利润率：一定时期的净利润（税后利润）与销售净额的比率。它表明牛场销售收入获得税后利润的能力，反映销售收入与净利润的关系。计算公式为：

$$净利润率 = \frac{净利润}{销售净额}$$

3.增加利润的主要措施

① 提高质量、扩大销售：一方面要提高产品质量，好的质量更加有利于产品的销售；另一方面扩大产品销售增加产品销售数量，才有可能增加销售收入和增加利润。

②降低成本：如果只是销售收入上去了，成本不跟着减下来，利润也很难增加。牛场常用降低成本措施有：裁员或降低工资；砍掉不必要的销售费用与行政费用；采用新技术；降低采购成本等。

③减少资金占用：通过减少资金的占用，加快资金的周转，实现利润的增加。

第十章

牦牛产品加工

第一节　牦牛乳与乳制品

一、牦牛乳概念

牦牛乳是母牦牛分娩后为哺育犊牦牛从乳腺分泌的一种不透明稍带黄色或白色的液体。牦牛乳含有犊牦牛生长发育所需的营养成分，是犊牦牛出生后较易于吸收的全价食物。

母牦牛泌乳期中，由于不同泌乳季节或时期，生理、病理、牧养条件等因素的影响，导致乳的成分发生变化。常规按不同变化情况，分为初乳、常乳、末乳、异常乳四种。

（一）初乳

母牛分娩后 7d 内所分泌的乳汁称为初乳。初乳的特殊性首先体现在其化学组成与常乳有明显的差异。牦牛初乳除含有丰富的营养物质（蛋白质、脂肪、乳糖）外，还包括大量具有特殊作用的生物活性物质。牦牛初乳是分娩以后为新生犊牛提供所有必要营养物质的第一食物，并且牛初乳作为各种免疫物质和非特异性抗菌物质的组合体，对于新生犊牛的被动免疫尤其重要，能够为后代提供出生后前几天内抵抗感染的防御能力。

牦牛初乳的物理性质与荷斯坦牛初乳相似，牦牛初乳呈黄色，较常乳深，有异味和苦味，其黏稠度显著高于常乳。其密度随泌乳时间的延长呈下降趋势，但 4 d 后与常乳相比无显著性差异；而 pH 值在分娩后 48 h 内在 6.1~6.5 之间，之后随泌乳期的延长而上升。其性质非常不稳定，耐热性能差，且容易形成凝块。

表 10-1 为牦牛初乳和过渡乳的基本化学组成随泌乳天数的变化。在泌乳的前 3 d 内，各组分的化学变化显著：总固形物、蛋白、脂肪和灰分含量显著下降，随着泌乳时间的延长，这四种组分的含量趋于稳定，这种变化趋势与荷斯坦牛初乳是一致的。

牦牛初乳中脂肪含量很高，其随泌乳时间的延长呈现下降趋势。此外，初乳中脂肪含量受年龄、营养状况、饲养管理、胎次、能量平衡以及乳房健康状况等因素的影响。牦牛初乳中乳糖含量较少，特别是分娩后第一次挤出的初乳，乳糖含量仅占约 3.3%，低于常乳 4.8%，这对于消化道中乳糖酶活力很低的新生犊牛来说反而是有利的。

表 10-1　牦牛初乳和过渡乳的基本化学组成

指标	含量						
	1 d	2 d	3 d	4 d	5 d	6 d	7 d
总固形物 （g/100 g）	22.06 ± 0.78ª	18.79 ± 0.36ᵇ	17.05 ± 0.49ᶜᵈ	17.31 ± 0.54ᶜ	16.97 ± 0.47ᶜᵈ	16.99 ± 0.38ᶜᵈ	16.21 ± 0.39ᵈ
蛋白质 （g/100 g）	9.86 ± 0.26ª	6.93 ± 0.31ᵇ	5.43 ± 0.29ᶜ	5.34 ± 0.19ᶜ	5.09 ± 0.14ᶜᵈ	4.80 ± 0.18ᵈ	4.31 ± 0.1ᵉ
脂肪 （g/100 g）	7.89 ± 0.31ª	6.30 ± 0.25ᵇ	6.08 ± 0.32ᵇᶜ	6.11 ± 0.46ᵇᶜ	5.68 ± 0.26ᵇᶜ	6.02 ± 0.28ᵇᶜ	5.85 ± 0.22ᶜ
乳糖 （g/100 g）	3.28 ± 0.23ª	3.59 ± 0.22ᵃᵇ	3.83 ± 0.19ᵇᶜ	4.20 ± 0.20ᶜᵈ	4.32 ± 0.30ᶜᵈᵉ	4.53 ± 0.27ᶜᵈᵉ	4.70 ± 0.24ᵉ
灰分 （g/100 g）	1.21 ± 0.05ª	1.04 ± 0.05ᵇ	0.99 ± 0.03ᵇᶜ	0.95 ± 0.07ᵇᶜᵈ	0.92 ± 0.06ᶜᵈ	0.88 ± 0.02ᵈ	0.87 ± 0.05ᵈ

（二）常乳

常乳是指母牛产犊 7 d 以后到干奶期开始之前所产的奶。这种乳的营养成分、理化特性基本稳定，色泽与气味正常。冷季枯草期，其色白芳香，气味不浓郁；暖季青草期，其色泽微黄，芳香扑鼻，是用作乳制品的原料。

（三）末乳

牦牛末乳与普通牛、水牛不一样，其所含成分、色、味不是受泌乳期长短与受孕临产生理变化制约，而是受冷暖季生态条件变化、草地牧草匮乏与丰盛的制约。牦牛末乳一般指初冬（10 月）至翌年严冬（1 月）这一段时间所分泌的乳。这种乳颜色随气温下降与牧草枯黄程度由微黄逐渐变白，芳香气味变淡，干物质含量增加。这种乳在牦牛产区一般不作乳制品原料或人食，而任犊牛吸吮。

（四）异常乳

广义地讲，凡不适于饮用或用作加工乳制品的乳称为异常乳；狭义地讲，凡是用 68%~70% 的酒精试验而产生絮状凝块的乳称异常乳，但也有不产生絮状凝块的。这种乳一般分以下几种，但无论哪一种都不能饮用或制作乳制品。

1. 生理异常乳

生理异常乳指上述初乳与末乳。

2. 理化异常乳

理化异常乳包括酒精阳性乳、低成分乳、冻结乳、细菌杂质污染乳和高酸度乳。

3. 病理异常乳

病理异常乳主要指乳腺系统中患乳头炎和乳房炎后产的乳。

二、牦牛乳的特性

牦牛乳无论是初乳，还是常乳，其中干物质、乳脂、乳糖、矿物质等营养成分含量均比普通牛乳高，一般高出一倍，有的甚至两倍。由此牦牛乳是乳制品中最优原料乳。缺点是乳脂球大，老、弱、幼、婴饮用全乳时，往往易引起腹泻。

（一）牦牛乳的物理特性

表10-2为牦牛乳、山羊乳、绵羊乳和荷斯坦牛乳的一些物理特性。

表10-2 乳的物理特性

物理特性	山羊乳	绵羊乳	荷斯坦牛乳	牦牛乳
密度（g/mL）	1.029~1.039	1.034 7~1.038 4	1.023 1~1.039 8	1.034 8
黏度（Pa·s）	2.12	2.86~3.93	2.0	1.6~2.2
表面张力（Dyn/Cm）	52.0	44.94~48.70	42.3~52.1	45~62
电导率（Ω/cm）	0.004 3~0.013 9	0.003 8	0.004 0~0.005 5	–
折射率	1.450	1.349 2~1.349 7	1.451	–
冰点（℃）	−0.540~−0.573	−0.570	−0.530~−0.570	−0.680
酸度（°T）	0.14~0.23	0.22~0.25	0.15~0.18	–
pH值	6.50~6.80	6.51~6.85	6.65~6，71	–
脂肪球直径（μm）	3.49	3.30	2~4	4.39
酪蛋白胶束直径（nm）	260	193	180	–

由表10-2可以看出，牦牛乳的密度在山羊乳、绵羊乳和荷斯坦牛乳密度的范围内，黏度的最小值低于山羊乳和绵羊乳，表面张力高于绵羊乳和荷斯坦牛乳，冰点低于山羊乳、绵羊乳和荷斯坦牛乳，牦牛乳的脂肪球直径也大于山羊乳、绵羊乳和荷斯坦牛乳。牦牛乳的其他物理性质如电导和折光指数、缓冲容量和酪蛋白胶束直径等还有待研究。

（二）牦牛乳的化学特性

从20世纪30年代以来，人们将现代畜牧科学技术应用到牦牛的研究，经过几代人的努力，查清了中国的牦牛资源，并筛选出了17个牦牛地方优良类群：九龙牦牛、天祝白牦牛、斯布牦牛等；培育了一个牦牛优良类群——大通牦牛。从目前所查到的资料看，这些类型的牦牛乳的基本组成由于地理位置、营养、泌乳期、测定方法、季节、放牧水平等的不同，所得数据也有很大的差异，乳的基本组成如表10-3所示。由表10-3可看出，牦牛乳的脂肪和蛋白质的含量较荷斯坦牛、黄牛和犏牛高，而与水牛相似。可见牦牛乳的营养价值很高，是生产高级乳制品（风味酸奶、奶油、奶酪、配方奶粉等）的优质原料。

表10-3　牦牛乳与其他牛种乳组成成分（%）

品种	干物质	脂肪	蛋白质	乳糖	灰分
天祝白牦牛	16.31~18.38	5.64~5.77	4.71~6.53	5.02~5.31	0.77~0.87
九龙牦牛	17.78~17.76	6.85~7.33	4.85~4.88	4.71~4.83	0.79~0.83
麦洼牦牛	17.51	6.34	4.92	5.43	0.82
内蒙古的牦牛	17.78	6.79	5.03	5.10	0.86
鲁朗牦牛	18.00	6.92	4.95	4.77	0.79
松多牦牛	18.36	7.13	5.02	5.09	0.81
米拉山牦牛	19.00	7.38	5.20	5.15	0.83
嘉黎牦牛	16.31	6.75	5.03	3.56	0.95
帕里牦牛	16.32	5.95	5.73	3.77	-
斯布牦牛	17.11	7.50	5.27	3.49	-
吉尔吉斯斯坦的牦牛	17.35	6.60	6.32	4.62	0.87
尼泊尔的牦牛	17.40	6.50	5.40	4.60	0.90
印度的牦牛	17.93	6.45	5.94	4.68	0.87
藏山羊	-	4.90	4.27	4.72	-
杂交羊	16.07	5.41	4.71	5.07	0.77
荷斯坦牛	11.8~13.7	2.8~4.0	2.8~4.0	4.6~4.9	0.6~0.8
中国黄牛	12.75	3.90	3.40	4.75	0.86
中国水牛	18.44	2.59	4.86	4.74	0.85

三、牦牛乳成分

（一）牦牛乳蛋白质

1. 一般特性

蛋白质是乳中最复杂的组分，这是由蛋白质的多样性和它们的结构所决定的。牦牛乳蛋白质的平均质量分数（5.4%）要高于藏山羊（4.27%）、杂交牛（4.71%）和荷斯坦牛（3.4%）。虽然哺乳动物的乳蛋白质在理化特性方面有许多相似之处，但仍存在着差异。下面概述牦牛乳蛋白质的一些理化特性。

2. 氨基酸构成

蛋白质的营养价值不仅取决于蛋白质的含量，也取决于氨基酸构成。氨基酸构成不

同直接影响了蛋白质的品质。对不同来源乳中的必需氨基酸进行统计，结果见表10-4。

表10-4　不同乳中氨基酸的含量（g/100 g）

氨基酸	牦牛乳	水牛乳	荷斯坦牛乳	山羊乳	人乳
异亮氨酸	0.22	0.31	0.14	0.21	0.06
苏氨酸	0.20	0.20	0.15	0.16	0.05
色氨酸	0.06	—	0.05	0.04	0.02
蛋氨酸	0.12	0.10	0.06	0.08	0.02
赖氨酸	0.39	0.36	0.27	0.29	0.07
亮氨酸	0.44	0.41	0.29	0.31	0.10
缬氨酸	0.23	0.33	0.16	0.24	0.06
苯丙氨酸	0.23	0.22	0.16	0.16	0.05
组氨酸	0.11	0.11	0.10	0.09	0.02
必需氨基酸（EAA）	2.00	2.04	1.38	1.58	0.45

牦牛乳中9种必需氨基酸（其中组氨酸为婴儿必需氨基酸）都高于普通牛乳，其必需氨基酸总量是荷斯坦牛乳的1.45倍，也优于山羊乳和人乳，与水牛乳中必需氨基酸含量较为接近。

3. 酪蛋白

牦牛乳中酪蛋白占总蛋白的76%~86%，包括 αs1-酪蛋白、αs2-酪蛋白、β-酪蛋白、κ-酪蛋白，其他的酪蛋白成分主要来源于酪蛋白的磷酸化和糖基化及酪蛋白的水解。人们利用乳酪蛋白和乳清蛋白质的分子大小、电荷性质、密度、蛋白质的等电点等的不同，利用分子排阻色谱、离子交换色谱、等电聚焦等分析手段，已经实现了对乳酪蛋白和乳清蛋白的分级分离。研究表明，αs1-酪蛋白的基因变种有5个，αs2-酪蛋白为4个，β-酪蛋白为7个，κ-酪蛋白为2个，不同的基因变种在牛乳中有不同的概率和分布，不同品种牛之间、同一品种的不同个体之间均有一定的差异性。

4. 乳清蛋白

乳清蛋白是牦牛乳蛋白中极为重要的蛋白质，约占牦牛乳中乳蛋白的20%，主要包括 α-乳白蛋白、β-乳球蛋白、血清白蛋白、免疫球蛋白等。牦牛乳乳清蛋白的主要蛋白组分中，清蛋白占总蛋白的比例高于普通牛乳中的比例。乳清蛋白不仅是很多功能免疫因子和生长因子的主体，还能够促进骨骼肌蛋白质的合成，抑制肌肉蛋白分解，加速训练后体能的恢复，对于运动人群而言，是补充优质蛋白的良好来源。

5. 乳脂肪球膜蛋白

牦牛乳中还富有一些称为乳脂肪球膜蛋白的蛋白质，它们是吸附于脂肪球表面的蛋

白质，约由 2 分子蛋白质与 1 分子磷脂构成脂肪球膜，因此也被称为磷脂蛋白。乳脂肪球膜蛋白成分比较复杂，主要有酶、免疫球蛋白、来自上皮分泌细胞细胞质中的蛋白、来源于奶中白血球和脱脂乳中的蛋白等，能够发挥重要的生理功能。

（二）牦牛乳脂肪

1. 牦牛乳脂肪的一般特性

乳脂肪是乳中重要的组成成分，质量分数占牛乳的 3.5%~4.5%，是哺乳动物幼仔生长初期主要能量来源，同时也是构成其细胞膜的主要成分。牦牛乳中脂肪质量分数平均为 6.01%，脂肪球直径平均为 4.39 μm；而普通牛乳脂肪球直径平均为 2~4 μm。牦牛乳脂肪含量高，是加工奶油系列制品的优质原料乳之一。乳脂肪对乳制品的风味和其加工工艺有着重要的影响。乳脂肪大部分是由单一脂肪基团组成（三酰甘油酯，大约 98%），乳脂肪中脂肪酸的种类多于其他组织中脂肪的种类，且以酯化形式存在于乳脂肪中的长链脂肪酸也较多。乳脂肪以脂肪球的形式存在于乳中。

2. 脂肪酸

牦牛乳中的三酰甘油酯大多是短链脂肪酸所构成，在牛乳脂肪中所含的脂肪酸和不饱和脂肪酸中，水溶性挥发性脂肪酸在总脂肪酸中的质量分数特别高，如丁酸、己酸、辛酸、癸酸等，占脂肪酸总量的 9% 左右。乳脂肪酸中 90% 以上的是不可溶的、非挥发性饱和脂肪酸（十二烷酸、月桂酸等）和非水溶性不挥发性脂肪酸（如十四烷酸、十六烷酸、十八烷酸、十八碳烯酸、十八碳三烯酸等）。乳脂肪的不饱和脂肪酸主要是油酸，约占不饱和脂肪酸总量的 70%。

牦牛酥油中的脂肪与牛乳中的饱和脂肪酸在结构和占总脂肪酸的质量分数上都很接近，但酥油中的十五碳烯酸、二十二碳烯酸是牛乳脂肪中没有的。酥油中的多不饱和脂肪酸在组成和质量分数上与牛乳相比存在明显差别。酥油中的二十碳五烯酸、二十二碳五烯酸在牛乳脂肪中没发现，除亚油酸、二十碳三烯酸外，其他如亚麻酸、二十碳四烯酸，在酥油中质量分数都要明显高于牛乳脂肪。在酥油中还有质量分数很高的功能性脂肪酸二十碳五烯酸和二十二碳六烯酸。

（1）饱和脂肪酸　酥油与牛乳脂肪中的饱和脂肪酸在结构和含量上都很接近，尤其在总量上，二者的差异更是不大，见表 10-5。

表 10-5　饱和脂肪酸（%）

饱和脂肪酸	粗酥油	精酥油	酥油粉	国产奶粉	国产纯奶
己　酸	2.17	1.98	1.99	1.63	1.76
辛　酸	0.996	1.08	0.969	0.968	1.04
癸　酸	1.86	2.17	1.77	2.05	2.15

饱和脂肪酸	粗酥油	精酥油	酥油粉	国产奶粉	国产纯奶
十一碳烷酸	0.277	0.329	0.304	0.243	0.337
月桂酸	1.49	2.01	1.424	2.36	2.462
十三碳烷酸	0.244	0.263	0.244	0.111	0.138
豆蔻酸	7.49	8.08	7.135	8.32	8.947
十五碳烷酸	1.42	1.36	1.336	0.781	1.097
棕榈酸	28.1	25.2	29.2	31.0	27.0
十七碳烷酸	0.904	0.841	0.849	0.582	0.70
硬脂酸	17.1	17.1	18.3	13.9	14.2
十九碳烷酸	0.115	0.122	0.111	0.279	0.379
二十碳烷酸	0.379	0.402	0.364	0.221	0.206
二十二碳烷酸	0.194	0.195	0.171	–	–
总量	62.793	61.132	64.167	62.445	60.416

（2）单不饱和脂肪酸　酥油中的单不饱和脂肪酸总量与牛乳脂肪中的相当，但结构上稍有差别，酥油中的十五碳烯酸、二十二碳烯酸是牛乳脂肪中没有的，见表10-6。

表10-6　单不饱和脂肪酸（%）

单不饱和脂肪酸	粗酥油	精酥油	酥油粉	国产奶粉	国产纯奶
豆蔻油酸	0.279	0.325	0259	0.533	0.765
十五碳烯酸	0.403	0.499	0.38	-	-
棕榈油酸	1.545	1.287	1.469	1.36	1.637
十七碳烯酸	0.248	0.221	0.257	0.158	0.205
油酸	23.6	24.8	23.2	26.9	27.9
十九碳烯酸	0.659	0.738	0.613	0.056	0.037
二十碳烯酸	0.183	0.244	0.113	0.306	0.229
二十二碳烯酸	0.042	0.071	-	-	-
总量	26.959	28.135	26.291	29.333	30.764

（3）多不饱和脂肪酸 多不饱和脂肪酸具有多种生物学功能，如构成细胞膜、诱发基因表达、防治心血管疾病、促进生长发育等。从表10-7可以看出，酥油与牛乳脂肪中的多不饱和脂肪酸在组成和含量上存在明显差别。酥油中的二十碳五烯酸、二十二碳五烯酸在牛乳脂肪中未被检出，除亚油酸、二十碳三烯酸外，其他如亚麻酸、二十碳四烯酸，酥油中的含量都要明显高于牛乳脂肪。在总含量上酥油中多不饱和脂肪酸含量要稍低于牛乳脂肪，这可能与奶粉和纯奶在生产过程中添加了植物性油脂有关。

表10-7 多不饱和脂肪酸（%）

多不饱和脂肪酸	粗酥油	精酥油	酥油粉	国产奶粉	国产纯奶
亚油酸	2.692	3.055	2.71	4.506	3.924
亚麻酸	0.829	0.907	0.796	0.241	0.207
二十碳二烯酸	0.049	0.059	0.051	–	0.047
二十碳三烯酸	0.08	0.082	0.072	0.218	0.299
二十碳四烯酸	0.125	0.111	0.115	0.048	0.056
二十碳五烯酸	0.063	0.056	0.048	–	–
二十二碳五烯酸	0.189	0.131	0.127	–	–
二十二碳六烯酸	0.024	0.028	0.020	–	–
总 量	4.051	4.429	3.939	5.013	4.533

（4）功能性脂肪酸：酥油的功能性脂肪酸（表10-8）含量要明显高于纯奶和奶粉脂肪。酥油共轭亚油酸为国产奶粉的近3倍，二十碳五烯酸（EPA）、二十二碳六烯（DHA）仅存在于藏酥油中，在国产奶粉和纯奶脂肪中未检出；国产奶粉和纯奶脂肪中的α-亚麻酸（LNA）仅有藏酥油的1/7~1/4；花生四烯酸（AA）仅有藏酥油的约1/2。只有亚油酸（LA）在总含量上酥油含量要低于牛乳，同样可能与奶粉和纯奶在生产过程中添加了植物性油脂有关。

乳脂中脂肪酸与饲用的草料关系密切。奶牛以天然牧草为食的程度越高，乳脂中不饱和脂肪酸及功能性脂肪酸也会越多，营养价值也越高。牦牛以纯高原天然牧草为食，高原牧草中有天然牧草及大量珍贵中草药，不但无污染，本身也含有大量功能性脂肪酸。牦牛乳脂丰富的天然共轭亚油酸（CLA）引起了国外营养学家们的高度关注，CLA具有抗动脉硬化，可使血浆总胆固醇、LDL胆固醇和甘油三酯水平明显降低；CLA能够促进生长发育，并具有抑癌等作用，在美国、加拿大CLA被作为功能因

子添加于保健品、功能食品或应用于临床。α–亚麻酸（LNA）能够在体内生成具有显著生理活性的 EP 和 DHA。EPA 主要生理功能为降血脂、降胆固醇、抗压、抗癌和提高脑神经功能等，已经广泛应用于中老年心脑血管病防治以及临床。DHA 具有益智保健功能，被称为脑黄金，同时 DHA 对促进生长发育有特殊作用，作为营养强化剂广泛添加在婴幼儿奶粉和食物中。亚油酸（LA）的降低胆固醇功能比油酸还要明显。花生四烯酸（AA）作为功能性脂肪酸已经在婴幼儿奶粉和食物中广泛添加，花生四烯酸在大脑功能中具有十分重要的作用，其代谢产物对神经细胞（包括调整神经元的跨膜信号、调节神经递质的释放以及葡萄糖的摄取）有很大的影响，对促进新生儿的发育也具有积极作用。

表 10-8 多不饱和脂肪酸（%）

多不饱和脂肪酸	粗酥油	精酥油	酥油粉	国产奶粉	国产纯奶
油酸	5.99	6.73	5.63	2.47	2.94
共轭亚油酸	1.65	1.72	1.49	0.655	1.03
二十碳五烯酸	0.063	0.056	0.048	-	-
二十二碳六烯	0.024	0.028	0.020	-	-
α-亚麻酸	0.829	0.907	0.796	0.132	0.207
亚油酸	1.04	1.14	1.03	3.705	2.71
花生四烯酸	0.125	0.11	0.115	0.048	0.056
总量	9.721	10.691	9.129	7.01	6.943

3.矿物质和维生素

牦牛乳中矿物元素的浓度如表 10-9 所示。由表 10-9 看出，牦牛乳中钙的浓度较普通牛乳高，钾、镁、磷的浓度不如普通牛乳。

表 10-9 牦牛乳矿物元素的浓度（mmol/L）

浓度	牦牛乳	普通牛乳
钙	36.79 ± 8.47	30.25
钾	27.61 ± 3.39	38.36
镁	2.52 ± 0.50	5
磷	24.78 ± 6.72	30.65

（三）牦牛乳的凝乳特性

乳的凝乳性能决定奶酪的产量和质量，凝乳时间和凝胶硬度是影响奶酪产量的重要因素，凝乳时间短和凝胶的硬度大可提高奶酪的产量。乳的凝乳性能受乳的组成影响，所以影响乳组成成分的泌乳期、胎次、乳的酸度、个体和遗传等因素，同样影响凝乳性能。酪蛋白的组分不同，以及酪蛋白与乳清蛋白的比率不同也影响凝胶的硬度。

四、牦牛产区民族乳制品的生产

（一）奶油

奶油或称淇淋、激凌、克林姆，是从牛奶、羊奶中提取的黄色或白色脂肪性半固体食品。它是由未均质化之前的生牛乳顶层的牛奶脂肪含量较高的一层制得的乳制品。

因为生牛乳静置一段时间之后，密度较低的脂肪便会浮升到顶层。在工业化制作程序中，这一步骤通常被分离器离心机完成。在许多国家，奶油都是根据其脂肪含量的不同分为不同的等级。而国内市场上常见的淡奶油、鲜奶油其实是指动物性奶油，即从天然牛奶中提炼的奶油。

饲养于天然牧场的奶牛所食用的牧草通常含有一些类胡萝卜素类色素，这使得产自它们的奶油有一些淡淡的黄色，味道和质感都比较浓，而用途主要是作为蛋糕的装饰、或成为面包的馅料（见奶油包）。另有一种主要饲喂谷物的圈养奶牛所产的奶油通常是白色的，味道较淡而且质地较松软，通常用来加在饮品中，亦有用作蛋糕的装饰。在香港，奶油通常用来称呼前一种，而后者习惯称作忌廉，虽然两者在英文中都是 Cream。奶油也是制造冰淇淋的主要原料。

奶油加工工艺流程图：

稀奶油→稀奶油中和→杀菌→冷却与成熟（或者冷却→发酵→加发酵剂）→加色素→搅拌→排出酪乳及水洗→加食盐及压炼→压型→包装

1. 甜性、酸性奶油的加工

（1）原料的要求

①牛乳：供奶油加工的牛乳，其酸度应低于22°T，其他指标应符合标准中的《生鲜牛乳的一般技术要求》。

②稀奶油：制造奶油的稀奶油，应达到稀奶油标准的一级品和二级品。稀奶油在加工前必须先检验，以决定其质量，并根据其质量划分等级，以便按照等级制造不同的奶油。

（2）稀奶油的分离

分离方法：稀奶油分离方法一般有静置法和离心法。

①静置法：在没有分离机以前，人们将牛乳到入深罐或盆中，静置于冷的地方，经 24~36h 后，由于乳脂肪的密度低于乳中其他的成分，因此，密度小的脂肪球逐渐上浮到乳的表面而形成含脂率 15%~20% 的稀奶油。利用这种方法分离稀奶油缺点是脂肪损失比较多、所需时间较长、容积大、加工能力低。目前仅在牧区少数牧户中使用。

②离心法：是根据乳脂肪与乳中其他成分之间密度的不同，利用静置时重力作用或离心时离心力的作用，使密度不同的两部分分离出来。连续式牛乳分离机，不仅大大缩短了乳的分离时间和提高了奶油加工率，同时由于连续分离保证了卫生条件，并提高了产品质量。

现在工厂采用的都是离心法，通过高速旋转的离心分离机将牛乳分离成含脂率为 35%~45% 的稀奶油和含脂率非常低的脱脂乳。

（3）稀奶油的中和

稀奶油的中和直接影响奶油的保存性，关系到成品的质量。制造甜性奶油时，奶油的 pH 值（奶油水分的 pH 值）应保持在中性附近（6.4~6.8）。

①中和的目的：稀奶油中和的目的是防止酸度高的稀奶油在加热杀菌时，其中酪蛋白受热凝固，这时一些脂肪被包在凝块内而导致乳脂肪损失，而且凝固物进入奶油使其保存性降低，另外由于中和使奶油的风味得以改善，品质统一。一般中和到酸度为 20~22°T，不应该加碱过多，否则产生不良气味。

②中和剂的选择：中和可使用的碱有碳酸钠、碳酸氢钠、氢氧化钠等。使用时应注意，中和很快进行，同时不易使酪蛋白凝固，但很快产生二氧化碳，容器过小能使稀奶油溢出。所以先配成 10% 的溶液，再徐徐加入。

（4）稀奶油的杀菌和冷却

①杀菌的目的

A. 杀死稀奶油中的病原菌和腐败菌及其他杂菌和酵母菌等，即杀灭能使奶油变质及危害人体健康的微生物，保证食用奶油的安全。

B. 破坏稀奶油中脂肪酶，以防止引起的脂肪分解产生酸败，提高奶油的保藏性和增加风味。

②杀菌的方法：杀菌温度直接影响奶油的风味。脂肪的导热性很低，能阻碍温度对微生物的作用；同时为了使酶完全破坏，有必要进行高温巴氏杀菌。稀奶油的杀菌方法一般分为间歇式和连续式两种。小型工厂多采用间歇式的，其方法是将盛有稀奶油的桶放到热水槽内，水槽再用蒸汽等加热，使稀奶油温度达到 85~90℃。加热过程中要进行搅拌。大型工厂则多采用板式高温或超高温瞬时杀菌器，连续进行杀菌，高压的蒸汽直接接触稀奶油，瞬间加热至 88~116℃后，再进入减压室冷却。此法能使稀奶油脱臭，有助于风味的改善，可以获得比较芳香的奶油。

至于冷却温度，制造新鲜奶油时，可冷却至5℃以下。如果制造甜性奶油，则将经杀菌后的稀奶油冷却至10℃以下，然后进行物理成熟。如果是制造酸性奶油，则需经发酵过程，冷却到稀奶油的发酵温度。

（5）稀奶油的发酵

①发酵的目的：

A. 在发酵过程中产生乳酸，抑制腐败细菌的繁殖，因而可提高奶油的保存性。

B. 发酵后的奶油有爽快、独特的芳香风味。

C. 由于乳酸菌的存在有利于人体健康。

②发酵的菌种：产生酸性奶油用的纯发酵剂是产生乳酸的菌类和产生芳香风味的菌类之混合菌种。一般选用的菌种有下列几种：乳链球菌（*Streptococcus lactis*）、乳脂链球菌（*Str. cremoris*）、噬柠檬链球菌（*Str. citrororus*）、副噬柠檬酸链球菌（*Str. paracitlororus*）、丁二酮乳链球菌（*Str. diacetilactis*）（弱还原型）、丁二酮乳链球菌（*Str. diacetilactis*）（强还原型）。

③稀奶油的发酵：经杀菌、冷却的稀奶油泵入发酵熟槽内，温度调到18~20℃后添加相当于稀奶油5%的工作发酵剂。添加时要搅拌，徐徐添加，使其混合均匀。发酵温度保持在18~20℃，每隔1 h搅拌5 min，控制稀奶油酸度最后达到表10-10中规定程度，停止发酵。

表10-10　稀奶油发酵最后达到的酸度控制表

稀奶油中脂肪含量（%）	要求稀奶油最后达到的酸度（°T）	
	不加食盐奶油	加食盐奶油
34	33	26
36	32	25
38	31	25.5
40	30	24

（6）稀奶油的物理成熟

为了使搅拌能顺利进行，保证奶油质量（不至于过软及含水量过多）以及防止乳脂损失，在搅拌前必须将稀奶油充分冷却成熟。通常制造新鲜奶油时，在稀奶油冷却后，立即进行成熟。制造酸性奶油时，则在发酵前或后，或与发酵同时进行。

①物理成熟的目的：经杀菌冷却后的稀奶油，需在低温下保存一段时间，即所谓的稀奶油的物理成熟。目的是使乳脂肪中的大部分甘油酯由乳浊液状态转变为结晶固体状态，结晶成固体相越多，在搅拌和压炼过程中乳脂肪损失就少。所以一般要求将杀菌后的稀奶油迅速冷却至5℃左右，以利于以后的处理。

②物理成熟的方法：稀奶油中的脂肪组织，经加热融化后，必须冷却至奶油脂肪的凝固点以下才能重新凝固，所以经冷却成熟后，部分脂肪即变为固体结晶状态。物理成熟的方法各地区应根据稀奶油中的脂肪组成来确定。一般根据乳脂肪中碘值变化来确定不同的物理成熟条件，如表 10-11 所示。

表 10-11　各种不同碘值的稀奶油成熟温度与搅拌温度

碘 值	稀奶油成熟温度（℃）	搅拌温度（℃）
<28	8~21~6~16	12
28~31	8~20~12~14	14
32~34	8~19~12~13	13
35~37	10~13~14~15	12
38~40	20~20~9~11	11
>40	20~20~7~10	10

（7）添加色素

为了使奶油颜色全年一致，当颜色太淡时，即需要添加色素。最常用的一种色素叫安那托（Annatto），它是天然的植物色素。安那托的 3% 溶液（溶于食用植物油中）叫作奶油黄。通常用量为稀奶油的 0.01%~0.05%。

夏季因原有的色泽比较浓，所以不需要再加色素；入冬以后，色素的添加逐渐增加。为了使奶油的颜色全年一致，可以对照标准奶油色的标本，调整色素的加入量。奶油色素除了用安那托外，还可以用合成色素。但必须根据卫生标准规定，不得任意采用。添加色素通常在搅拌前直接加到搅拌器中的稀奶油中。

（8）稀奶油的搅拌

将稀奶油置于搅拌器中，利用机械的冲击力使脂肪球膜破坏而形成脂肪团粒，这一过程称为"搅拌"。搅拌时分离出来的液体称为酪乳。

①搅拌的目的：稀奶油的搅拌是奶油制造的最重要的操作。其目的是使脂肪球互相聚结而形成奶油粒，同时分离酪乳。此过程要求在较短时间内形成奶油粒，且酪乳中脂肪含量越少越好。

②奶油粒的形成：当对稀奶油搅拌时，形成了蛋白质泡沫层。因为表面活性作用，脂肪球的膜被吸到气—水界面，脂肪球被集中到泡沫中。搅拌继续时，蛋白质脱水，泡沫变小，使得泡沫更为紧凑，因此对脂肪球施加压力，可引起一定量的液体脂肪球中被挤出，并使部分膜破裂。这种含有液体脂肪也含有脂肪结晶的物质，以一薄层形式分散在泡沫的表面和脂肪球上。当泡沫变得相当稠密时，更多的液体脂肪被压出，这种泡沫因不稳定而破裂。脂肪球凝结进入奶油的晶粒中，即脂肪从脂肪球变成奶油粒。

③影响搅拌的因素

A. 稀奶油的脂肪含量：它决定脂肪球间距离的大小。如含脂率为 3.4% 的乳中脂肪球间的距离为 71 μm；含脂率 20% 的稀奶油，脂肪球间的距离为 2.2 μm；含脂率 40% 时，距离为 0.56 μm。含脂率越高脂肪球间距离越近，形成奶油粒也越快。但如稀奶油中含脂率过高，搅拌时形成奶油粒过快，小的脂肪球来不及形成脂肪粒与酪乳一同排出，造成脂肪的损失。同时含脂率过高时黏度增加，易随搅拌器同转，不能充分形成泡沫，反而影响奶油粒的形成。所以一般要求稀奶油的含脂率达 32%~40%。

B. 物理成熟的程度：物理成熟对成品的质量和数量有决定性意义。固体脂肪球较液体脂肪球漂浮在气泡周围的能力强数倍。如果成熟不够，易形成软质奶油，并且温度高形成奶油粒速度快，有一部分脂肪未能集中在气泡处即形成奶油粒，而损失在酪乳中，使奶油产率减低，质量也很差。成熟好的稀奶油在搅拌时可形成很多的泡沫，有利于奶油粒的形成，使酪乳中脂肪含量大大减少。因此，物理成熟是制造奶油的重要条件。

C. 搅拌时的最初温度：搅拌温度决定着搅拌时间的长短及奶油粒的好坏。搅拌时间随着搅拌温度的提高而缩短，因此温度高时液体脂肪多，泡沫多，泡沫破坏快，因此奶油粒形成迅速。但奶油的质量较差，同时脂肪的损失也多。如果温度接近乳脂肪的熔点（33.9℃），不能形成奶油粒。相反，如果温度过低，奶油粒过于坚硬，压炼操作不能顺利进行，结果容易制成水分过少，组织松散的奶油。实践证明，稀奶油搅拌时适宜的最初温度是：夏季 8~10℃，冬季 10~14℃，温度过高或过低时，均会延长搅拌时间，且脂肪的损失增多。而且当稀奶油搅拌时温度在 30℃以上或 5℃以下，则不能形成奶油粒。

D. 搅拌机中稀奶油的装满程度：搅拌时，搅拌机中装的量过多过少，均会延长搅拌时间，一般小型手摇搅拌机要装入其体积的 30%~50%，大型电动搅拌机可装入 50% 为宜。若稀奶油装得过多，则因形成泡沫困难而延长搅拌时间，但最少不得低于 20%。

E. 搅拌的转速：搅拌机的转速一般为 40r/min，若转速过快由于离心力增大，使稀奶油与搅拌桶一起旋转，若转速太慢，则稀奶油沿内壁下滑，两种情况都起不到搅拌的作用，均需延长时间。

F. 稀奶油的酸度：经发酵的酸性稀奶油比未经发酵的稀奶油容易搅拌，所以稀奶油经发酵后有三种作用，即使成品增加芳香味、脂的损失减少以及容易搅拌。

稀奶油经发酵后乳酸增多，使稀奶油中起黏性作用的蛋白质的胶体性质逐渐变成不稳定，甚至凝固而使稀奶油的黏度降低，脂肪球容易相互碰撞，容易形成奶油粒。因此，制造奶油用的稀奶油酸度以 35.5ºT 以下，普通以 30ºT 为最适宜。

（9）奶油粒的洗涤

①洗涤的目的：奶油粒洗涤的目的是为了除去残余在奶油粒表面的酪乳和调整奶油的硬度，提高奶油的保存性，同时如用有异常气味的稀奶油制造奶油时，能使部分气味

消失。酪乳中含有蛋白质及糖，利于微生物的生长，所以尽量减少奶油中这些成分的含量。

②洗涤的方法：洗涤的方法是将酪乳放出后，奶油粒用杀菌冷却后的清水在搅拌机中进行。洗涤加入水量为稀奶油量的50%左右，但水温需根据奶油的软硬程度而定。奶油粒软时应使用比稀奶油温度低1~3℃的水。一般水洗的水温在3~10℃的范围。夏季水温宜低，冬季水温稍高。注水后以慢慢转动3~5圈进行洗涤，停止转动，将水放出。必要时可进行几次，直到排出水清为止。

（10）奶油的加盐

酸性奶油一般不加食盐，而甜性奶油有时加食盐。

①加食盐的目的：加盐的目的是为了改善风味，抑制微生物的繁殖，提高其保存性。所用食盐应符合国家标准中精制盐优极品的规定。

②加盐方法：加食盐时，先将食盐在120~130℃下烘焙3~5 min，然后通过30目的筛。待奶油搅拌机内洗涤水排出后，在奶油表面均匀加上烘烤过筛的盐。奶油成品中的食盐含量以2%为标准，由于在压炼时部分食盐流失，因此添加时，按2.5%~3.0%的数量加入。加入后静置10 min左右，然后进行压炼。

（11）奶油的压炼

将奶油粒压成奶油层的过程称为压炼。小规模加工奶油时，可在压炼台上手工压炼，一般工厂均在奶油制造器中进行压炼。

①奶油压炼的目的：压炼的目的是为使奶油粒变为致密的奶油层，使水滴分布均匀，使食盐全部溶解，并均匀分布于奶油中。同时调节水分含量，即在水分过多时排除多余的水分，水分不足时加入适量的水分使其均匀吸收。

②奶油压炼的方法、压炼程度及水分调节：奶油压炼方法有搅拌机内压炼和搅拌机外专用压炼机压炼两种，现在大多采用机内压炼方法，即在搅拌机内通过轧辊和不通过轧辊对奶油粒进行挤压从而达到目的。此外还可以在真空条件下压炼，使奶油中空气量减少。正确压炼的新鲜奶油、加食盐奶油和无盐奶油，不论哪种方法，最后压炼完成后奶油的含水量要在16%以下，水滴必须达到极微小状态，奶油切面上不允许有流出的水滴。

（12）奶油的包装

奶油根据其用途可分成餐桌用奶油、烹调用奶油和食品工业用奶油等。餐桌用奶油是直接食用，故必须是优质的，都需小包装，一般用硫酸纸、无毒塑料夹层纸、复合薄膜等包装材料包装，也有用马口铁罐进行包装的。对于食品工业用奶油由于用量大，所以常用大包装。包装时切勿用手直接接触奶油，小规格的包装一般均采用包装机进行包装。

奶油包装之后，送入冷库中贮存。当贮存期只有2~3周时，可以放入0℃冷库中；

当贮存6个月以上时，应放入 –15℃冷库中；当贮存期超过1年时，应放入 –20~–25℃冷库中。

2. 重制奶油和无水奶油

（1）重制奶油

重制奶油指的是一般用质量较次的奶油或稀奶油进一步加工制成的水分含量低、不含蛋白质的奶油。按国内习惯，重制奶油系变质的奶油，经手工除掉霉斑等污染，加热熔化，除掉水分，弃去下层沉淀，制得含脂率98%以上、含水分1%以下的脂肪制品。此产品保存性很好，可用于制造冰淇淋和糕点，还可作烹调用。

重制奶油制作方法：

①煮沸法（用于小型生产）：A. 稀奶油搅拌分出奶油粒后，将其放入锅内，或将稀奶油直接放入锅内，用慢火长时间煮沸，使其水分蒸发，随着水分的减少和温度的升高，蛋白质逐渐析出，油越来越分清，煮到油面上的泡沫减少时，即可停止煮沸（注意不要煮过时了，时间长了，油色也会变深）。B. 静置降温，使蛋白质沉淀后，将上澄清油装入木桶或马口铁桶，即成黄油。用这种方法生产的奶油具有特有的奶油香味。

②熔融法（用于较大规模的工业化生产）：A. 将奶油放在带夹层缸内加热熔融后加温至沸点。对于变质有异味的奶油，经一段时间的沸腾，随水分蒸发的同时，异味也被除去，然后停止加温。B. 之后静置冷却，使水分、蛋白质分层降在下部，或用离心机将奶油与水、蛋白质分开，将奶油装入包装容器。

产品特点：具有特有的奶油香味，含水分不超过2%，在常温下保存期比甜性奶油的保存期长得多，可直接食用，用于烹调或食品加工。

重制奶油含水分量要求不超过2%，比甜性奶油在常温下保存时间长，也可直接食用。

（2）无水奶油（AMF）

无水奶油的加工主要根据两种方法来进行，一种是直接用稀奶油（乳）来加工无水奶油；另一种是通过奶油来加工无水奶油。

①用稀奶油加工无水奶油：图1–1是用稀奶油加工无水奶油的标准加工流程。巴氏杀菌的或没有经过巴氏杀菌的含脂肪35%~40%的稀奶油由平衡槽1进入无水奶油加工线，然后通过板式热交换器2调整温度或巴氏杀菌后再被排到预浓缩机4进行预浓缩提纯，使脂肪含量达到约75%（在预浓缩和到板式热交换器时的温度保持在约60℃），"轻"相被收集到缓冲罐6，待进一步加工。同时"重"相即酪乳的那部分可以通过分离机5重新脱脂，脱出的脂肪再与稀奶油3混合，脱脂乳再回到板式热交换器2进行热回收后到一个储存罐。经在罐6中中间储存后浓缩稀奶油输送到均质机7进行相转换，然后被输送到最终浓缩器9。由于均质机工作能力比终浓缩器高，所以多出来的浓缩物要回流到缓冲6。均质过程中部分机械能转化成热能，为避免干扰加工线的温度平衡，

290

这部分过剩的热要在冷却器 8 中去除。

最后，含脂肪 99.8% 的乳脂肪在板式热交换器 11 中再被加热到 95~98℃，排到真空干燥器 12 使水分含量不超过 0.1%，然后将干燥后的乳油冷却到 35~40℃，这也是常用的包装温度。用于处理稀奶油的无水奶油加工线上的关键设备是用于脂肪浓缩的分离机和用于相转换的均质机。

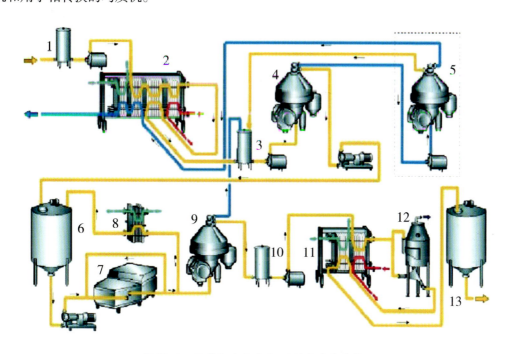

图 10-1　用稀奶油生产 AMF 的生产线流程

②用奶油加工无水奶油：无水奶油经常用奶油来加工，尤其是那些预计在一定时间内消化不了的奶油，实验证明当使用新加工的奶油作为原材料时，通过最终浓缩要获得鲜亮的乳油有一些困难，乳油会产生轻微混浊现象。当用储存 2 周或更长时间的奶油加工时，这种现象则不会产生。产生这种现象的原因还不十分清楚，但知道的是在搅打奶油时需要一定时间奶油才会处于良好状态，并且，在加热奶油样品时新鲜奶油的乳浊液比储存一段时期的奶油的乳浊液难于破坏，并且看起来也不那么鲜亮。不加食盐的甜性稀奶油常被用做无水奶油的原料，但酸性稀奶油、加食盐奶油也可以作为原料。图 10-2 是用奶油加工无水奶油的标准加工线，原材料也可以是在 -25℃ 下储存过的冻结奶油。奶油在不同设备中被直接加热熔化，在浓缩开始之前，熔化的奶油的温度应达到 60℃。直接加热（蒸汽喷射）结果总会导致含有新的小气泡分散相的乳状液形成，这些小气泡的分离十分困难，在连续的浓缩过程中此相和乳油浓缩到一起而引起混浊。溶化和加热后，热产品被输送到保温罐 2，在此可以储存一定的时间，20~30 min，主要是确保完全熔化，但也是为了使蛋白质絮凝。

从保温罐 2 产品被输送到最终浓缩器 3，浓缩后上层轻相含有 99.5% 脂肪，再转到

板式热交换器 5，加热到 90~95℃，然后到真空干燥器 6，最后再回到板式热交换器 5，冷却到包装温度 35~40℃。重相可以被输送到酪乳罐或废物收集罐，这要根据它们是否是纯净无杂质的或是有中和剂污染来决定。如果所用奶油直接来自连续的奶油加工机，也会和前面讲的用新鲜奶油的情况相同，出现云状油层上浮的危险，然而使用密封设计的最终浓缩器（分离机）通过调整机器内的液位就可能得到容量稍微少点的含脂肪 99.5% 的清亮油相。同时重相相对脂肪含量高一些，大约含脂肪 7%，容量略微多一点，因此，重相应再分离，所得稀奶油和用于制造奶油的稀奶油原料混合，再循环输送到连续奶油加工机。

无水奶油其中水分含量达到 0.1% 以下。这种奶油在冷藏条件下，储存期为 1 年。因此，它主要被用于再制奶加工，同时还广泛地用于冰淇淋和巧克力工业中。

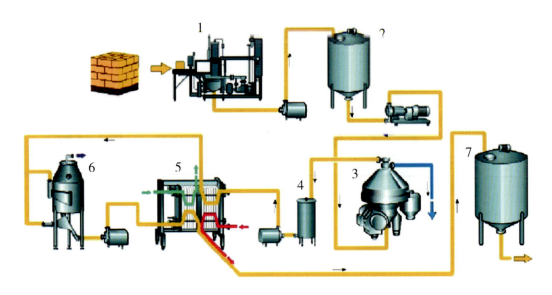

图 10-2　用奶油生产 AMF 的生产线流程

（二）干酪

干酪是通过牛奶、脱脂乳或部分脱脂乳，或以上乳的混合物凝结后排放出液体得到的新鲜或成熟产品。干酪是经浓缩、发酵而成的奶制品，排除了牛奶中大量的水分，保留了其中的营养价值极高的精华部分。功能性干酪产品已经开始生产并在进一步开发之中。如低脂肪型、低盐型、钙强化型等干酪，添加膳食纤维、低聚糖、N- 乙酰基葡萄糖胺、酪蛋白磷酸肽（Cpp）等具有良好保健功能成分的干酪，不仅能促进肠道内优良菌群的生长繁殖，增强对钙、磷等矿物质的吸收，并且具有降低血液胆固醇及防癌、抗癌等效果。这些功能性成分的添加，给高营养价值的干酪增添了新的魅力。

1. 干酪的营养价值

干酪是浓缩的牛奶。加工 1 kg 全脂干酪大约需要 10 kg 牛奶，因此干酪富积了牛奶中的蛋白质、脂肪、矿物质、维生素等营养成分，而大部分乳糖则随乳清排出。在干酪

加工过程中，由于微生物的代谢活动，使大分子营养物质降解成低分子量的营养物质，因此更易被人体消化吸收；同时干酪中碳水化合物含量很低，不易致肥，被营养学家美誉为"奶黄金"。

干酪含 20%~35% 的蛋白质，每 100 g 软质干酪可提供一个成年人一天蛋白质需要量的 30%~40%。由于干酪在成熟过程中发生了一系列蛋白质预消化作用，其实际消化率为 96.2%~97.5%，而牛奶的消化率为 91.4%；干酪蛋白质中必需氨基酸的利用率为 89.1%，而牛奶为 85.7%。

干酪含脂肪 30% 左右。在发酵成熟过程中脂肪分解为脂肪酸，其中 30%~35% 为不饱和脂肪酸，如亚油酸、亚麻酸等，对预防心脑血管病、"三高"症等有重要作用。干酪是共轭亚油酸（CLA）的重要来源，据研究 CLA 具有调节脂质代谢、降低心脏疾病和某些癌症的发病率、增强免疫力等多种功能。干酪还含有较多的神经鞘磷脂（1 326 μmol/g），有研究表明，这种脂类可降低心脏病和肠癌的发病率。此外，干酪中胆固醇含量也较低，不同品种间变动范围在 10~100 mg/100g 之间。

干酪含多种矿物元素和维生素。钙含量高、钙磷比例适中且易被人体吸收利用，有利于儿童骨骼和牙齿生长，预防妇女和老年人骨质疏松，并具有抗龋齿的作用。维生素 A、维生素 B_2、维生素 E 含量丰富，能增强抗病力，保护眼健康，抗氧化，并可养颜护肤。

干酪是发酵乳制品，用于发酵的乳酸菌及其代谢产物有利于维持人体肠道菌群的平衡和稳定，增进消化功能，防止腹泻和便秘。此外，由于干酪中乳糖含量很低（为 1~3 g/100g），且有一部分已被分解成半乳糖和葡萄糖，因此适于乳糖不耐受和糖尿病患者食用。

2. 干酪生产方法

（1）软质干酪的加工工艺

牛婕等以甘肃甘南藏区牦牛乳为原料，在借鉴国内外软质干酪生产工艺的基础上，结合牦牛乳的组成特性，开发出了具有地方特色的牦牛乳软质干酪，并研究了其成熟过程中挥发性风味物质的变化。其采用的工艺流程如下：

原料乳检验→巴氏杀菌（63℃，30 min）→冷却（32℃）→添加发酵剂→保温→添加 $CaCl_2$ 和凝乳酶（按酶量添加）→凝乳切割（切成不大于 1 cm³ 的颗块）→搅拌→排出乳清→成熟→真空包装。

其操作要点如下：

①原料乳：选用感官评定理化、微生物指标合格，无抗生素残留的新鲜牦牛乳。

②杀菌：消灭有害菌和致病菌，破坏某些有害酶类，使干酪产品质量稳定，同时由于加热使乳清蛋白变性，可增加干酪的产量，杀菌条件为 63℃ 和 30 min。

③发酵凝乳：在 32℃ 时将发酵剂按一定比例加入牦牛乳中，经过 40 min 发酵后，乳酸发酵程度要求达到 20~24℃，同时为了使加工过程中凝块硬度适宜，加入一定量的

293

$CaCl_2$。凝乳酶按酶活添加，要求约 40 min 内凝乳，凝块无气孔，触摸时有软的感觉，析出乳清呈透明状。

④切割、搅拌及加热：将凝块用不锈钢切刀纵横切成约为 1 cm³ 大小的方块，并加以搅拌以便加速乳清排除。

⑤排乳清：当乳清的 pH 值达到某一值（依据制作干酪品种不同而定），干酪粒收缩到一定硬度时，排出乳清。

⑥盐渍：加食盐量取决于不同种类的干酪对风味、硬度和成熟的要求，通常加食盐量（按 NaCl 计）为干酪水分的 2%~8%。加食盐的目的是促进乳清的进一步排放，控制干酪的含水量及最终硬度；抑制酸度的增长，抑制腐败微生物及病原体的生长，使之具有防腐作用；影响酶活力，促进干酪的成熟使干酪具有良好的风味和产生适度的咸味。不同品种和风味的干酪常常采用不同的方法添加食盐。

⑦压榨成型：将干酪凝块均匀地放在自制压榨槽中，用压板把凝块颗粒压成饼状，使乳清进一步排出。

⑧发酵成熟：将制作的鲜牦牛乳干酪置于一定温度（5℃、10℃和15℃）和湿度（80%~90%）的条件下贮藏。

（2）硬质干酪加工工艺

硬质干酪是一个范围广泛的类别，其风味从柔和到辛辣刺激都有。干酪的质地，在室温下，有的富有弹性，也有的很容易搓碎，这种干酪可以用巴氏奶或者生奶制作，品种有埃曼塔尔干酪、高达干酪、切达干酪和荷兰干酪等。硬质干酪的水分活度较小，蛋白质水解率较低，发酵时间较长，保存时间久，是国外主要的干酪品种。刘兴龙等以甘肃省甘南藏族自治州牦牛乳为原料，在借鉴国内外硬质干酪生产工艺的基础上，开发出了具有地方特色的牦牛乳硬质干酪（刘兴龙，2009）。

其工艺流程如下：

原料乳→检验→巴氏杀菌→冷却→添加发酵剂→添加 $CaCl_2$→添加凝乳酶→凝乳→切割、排乳清→二次加热→排乳清→搅拌、加盐→堆酿→压榨成型→真空包装→成熟。

其操作要点如下：

①原料乳：生产干酪的原料，必须是新鲜优质牦牛乳。该操作中的牛乳进行了感官评价、密度比重测定、滴定酸度测定、煮沸试验和刃天青试验。

②杀菌：采用巴氏杀菌法，在 62~65℃保温杀菌 30 min。

③添加发酵剂：将杀菌乳冷却到 30℃左右，添加 1%~3% 的发酵剂。经过发酵后，乳酸发酵程度要求达到 20~24° T。

④加入 $CaCl_2$：为了提高加工过程中凝块的质量，并抑制原料乳中的杂菌，在生产干酪的原料中添加 $CaCl_2$。$CaCl_2$ 添加量一般在 0.02%~0.06%。

⑤添加凝乳酶：凝乳酶使用时将酶用1%的食盐水稀释成2%的酶溶液，然后在35℃条件下活化30 min后使用。

⑥凝块切割、搅拌和加热：当凝块达到一定硬度后，用专门的干酪刀或不锈钢丝纵横切割成7~10 mm³立方体小块。然后进行轻微的搅拌，使凝块颗粒悬浮在乳清中，使乳清分离。加热可使凝块粒稍微收缩，有利于乳清从凝块中排出。

⑦二次加热、排乳清：大部分乳清排出后进行二次加热，以1℃/min的加热速度，加热到40℃，同时不断地搅拌。当干酪粒已收缩到适当硬度，乳清pH值达到4.6时停止加热和搅拌，此时可排出乳清。

⑧加食盐：采用干盐法，即把食盐均匀混合在凝块中，然后进行压榨。加食盐量为凝块的2%。

⑨压榨成型：将二次加热、排出乳清后的干酪凝块均匀地放在自制压榨槽中，用压板把凝块颗粒压成饼状，使乳清进一步排出。

⑩包装：干酪成品用LDPE袋进行真空包装，可以忽略后熟过程中湿度对它的影响。

⑪发酵成熟：经真空包装后的干酪成品置于低温度条件下贮藏后熟。

3. 发展干酪生产的意义和前景

干酪具有营养价值高、便于贮存运输、食用方便等特点。干酪又是消耗牛奶最多、经济效益显著的乳制品。奶业发达国家用于生产干酪的牛奶占总产奶量的30%~50%，人均年消耗干酪10 kg以上（欧洲国家达20 kg以上）。我国由于社会历史条件、文化习俗、饮食习惯等原因，干酪消费处于极低水平，但随着人们对干酪营养价值认识的提高和西方饮食潮流的进入，特别是西式快餐的流行，干酪已逐渐被大城市居民、尤其是青少年认可。

（三）干酪素

干酪素又称酪素、酪蛋白、酪朊，它是以脱脂奶为原料，在不断搅拌的条件下，利用酸沉淀或酶沉淀得到的酪蛋白产品。其蛋白质含量达80%以上，其中干酪素钠、干酪素钙的蛋白质含量高达91%。干酪素作为一种工业原料被广泛地应用于造纸、皮革、乳胶、国防、食品等领域。在食品工业中，干酪素及其盐类主要作为乳化剂、蛋白强化剂、营养补充剂，用于肉制品、冰淇淋和冷冻食品、咖啡伴侣和植脂末、糖果、发酵乳制品、婴儿食品、运动饮料、营养机能食品、药品等。由于酪蛋白酸盐在水中溶解性较好，因此在食品工业中应用广泛。例如，在香肠中添加0.2%~0.5%，可使脂肪分布均匀，增强肉的黏结性；在冰淇淋中添加0.2%~0.3%，可使产品中气泡稳定，防止沙砾感和收缩；与谷物制品配合，则能制成高蛋白食品、老年食品、婴幼儿食品和糖尿病患者食品。

1. 曲拉

曲拉是我国干酪素生产的主要原料，但是牧民在制作曲拉过程中发生的一系列的变化直接导致了曲拉的色泽暗黄，直接影响了干酪素产品的质量。美拉德反应是影响牦牛乳曲拉色泽品质的主要原因。美拉德反应极为复杂，在反应的初级阶段，还原糖的羰基与氨基酸的氨基之间进行加成反应，失去1分子水转变为糖基胺—希夫碱，希夫碱不稳定继续环化形成N–取代的醛基胺，最后经Amadori重排转成活泼的中间产物。在此阶段，是没有色素物质生成的（于淼，2008）。在中间阶段，能够产生还原酮、糠醛以及不饱和羰基化合物，这些化合物继续反应，形成褐色可溶性化合物。在末期阶段，葡萄酮醛、还原酮类继续与氨基酸反应，最终生成大量的褐色色素—类黑精。

（1）加热温度

热处理是牦牛乳曲拉制作的重要一步。加热可以使曲拉凝块变得更加坚韧，增加加热温度和加热时间会增加乳清的排出。最初的凝块是一个开放的、多孔的网络结构。在加热过程中，网络的孔隙度开始减少，可能是酪蛋白之间相互结合形成新的聚集体。

但是温度过高，会容易发生美拉德反应，进而影响后期曲拉色泽加深。刘红娜等（2014）研究了热处理对牦牛乳曲拉色泽和牦牛乳酪蛋白凝结速率后发现，加热强度为55℃时，最终曲拉色泽和凝块的硬度是最优的。

（2）发酵程度

发酵程度直接影响牦牛乳曲拉凝块的成品率、坚韧度和后期的脱水及色泽。若发酵程度过低，矿物质离子将存在于凝块中，导致后期成品灰分较高，产品的溶解度很差。发酵强度过高，凝块颗粒紧缩，不利于后期的脱水和干燥。脱脂乳发酵过程中，无机磷酸盐和钙从酪蛋白胶束中被除去，胶束上净电荷减少，胶束变得越来越不稳定，直到酪蛋白沉淀。曲拉是牦牛乳巴氏杀菌后在24℃下进行发酵，发酵到终点pH值4.6需要24~48 h。如果发酵过程太快，会产生不均匀的质量问题，并且减少酪蛋白的产量。

（3）批量冲洗

曲拉凝块加热排出乳清后进行冲洗，以除去乳清蛋白组分和酸化过程中产生的离子。这个冲洗过程将决定牦牛乳曲拉中非酪蛋白组分的成分，在相当大程度上也将影响酪蛋白的功能特性。在酸化过程中，胶体磷酸钙溶解，但是仍有部分的钙连接在酪蛋白上，这些矿物质可以用水多重冲洗除去。冲洗进行2~3次冲洗过程采用等体积的水进行逆流冲洗（甘伯中，2005）。

2. 干酪素生产方法

（1）工业用干酪素

脱脂奶中加盐酸或硫酸产生酪蛋白钙盐的沉淀物，叫工业用干酪素。主要用于军工、医药、造纸、印刷、建筑等方面。

①工艺流程

A. 对原料奶的要求：牛奶应新鲜，酸度（指中和每 100 mL 牛奶中的酸，所需 0.1 N NaOH 溶液毫升数）不超过 23° T，故每天挤完奶后应立即制作干酪素。头天晚上所挤的应存放在阴凉处或浸泡在 10℃以下的凉水中保存，以控制酸度的增长。挤完后过滤，并立即脱脂。

B. 对脱脂奶的要求：工业用干酪素用的脱脂奶含脂率应在 0.05% 以下，高了就降低质量，减少收入。为了获得含脂率低的脱脂奶，一般调整分离机奶油排出口的调节螺丝，使放奶量减少至 1/4；同时对脱脂奶可进行第二次分离。

C. 干酪素的沉凝、过滤与清洗：脱脂奶沉凝可用酸乳清或硫酸、盐酸。目前产区提倡用盐酸分离出的脱脂奶温度在 35~40℃时，就可倒入大木桶或其他耐腐蚀容器内，待温度降至 34~36℃时，立即按比例缓慢倒入所需的稀盐酸溶液（100 kg 脱脂奶：700 mL 浓盐酸，浓盐酸必需加 8 份水配成稀盐酸才能使用），倒入时用木棒充分搅拌，控制在 8 min 之内倒完。稀盐酸溶液倒完后，还要继续搅拌到脱脂奶全部凝结沉淀，乳清变成浅黄绿色为止，这时用手抓一把紧握一下松开，干酪素很快松散，就证明已全部沉淀再静置 20 min 后用 4 层纱布过滤。过滤后用以下方法清洗 3 次。

第一次：将湿干酪素倒入四倍 28~30℃的温水内，用木棒搅拌 10 min，然后静置 10 min 滤去清水。

第二次：将湿干酪素倒入四倍 15℃温水内，用木棒搅拌 5 min，然后静置 5 min 滤去清水。

第三次：将湿干酪素倒入凉水内（10℃以下），用木棒搅拌 5 min，然后倒入洁净白布口袋内滤去清水，再把口袋扎紧，用大石块或其他重物压榨 3~4 h 或待到第二天上午脱水。条件许可，最好用不锈钢片制成简易螺旋式升降脱水机，这样当时就可以脱水，达到节约时间与防止酸度高的目的。

D. 干酪素晒干与存放：压榨脱水后的干酪素，从口袋中取出，倒入 16 目筛孔用手擦在单层纸或无毒塑料布上摊开晾晒。最好是防潮塑料布，千万不要用牦牛毛绒线织的单子。晾晒过程中，要把黏连在一起颗粒轻轻揉开，达到受热均匀，含水量一致，避免发霉变质，还要避免草节、叶片、水、泥土、牲畜粪渣、牛羊毛等混入。如混有此杂物应筛净，以保证质量。晒干后即成品。颜色是白色或略带极难发现的微黄色固体颗粒。按品质等级分别装入洁净袋内，扎口密封，存放在通风良好的干燥处，待运出售。

②生产干酪素应注意的事项

A. 牛奶中不能含有杂质、异味、凝块和颜色深黄的原料奶。

B. 产犊前 10 d 老奶、产犊后 7~10 d 初奶不能使用。

C. 原料奶加热时不断搅拌，使受热均匀，待到 45~50℃时应立即分离脱脂，严禁以一部分过热牛奶掺入冷奶中调节温度的做法。加热最好用特制马口铁双层平底锅，下层盛水，上层盛奶，这样可避免牛奶直接接触热源易产生焦煳味而变质。

297

D. 干酪素中不允许含有杂物。

E. 盐酸为强性腐蚀剂，切忌与皮肤、衣物接触。

（2）食用干酪素

食用干酪素是用优质脱脂奶制成，供食品工业生产营养食物或医药方面之用。食用干酪素分酸制法、凝乳酶制法两种。脱脂奶先经 70~75℃、10~15 min 灭菌、或 95℃ 高温短时灭菌。酸制法在制食用干酪素时，将灭菌后的脱脂奶降温至 34~35℃，加入化学用纯稀盐酸（1:8），使形成凝乳块。其他工艺流程同工业用干酪素。

皱胃酶法食用干酪素，先将脱脂奶恒温 37~38℃，按 100 L 奶中加 40% 氯化钙溶液 100 mL，然后用皱胃酶凝结成干酪素块，继之切割成小块加温到 55℃，静置 10 min 后排除乳清而粉碎干燥。干燥时温度应控制在 43~46℃，产区可利用太阳能。干燥后包装。

生产可溶性酪素时，将粉碎后的湿干酪细颗粒用碳酸氢钠处理，这时颗粒中水分不超过 60%。碳酸氢钠用量按下式计算。

$$X=C（A-40）×0.084$$

式中：X= 碳酸氢钠（g）；C= 湿干酪素量；A= 湿干酪素酸度（°T）；40= 经用碳酸氢钠处理后干酪素的酸度；0.084= 常数或系数。

干酪素在混合器内加定量碳酸氢钠中和时，应搅拌 40~50 min，待颗粒质体变成透明，大颗粒消失后，用网眼 4~5 mm 的不锈钢筛网擦碎，再烘干。烘干最初温度为 30~40℃，然后升高到 55℃，需 6~8 h。干燥后用槽纹轧辊机多次流碾，再用网眼 0.25 mm×0.25 mm 筛子过筛包装。这种食用可溶性干酪素可在面粉中加入 5%~10%，制饼干、面包、糕点、冰淇淋等，也可在香肠中加 5%，还可做医药方面的原料。

（四）奶皮

奶皮是牦牛产区少数民族特有的乳制品，信仰伊斯兰教者最喜欢制作食用。奶皮的外形随制作锅具的大小而变，也随原料而变，一般厚度约为 1 cm、直径 10~20 cm 的圆形饼状物，颜色微黄。营养价值高，水分含量为 3%~4%，乳脂率 83%~85%、蛋白质 9%、乳糖 4%，营养成分高于一般奶油。奶皮在牦牛产区一般用于拌奶茶作为早点，或切成小块制作菜肴、夹饼、夹馍等食用。

1. 奶皮的生产方法

其工艺流程图如下：

原料奶（加米汤）→过滤→加热搅拌→冷却→收集奶皮→晾干→收藏。

（1）原料奶

不脱脂鲜奶。

（2）过滤

除去原料奶中牛毛、草等杂物。

（3）加热与搅拌

将过滤后的原料奶倒入圆形锅中，然后用大火烧至近沸腾时，即慢慢减弱火势，并用铁勺不断上下翻动，使其中一部分水分蒸发和破坏乳脂球表面的蛋白质膜，促使乳脂球集聚。经过一段时间后，锅中奶表面就形成密集的泡沫，这时就可以把锅端下。

（4）冷却

将端下的热奶锅放在通风阴凉处，自然冷却，并注意平放，避免奶皮厚薄不一。

（5）收集奶皮

经过 12 h 左右，奶的表面形成厚厚的奶皮层，这时用小刀沿锅边将奶皮划离锅，然后用筷子伸入奶皮下面挑出。

（6）晾干

为了便于保存贮藏，将从锅中挑出的湿奶皮放在平面木板或无毒不锈钢板上晾干，经 2~3 d 即可硬化。

（7）贮藏

贮藏时间不宜过久，同时要勤检查，以防霉变变质。

（8）加米汤

这是减少原料奶、降低奶皮中乳脂含量的一种制奶皮方法。米汤有大米、小米制作的两种，前者制作的奶皮显白，后者显黄。米汤要经过滤，一般加入 1/3~1/4，制成的奶皮经晾干后质地较硬。

（五）酸奶

牦牛酸牛奶是以牦牛奶为原料，经乳酸菌发酵加工而成的乳制品。牦牛产区多为不加糖的凝固型酸牛奶，城市出售的一般为加糖的凝固型和搅拌型（软质和液状）酸牛奶。

1.酸奶生产方法

其工艺流程例如：

原料奶→过滤→均质→灭菌（90℃、10 min）→冷却→接种→发酵→后熟→成品。

（1）原料乳的质量要求

用于生产酸乳的新鲜牛乳必须是高质量的，要求酸度在 18°T 以下，杂菌数不超过 50 万 cfu/M，乳中全乳固体不得低于 11.5%。

（2）过滤

除去牛毛、草等杂质。

（3）均质

采用的压力为 20~25 MPa；杀菌条件为 90℃、10 min。

（4）接种

杀菌后的乳应降到 45℃左右，按照一定比例接入发酵菌种。

（5）冷藏后熟

将发酵好的发酵乳放入 0~4℃冰箱中冷藏后熟 24 h，增加风味和口感。

工厂化生产注意事项：

①装瓶：瓶的大小视市场需要而定。装瓶前应事先蒸汽灭菌，装入混合料后立即加灭菌盖盖严。所谓混合剂，是指原料奶中除加入凝乳剂外（2%~2.5%），还应加入蔗糖 4%~11%、香料适量、硬化剂适量。

②发酵：将盛满混合料瓶放入发酵室内（33~45℃），经 4~10 h 即成酸奶。

③冷藏与出厂：发酵后的酸奶，应及时移入冷库或冰箱中保存。冰库中温度以 0℃左右为宜，出厂时间必须存放 3~4 h 以后。

2. 酸奶品质

品质好的酸奶应具乳脂香味、凝固如豆腐状、表面不出现黄水（乳清）、微酸或酸度为 0.7~0.9°T（乳酸度）。品质不好的则乳脂味淡、凝固硬度差、出现黄水和酸度高。牦牛酸奶品质最佳。

第二节　牦牛肉及肉制品

一、牦牛肉

（一）牦牛肉简介

牦牛是我国古老而原始的物种，主要生活在海拔高而气候严寒、大气压很低而极为缺氧的地区，是一种能常年生活在海拔最高地区的哺乳动物，享有"高原之舟"的美誉。我国不仅是牦牛的发源地，并且牦牛的数量上也稳居世界第一。目前全中国牦牛约为 1 500 万头，其中 95% 以上集中分布在我国青藏高原的西藏、青海、四川、甘肃等省区。

牦牛肉被誉为"牛肉之冠"，属于半野生天然绿色食品，富含蛋白质和氨基酸，以及 β-胡萝卜素、钙、磷等营养元素，具有脂肪含量低，热量高的独特优点。在当前人们追求健康科学饮食的趋势下，牦牛肉因其较低的脂肪和丰富的蛋白质，更加合理的氨基酸分布，越来越受到人们的青睐，目前牦牛肉的市场销售非常可观。牦牛肉的蛋白质含量高达 20%~23%；脂肪呈乳白色且含量低于普通牛肉，其含量低至 5% 左右；必需氨基酸与非必需氨基酸比例为 0.6~0.83；富含有锌、铁、锰、铜、镁、钙、钴等矿物质元

素。肌纤维纹理比较细、致密、有弹性，肌肉易咀嚼、易消化等特点。只有充分探究清楚牦牛肉的所有特点和优势，才能更好地指导其开发加工。

（二）牦牛肉经济价值

牦牛肉是一种价值很高的肉类资源，但是由于牦牛生长环境的制约，目前对牦牛肉的开发利用及其副产物的再加工利用都比较局限，如以鲜肉为主的加工制品转化利用率较低，目前牦牛肉系列产品的开发和研制不够完善，深加工研制极度缺乏，造成目前牦牛肉产品结构较单一的现状，规模较小，大市场中牦牛肉产品种类和数量非常有限。所以牦牛肉的精深加工薄弱，在一定程度上制约了牦牛肉的发展。只有加大对牦牛肉的研制，采用高端、精细、创新的技术加工，才能提高牦牛肉的产品价值。为满足研制加工需求，对牦牛肉的分级划分和区域品质划分评价显得格外重要。发达国家对牛肉的分级评价标准和评定方法，以及对牛肉品质评价与分析已非常悠久而成熟。通过对牦牛肉品质研究探索，将促进其生产和加工，满足消费者对不同等级的牛肉需求，也促进不同地区牦牛肉的差异化开发生产。这样既能够实现牦牛肉产品价值，开拓牦牛肉消费市场，也为其走向国际化、标准化、高档化、安全化提供技术支持。

（三）牦牛肉品质影响因素

影响牛肉质量的因素已被广泛研究，可以大致分为内在因素，包括品种、性别、年龄、肌肉、胴体重和肥胖程度及分布部位等，此外还包括外在因素，即与生产饲养动物的环境（包括"农场"）条件有关，如气候、牧养营养条件、有无圈舍、放养密度、生存空间、社会行为、相互作用和生长地区等。目前对牦牛肉的研究主要集中在品种、年龄、宰后成熟等差异上。宰后成熟过程对牦牛肉品质也有较大影响。牦牛宰后 1~8d 肉的嫩度、剪切力、pH 值、失水率、钙激活酶活性、肌原纤维超微结构均发生明显变化。地区带的饲养环境、气候、社会行为等外在因素皆会使牦牛肉的肉质产生差异。

1. 内在因素

品种、年龄、部位等方面的差异都会对牦牛肉品质产生重要影响。品种的不同，必然会在遗传物质上表现出一定差异，从而由遗传物质控制的风味物质及蛋白的表达合成也会有一定差异。年龄的差异直接带来机体代谢的差异，直接使肉品质的各项指标都会不同。不同部位的运动状态不同，其肌型组占含量和比例都会有所差异，因而部位的差异也会带来化学组成不同，使肉品质差异显著。品种不同的牛肉其各方面的品质都存在着较大差异。不同品种的牛肉其不同部位的产肉性能不同，肉品质也差异较明显。原因可能是不同品种控制风味物质的 mRNA 表达存在差异，这是使其肉质存在差异的最重要原因之一。例如，研究西藏不同品种牦牛肉品质发现，藏北牦牛肉、帕里牦牛肉、嘉黎牦牛肉、斯布牦牛肉等四个品种的牦牛肉粗蛋白含量分别为 21.43%、22.3%、20.17%、22.73%。

年龄不同也会导致营养、食用、加工等方面的品质差异，如嫩度、多汁性及营养

成分含量都会有所不同。年龄越大，肉的颜色会随之加深，肉质也较老硬。随着年龄增长，肉中的胶原蛋白会形成更多的交联，并且这种交联难以溶解，导致口感老而硬，相比较年幼的牛的肉质，其交联较少而且可溶，所以口感嫩而滑爽。在研究 3.5 岁左右的四川牦牛肉发现，其蛋白质含量较高，脂肪含量很低，必需氨基酸比例和含量都很理想，是肉质最好的时期。研究不同年龄的青海牦牛肉，年龄越大的牛肉，皮下脂肪组织厚度升高，大理石花纹数目减少，3 岁以下的牛肉质量都较好，5~9 岁的牦牛肉质量较差。

不同部位的牦牛肉其脂肪、氨基酸含量和比例都存在差异。相同条件下，不同部位的肉质在营养成分、食用感官品质、加工品质方面都有较大差异。不同部位肌肉的活动程度、组织结构、新陈代谢、肌肉收缩等差异，就会带来其胶原蛋白数量及结缔组织的数量差异，进而带来牛肉在嫩度方面的差异。外观学者研究论证了牛肉的不同部位存在化学物质、营养价值、食用品质等差异。胴体 11 个部位肌肉的嫩度差异，分析了胶原蛋白含量与嫩度的相关性，得出不同部位胶原蛋白及弹性蛋白含量与嫩度正相关。不同部位脂肪含量也差异较大，背最长肌（西冷）脂肪含量较高，保水性较好，嫩度也相对很好。

2. 外在因素

饲养肥胖程度指饲养方式、管理方式或给予的营养补充等不同导致的牦牛的肥胖程度不同，从而使其生长发育及新陈代谢不同，导致脂肪及其他营养成分含量的差异。通常认为放养型牛肉与圈养相比的肉质较差。放养型牛肉肉质较老硬，但是其 n-3 型脂肪酸含量较高；而圈养型，给予的饲料能量高，运动量少，就会导致脂肪堆积，蛋白合成速度快。饲料的六大营养含量及能量高低都将影响肉的品质。能量高的饲料喂养便会使背最长肌的胶原蛋白溶解性提高，使肉质更嫩；但高能喂养也会加快脂肪堆积，使大理石花纹增多；高蛋白喂养则会促进新陈代谢蛋白合成，从而蛋白含量增加等。所以改变饲养等外在因素，便会改变肉的品质。

生长地区和养殖环境的差异，如地区的海拔高度不同，气候环境的差异（温度、湿度），空间大小、地板类型和通风条件等养殖环境的差异，都会带来牛机体的新陈代谢差异，从而使牛肉品质有所差异。养殖环境不同对背最长肌的肉色影响显著，空间较大而透气的室外养殖的牛肉肉色优于室内养殖；测定牛肉的 pH 值，也是空间较大而透气的室外养殖的牛肉肉色优于室内养殖这样的规律。

（四）牦牛肉品质及研究现状

1. 营养品质

肉的品质，包括肉的营养品质特征、食用品质特征及加工品质特征。营养成分的种类和含量直接影响肉类的品质。营养品质具体内容包括水分、灰分、脂肪、蛋白、氨基酸、脂肪酸、维生素等。影响肉类的营养品质因素包括年龄、性别、种类、部位、生长

区域、饲养条件等。

（1）水分

肉中水分含量占的比重最高，其存在形式有结合水（5%）、自由水（15%）、不易流动水（80%）。水分在动物体中的分布也是不均匀的，即不同部位含量也存在一定差异。肉中水分含量及其存在状态影响着肉的嫩度、颜色、风味物质、组织状态等指标，同时也影响着其储藏和加工品。若肉中水分含量太低，则肉容易脱水收缩，容易引起脂肪氧化，反之水分活度太高，微生物容易繁殖，从而引起腐败。

（2）蛋白质

蛋白质对人体的健康非常重要，是营养组成成分的关键物质，氨基酸的种类和含量也是影响生命机体的一种影响因素。肉类除去水分及脂肪，蛋白质是其中非常关键的营养物质的原因，不仅是因为它能供应能量，而且能为人体修补和合成组织结构提供物质基础，帮助调节体内环境。蛋白质包括必需氨基酸和非必需氨基酸。必需氨基酸是人体不能合成或合成较慢，但人体又不可或缺的，必须从外界获取的一类氨基酸，包括赖氨酸、蛋氨酸、亮氨酸、异亮氨酸、苏氨酸、缬氨酸、色氨酸、苯丙氨酸；而非必需氨基酸不一定非从食物中直接摄取，这类氨基酸包括谷氨酸、丙氨酸、甘氨酸、天门冬氨酸、胱氨酸、脯氨酸、丝氨酸和酪氨酸等，有些非必需氨基酸如胱氨酸和酪氨酸如果供给充裕还可以节省必需氨基酸中蛋氨酸和苯丙氨酸的需要量。牦牛肉以其含有优质且高含量的蛋白质，种类齐全的氨基酸而称为优质蛋白补充食物，它可以为人体提供足量的氨基酸补充。因而蛋白质含量、氨基酸种类及重要氨基酸含量不仅是评价肉类品质的重要指标，也是综合评价食物的关键指标。

（3）脂肪及脂肪酸

脂肪对肉的品质起着至关重要的作用，肉的风味物质主要是由脂肪酸氧化生成，所以其直接影响风味。而肉中脂肪含量受多种因素制约，包括外界因素和自身因素。脂肪含量受到外界因素（包括区域差异、饲养条件）影响，也与生长环境及地区相关，即不同地区饲养的牦牛，其肉中脂肪含量也存在差异。不同部位肉的肥瘦存在显著差异，这表明不同部位肉的脂肪含量不同，其中肌内脂肪是决定肉品质的主要因素。肉中脂肪可分为皮下脂肪、肌间脂肪和肌内脂肪。脂肪含量与肉的食用品质息息相关，如肌内脂肪含量与肉的嫩度、风味及多汁性呈正相关，即肌内脂肪含量增加可提高肉的多汁性、嫩度及风味。

营养学将脂肪酸分为饱和脂肪酸、单不饱和脂肪酸和多不饱和脂肪酸三类。牛肉脂肪酸的组成与品种、年龄、饲养条件、地区等因素都有关。脂肪酸是人体必需的营养元素，它直接影响人体的新陈代谢、生长发育及生殖繁衍等。摄入的饱和脂肪酸和不饱和脂肪酸含量不同，这样的脂肪酸组成将直接改变人体的各种组织，血清和脂溶性维生素。目前关于饱和脂肪酸摄入对人体健康的影响存在争议，研究发现摄入饱和脂肪酸对

人体存在一定潜在功能，缺少此类脂肪酸也许会对人体健康带来不良反应。多摄取 ω-3 脂肪酸可提升记忆力，但是另一方面，摄入过多饱和脂肪酸，在人体代谢中难以被氧化分解，从而产生体内堆积，长时间积累就会导致心血管类的疾病。

有关试验结果均表明，牦牛肉背最长肌中单不饱和脂肪酸和多不饱和脂肪酸含量显著高于对照组黄牛肉，而饱和脂肪酸含量显著低于黄牛肉，牦牛肉的共轭亚油酸含量极显著高于黄牛肉，并且检出了黄牛肉中未检出的功能性脂肪酸 EPA 和 DHA；FASN 基因与牦牛肌内脂肪酸组成的相关性，牦牛 FASN 基因 mRNA 表达水平高于黄牛肉，其中其基因表达与牦牛背最长肌比值相关。

对青海犊牦牛与成年牦牛肌肉脂肪酸组成分析发现，犊牦牛的 MUFA、PUFA 相对含量极显著高于成年牦牛，其中油酸、亚油酸含量尤为突出，而 SFA 相对含量显著低于成年牦牛。犊牦牛 PUFA/SFA 与 n-6/n-3 值均极显著高于成年牦牛。

2. 营养价值

牦牛肉的蛋白质含量为 22.65%，比黄牛蛋白质含量高出 2.03%；牦牛肉非必需氨基酸含量显著比黄牛肉高，氨基酸总量也显著高于黄牛肉。研究甘南牦牛肉发现，其蛋白质含量为 23.18%，高于黄牛、西门塔尔牛等各种品质的牛肉；青海牦牛肉粗蛋白含量 20.60%，高于同龄黄牛；同时必需氨基酸中谷氨酸、蛋氨酸显著高于其他牛肉，氨基酸总量也极显著高于别类。天祝白牦牛肉的蛋白含量高于当地黄牛。氨基酸总量（TAA）、非必需氨基酸（NEAA）、必需氨基酸（EAA）都显著较高于黄牛、天祝白牦牛肉、甘南牦牛肉，因而不同地区的牦牛肉各有优点和不足，但是其氨基酸含量，必需氨基酸、蛋白含量均比本地黄牛高。可见牦牛肉本身的营养价值较高。

（五）牦牛肉的食用品质

肉的食用品质将会直接影响消费者的购买和食用选择，所以研究牦牛肉的食用品质意义重大。牦牛肉的食用品质研究指标包括大理石花纹、肉的色泽（Muscle colour）、剪切力（WBSF）、多汁性（Juiciness）等，此外，还包括 pH 值和持水性等的相关指标。

1. 大理石花纹

大理石花纹是通过感官评价其颜色花纹而直接判定牛肉食用品质的最简洁直接的评价指标。牛肉大理石花纹是其肉的肌纤维中的脂肪从而形成一种白色大理石纹状分布。它是对牛肉进行等级划分的重要参考指标之一。很多牛肉分级员也是通过大理石花纹判定其嫩度，他们认为大理石花纹与嫩度有直接关系。研究表明，大理石花纹与嫩度的相关性达到 30%。

2. 肉的色泽

目前对肉色进行测定方法很多，包括化学测定法、光学测定法及其他各种方法。化学测定法就是测定肌红蛋白含量，而光学测定即用色彩色差仪测定 L 值、a 值、b 值等，肉颜色的红度深浅及色泽均匀度主要是由于肌肉纤维中的肌红蛋白 Mb 含量及其与

铁离子的价态、肌红蛋白与氧的化合反应决定。

3. 剪切力

嫩度作为消费者评判肉质优劣的最重要的指标之一，它与包括蛋白交联结构、脂肪分布等息息相关。剪切力越大，嫩度越差；剪切力越小，则肉质越嫩。目前测定肉的嫩度主要包括剪切力、穿透力、弹力恢复性等指标，其中大部分国家采用 Warner-Bratzler 剪切仪（沃布剪切仪）来测定剪切力，在我国常常使用的是由陈润生和雷得天等研制的 C-LM 肌肉嫩度仪进行测定。

4. pH 值

肉的 pH 值直接反映糖原酵解的强度，它影响肉的适口性、咀嚼性、肉色及牛肉的系水力等，因此 pH 值是牛肉品质的重要加工指标。pH 值高，肉储藏损失小，有利于提高系水力（WHC），黏合能力也较强，且 pH 值在 6.0 以上时肉嫩度也较高。玛曲县牦牛肉在宰后成熟过程中，pH 值在宰后 1~4 d 明显下降达到最低 5.48，第 4~8 d，pH 值开始慢慢上升。

5. 持水力

肉的持水力也叫保水性或系水力，肉质的保水力（WHC）通常用失水率、系水力和熟肉率来衡量。肉的系水力是指肉类在加工或贮藏等条件下，受到如施压、切碎、加热、冷冻等外力的处理作用时，肌肉组织保持其原有水分含量与添加水分的能力。系水力也是衡量牛肉品质的一项重要指标，它会影响鲜肉的颜色、风味、质地等食用品质。持水力通常使用滴水损失和蒸煮损失来表征。贮藏损失率越低，滴水损失越小，熟肉率越高，则肉的系水率越好。滴水损失是指不凭借或施加任何外力，只受重力的情况下牛肉组织蛋白质系统的液体损失。牛肉在加热过程中会发生收缩及失水的情况，称为蒸煮损失。其原因是由于蛋白质受热变性，使得肌原纤维发生紧缩，从而失去水分。蒸煮损失的大小直接影响产品的加工成本。

6. 风味物质

肉品的风味感官融合了人的味觉、嗅觉及神经传导等多种感知器官。风味是滋味和气味统称，氨基酸种类和含量等均会影响风味，脂肪酸也是影响风味的重要因子。肌肉中脂肪酸组成对牦牛肉风味的影响因素如下：脂肪中饱和脂肪酸和单不饱和脂肪酸含量与牦牛肉肉质呈正相关，其含量的高低直接影响肉的滋味和嫩度等特性，肉中发挥风味作用主要是碳数目比较低的不饱和脂肪酸，如油酸（C18：1）。影响咀嚼性的主要是碳原子为 14~18 的饱和脂肪酸。风味和口感的综合满足感取决于不饱和脂肪酸与饱和脂肪酸的比例、单不饱和脂肪酸在总脂肪酸的占比。肉的风味物质主要是脂肪酸发生美拉德反应中间产物，即具有芳香气味的有机化合物，另一方面，脂肪酸氧化反应过程也能产生许多呈味物质，如具有独特气味的酸、酯、烃、醛等。滋味主要是在加热或其他条件下发生复杂化学反应生成一些特殊氨基酸（谷氨酰胺）、多肽类物质以及核酸代谢物质

等，这些物质本身或其前体物质是牛肉具有独特滋味。研究表明，很多风味物质的前体在给予条件下发生复杂的反应生成各种不同风味的特殊风味物质。不同呈味物质以及其不同含量、不同比例，在不同条件下发生的不同反应，生成不同的风味物质，最后使肉具有不同的芬芳味道。

（六）各国牛肉分级标准

肉等级评价体系是将质量和产量参差不齐的牛肉按照一定的标准划分成不同等级，不仅实现了优质优价的原则，更满足了消费者的选择。世界上许多国家都已拥有自己独立的牛肉分级制度，我国近年来也制定了相关的牛肉分级标准。

1. 国外牛肉分级体系现状及其差异

世界上大多数国家，如美国、日本、欧盟、澳大利亚等都已拥有较为完善和适合本国牛种的牛肉分级标准，这对促进和规范该国肉牛业的发展起到非常重要的作用。目前，各国的牛肉分级标准体系主要由产量级和质量级部分组成，畜牧业较发达国家的牛肉分级标准如表10-12所示。

表10-12　不同国家牛肉等级标准概况

国家	评价体系	等级划分	评价指标
美国	质量等级	特优、特选、优选、标准、商用、可用、切碎、制罐	生理成熟度大理石花纹
加拿大	质量等级	A、AA、AAA、特优级；B1、B2、B3、B4级；D1、D2、D3、D4级；E级	成熟度、肌肉面积、眼肌面积、脂肪厚度、大理石花纹、脂肪结构和颜色
澳大利亚	质量等级	A、AA、AAA；B1、B2、B3、B4级；D1、D2、D3、D4级；E级	胴体特性、肋部肉厚、最终pH值、皮下脂肪厚、大理石花纹度
日本	质量等级	5级（优）、4级（良）、3级（中）、2级（可）、1级（劣）	肉色、大理石花纹、肌肉弹性、脂肪颜色
欧盟	质量等级	5级（E）、4级（U）、3级（R）、2级（O）、1级（P）	膘度、体型结构

由表10-12可知，不同国家牛肉等级标准各不相同。美国牛肉等级评判由美国农业部（United States Department of Agriculture，USDA）指派的独立牛肉评级员依据牛肉的品质（以大理石纹理为代表）和生理成熟度（年龄），综合评定出牛肉质量等级，将牛肉分成以上8个级别。美国牛肉产量等级标准以胴体的出肉率为依据，定义为修整后去骨零售净肉量占胴体的比例，可分为1~5级，1级出肉率最高，5级最少。

日本政府于20世纪60年代起就加大力度发展肉牛行业，于1962年正式实施牛肉

胴体质量标准，并经过多次修订，使日本牛肉行业在几十年内得到了突飞猛进的发展。日本牛肉胴体质量标准主要根据大理石花纹、肉色、脂肪色、弹性4个指标评定划分为5个级别，4个指标有各自的彩色样板作为评级标准。此外，还有产量级标准，根据胴体产肉率分为A、B、C，3个级别。

欧盟各国于1975年就建立了通用的牛胴体分级标准，此标准由体型结构和膘度2个因素来决定。体型结构根据牛胴体外观丰满度、背部和肩部及后躯腿部发育情况分为优秀（E）、良好（U）、中等（R）、可用（O）、低劣（P）5个等级。膘度根据牛胴体肩背部和臀腿部脂肪覆盖以及胸腔内脂肪沉积情况，用5分值表示膘厚等级，分为1、2、3、4、5级别。5级代表胴体肩背被脂肪覆盖，臀腿部完全被脂肪覆盖，胸腔内脂肪沉积很好，1级则为胴体表面几乎全无脂肪。欧盟各国按照以上两因素评定结果确定某胴体等级。欧盟的牛肉胴体等级评价法比较直观，各年度生产的胴体可以进行直接的优劣对比，在企业管理和育肥牛种的筛选等方面具有指导意义。

澳大利亚牛肉分级标准主要是根据消费者的需求以及喜好，对牛肉仅仅做出分级和描述，对于好坏完全由消费者自己判断。标准由澳洲肉类规格管理局制定并实施，将牛肉按质量分为4个等级，其衡量指标较多，包括牛的种类、性别、年龄、骨质化程度、最终pH值、肉色、脂肪色、眼肌面积、大理石花纹、背膘厚等。这些指标评分通过公式计算得到一个最终值，从而对每块肌肉进行判断评级，不同于其他国家都是针对胴体进行评价。

加拿大牛肉分级制度始于1929年，并于1986年和1993年经过多次修订。加拿大牛肉分级是由加拿大农业与农产品部门，经联邦或省政府肉品检验服务部门委托的派驻屠宰场的分级人员负责执行，属于自愿性质，但市场上仍有约75%牛胴体进行了分级。加拿大牛胴体级主要根据胴体性状结构、脂肪覆盖率和肉品质量进行不同等级划分，其中最重要的分级评判指标为牛的成熟年龄、胴体脂肪覆盖度、牛肉质地和肌肉嫩度。若不考虑性别，加拿大牛胴体分等按成熟度分为A、B、C、D、E，5个等级。其中，脂肪水平分4级；肉品质量按颜色、坚挺度及大理石纹进行评定。加拿大牛胴体共划分为12个等级。其中所有A级、AA级、AAA级与Prime级胴体，都需要进一步进行胴体产量分级，但B、D或E级的胴体不作产量的分级。加拿大的牛胴体产量分级的判定是根据胴体质量、大理石花纹以及眼肌处皮下脂肪厚度来评定。分为3种等级，即1级＞58%，2级53%~58%，3级＜53%。

2. 我国牛肉分级标准

我国于2011年颁布了SB/T 10637—2011《牛肉分级》标准，将牛胴体分割肉分为2个部分，第1部分包括里脊、上脑、眼肉、外脊，分别划分成S级、A级、B级和C级4个等级。里脊4个级别的划分在感官要求上并无异同，主要根据质量进行评级。上脑、眼肉和外脊3个部位的S级和A级要求质量大于某一定值，B级和C级对质量无

要求；3个部位肉的感官评价要求中，大理石花纹根据丰富程度均依次降级，如S级大理石花纹最丰富，C级大理石花纹几乎没有；脂肪色评价中S级和A级都为白色或微黄色，B级略有变化为白色和黄色，C级对脂肪色未做描述；肉色4个级别均为红色。第2部分包括辣椒条、胸肉、臀肉等9块部位肉，划分为优质牛肉和普通牛肉，分别经过精修和粗修，再根据外观形状、肉色、表面脂肪和有无血渍等其他感官指标进行评级划分。

2012年，我国又颁布GB/T 29392~2012《普通肉牛上脑、眼肉、外脊、里脊等级划分》，对牛分割部位肉做了更详细的等级划分和描述。但以上标准都只适用于普通肉牛，并未涉及牦牛肉。牦牛与普通肉牛在肌肉颜色、大理石花纹、脂肪色等方面差异很大，牦牛肉色偏深红色，脂肪色相对肉牛偏黄，因此不能用目前现行肉牛等级图版来评判。此外，放养的牦牛其胴体眼肌部分脂肪沉积较少，大理石纹不适于作为牦牛肉的评级指标。因此急需根据我国牦牛肉的生产实际及品质特征，借鉴国内外牛肉分级体系，制定有关牦牛肉胴体分级的相关标准。

3. 屠宰特点与肉的分割

牦牛产区屠宰时间多在秋末冬初，也就是膘肥体壮的时候。屠宰时，藏族多采用鼻嘴用绳扎死，回族、汉族则采用腭下颈部切开放血。放完血后，从腹底中部往前往后、四肢内侧将皮剥离，剥皮后从头骨后端和第一颈椎间割断去头，腕骨与前臂骨间割断去前肢蹄，跗骨与胫骨间割断去后肢蹄，尾根部第1~2根尾椎间割断去尾。紧接从腹底中部向前往后成直线割开，并打开横膈膜取出全部内脏，如果是窒息杀死，还需从胸腔内取出积血。剩下的为胴体。

牦牛产区习惯胴体分割，不作净肉分割。胴体分割一般沿脊椎骨一侧分割为左右两片胴体，其中一片带脊椎骨，然后将连接的胸骨肉、颈骨肉解体。继之将左右两片胴体13~14肋骨间切开分成4片。也有从最后一根肋骨一分为四。

随着今后市场需求和牧区乡镇企业的发展，对牦牛肉要求按部位论价。为此，应按前腿肉、背肉、胸肉、后腿肉、腹肉、臀肉、腰肉等净肉解体。国际市场讲究牛排肉，即背最长肌，在分剥净肉时一定要注意连条。

二、牦牛肉制品

（一）牦牛肉干

1. 风干牦牛肉

风干肉藏语"下干布"，即干肉之意。

（1）原料肉的要求

选择健康、肥壮的新鲜牦牛肉为原料肉。

（2）加工季节

风干肉的加工季节性很强，集中在气温低，无蚊蝇的冷季进行，这样可保证质量。

（3）加工方法

分屠宰，分割、晾挂风干等过程。

①屠宰：按前述屠宰方法，剥离骨骼为净肉体。

②分割：将净肉分割成长条状小块肉，肉块重 1 kg 左右。每块肉从正中切一刀成"U"形，以便晾挂风干。

③晾挂风干：将肉条用绳或铅丝悬挂在阴凉通风的房内，每条间隔 1~2 cm。晾干时注意防风沙。这样经 40~60 d 就成为风干肉。风干肉是否风干其检查方法是：从肉条块中选一最大的肉用双手掰，如果容易脆断即为晾干好了，其成品含水量为 7.46%。

优质风干牦牛肉，颜色呈棕黄色，表面油多，易断碎。劣质的色黑、油少，不易掰断或硬而不碎。

图 10-3　风干牦牛肉

（4）贮藏方法

多将风干牦牛肉收藏在布袋内，然后挂在通风、阴凉处。

（5）食用方法

生吃：分两种，一是将风干牛肉用刀削成小薄片了吃肉，可以随时随地食用；二是将风干牦牛肉切成薄片装入碗内，放适量食盐、辣椒面，用开水拌匀后作为菜吃。

热吃：先将风干牦牛肉切成薄片，用冷水或热水浸泡半天变软，然后按以下两种方法烹调为熟菜。一是炒吃，炒时用旺火，先放入菜油，待油快冒烟时倒入肉片，反复拌炒，使受热均匀、肉变色时放入野葱、野韭菜、大蒜片等拌炒，然后放入食盐、辣椒面等调料炒几下即可食用；二是煮熟吃或凉后切片，与调料拌匀作凉菜食用。

2. 牛肉干

（1）牛肉干生产工艺流程

牦牛产区生产的牛肉干有五香牛肉干、咖喱牛肉干等。生产牛肉干的工艺流程如下：

选肉及剔肉→煮肉熟化→切肉固形→炒肉→烘干→包装。

（2）具体说明

①选肉及剔肉：制作牛肉干的原料肉应选用新鲜、无寄生虫、无异味的肉。剔肉应按肌肉块的自然结构分割切成大块，分割时应着重剔除软骨、筋腱、脂肪、肌肉中间质组织及其肌肉表面肌膜。

②煮肉熟化：精选后的牛肉放入蒸汽沸水锅内熟化。煮肉时要上下翻动，以免锅底肉焦，经4 h后捞出放在案板上。

③切肉固形：待熟化后的原料肉稍凉后，按肌肉纵纤维面切成长1.5 cm、宽1 cm、厚0.5 cm的长方形小块。切块时应注意将熟化后残留未剔除的软骨、筋腱、肌肉表面硬皮剔除，以免影响内丁质量。

④炒肉：切好的小肉块在蒸汽锅内炒制。肉块倒入炒锅后先加少许开水翻炒数分钟，然后按比例加入调料，再加开水淹没即可。炒肉时要不断翻动，以使调料均匀渗入肉内，经翻炒3 h后，见炒锅无浮水即可铲入竹笼内，并将竹笼搁在架上沥水4 h。

表10-13　五香牛肉干调料配方及用量

调料种类	调料用量（kg）	调料种类	调料用量（kg）
白糖	1.05	苯钾酸	0.05
净盐	1.9	辣椒面	0.2
味精	0.25	酱油膏	0.625
五香粉	0.35	黄酒	0.5
花椒面	0.15	白酒	0.25

⑤烘干：将沥水后的炒肉放入65℃的蒸汽恒温烘箱内，连续烘6 h。烘干时要有专人监视烘箱温度变化与控制温度。

⑥包装：烘干后的肉干一般在包装前应摊晾24 h（趁热装袋，易使肉干变质，不易久存），待肉干凉透后即行包装，一般用较厚的无毒塑料袋，分500 g、250 g、50 g装，装好后用封口机封口装箱。

咖喱牛肉干的工艺流程与五香牛肉干前5个过程完全相同。不同的是烘干后摊晾6 h后，即按每50 kg牛肉干与1.5 kg咖喱粉混匀，使肉干表面覆盖一层咖喱粉微粒，即成咖喱牛肉干。

3.灯影牛肉干

（1）灯影牛肉干生产工艺流程

灯影牛肉干为四川名产，原产地在达县（正宗），其生产工艺现流传于四川省各地。其原料肉主为水牛肉，也有用黄牛肉、牦牛肉制作。工艺流程如下：

宰牛→胴体剔骨及选肉→肉片→浸泡→烘烤→汽蒸→化渣→搅拌→配料→包装。

（2）具体操作

①宰牛：宰杀前应停食24 h，停食期间仅喂以少量水，并进行常规疾病检查。病牛肉不能制作。

②胴体剔骨选肉：宰杀后未凉的胴体置于案板上分别剔除骨、软骨、筋腱、脂肪。正宗灯影牛肉干仅选取丰满的四肢肉。

③片肉：片肉技术性强，完全靠人工。将净肉块放在案板上，用锋利薄刀将肉片成半透明薄片。

④浸泡：片好的肉片放入有浸泡液的缸内，使浸泡液淹没肉片。浸泡时间约20 h。浸泡液配方如下。

表10-14 原料肉浸泡液配方

调料种类	调料用量（kg）	调料种类	调料用量（kg）
食盐	0.25	白酒	0.5
酱油	10	黄酒	0.75
凉开水	10		

浸泡液可连续使用。连续使用时需增添上述量的1/2~1/3。

⑤烘烤：将浸泡好肉片平铺在铝丝网上，最好是不锈钢丝网上，置入焦炭烘箱炉内烘烤。烘烤要领是边烤边翻，火先大后小；烘箱内第一层网应距炭火苗30 cm，烘箱中部温度应在100℃左右，烘烤40 min即可。标准是肉片不煳不焦。

⑥汽蒸化渣：将烘好的肉片从网上取下，放进竹笼内汽蒸，水开后用文火蒸1 h，则化渣熟化，然后取出放在细竹筛内晾24 h。

⑦混拌配料：凉透肉肉干在竹筛内加入下列配料混拌。混拌时要上下不停的翻动，使配料均匀覆于肉干表面。

表10-15 凉透肉干配料配方

配料种类	配料用量（kg）	配料种类	配料用量（kg）
辣椒油	150	熟芝麻	500
花椒面	250	熟菜油	400
香油	100	白酒	100

⑧包装：拌好调料的肉干即可按 50 g、250 g，500 g，甚至按 2~5 g，用无毒、灭菌纸袋或塑料袋包装。

（二）牦牛肉灌肠

1. 藏式灌肠

藏式灌肠分小肠灌肠、大肠灌肠，灌肚子，血肠四种。

（1）原料

牦牛血、肉，大小肠、真胃、糌粑面或大米粉、食盐等。

（2）配方

分以下 3 种：

小肠灌肠：藏语"橘那"，意即黑肠。一般用糌粑面或大米粉、面粉 10%，牦牛血 70%，横膈膜肉 15%，内脏脂肪 5%，食盐适量（咸淡与酥油茶相同）。

大肠灌肠：藏语"橘嘎"，意即白肠。通常用牦牛血 25%，内脏脂肪 25%，横膈膜和腹肉 50%，食盐适量。

灌肚子：藏语"酱地"或"逐益""龙么"，意即灌肚子，胃漏斗。采用牦牛血 50%，内脏脂肪 15%，小里脊肉和横膈膜 35%，食盐适量。

血肠：藏语"赤合"，意即黑肠。采用全血，野葱、野蒜少量，食盐适量。也有不加野葱、野蒜的。

（3）加工方法

①剁肉：先将肉、油、野葱等用刀剁细，比饺子馅稍粗些为宜。血块弄碎。

②拌馅：根据配料的比例将各种原料分别倒入盆中搅拌。

③灌制：装馅之前应先检查肠胃是否洗净、漏气。灌馅通常用牛羊真胃或大肠头代替灌肠漏斗。

④捆扎：为了增加灌肠、肚子的硬度，便于煮制工序的进行，灌好后的肠，肚子用绳每隔 0.5 m 绕成一圈捆扎。每圈的大小以便放于锅内为准。肚子的口先用线缝严，再每隔 7 cm 用绳扎一道。

⑤煮制：煮制不仅使灌肠、肚子具有特定的香滋味，而且能使蛋白质大部分变性，抑制酶的活性，杀死微生物。煮制时将灌肠、肚子放入锅内，加入冷水或温水，煮到快沸时，用细针扎孔放气，以防煮时破裂。一般煮 2 h 左右，用针扎到灌肠、肚子的中心不漏出血即可。全血肠煮沸后 3~5 min 即应捞出。

⑥贮藏：灌肠灌肚子为熟制品，含水分较多不耐贮藏，一般是现加工现食，不长期贮存。但是，冷季挂在通风阴凉处，可以保存 1 个月左右。

（4）食用方法

①煮熟热吃：煮熟后趁热切成 10~12 cm 长，7 cm 宽大片，吃时再用藏刀削成小片食用。

②冷后炒吃：先将熟肠切成 2~3 cm 长（灌肚子切成 2.5 cm×1.5 cm×0.3 cm 的片状），然后在锅内放入植物油，油热后再放入熟肠炒透，加入适量盐、葱、蒜、花椒面等配料当菜吃。

2. 苏式灌肠

苏式灌肠营养丰富，鲜嫩可口，是俄罗斯人民喜爱的食品。我国华北、东北、西北各地也日渐为人民所喜爱。这类食物与牦牛产区利用羊肉作肉灌肠、肉面肠基本相同，只不过在生产工艺流程与配料方面不同。生产工艺流程如下：

（1）原料肉

主要选用健康的猪肉与牛肉，也可选用羊肉、兔肉、马肉、驴肉等。在灌肠生产中猪肉与牛肉配合成原料肉，生产具有各种肉风味的特殊灌肠。牛肉在灌肠生产中是为了增加瘦肉、蛋白质含量，并使制品色泽鲜艳。

原料肉在选择时还应注意黏合力，一般肉越新鲜粘合力越强。原料肉处理时不能超过 10℃，否则黏合力降低。

（2）切肉与腌制

原料肉选好后，剔去骨、筋腱，将瘦肉切成长约 10 cm、宽 5~6 cm、厚 2 cm，重 100 g 的小块，然后用 3%~5% 的食盐，为食盐量的 1/20 硝石与肉块搅拌均匀，盛入木器、不锈钢或无毒塑料器内，置于 3~4℃ 冷库内腌制 2~3 d。腌制时瘦肉与肥肉应分别进行，不要混合在一起。

（3）制馅

制馅是灌肠生产工艺流程最主要工序，必须严格按以下操作规程进行。将腌制的瘦肉用绞肉机绞碎，绞碎的程度随产品的种类要求而不同，一般用绞肉机筛板调节。

①为了改进有的制品组织状况，应将绞碎的肉用刀再一次剁碎或用旋转剁肉机剁碎。剁碎过程中严防温度上升，避免微生物繁衍迅速导致制品变质。为了防止升温，在剁馅时添加定量食用水或洁净冷水。

②肥膘切块。规格要求切成 0.4 cm×0.6 cm×0.8~1 cm 肥肉丁。

③根据各种灌肠的要求，将绞碎剁碎的肉精、肥肉丁、调味料等用拌馅机充分混合。是把灌肠用茶灌肠、牛舌肉灌肠，在拌馅时应适当增加黏性和调节硬度。通常先将剁碎的牛肉和定量水在拌馅机中混合均匀，经 6~8 min，水被肉充分吸收后，再按配方加入香料。然后再加猪肉，混合 5 min 左右，将肥肉丁加入再混合 2 min 左右。有的灌肠需加入淀粉时，应将洁净水与淀粉去杂质后在加入肥肉丁前加入。

（4）灌制

灌肠的种类不同，所用的肠衣也不相同。格拉布斯灌肠用牛大肠，里道斯灌肠用牛小肠或猪小肠，沙西克斯灌肠用羊小肠、保大斯灌肠用牛大肠或羊盲肠，茶肠和西班牙灌肠用羊白肠。灌制的肉丁肠衣应用温水浸泡软后沥干水备用。将拌好的肉馅用灌肠机或

313

用绞肉机（取下筛板和绞刀）安上漏斗灌入肠内，每灌到13 cm左右用绳结扎，直至灌完全肠，然后用小针在每节上刺若干小孔，待烘肠时便于水分、空气排出。

（5）烘烤

为了使灌肠肠膜干燥、肠衣灭菌、耐贮存、颜色固定，各类灌肠均应烘烤。烘烤时应选择树脂少的木材，如榆木、桦木。灌肠在装入烤炉之前，应先把木柴交叉摆在炉内燃烧，待炉内温度达到60~70℃，再把灌肠放入炉内烘烤，灌肠下端距火苗必须在60 cm以上，每隔5~10 min应上下、里外调换位置，以免受热不匀或烤焦。烤制时炉内温度应经常保持65~85℃（以下层灌肠尖端温度为准）。在这一温度下，粗灌肠烤制45~80 min，细灌肠烤制25~40 min，即烤好。

烤好后的灌肠表皮干燥，手摸无黏湿感；肠衣显半透明状；肉馅红润，肠衣表面与肠头无油脂渗出。

（6）煮制

煮制的目的是为了消灭微生物，停止酶的活动，使蛋白质疑结和结缔组织中部分胶原蛋白质变为明胶，易于消化。

煮制分水煮、汽蒸两种。后者使灌肠色不鲜艳和损耗率大，故目前多用前者。水煮水温在85~90℃时下锅，恒温78~84℃，煮制时间10~15 min（羊肠衣灌肠）、20~30 min（牛猪小肠灌肠）、35~45 min（牛大肠灌肠）、35~55 min（牛大肠羊盲肠灌肠）、100~120 min（牛盲肠灌肠）。

灌肠是否煮透，可用温度计插入灌肠观察，中心温度达到72℃时，说明煮好就可出锅。如果制湿灌肠，冷却后即为成品。

（7）熏烟

煮制后的湿肠色淡无光，存放时易发霉变质。熏烟可以除去部分水分，肠外变干并具光泽、肉馅红色鲜艳；具香味和耐贮存。

熏烟的时间与温度随灌肠种类而异，煮制的灌肠在35~45℃的温度下熏12 h左右，半照煮灌肠在35~50℃的温度下熏12~24 h，生熏灌肠在18~22℃下熏5~7 d。熏好后的灌肠应表面干燥、有均匀的红色，不黏不软不流油，无斑点和条状黑痕，具独特熏制香味。

（8）贮藏

灌肠未包装的必须悬挂存放，包装好的应贮藏在冷库内。存放时间：未包装的以含水量、种类而异，如生熏灌肠或水分不超过30%的，在室温12℃、相对湿度72%下，可保存25~35 d；包装的放在–8℃下的冷库内，可保存12个月。

（三）牛肉精

牛肉精是牦牛产区近几年生产的新产品。其风味独特，突出了产区资源优势。

1. 虫草牛肉精

（1）虫草牛肉精生产工艺流程

虫草（洁净）、牦牛肉原料→浸泡→加温→浓缩→稀释→灭菌分装→混合→过滤灭菌。

（2）具体操作步骤

①虫草：虫草用净水洗去泥土，并除尽草、毛等杂质。

②浸泡：洗净的虫草，盛入预备好的洁净瓶内，然后倒入食用酒精（不能用工业酒精）酒浸，浸泡 24~48 h。

③加温：浸泡后的瓶内抽尽空气成真空后，加温进行酒精循环，一般 4~5 次。然后回收酒精。

④浓缩：将加温后，经回收酒精的虫草，加净水煮沸浓缩呈胶状体。浓缩过程中要注意不停地搅拌，避免沉底焦化。

⑤稀释：浓缩后虫草胶体，用离子交换水稀释煮沸 30 min。稀释水量一般 1:3~4。

⑥灭菌分装：稀释后的虫草胶体液，用灭菌锅 1~1.5 kg 压力灭菌 40 min，待凉后分装于灭菌的 500 mL 瓶内备用。

⑦混合：杀菌后的虫草精用滤纸过滤去渣，按 1 份虫草精与 20 份牛肉精比例混合。（所用牛肉精为后述强力牛肉精）

⑧过滤灭菌：混合后过滤（2~3 层滤纸），然后用灭菌锅 1~1.5 kg 压力灭菌。

这种虫草牛肉精成品色深黄，透明，具虫草味。

2. 强力牛肉精

（1）强力牛肉精生产工艺流程

原料→预热→去杂→浓缩→混合→分装封口→灭菌冷却。

（2）具体操作步骤：

①原料：生产牛肉干、牛肉软罐头、牛肉松等剩下的牛肉汤。

②牛肉汤：牛奶按 10:1 比例混合均匀，盛入预热锅内预热至 35~40℃时，用泵送至牛奶分离机。

③去杂：经牛奶分离机脱脂去杂，允许含脂率 1%，含固体 T.S 3%~4%。

④浓缩：将分离后的混合牛肉汤倒入浓缩锅内，浓缩度同牛奶浓缩一样的 8 倍，允许 T.S 25%~30%，出锅送入配料缸。

⑤配料：在配料缸内按浓缩牛肉汁 100%、精盐 1%、味精 0.05%、牛肉香精 0.025%、山梨酸 0.001%（防腐剂）加入，充分搅拌均匀后送入密封容器待装。

⑥分装封口：混合均匀的牛肉精，按定量灌入净瓶或软包装内封口。一般为 100 mL。

⑦灭菌冷却：将封好口的牛肉精放入灭菌柜内灭菌。

3. 牦牛肉松

（1）工艺流程

香菇取香菇→拌炒

原料肉处理→配料→煮制

除去香菇→加入调料→继续煮制直至水干→炒松→擦松

图 10-4 牦牛肉松工艺流程

（2）具体操作步骤

①香菇柄的选取：选择色泽正常、无霉变、无虫蚀、无异味的干香菇柄，置于水中浸泡待变软后剪去菇柄下端老化部分，洗净待用。若选用的是新鲜香菇柄，则直接剪去菇柄下端老化部分，洗净后待用。

②牦牛肉的整理：将新鲜牦牛肉去皮、骨、肥膘、筋腱等，顺瘦肉的纤维纹路切成肉条，然后再切成长约 7 cm、宽约 3 cm 的短条。

③煮制：将大茴香、生姜用纱布包扎好，与肉条一起放入锅内，加入用纱布包好的相应的香菇柄，倒入一定比例的水，用大火煮开，改用文火闷煮，待菇柄入味后即可取出香菇。然后改用大火煮制，当肉煮到发酥时（约需煮 2 h），放入料酒、食盐，继续煮到肉块自行散开时，再加入白糖，用锅铲轻轻搅动，30 min 后加入酱油、味精，煮到料汤快要干时，改用中火，防止结焦，再翻动几次，当肌肉纤维松软时，即可进入炒松工序。

④拌炒香菇：在铝锅中加入适量食用油烧沸后，加入适量大蒜炸至金黄色，放出香味时，倒入已煮制好的香菇柄，立刻翻动拌炒，此时应注意火候不能过旺，以免烧焦菇根。拌炒约 15 min 后即可进行初烘。

⑤香菇的初烘：将香菇柄取出，摊放在烘盘中。然后将烘盘置入烘箱中，在70~80℃通风烘烤。期间注意翻动 2~3 次，至菇柄烘至半干、表面金黄色为止。

⑥香菇的整丝：把烘制半干的菇柄放入粉碎机中粉碎，使菇柄疏松，呈纤维丝状。

⑦香菇的复烘：将以上制成的菇丝摊放在烘盘里，约 2 cm 厚。然后将烘盘放进烘箱，在 60~70℃通风烘 3~4 h，期间应翻动 2~3 次。

⑧磨丝：把复烘后的粗丝放入磨盘式粉碎机中，适当调整磨盘间距，使粉碎出的菇丝呈均匀的纤维絮状。

316

⑨炒香菇松：将菇松倒入炒松机内，在50~55℃烘炒至酥松，有浓郁香味时即为香菇松。

⑩炒牦牛肉松：取出香料包，采用中等火力，用锅铲一边压散肉块，一边翻炒，注意炒压要适时，过早炒压工效低，而炒压过迟，肉烂易黏锅、炒煳。当肉块全部炒至松散时，要用小火勤炒勤翻，操作轻而均匀。当颜色由灰棕色变为金黄色、含水量达到20%、具有特殊香味时，即可结束炒松。

擦松：用滚筒式擦松机将肌肉纤维擦开，使炒好的肉松进一步蓬松。

配比：将30%的香菇松和70%的肉松均匀混合在一起，装入复合塑料袋内，真空封口，即为成品。

4. 牦牛肉肉丝

（1）工艺流程

解冻→选料（精选牦牛肉）→冲洗→修整→开片→蒸→拉丝→油炸→拌料→冷却→内包装→灭菌→检验→外包装→成品。

（2）具体操作步骤

①原料肉、开片

a. 原料肉采用非疫区牛肉。

b. 使用烩扒的后腿扁平肉和针扒肉。

c. 开片要求：去除肉块上面的筋皮、油脂，以顺筋方向开片，片厚为2 cm。

②腌制：将配制好的辅料，以50 kg原料肉为单位进行腌制，要求搅拌均匀。将拌好的肉料以50 kg为单位装入木桶（或不锈钢桶），放入5℃的冷藏间进行腌制。腌制时间要求：50~60 h，每隔24 h均匀翻动肉一次。

③烘烤：将腌制好的肉片整齐晾在竹竿上，不能重叠，烘烤温度控制在60~70℃，共需要15 h。

④蒸制：将烘烤好的条形肉用清水洗尽杂物并平放蒸笼内，水开后计时5 h，趁热用拉丝机和手工结合将肉撕成牙签般粗细。

⑤油炸：每盘装5 kg，油温120~130℃，4~5 min起锅。

⑥拌料：将配制好的辅料搅拌均匀即可。

⑦内包装：冷却至室温后2 h后开始包装，按包装规格进行包装。

⑧灭菌：采用微波灭菌机灭菌。

⑨检验：化验室随机抽取样品，进行化验，合格后，进入下一道工序。

⑩外包装：按规格包装后，入库备用。

5. 腌熏牦牛肉工艺

（1）工艺流程

解冻→选料（精选牦牛肉）→冲洗→修整→切条→腌制→晾烤→冲洗→蒸→冷却→

317

内包装→灭菌→检验→外包装→成品。

（2）工艺优化

①原料肉、切条

a. 原料肉采用非疫区牛肉。

b. 使用烩扒的后腿扁平肉和针扒肉。

c. 切生肉条要求：去除肉块上面的筋皮、油脂，以顺筋方向切条，条宽厚为4 cm。

②腌制：将配制好的辅料，以50 kg原料肉为单位进行腌制，要求搅拌均匀。将拌好的肉料以50 kg为单位装入木桶（或不锈钢桶）放入5℃的冷藏间进行腌制。腌制时间要求：50~60 h，每隔24 h均匀翻动肉一次。

③烘烤：将腌制好的条形肉，挂在竹竿上，不能重叠，烘烤温度控制在60~70℃，时间20小时。

④蒸制：将烘烤好的条形肉用清水洗尽杂物并平放蒸笼内，水开后计时4~5 h。

⑤切片：将蒸好的肉条，适当冷却后（以手可直接触摸为准），趁热切片，切成宽1.5~2 cm，厚为0.3~0.7 cm，长为5 cm的片状，要求以顺筋方向切割。

⑥内包装：冷却至室温后，再过两小时开始包装，按包装规格进行包装。

⑦灭菌：采用微波灭菌机灭菌。

⑧检验：化验室随机抽取样品，进行化验，合格后，进入下一道工序。

⑨外包装：按规格包装后，入库备用。

6. 酱制牦牛肉

（1）工艺流程：

冷冻牦牛肉→解冻→修整→盐水注射→腌制→熬制卤汤→卤煮→成品。

（2）具体操作步骤：

①解冻：解冻温度应控制在0~4℃，时间12~24 h。

②修整：解冻后的原料肉要迅速剔骨和割块，切块前剔去筋腱。将切好的肉块投入清水中洗净，然后把牦牛肉切成5 cm见方的肉块。

③食盐水注射：注射器在使用前用温水冲洗干净，保证注射率达到30%。注意配制注射液时先将三聚磷酸钠用80 mL温水溶解再加入到规定量的冰水中。

④腌制：把注射完的牦牛肉用保鲜膜包好，放入冷藏室腌制，在0~4℃下腌制14~18 h。

⑤熬制卤汤：将称好的卤料加入适量的水中熬煮，煮制时间为2 h。

⑥卤煮：将大小相近的肉块分别放入烧杯于水浴锅中卤煮，90~95℃预煮10 min，80~90 ℃保温1 h。卤煮过程中向各个烧杯中加入精盐1 g、白糖0.3 g、酱油1.5 mL、料酒2 mL。

7. 牦牛调味酱

（1）生产工艺

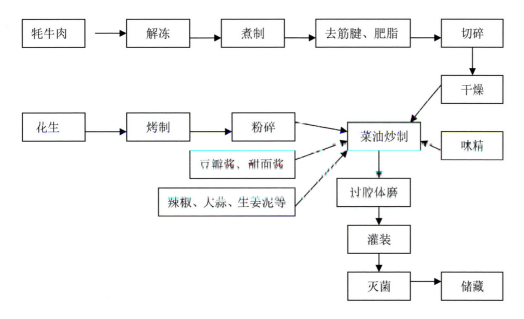

图10-5　花生牦牛肉酱生产工艺流程

（2）操作要点

①花生处理：将花生平铺于烤盘中，放入烤箱，烤制温度控制在100~120℃，烤制过程中不断翻搅，避免焦糊，烤至干脆、出香为止，拿出待冷却后，脱去红皮，用粉碎机磨成细粉待用。

②牛肉粉末制备：牦牛肉置于12~16℃环境中解冻12 h，清洗后，放入95℃左右水中煮制40~50 min，冷却后切成3~5 mm颗粒，平铺于烤盘中，烘烤90~100℃至干燥。

③炒酱：炼熟油辣椒：取菜油升温230~250℃，倒入湿辣椒粉中，不断搅拌。至辣椒味香、色红亮即可。菜油（≥230℃）→加豆瓣酱炒制→加熟油辣椒→加大蒜泥炒制→加花生粉→加碎牦牛肉粉炒制→加辅料炒制→温度达85℃以下加味精→微沸（95~105℃）后出锅。炒酱时将菜油加热至230℃，加入豆瓣酱，炒酱，至酱体出香、红润即可，约10 min。

④胶体磨磨酱：用胶体磨将炒制好的酱体研磨成均匀细腻的糊状。

⑤罐装：趁热装罐，减少微生物污染机会。填充物不得太满，应保留一定顶隙，便于排气。

⑥杀菌：30 min，110℃。

⑦储藏：常温，避光储藏。

8. 牦牛肉脯

牦牛肉脯是以牦牛肉为主要原料，再辅加以其他的调味料而制成的产品，它具有耐

319

贮藏、风味佳、营养方便等特点，而且加之具有质量轻、运输方便，并且还能完好的保持其营养成分，复水后可以恢复到脱水前的状态，是一种前景看好的产品。

（1）工艺流程

选肉→修正剔肉→煮肉熟化→冷却切块→配料→熬汁水→复煮→冷却→包装→成品。

（2）具体操作步骤

①原料肉的选择与处理：采用新鲜的牛肉，以后腿的瘦肉为最佳，先将原料肉的脂肪和筋腱剔去，然后洗净沥干。

②水煮：将肉块放入锅中，用清水煮开后去肉汤上的浮沫，浸烫 20~30 min，使肉发硬，然后捞出，切成 100 g 左右的肉块。

③配料：食盐 1 kg、亚硝酸钠 7 g、抗坏血酸钠 25 g、焦磷酸钠 40 g、三聚磷酸钠 35 g、六偏磷酸钠 30 g、葡萄糖 800 g、白糖 3.1g、味精 350 g、白酒 100 mL、香料水 10 L（大茴香 15 g、桂皮 13 g、花椒 10 g、丁香 8 g、砂仁 3 g、草果 8 g、良姜 5.5 g、豆蔻 8 g、小茴香 25 g）。

④复煮：又叫红烧，取原汤的一部分加入配料，用大火煮开，当汤有香味时，改用小火，并将肉丁或肉片放入锅内，用锅铲不断轻轻翻动，直到汤汁将干时，将肉取出。

⑤冷却：把取出的肉在冰箱中迅速冷却。

⑥包装：把冷却好的牦牛肉脯放进透明复合膜的塑料食品袋中，进行真空包装，包装时的抽气时间为 12 s，热封时间为 1.5 s，冷却时间为 15 s，热合度为 30 V。

⑦贮存：将进行真空包装的牦牛肉脯放在 0~4℃的冰箱中，贮存 15 d。

9. 牦牛肉粒

（1）工艺流程

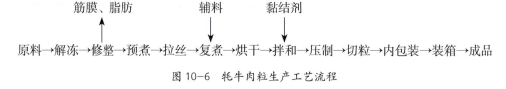

图 10-6　牦牛肉粒生产工艺流程

（2）具体操作步骤

①预煮、拉丝：将解冻完毕的原料肉放入夹层锅内预煮，预煮完毕后起锅趁热拉丝。要求把肉块撕拉成细丝状。

②复煮：复煮的基本目的是为了对制品起到防腐保存、稳定肉色、提高肉的保水性和改善肉品风味的作用。

③拌和、压制、切粒：将黏结剂均匀加入肉丝中拌和。要求黏结剂逐步添加。添加完毕后继续拌和（10~15）min，使其充分拌和均匀。将拌和好的肉丝按照 3 kg 每盘填进特制的模具内成型，铺盘过程中肉丝应铺放均匀。压制压力 1.0 MPa。压制时间 7 min。

将压制好的肉块切粒；采用二次成型方法，先横刀后竖刀，切成 1 cm 见方小块。

④冷却包装：切块后及时冷却，待肉粒冷却温度达到室温时进行包装。采用自动糖果扭结包装机进行内包装，包装时剔除焦糊部分，包装时要求扭结紧实。

三、牦牛肉生产存在的问题及对策

（一）存在的问题

1. 牦牛生产性能不高

牦牛受其分布地区的地理、气候、文化、科学技术、社会经济和生产发展水平的限制，自然选择作用远大于人工选择作用，因此牦牛属于原始闭锁的牛种，近代畜牧科学技术未能广泛推广应用。牦牛生长迟缓、晚熟、体况随牧草生长季节而呈现"夏壮、秋肥、冬瘦、春死"的恶性循环，群体繁殖成活率低、周转慢、产品商品率不高。牦牛生长速度慢，一般 3 岁达到性成熟，4~5 岁体成熟，导致牦牛肉口感差，不及快速育肥的黄牛肉鲜嫩可口。牦牛体格小，产肉性能低。一般成年公牦牛活体重 300 kg 左右，成年母牦牛活体重平均 200 kg，屠宰率平均 48%~50%，胴体重平均 108 kg，净肉率平均42.45%~43.92%。母牦牛平均日产乳量 1~2 kg，一个泌乳期产乳量 132~170 kg，乳脂率6.37%~7.2%。繁殖性能也较低，公牦牛 2.5 岁左右有性行为，3.5 岁开始配种；母牦牛 3岁左右初次发情，3.5 岁以后初配，一般 3 年 2 胎，因此牦牛肉生产的总量有限。

2. 缺少划分等级的标准

由于没有专门的牦牛肉质标准，目前只能参照西方肉牛的分级标准对牦牛肉进行评价，这完全不能体现牦牛肉的真实价值。虽然由南京农业大学、中国农科院畜牧所和中国农业大学承担并制定出了我国优质高档牛肉等级评定方法和标准（草案），但由于我国高档牛肉等级标准制定与颁布的滞后，一定程度上影响了牦牛肉的开发利用，以及我国高档牛肉加工业的快速发展。

3. 缺少牦牛肉食品行业标准

因为牦牛肉独特的营养特性，使得众多企业开始青睐这一资源优势。目前在我国西部地区有各种规模的牦牛肉生产企业 120 多家，除少量牦牛生产集团外，大多数为小型企业。对众多小企业而言，一方面产品质量和屠宰技术相对落后，不能实现牦牛特有资源的充分开发；另一方面，开发档次低，经营层次低，甚至将优质的牦牛肉混同于一般的牛肉，以简单的成品向外界推广，没有形成优质优价，扰乱了市场秩序。

4. 牦牛产品缺乏精深加工

传统牦牛产品（风干胴体肉、原皮、奶、酥油及牦牛绒等），都未经过精细加工，品质粗劣，附加值开发不足，价值极低，浪费了珍贵的物种资源。近些年来，随着市场需求的增加及商家生产方式的转变，出现了一些牦牛屠宰生产线，而且有些规模相当

大，但是存在的问题是有规模无效益。生产线生产出的产品种类少，不能做到精细分割；其次，加工工艺相对落后，产品价值不能提升；另外，在产、供、销环节上存在脱节现象，不能很好地把握市场，浪费许多机会，在有着很好的资源优势及市场前景的前提下，不能产生良好的经济效益。

5. 牦牛肉加工发展不均衡

产业结构严重倒置。国内先进的设备、管理、技术，都集中在食品资源匮乏的东南沿海一带；而这些主力型食品企业主要以生产休闲食品为主。休闲食品市场早已成白热化状态，多数企业处于微利和无利情况。而在食品资源丰富的西北一带，又缺少大量的投资和先进的管理、技术、人才。产品结构不合理，产品科技含量比较低，新产品开发能力较弱。具体可概括为四多四少：即高温肉制品多，低温肉制品少；初级加工多，精深加工少；老产品多，新特产品少；肉多，肉产品少。特别是肉制品产量仅占肉类总产量的 3.88%，年人均仅仅 1.8 kg，与国外发达国家肉制品占肉类总产量的 50% 相比，大企业缺少特色产品，小企业缺少资金投入。

（二）解决对策

1. 应用生物技术手段，提高牦牛生产性能

通过牦牛本品种选育、牦牛杂交改良为主要手段，可有效提高牦牛产肉、产奶性能，解决繁殖性能低下的问题，提高繁殖水平，而且能在一定程度上提高生长育肥速度，缩短出栏时间。

2. 标准体系的建立健全

充分发挥牦牛纯天然绿色食品的优势，实施名牌产品战略，树品牌，创名牌。在此基础上，建立牦牛产品质量标准体系和质量监督检验认证体系，进一步增强产品的市场竞争力。让牦牛产业走向规模化，迫切需要制定牦牛肉标准，这样不仅可以规范生产，提高产品质量，而且可以使牦牛肉国内外贸易有据可依。

3. 牦牛畜产品的精深加工

牦牛畜产品是指其肉、奶、内脏等没有经过二级加工所得的产品。牦牛畜产品应当列入珍奇野味、功能食品、绿色保健食品来进行加工，因为它是高原特有物种，在高寒的气候下，终年放牧饲养，处于半野生状态，是经过自然选择的纯天然食品，又带有其他畜种所没有的稀有物质。

牦牛浑身都是宝，可以开发的产品很多。在现有基础上开发高档野味冷冻鲜肉、剔骨分割包装肉、精制卷装肉及少量熟食品，也可生产如牦牛肉干、牦牛肉脯、牦牛肉松等高档干货；或者开发牦牛肉骨排、牦牛香辣酱；豆豉类、茄汁类、五香类牦牛肉软罐头，牦牛肉西式火腿肠，熏香型的烤牦牛肉；以及真空包装系列（酱牛肉、牛蹄、牛心、杂碎）等。另外，发展中药膳牦牛肉食品产业也是一种可取的途径。

由初级加工向加工层次高、附加值高的方向发展，突出牦牛肉绿色、无污染的特

点，充分利用良好的牦牛资源，建立标准化生产模式，创建具有广阔市场前景的名牌产品，积极参与国内国际市场竞争。消费市场首选出口国际市场，然后是国内高档宾馆、饭店及超市，其次是大众市场。

4.依靠科技进步加速科技成果的推广应用

充分发挥科技在牦牛业产业化中的支撑作用发展牦牛业产业化，应坚持以科技为依托，尤其要在生产、加工环节应用先进的科学技术，提高产品的产量、质量和效益。在生产环节，要重点推广牦牛经济杂交改良技术、牦牛适时出栏配套技术、犊牛培育及优质牦牛肉生产技术、暖棚养畜及补饲育肥技术以及人工草地建植技术等。在加工环节，应注意引进国内外先进的加工设备和加工技术，更新我国陈旧落后的设备。扩大生产规模、提高产品质量、降低生产成本，有利于提高我国牦牛肉作为高档牛肉产品的竞争力，缩短与国外发达国家之间的差距，加大新产品开发力度，加快产业化的进程。总之，应全方位提高牦牛产业化开发的科技含量，使科技在牦牛业产业化发展中真正起到支撑作用。

第三节　牦牛毛、绒、皮、角及制品

一、牦牛毛、绒及制品

牦牛是生活在高寒、高海拔地区的特有牛种，为了御寒，它除了有粗被毛外，粗毛底部还有一层绒毛，是唯一产绒的牛种。牦牛毛（绒）主要产地在我国西藏、青海、甘肃、四川、新疆、云南等省区，我国的牦牛毛（绒）产量占世界产量的90%以上。

图 10-7　牦牛毛、绒制品

（一）牦牛毛、绒的品质与特性

牦牛产毛量差异较大，最高达 2.5 kg/头，最低只有 1.0 kg/头，一般每头约 2.0 kg。牦牛毛（绒）纤维有白、褐、黑、红等色，其中以黑、棕褐色居多，白色较少，其质量差异较大。牦牛毛被与产区藏绵羊一样，是混合型毛被。牦牛被毛不仅有良好的保暖性，而且具有手感柔软、滑腻、弹性好、不易毡缩等优点，是当地农牧民生活中编制帐篷、绳索、毛口袋等生活用品不可缺少的原料。牦牛绒纤维细，弹性好，强力大，是一种较稀有的可纺动物纤维，其绒织品手感松软，耐起球，保暖性好，在国际市场上备受青睐，被称为"雪绒"产品，具有较高的经济价值。

牦牛的毛绒品质十分优良，其一，粗毛较粗，绒毛较细，大多数为无髓毛，约占75%左右；其二，绒毛纤维细（25 μm以下），手感柔软光滑，并富有弹性，与山羊绒相媲美；其三，绒毛的强度（9.81 g）优于山羊绒、驼绒、外毛；其四，绒毛的回潮约比羊毛低1%左右；其五，尾毛似人发粗细。总之，牦牛毛绒，是一种能为纺织工业广泛使用的特种动物纤维。

（二）牦牛毛、绒的使用与制品

牦牛绒、毛的利用，目前毛纺工业有两种利用方法，一种是不经分梳，在牦牛绒中仍保留的两型毛和少量粗毛，这种原料毛可纺织粗梳毛纺的中低档织品；另一种是经过分梳，将粗毛、大部分两型毛去掉，剩下的绒可纺织粗梳毛纺的高档呢绒、毛毯、针织衫，以及精纺中也可使用。牦牛毛可纺织黑炭衬（作高档衣服的衬布料）。

1. 未经分梳牦牛绒的使用与制品

进厂原料需要经精选，去掉大束粗毛，经初步加工后，可纺织制服呢、大衣呢。其中以顺毛大衣呢最能反映牦牛绒的特点，如天津红旗毛纺厂试织的短顺毛大衣呢，为了加工易于进行，其中掺了50%~70%进口炭化毛，仍能反映出牦牛绒的滑腻及牦牛毛光泽好的特点。加之加工过程中采取了一些措施，去掉了部分粗毛，则所纺织出的织品具有光泽好、呢面平顺、手感比纯羊毛滑腻等特点。不足之处是因为有粗毛存在，手感稍粗糙，可采用分梳的方法加以改进。对于含绒量较少不宜进行分梳的原料，尚有待摸索合理使用的途径。

2. 经分梳后牦牛绒的使用与制品

目前，分梳牦牛绒是合理利用牦牛绒比较成熟的办法，经分梳去掉粗毛以后，可以充分发挥牦牛绒特点，另外，由于去粗毛后的绒很细柔、抱合力好、长度离散小，在加工过程中能顺利进行。

用这种分梳绒所制的制品有：

60%牦牛绒、40%澳毛（为70支）混纺，可织顺毛大衣呢。

100%牦牛绒原料，可织顺毛大衣呢。

30~70％牦牛绒、70~30％细羊毛或化纤，可混纺各种花呢、大衣呢、法兰绒、仿烤花大衣呢、海力斯花呢等 30 多个品种。

以上各种织品均以底绒丰满、绒毛平顺、手感滑腻为突出特点，尤其 100％牦牛绒织品更为突出。织品经外贸人员鉴定，认为这类织品有类似羊绒的特点。

用牦牛绒所纺织的针织衫，手感松软滑腻，光泽好，接近羊绒衫的特点。

总之，用牦牛绒纺织的织品，无论是大衣呢，还是针织衫、毛毯、精纺花呢等，其共同特点是近似山羊绒同类织品，价格也比山羊绒织品低。由此可见，牦牛绒利用的潜力很大，大力发展牦牛绒生产具有显著的经济效益和社会效益。

（三）促进牦牛毛、绒资源保护和利用的措施

目前，青藏高原草地上牧养着约 1 500 万头牦牛，其毛、绒产量均居世界首位，资源十分丰富。随着近年来毛纤维细化改性拉伸技术的不断进步，牦牛绒毛产业即将迎来新的机遇。如果能将牦牛绒的生产及产品加工加以适当引导和扶持，不仅能够充分利用牦牛绒毛资源，增加农牧民收入，还可有效补充国内羊毛羊绒资源的短缺，为毛纺工业提供又一种优质原料。因此，如何开发牦牛绒、毛资源，在牦牛产区应摆到重要议事日程上来。为此，应抓好以下几项工作。

1.严格掌握抓绒、剪毛时间和方法

根据各产区气候条件不同，抓绒剪毛时间也不同。一般掌握在绒顶出毛根以后进行，用铁抓子抓取。抓绒时间过晚一方面会造成绒的散失，另外，绒脱落后，由于与外界摩擦等作用（牦牛喜打滚止痒）会造成毡片绣，影响绒的质量，也给纺织加工带来困难。

抓绒时间一般是每年的 6~7 月，因牦牛绒顶出毛根全身不一致，是由颈往后、由头至尾、由背到腹，腹侧最快；另外，与膘情、年龄、性别有关，当然也与海拔高度、经纬度有关。剪毛时间一般为 6 月份。

抓绒：不要一次抓完，应结合脱绒顺序，先抓头颈部，再抓腹侧、腰臀部、四肢部，最后抓背部的绒。这种抓绒办法应结合早晚拴放牛、挤乳进行，这样不费力，同时抓绒量少，就可在抓完后利用空闲时间，一面晾晒一面除去粗毛、两型毛、粪草等杂质。晾晒时颈项部、肩部、腰背部的混晒，后躯与腹部的混晒，四肢部与头部的混晒，晒干去杂后分装贮存。贮存时应严防雨淋、吸湿回潮，最好装入防潮袋内贮存。

剪毛：为有利于利用，根据青藏高原不同的地区可一年或两年剪一次，尾毛应按三年轮流剪完，这样既能达到收购标准，又能增加收入。尾毛与其他部位的毛要分晒分装。

抓绒时，不可避免地有一部分粗毛、两型毛也被抓下，所以在抓满一抓子后，最好随手将抓子上的非绒毛去掉，然后再将绒从抓子上取下来。

2. 推广新式帐房与盛具

历史上，牧民利用牦牛绒（毛）搓线织帐房、查尔瓦、口袋、毛绳。擀毡作鞍垫、雨披等生活、生产用品，这样每年不少的绒（毛）用于这方面实为可惜，应逐步推广塑料（或帆布）帐房、口袋、绳、雨披、鞍垫（塑料海绵）等优质、价廉、耐用制品，增加绒（毛）商品量。

3. 制定统一收购标准

畜产收购部门虽有收购标准，但不完善，应由畜牧、纺织、商业、科研等有关部门，在抓绒剪毛试点的基础上，制定牦牛绒（毛）等级标准。

4. 制定合理收购价格

推行抓绒方法，促进绒的产量还必须有合理的收购价格及奖励办法。这样可促进收绒量。历史上曾有过山羊绒、白牦牛绒（毛）收购量多的现象，主要与价格有关。所以有关部门应尽快制定合理的绒毛、混合毛、粗毛的收购价与超量奖励措施。

5. 培育高产绒新种群

当前畜牧研究部门对牦牛改良的重点是放在多产奶、多产肉方面，而对绒（毛）未提到研究议事日程。这点，建议今后利用青海省畜禽品种资源调查结果中的牦牛突变种——长毛（狮形）牦牛组成长毛无色牦牛、长毛驼色牦牛、长毛灰色与黑色牦牛等类群进行选育。长毛牦牛产绒（毛）量比一般牦牛高一倍以上。

二、牦牛皮及制品

牦牛屠宰后剥下的鲜皮，未加工以前的干皮、腌皮均叫"生皮"或"原料皮"。原料皮未经脱毛鞣制的皮叫"裘革"，经脱毛鞣制的叫"革"。

牦牛原料皮含犊牛皮（1岁以内）、小牛皮、大牛皮3类。犊牛生皮，可加工毛手套、毛帽、毛皮衣、毛皮鞋；大、小牛皮，加工成底革、面革、机械用革等，用于缝制皮箱、皮包、皮衣、皮靴、枪套、炮衣、皮带等各种日用品、工业用品。

（一）牦牛皮结构

1. 表皮

表皮平均厚度 110 μm，分角质层、粒层、棘层、基层 4 层。

角质层：较厚的一层，由许多层扁平鳞状角质化细胞叠积而成。

粒层：是一层不连续的细胞层，细胞呈鳞状或梭形。

棘层：细胞层次不多，为 5~8 层，细胞呈不规则多边形。

基层：由一层紧密排列成木栅状的立方状或矮柱状细胞组成。

2. 真皮

真皮平均厚度 4.52 mm，分乳头层、网状层两层。真皮中分布有毛、毛囊、皮脂

腺、汗腺、竖毛肌、血管、神经。

乳头层：比网状层薄。特征是在与表皮交界处形成特别致密的细纤维丝。

网状层：很厚，层中细胞成分少，主要由粗大的胶原纤维束组成。

3. 肌皮

肌皮是真皮层与肌肉连结的一层。从解剖组织学观点，这一层不属于皮肤范畴，是肌膜。

（二）牦牛革质量与理化值

牦牛皮、革按 0.5 岁与大牛皮两种对比如下：

1. 0.5 岁原料皮与大牛皮质量对比

0.5 岁犊牛原料皮外观毛色光亮，无虻孔疤痕。经测定统计，鲜皮面积 1.14 ± 0.13 m²，干皮平均 3.68 kg，成革平均面积 1.09 m²，为大牛皮成革 1.75 m² 的 62%，正面革厚度 1.64 mm，为大牛皮 1.99 mm 的 82.41%，且厚薄一致，成单率、利用率均为 100%，说明 0.5 岁犊牛皮远远优于大牛皮，是原料皮中上等品。0.5 岁犊牛皮是指全哺乳所宰杀的，以下相同。

2. 0.5 岁犊牛皮与大牛皮成革质量对比

0.5 岁犊牛皮正面革革面远较大牛皮光滑细致，松面少，皱纹不明显，且纤维紧密度一致，革身丰满，弹性好，做皮鞋面革下料面积可增加 6%~10%，与黄牛犊皮、小黄牛皮的"组织紧密、细致坚实、厚度一致"媲美。

3. 0.5 岁犊牛皮与大牛皮正面革理化值对比

0.5 岁犊牛皮与大牛皮正面革均采用铬鞣生产工艺制成。

从表 10-16 理化值可知，0.5 岁犊牛皮抗张强度等主要指标并不比大牛皮低，且其他指标较近似，其质量不亚于大牛皮，有的还略超过，详见附表。此外，0.5 岁犊牛绒面革比同工艺大牛皮的绒头细匀，有条件制成高档、色彩鲜艳的制品，而且色差小，丝光感强。

表 10-16 0.5 岁犊牦牛皮与大牦牛皮正面革理化值对比

		铬鞣牦牛犊正面革		铬鞣大牦牛皮正面革	
		原皮度 10% 水计	甲头标准	康梓度 18% 水计	中头标准
物理检验值	厚度（mm）	1.64		1.99	
	收缩温度（℃）	122	≥95	116	≥95
	抗张强度（kg/mm³）纵	2.90	≥2	2.8	≥2
	横	3.40	≥2	3.4	≥2
	伸长（%）纵	39	15~30	37	15~30
	横	23	15~30	25	15~30

续表

		铬鞣牦牛犊正面革		铬鞣大牦牛皮正面革	
		原样按 18% 水计	中央标准	原样按 18% 水计	中央标准
化学分析值	水分（%）	18.35	14~18	16.8	14~18
	油脂（%）	7.55	3~8	5.35	3~8
	二氧化二铬（%）	4.00	≥ 3.5	4.55	≥ 3.5
	pH 值	4.95	4~6	5.20	4~6

4. 0.5 岁犊牛皮与大牛皮正面革革面比较

0.5 岁犊牛皮加工的正面革、修面革，绒面革与大牛皮同类革相比，平均可提高一个等级，无等外，二、三级较高。正面革二级占 20%，比大牛皮单高 15%~17%；绒面革一级占 2.3%，比大牛革高 2%。如果保管得好，不霉变，运输不折坏则不会有绒面革，且正、修面革一、二级会达到 28% 以上（鲜皮及时加工数据）。

（三）牦牛皮的缺陷

凡是降低牛皮质量的各种因素通称缺陷。缺陷分两个方面：一是生活缺陷，如虻害、癣、虱叮、鞭伤、鞍伤、咬伤、抵伤、石头打伤，拔割毛伤等；二是屠宰后剥制的缺陷，如剥皮伤，防腐、保存不当等所造成的缺陷。

1. 虻害

虻害即牛皮蝇危害。牛皮蝇多危害牛的背腰部、臀部，即皮板中部，是牦牛皮最大的缺陷，严重影响皮革质量与利用率。

2. 描刀（剥皮伤）

描刀是屠宰剥皮过程中技术差所造成的刀伤缺陷。应培训和宣传剥皮操作技术。

3. 腐烂

折叠腐烂：鲜皮在晾晒过程中没有铺伸，在折叠部分由于里面潮湿发霉所致。

夹心腐烂：鲜皮由于曝晒或气候特别干燥而失水过急，使皮的边缘已经干燥、中层仍然潮湿所造成的腐烂。

阴雨腐烂：鲜皮不能及时运到加工厂而遇到阴雨天，不采取盐腌、摊开等防腐措施所造成的腐烂。

开冻腐烂：产区于冷季零星宰剥的皮，以折叠冻干法保存，一冻一消所造成的腐烂。

焖烂：鲜皮剥下后，不及时将皮板上附着的脂肪、肌肉等剔除，致晾晒时受热不匀或边缘卷缩处潮湿，时间一长就腐烂。

4.皱裂

产区许多地方剥皮后，不是铺伸平放晾晒，而是鲜皮折叠翻晒，致形成"四折皮""多折皮"；更有甚者，将鲜皮随便扔在一边，任其自然干燥形成"疙瘩皮"，严重影响革质量。

5.灼伤

灼伤不是烧伤，是晾晒时强烈阳光所致。如将鲜皮放到灼热的石头、石板、水泥地坪、沙地上晒，使皮板收缩皮质变脆，致成"石灼""油溃""走油"皮，降低革质量，严重的破损无用。

6.枯瘦

冬季末，草原缺草，疾病侵袭致死的牛皮叫"枯瘦皮"，使用价值很低。

四川大学黄育珍教授等对牦牛皮的组织结构进行了研究，结果表明，牦牛皮的特点是毛长、毛被稠密，有许多钩型毛根，脂腺和汗腺发达且数量多，乳头层胶原纤维编织较紧密，而网状层编织又很疏松。为此制革中应尽可能除净毛根，消除乳头层与网状层间的差别，注意脱脂，加强填充。

（四）牦牛皮的防腐

1.自然干燥

将鲜皮自然干燥到含水量15%以下，抑制微生物繁衍，达到防腐的目的。牦牛产区屠宰季节多集中于每年的9~10月，此季雨水较少、阳光充足、蚊蝇少、气候干燥，剥下的鲜皮不放盐或其他化学药剂的情况下，就可晾晒干成为淡干皮。用这种方法干燥的淡干皮，具有简易、成本低、运输方便等优点，是牦牛产区惯用的防腐方法。自然干燥时应注意以下几点：

（1）剥下的鲜皮应去掉残留的油脂、肌肉与凝血等物。

（2）应铺伸在平坦隔潮的地坪上晾晒。晾晒时温度以不超过35℃为宜。

（3）如果铺在石头、石板、水泥地、砂子上晾晒，一定要在早晨太阳出来前后、地面不热时铺开晾晒。

（4）晾晒时毛面朝阳光，阴时肉面朝上。

2.冻干干燥

冻干干燥在牦牛产区也是常用的干燥方法。宰剥下的鲜皮不晾晒，借宰时气温低，让其冻结保存或冻干。这种方法省晾晒费力，但若不及时处理，则发生前述开冻腐烂现象。

3.盐腌法

盐腌法，是采用食盐或盐水来处理鲜皮的一种较科学的方法。经这种方法处理后的皮不腐烂，保持鲜皮特性，更重要的是杜绝淡干皮原料皮出现松面，避免给加工带来不良后果。据甘肃省轻工研究所报道：按皮的数量计，牦牛淡干皮成革松面率达100%，

而盐腌皮最高才25%。另外，盐腌皮还可缩短生产周期，省去刮软这一道工序。牦牛产区不缺盐，也容易推广。

青海省皮革厂经5 000多张牦牛皮试验，盐腌皮除皮革丰满、弹性好、粒面细、毛孔清晰等外，其抗张强度平均提高38%，崩裂强度提高42%；正品率平均提高2.6%，松面率减少50%。

以上无论哪一种防腐法，均应去掉皮板上脂肪、肉与血、粪便等物，切忌水洗去污，以免造成"水浸皮"。

（五）牦牛皮的保管与运输

牦牛鲜皮经防腐处理后，虽然耐贮藏，但是无论防腐方法怎样优良，都会随时间、保管条件的变化而逐渐发生变化。一张好的牛皮如果保管不当，就会受潮发霉、虫蛀鼠咬、压榨断裂等而变成次皮。因此，皮张的保管、运输工作很重要。

牛皮有怕热、怕潮、怕虫鼠、怕水四怕。所以牛皮不能堆放在露天之下，要设置专门库房。库房温度应在10℃左右，最高不超过25℃；最适宜湿度为50%左右，使原皮水量保持在12%~20%之间，不至干裂或受湿发霉。仓库要建在地势高亢的地方，库内要干燥、通风（最好有空调设置）、阴凉，并无鼠、虫害。淡干皮应堆放在距地面17~33 cm的木楞并铺有席子的上面。

皮张入库要分路、分等码垛。刚晾干的皮张，码垛应在日落、气温下降后进行，不要紧贴墙壁，垛中部每隔一段时间应灭虫一次或放置樟脑（暖季为主）。运输打捆时，应排列整齐，不准折叠。

（六）牦牛皮的鞣制

1. 牦牛毛皮鞣制制革方法

牦牛毛皮与其他毛皮一样，鞣制方法很多，主要有铬鞣、明矾鞣、福尔马林鞣、混合鞣、土法酸鞣等。其中明矾鞣、混合鞣较简易实用，但无论哪一种鞣制方法，整个过程都分准备、鞣制、整理三个工序。

（1）准备工序

净水：淡干皮吸水软化，使其恢复呈鲜皮状态（盐腌的要脱盐）。

削里：将复原的湿皮置放在刮台上或刮机里除去残肉、脂肪等，并使其进一步软化。

脱脂：用肥皂3份、碳酸钠1份、水10份配成脱脂液，然后在容器中加入为湿皮重4~5倍的温水（38~40℃），再加入脱脂液15%，投入削里的皮充分搅拌5~10 min后，再换一次洗液仔细搅拌，直至无油脂气味，且脱脂液中肥皂沫不再消失为止；如果发现腹部、乳房部有脱毛现象，应立即取出漂洗。

水洗：脱脂后的毛皮，应立即用清水漂洗，除净绒毛中肥皂汁，取出沥净水后再重新用清水洗一次。

（2）鞣制工序

①明矾鞣法

鞣液配制：明矾 4~5 份，加食盐 3~5 份、水 100 份。先用温水将明矾溶解，然后加入剩余的水和盐混匀。

鞣制方法：取为湿皮重 4~5 倍的鞣液倒入缸（池）内，投入漂洗沥干的毛皮，充分搅拌。隔夜以后，每天早晚各搅拌一次，每次 30 min 左右，浸泡 7~10 d 结束。鞣制好的皮，将肉皮面向外，叠成四折，在角部用力压尽水分，在折叠处呈现不透明白色，似绵纸状。鞣泡时温度应保持在 30℃ 左右。结束后肉面不要水洗，毛面用水冲洗一下即可。

②铬明矾碳酸钠混合鞣法

鞣液配制：铬明矾 280 g，加碳酸钠 56 g、盐 410 g、水 10 L。称取水 1.5 L 加入铬明矾，加热溶解。另外，称取水 0.5 L 溶解碳酸钠，然后一面搅拌一面缓缓加入到铬明矾溶液中混匀。

鞣制方法：将剩余 8 kg 水倒入容器，加入食盐溶解，再加入鞣制的原液 2/3 配成鞣液。然后将浸酸后的毛皮浸入其中（即：盐 500 g，盐酸 20°Be 工业用 100 g 溶入 10 kg 水中制成盐酸液，置毛皮于容器内浸泡 2~3 h 沥水后，即为浸酸毛皮。最初 20 min 要不停地搅拌）不停地搅拌，使皮均匀吸入鞣液。鞣液温度应控制在 35℃ 左右。第二天再加入剩余的 1/3 原液，进行搅拌。鞣制时所用的液量为湿皮重的 3~4 倍。鞣制结束后的检验方法同明矾鞣制。

③中和

中和的目的是防止成品变硬影响质量。将铬鞣后的毛皮充分水洗，除去过剩的鞣液，然后投入 2% 的硼砂溶液中，搅拌 1 h 后，取一小块皮边用石蕊纸检查呈微酸性时，就取出水洗干燥。

（3）整理工序

①加脂：将蓖麻油 10 份，放入 10 份肥皂液中，使其充分乳化成脂液（水 100 份）。然后将脂液均匀涂抹在半干状态毛皮的内面，涂完后肉面与肉面重叠一夜，然后继续干燥。

②回潮：在加脂的肉面适当喷洒水分使其回潮。洒水后的毛皮，肉面重合用塑料袋或布包扎后压以石块或重物，使其充分吸收水分，24 h 即回潮完成。

③刮软：回潮后的毛皮，放入刮软机或平的木板上用钝刀轻刮肉面使其变白。

④整形整毛：将刮软后的毛皮毛面向下，钉在木板上使其伸展阴干，不能日晒。充分干燥后用浮石或砂纸将肉面磨平，然后取下修整，最后用梳子梳毛修剪。工厂整形整毛为机械操作。

牦牛皮毛皮鞣制仅局限于 1 岁以内犊牛皮。

2. 牦牛皮制革方法

（1）制革方法

采用鼓池结合浸水，灰退脱毛，一浴铬鞣（或其他鞣），复鞣填充的方法。

（2）工艺程序

鼓池结合浸水→涂碱退毛→浸碱膨胀→常规→浴铬鞣→高铬复鞣→常规染色→加油→重填充→贴板干燥→机械或手工软化→整平伸展→涂饰美化→熨平成品。

3. 牦牛皮制绒面革方法

（1）制革方法

采用鼓池结合浸水，灰退脱毛，铬-拷结合鞣制的方法。

（2）工艺程序

鼓池结合浸水→涂碱脱毛→浸碱膨胀→铬-拷结合鞣→沥干加脂→晾干→摔软或机刮起绒→整理制绒→成品。

（七）牦牛皮制革工艺研究进展

张金伟等为了减少牦牛皮制革过程中的污染，采用了包灰脱毛——脱毛浸灰废液循环利用的方法。通过分析脱毛浸灰废液中硫化钠和石灰含量，补充相关材料；对每次废液循环后的浸灰裸皮膨胀率以及废液的浊度、COD 值、TOC（有机碳）值和 TNb（有机氮）值进行了测定，以评价废液循环对裸皮膨胀的影响。实验表明，脱毛浸灰废液循环过程中，浸灰裸皮膨胀率先增加后降低，废液浊度、COD 值、TOC 值和 TNb 值持续上升，但均未趋于饱和。废液循环 10 次后浸灰裸皮膨胀率与初始时差距不大，在整个循环过程中可以节约 Na_2S 62.80%、CaO 84.80%、水 64.90%。总之，脱毛浸灰废液循环使用 10 次以内不会对牦牛皮膨胀造成负面影响，可以明显减少污染物排放。

吴兴赤从牦牛皮的组织结构入手，阐述了摔纹软革是牦牛皮最适合制造的革品种，并详细地叙述了工艺方案和注意事项，以及质量控制的关键等。

王坤余等研究了稀土在牦牛皮制革中应用的工艺条件及革的性能。试验结果表明，稀土用于牦牛皮主鞣、复鞣和染色工艺中是切实可行的。成革丰满，机械强度增加，面积得率提高 3.0% 以上。红矾用量减少 30%。废革液中 Cr_2O_3 的含量从 2.48 g/L 降低到 0.3 g/L。

今后牦牛皮制革的研究重点将放在制定可行的、清洁的、有效的牦牛皮制革工艺及配套皮化材料，生产出高档的牦牛皮革，以期部分替代昂贵的其他原料皮，有效地降低制革的成本，减少废液、废渣对环境的污染，提高制革企业的综合竞争力。

（八）牦牛皮制品的应用

我国的牛皮资源紧缺，需大量进口原料才能满足制革生产及其市场的需要，因此，牦牛皮是一项可观的原料皮资源。牦牛皮制革业的发展，不仅是我国制革业发展

的象征，代表着世界牦牛皮制革水平，更能直接促进青藏高原牦牛业的发展。早在20世纪50年代，我国四川和青海就已开始了牦牛皮制革。经过半个世纪的发展，在四川的雅安、阿坝、若尔盖，青海西宁，甘肃兰州，西藏拉萨等地都有牦牛皮制革厂。主要生产修面革、软鞋面革等中低档产品，高档产品如牦牛服装革、牦牛全粒面革等则仍处于研制之中，或者受原料皮因素的影响难以形成规模。将牦牛皮资源开发为具有高附加值的软鞋面革、汽车沙发革、装饰裘革等皮革制品在国内皮革行业属于技术创新之列。

张金伟等利用牦牛皮毛被发达的特点，生产了具有高原特色的牦牛装饰裘革。采用工艺论证"工艺试验"产品评价的方法，在牦牛装饰裘革生产中，实施并强化了酸膨胀、片皮、酶软化、中和及手工加脂等工序，以提高产品柔软丰满性。通过对成品分析发现：所生产牦牛装饰裘革满足企业标准要求，裘革皮板平整，柔软性和丰满性较好，毛被光亮蓬松，体现了牦牛皮的天然特征。所介绍的牦牛装饰裘革生产技术和提供的生产工艺，为高效益牦牛皮加工提供了一种可行的方法。

李丽等针对牦牛皮组织结构特点，开发出生产高档牦牛沙发革工艺。

赵玉梅根据国际、国内皮革市场需求，提出牦牛皮制革工艺。着重研发：牦牛皮"三防""可洗"服装革工艺；牦牛皮防水鞋面革；牦牛皮家具装饰革；根据牦牛皮固有的特点，尤其适于开发民族特色高级旅游包袋革制品；牦皮二层移膜涂饰革；牦牛皮具产品、皮革微雕、旅游品等工艺制品。牦牛皮制革专用皮化材料的开发的重点：填充复鞣剂、发泡型补伤涂饰剂、研发耐溶剂抽提加脂剂、耐寒皮革涂饰剂和其他助剂。

丁克毅等开发了牦牛皮地毯革的制作工艺。结果表明：生产出的牦牛真皮地毯具有纯毛地毯雍容华贵的风格，具有良好的柔韧性和丰满的弹性，具有较好的防水、防污、防霉性，涂层黏结牢，耐干湿擦，具有良好的耐磨性、成型性和优异的抗雾化性能。同时又克服了真皮地毯价位高、不便清洁保养、易滋生寄生虫的缺点。

此外，崔庆峰还介绍了将牦牛皮用于制造篮球革的工艺要点。由于篮球革明显而突出的压花特点，可以很好地掩盖牦牛皮虻点及其他伤残，提高了牦牛革的档次和可利用价值。

（九）牦牛皮制革发展方向

当前，在市场竞争如此激烈的环境下，企业要提高自身的竞争力，必须从如何降低原料皮的成本、生产高质量的皮革制品、降低废液对环境的污染这三方面入手。这也成为许多皮革制造企业赖以生存的当务之急。由于牦牛原料皮资源丰富，价格偏低，而牦牛皮革与黄牛皮革在特征上相近似，因此，设计合理的工艺，提高牦牛成革的档次，扩大牦牛原料皮的市场占有率，部分替代价格昂贵的黄牛原料皮，不仅能提升牦牛附加产业的经济价值，也能提高制革企业的市场竞争力。

三、牦牛角及制品

牦牛因为生长在海拔 2 500~5 000 m 的高原高寒的青藏高原地区，生长周期长，相对于水牛或者黄牛来说要长很多，所以牦牛角的密度大、硬度高、韧性强，角里面蕴含的蛋白纤维成分也更丰富，牦牛角先直升，再向外，复向上弯曲。成年牦牛角长均在 30 cm 以上，基部直径可达 5~10 cm，色黄黑相间，表面光亮，无横纹，极坚韧。牦牛角片，丝黑黄色，半透明状。

（一）牦牛角梳

牦牛角梳因采用了先进制造工艺，保持了牦牛角质自然本色、组织结构及有益于人体微量元素未破坏，使牦牛角梳质地细腻、坚韧、手感好、润泽泌凉，硬度大、抗拉抗压强度是其他角质 10 倍，角蛋白含量 84%，内含与人体同样黑色素（发素）。由于牦牛角的特性，牦牛角梳加工的难度也要比水牛角、黄牛角的难度更高，工艺更复杂。

制造工艺包括如下步骤：

1. 选料

选出形状厚度适合于制作梳子的牦牛角。

2. 清洁选料

3. 切割选料

制作成梳子坯料。

4. 热压定型

5. 划样去料

在梳子坯料上画出与梳子大小匹配的形状，去掉多余的边角余料制作出梳子毛坯。

6. 磨平

将梳子毛坯上的牦牛角生长过程中形成的凹槽磨平形成光滑的梳子毛坯。

7. 开齿和梳齿

在光滑的梳子毛坯上画出齿样然后开齿，开齿后进行梳齿。

8. 抛光

将光滑的梳子毛坯抛光后形成牦牛角梳成品。

（二）牦牛角藏药

传统藏医药学将青藏高原特有的牦牛角作为珍贵的药材。藏医药学经典著作《晶珠本草》记载，仲骨祛寒，增热量生胃火，治胃寒，骨髓可愈创伤。据《藏药志》，藏医仲骨，其原动物为野牦牛，药用其角，具有升温、生火、健胃、干脓血、治腹肿瘤、疗疮等，烧焦治培根病、项瘿。

牦牛角藏药饮片的炮制包括如下步骤：

1. 牦牛角预处理

撞击粉碎，得到牦牛角粉。

2. 牦牛角粉提取

加水解液（包括酸和胃蛋白酶）水解，超声粉碎，过滤得到滤液和滤渣。

3. 重复提取

对步骤2所得滤渣多次重复提取。

4. 混合

混合得到的滤液，调节 pH 值，得到牦牛角提取液。

5. 制备药液

将牦牛角提取液和辅助料（包括牛奶和黄酒）混合，得到药液。

6. 浓缩、干燥

将牦牛角药液浓缩、干燥，得到牦牛角藏药饮片。

（三）牦牛角氨基酸有机肥

牦牛角含有丰富的蛋白质、氨基酸以及微量元素；将牦牛角粉、牦牛粪便、混合羊粪、牦牛骨粉、油菜枯饼粉，装入牦牛角中并埋入地下，利用地表温度及大自然温差以及土壤中的有益生物，在地下自然发酵分解后，形成富含氨基酸以及氮、磷、钾及硒、钙、锌、铁、镁、锰、硼等土壤中稀缺的各种微量元素的有机肥。

牦牛角氨基酸有机肥的制备包括如下步骤：

1. 准备牦牛角盛具

选去除角芯的牦牛角为装填用具，备用。

2. 混匀填充料

按质量百分比计，取牦牛角粉15％、牦牛粪便35％、羊粪10％、牦牛骨粉5％、油菜枯饼粉5％混合均匀得填充料，备用。

3. 装料

将填充料装满牦牛角，然后用泥土封住牛角开口端，备用。

4. 埋料

选择相对湿度为50％~60％的土壤，挖出深40 cm、宽80 cm的槽，然后将装满填充物的牦牛角，口对口地按间隔3 cm依次平整地放入槽内，盖上30~40 cm细土后经3个月取出，然后取出牦牛角内容物，该内容物即为牦牛角氨基酸有机肥。

第四节　牦牛其他产品与加工

一、牦牛血的利用与加工

由于牦牛血液有较重的血腥味、消化性和适口性差、色泽感官不佳且原料血液极难保存等因素，造成牦牛血利用率低，只有少量加工成食品，大量血液遭到丢弃，这给我们带来了资源上的浪费和环境上的污染。牦牛血因富含治疗类风湿关节炎、抗肿瘤、消除使人衰老的氧自由基，而广泛用于药品、食品、营养品和化妆品等方面。牦牛血的研究开发当前主要集中在牦牛血中的蛋白质、血红素、血细胞食品方面。

（一）牦牛血理化特性

牦牛血液中红细胞和血红蛋白含量比其他哺乳动物均高，牦牛全血、血浆和血细胞的蛋白质含量分别为 $15.5 \pm 0.8\%$、$6.9 \pm 0.7\%$、$32.7 \pm 0.9\%$，其红细胞含量为 661 万~805 万 $/mm^3$，血红蛋白含量为 9.92~11.38 g/L。牦牛血液在 12℃贮藏，第三天开始腐败，25℃时 12 h 开始腐败。牦牛全血、血细胞、血浆的突变温度分别为 70℃、68℃、72℃，不适于高温加热杀菌。牦牛血液中血红蛋白（Hb）含量很高，达到 86.41 ± 13.07 g/L，全血铁的含量为 28.95 ± 4.37 mmol/L，高于猪血液中的含量。牦牛血在重力沉降时，上层血浆析出量和时间呈正相关的线性关系。沉降 72 h，血浆沉降全血总量的 50%，不宜采取重力沉降的方法分离。

（二）牦牛血加工产品

1. 牦牛血制血粉

牦牛血除药用外，还可制血粉补充畜禽日粮中蛋白质之不足。有土法血粉、发酵血粉、酶制血粉等。其中以酶制血粉蛋白质含量最高，土法血粉最易生产，其生产流程如图 10-8。

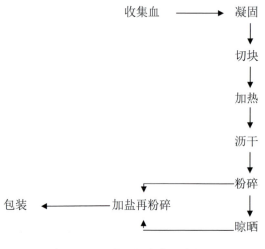

图 10-8　土法血粉生产工艺流程

（1）收集血

秋季屠宰季节，应组织专人收集。

（2）凝固

秋季牦牛产区，气温已低，一般血收集后就凝固透了。

（3）切块

将凝固的血块倒在案板上或在盛具内划切为小块。

（4）加热

将小块血块置于水锅内，然后加热煮沸至切块中心部变为淡红色为止。

（5）沥干

加热好的血块捞出，盛入有孔的容器内沥干血清水。

（6）粉碎

沥干的血块，用16目以上的铁制筛弄碎成细粉粒状（用球磨机磨碎最省事）。

（7）晾晒

粉碎的细粉拉摊放在防潮无毒的塑料布上晒干。晒时要勤翻动，使其受热均匀，干得快。

（8）加盐再粉碎

分湿、干两种加盐工序。湿的是加盐后晒干。加盐按2%~3%，再粉碎为粉状。

（9）包装

用无毒塑料袋包装，类似尿素包装的方法。

2. 牦牛血制氯化血红素

氯化血红素是吸收率最高的生物态铁剂，具有无体内铁蓄积中毒、不受膳食因素的影响、不会产生消化道刺激症状等特点，已经成为比较理想的抗贫血药，并且其药理已被临床证实。美国FDA于1983年7月正式批准氯化血红素作为药品使用。同时，氯化血红素在医药行业中已被广泛应用于血卟啉及其衍生物的制备。

（1）牦牛血粉的制备

取1 L新鲜牦牛血液，经过抗凝、离心处理之后，收集血红细胞，加水稀释后喷雾干燥，得到牦牛血粉。

（2）牦牛血红细胞的制备

取1 L新鲜牦牛血液，经过抗凝、筛网、过滤、离心处理之后，加生理盐水洗涤2次，离心，弃去上清液，沉淀备用。

（3）氯化血红素制备

①血粉法：称取2 g牦牛血粉于小烧杯中，然后加入6 mol/L脲溶液30 mL，搅拌均匀，进行超声处理40 min，然后3 000 r/min离心10 min；向上清液中加入3%酸性丙酮溶液120 mL，搅拌抽提30 min，再加入3%乙酸钠溶液9 mL搅拌均匀，然后用1 mol/L NaOH调节pH值为7.0，3 000 r/min离心10 min，得到的沉淀用蒸馏水和无水乙醇洗涤

2 次，再将沉淀烘干，制得氯化血红素成品。

②冰醋酸法：将新鲜的牦牛血液加入柠檬酸抗凝剂，用离心机分离血浆与血细胞。在配有回流冷凝管的三口烧瓶中加入 1、2、3、4、5 倍的冰醋酸与氯化钠，加热使氯化钠溶解，细流加入已经抗凝后的红细胞，持续一定的时间后，停止加热，待反应物冷却到室温，然后再用布氏漏斗抽滤，得到粗血红素，经过纯化去杂后可得到纯度较高的氯化血红素。

③醋酸钠法：将新鲜的牦牛血液立即加入柠檬酸进行抗凝处理，并搅拌均匀，3 000 r/min 离心 15 min，弃去上清液，用生理盐水将红细胞洗涤 2 次，加入与红细胞量相等质量的蒸馏水，搅拌抽提 30 min 使红细胞溶血，再加入 1、2、3、4、5 倍红细胞量的氯仿，过滤，收集滤液，在滤液中加入 4~5 倍 3% 酸性丙酮，用盐酸校正 pH 值为 2~3，搅拌抽提 10 min，过滤，再收集滤液。在上述滤液中加入 1 mol/L 氢氧化钠调节 pH 值至 4~6，再加滤液量 1% 醋酸钠搅拌均匀，静置后絮状氯化血红素形成沉淀析出，将得到的产物分别用蒸馏水、无水乙醇洗涤 2 次，干燥得到氯化血红素成品。

④木瓜蛋白酶酶解法：传统方法提取的血红素，有特殊的味道且有溶剂残留，影响血红素有效利用。利用木瓜蛋白酶将牦牛血红蛋白水解制备氯化血红素，可获得纯天然无污染小分子纯度高易被人体吸收利用的血红素。

工艺流程如下：

新鲜牦牛血→抗凝处理（5 000 r/min）→沉淀红细胞→生理盐水洗涤→离心分离→浓缩红细胞→超声波破胞处理→加酶→调节 pH 值→酶解处理→灭酶→冷却离心→牦牛血红素。

取一定体积的牦牛血抗凝处理后，以 5 000 r/min 离心 15 min，倾出上清液，收集红细胞。取上述红细胞 150 mL 用等体积（生理盐水）洗涤红细胞，离心，重复 2 次。加入（1 mol/L 的氯化钠和 10 mL 无水乙醇）搅拌混匀，超声波细胞粉碎机（功率为 0.8 kW，处理 10 min），获得细胞破碎液密封于 4℃ 冰箱冷藏。取上述样液加入 600 mL 蒸馏水搅拌混匀，加入木瓜蛋白酶 0.08 g 与一定量的还原剂半胱氨酸，用 0.1 mol/L 柠檬酸调节 pH 值至 8.0 放入水浴锅启动反应。酶解温度 55℃，酶解时间 94 min，水解过程中滴加 0.1 mol/L 的 NaOH 保持 pH 值恒定。反应结束后，沸水浴 15 min 灭酶冷却离心得氯化血红素。

3. 牦牛血提取超氧化物歧化酶

（1）酶法辅助提取超氧化物歧化酶

①牦牛血细胞的预处理：取一定体积的牦牛血抗凝处理后，以 7 000 r/min 离心 15 min，倒出上清液，收集红细胞。取上述红细胞 160 mL，加入 45 mL 的蒸馏水搅拌混匀，超声波细胞粉碎机（功率为 300 W，处理 15 min）处理。所得细胞破碎液密封冷藏于 4℃ 冰箱。

②SOD 酶液的制备：取上述细胞破碎液，待其达到室温后调节 pH 值至 7.5，加入 0.6% 胰酶。放入恒温水浴锅内启动反应，在 40℃ 下酶解 110 min，酶解过程中不断

搅拌。反应结束后，向其中加入 1% 酶解液体积的 CuCl$_2$（10% W/V）置于 55℃水浴锅加热 10 min，冷却离心（6 000 r/min 离心 10 min），取上清液，加入等体积的冷丙酮沉淀 30 min，离心，分出沉淀，用 pH 值 7.5 的磷酸缓冲液回溶，将其置于透析袋内 12 h 后，即得 SOD 酶液，所得 SOD 比活力为 1 410.62 U/mg。

（2）微波加热及有机溶剂提取相结合法

①工艺流程

新鲜牦牛血→红细胞制备→微波处理→乙醇和氯仿溶血→丙酮提取→SOD 成品。

②具体步骤：将用柠檬酸钠抗凝处理过的新鲜牦牛血离心，弃上清液，沉淀用生理盐水洗涤，得到干净的血红细胞；取血红细胞置于烧杯中，微波处理 16s 破壁后加入蒸馏水、0.5 倍无水乙醇和 0.25 倍氯仿进行溶血，然后离心收集上清液，加入 1.6 倍冷丙酮，搅拌均匀，低温静置后离心；沉淀用磷酸盐缓冲溶液溶解，水浴保温后迅速冷却至室温，再次离心，收集上清液，在上清液中加入冷丙酮，离心收集沉淀，得 SOD 成品，SOD 酶活力达到 67.137 U/mL。

（3）乙醇 – 氯仿处理法

新鲜牦牛血液，离心除去血浆，红细胞用 0.9%NaCl 漂洗 3 次得到干净的红细胞。加无离子水溶血，乙醇—氯仿沉淀血红蛋白，磷酸氢二钾萃取，丙酮沉淀，上 DEAE–32 纤维素柱（2.6 cm × 16 cm），以 2.5~225 mmol，pH 值 7.6 磷酸钾缓冲液作线性洗脱，洗脱速度为 1.2mL/min，每管收集 7.2 mL，收集具有 SOD 活力的洗脱液，超滤浓缩脱盐，冻干得淡蓝绿色牦牛 SOD 纯品。

4. 牦牛血提取免疫球蛋白

（1）硫酸铵盐析法

①血液采集：将新鲜牛血液注入盛有抗凝剂柠檬酸钠的容器中，轻轻摇动，使抗凝剂完全溶解并均匀分布。然后将已抗凝的血液于 4℃下 4 000 r/min 冷冻离心机中离心 15 min，沉降血细胞，取上清液即为血清。

②提取免疫球蛋白：取牛血清样品 300 mL，加入等体积的 0.01 mol/L pH 值 7.4 的 PBS 缓冲液，搅拌均匀，向其中缓慢加入饱和硫酸铵溶液 100 mL，边加边搅拌，静置 12 h。将上述溶液于于 4℃下 4 000 r/min 离心 15 min，弃去上清液。用 240 mL PBS 溶解沉淀物，然后再向其中缓慢加入饱和硫酸铵溶液 160 mL，搅拌均匀，静置 12 h。再于相同条件下离心，沉淀物用少量 PBS 溶解，装入透析袋。将透析袋用蒸馏水流水透析，然后移入 PBS 缓冲液中搅拌透析，期间换液数次，直至透析液中无 SO$_4^{2-}$（用乙酸铅检测）及 NH$_4^+$（用萘氏试剂检测）存在。

蛋白液的浓缩：0.01 mol/L pH 值 7.4 的 PBS 缓冲液将聚乙二醇配成 30% 溶液，将透析后的透析袋放入其中，在 4℃冰箱内浓缩 12 h。

（2）超声波辅助饱和硫酸铵法

①在经柠檬酸钠抗凝的牦牛血清中含有柠檬酸根离子，加入 1 mol/L 的 $BaCl_2$（0.4 mL $BaCl_2$/10 mL 血清），通过形成柠檬酸钡对凝血酶的专一吸附，生成沉淀，在 4℃、5 000 r/min 下离心 20 min，分离去除凝血酶，收集上清液。

②取上清液 10 mL，加 20% 的饱和硫酸铵，49℃恒温水浴，4℃静置，离心分离，除去纤维蛋白，得到上清液。

③取得到的上清液，加 50% 的饱和硫酸铵，49℃恒温水浴，4℃静置，离心分离，除去白蛋白，得到白色沉淀。

④在上述白色沉淀物中加 10 mL 0.01 mol/L 的 PBS 缓冲液，搅拌均匀，向其中缓慢加入 8 mL 饱和硫酸铵溶液，混匀后，调节 pH 值至 4.3，恒温水浴，然后在超声波清洗器中进行超声处理，超声时间 4 min、超声后静置时间 23 min，后将样品移至 4℃冰箱中静置，最后在 4℃下 5 000 r/min 离心 20 min，得到白色沉淀物，即为免疫球蛋白粗提物。在此条件下 IgG 的浓度最优为 25.673 mg/mL。

（3）α-半乳糖苷酶辅助饱和硫酸铵法

①工艺流程

新鲜牦牛血→离心（5 000 r/min，15 min）→上清液→1 mol/L$BaCl_2$→上清液→饱和硫酸铵盐析→沉淀→PBS 溶解→加酶→酶解→灭酶（基夫碱）→透析→脱盐（直至透析液中无 SO_4^{2-} 及 NH_4^+）→IgG。

②牦牛血清预处理：新鲜牦牛血中加入 1/10 原血液体积浓度为 3.8% 的柠檬酸钠作为抗凝剂，混匀后，将已抗凝的血液于 4℃、5 000 r/min 条件下，离心处理 20min，沉降血细胞，上清液即为血清，-20℃下冷藏备用。

③ α-半乳糖苷酶溶液的配置：将 α-半乳糖苷酶溶于 50 mL 3.5 mol/L（NH_4）$_2SO_4$、CH_3COONa 缓冲液中，调整 pH 值到 5.5，酶溶液的酶活为 93.5 U。

④盐析：取牛血清样品 100 mL，加入 2 mL 的 0.01 mol/L $BaCl_2$ 在 4℃下 4 000 r/min 离心 15 min，再加 0.01 mol/L pH 值为 7.4 的 PBS 缓冲液，搅拌均匀，向其中缓慢加入饱和硫酸铵溶液 100 mL，边加边搅拌，静置 12 h。将上述溶液于相同条件下离心，弃去上清液。用 80 mL PBS 溶解沉淀物，然后再向其中缓慢加入饱和硫酸铵溶液 50 mL，搅拌均匀，静置 12 h。再于相同条件下离心，沉淀物用少量 PBS 溶解。

⑤酶解：取 5 mL 的牦牛血清，进行盐析之后，在 39℃、pH 值 4.4 的条件下，加入 5 mL（467.5 U）的 α-半乳糖苷酶进行酶解，酶解后加入 0.5 mg 的基夫碱灭酶 10 min，将上述酶解产物装入透析袋，在水中透析 2 h 后，再在 PBS 缓冲液中搅拌透析，每 12 h 换液 1 次，共换 3 次，直至透析液中无 SO_4^{2-} 及 NH^+，产物中 IgG 含量为 27.13 mg/mL。

（4）低温乙醇法

①血液采集：将新鲜牛血液注入盛有抗凝剂柠檬酸钠的容器中，轻轻摇动，使抗凝剂完全溶解并均匀分布。然后将已抗凝的血液于 4℃下 4 000 r/min 冷冻离心机中离心

15 min，沉降血细胞，取上清液即为血清。

②提取免疫球蛋白：将用柠檬酸钠抗凝处理过的新鲜牦牛血离心分离，取上清，将待分离样品与 3 倍蒸馏水混合，置冰浴中冷却，在强烈搅拌条件下，加入 25% 预冷的无水乙醇，保持在冰浴中，使其产生沉淀，将沉淀悬浮于 0.10 mol/L NaCl 溶液中，调 pH 值至 5.0 形成沉淀，取上清，将上清调 pH 值 7.4 左右，加入预冷的无水乙醇，保持在冰浴中，使其产生沉淀，所得到的沉淀为即目标产物。

③IgG 的纯化：采用凝胶层析法对提取的粗蛋白进行纯化。将浓度为 0.2 mg/mL 的样品液加入到已平衡好的 Sephadex-G150 凝胶层析柱，以 pH 值 7.4、浓度 0.01 mol/L 的 PBS 缓冲液作为洗脱液进行洗脱。

（5）$FeCl_3$ 盐析法

①工艺流程

新鲜牦牛血→预处理→混合血清和 $FeCl_3$ 溶液→调节 pH 值→水浴→离心→检测。

②以新鲜牦牛血为原料，首先进行去除凝血酶，分离血清等预处理，再将 2.67 mmol/L $FeCl_3$ 溶液与血清混合，调节 pH 值至 4.36，在 34.06℃水浴中反应 1.78 h，之后离心去上清。在此条件下 IgG 的提取量为 8.28 mg/mL。

（6）多聚磷酸盐沉淀法

①工艺流程

新鲜牦牛血→预处理→离心→混合血清和多聚磷酸盐溶液→调节 pH 值→水浴→离心→产物。

②去除凝血酶：每 50 mL 血清中加入 2 mL 2 mol/L $BaCl_2$ 溶液在 4 000 rpm 条件下离心 15 min，去除凝血酶。

③将 2.0 mL 的血清和 0.1%（w/v）20 mL 多聚磷酸盐溶液混合后，准确调节 pH 值至 3.7，32℃下放入水浴锅中反应 1.7 h，然后在 4 000 rpm 离心 15 min。IgG 提取量为 6.473 67 mg/mL。

（7）聚乙二醇 /K_2HPO_4 双水相法

经抗凝后的牦牛血清中，加入 1 mol/L 的 $BaCl_2$，沉淀，离心，去除凝血酶，收集上清液。然后将 13%PEG 的母液、17% K_2HPO_4 的母液、11% NaCl 固体、血清和蒸馏水按比例混合均匀，调 pH 值至 6.0 后，离心，静置以达到相平衡（进行萃取），然后将上相取出；再将一定浓度的 K_2HPO_4 溶液加到前面取出的上相中，以形成 PEG/K_2HPO_4 双水相体系（进行反萃取），最后取出其下相，进行后续的透析脱盐。在此条件下 IgG 质量浓度为 13.82 mg/mL。

5. 牦牛血制备抗氧化肽

（1）枯草芽孢杆菌发酵牦牛血制备法

①菌株的活化与种子液制备：将菌种接到牛肉膏培养基上于 35℃条件下静置培养

24 h，使菌种活化。挑取活化后的枯草芽孢杆菌，接入装有 50 mL 种子培养基的锥形瓶中，置于恒温振荡器中扩大培养，温度 35℃，转速 135 r/min，培养 12 h，得到试验用种子液（10⁹ 个 /mL）。

②发酵培养：将装有 50 mL 底物浓度为 75 g/L 的发酵培养基的 150 mL 锥形瓶进行高压灭菌（121℃、15 min），冷却后接入 2.5%（v/v）活化后的枯草芽孢杆菌，置于恒温振荡器中液体发酵。

③酶解液处理：将发酵 69.5 h 后的发酵产物取出，于 6 000 r/min 条件下离心15 min，取上清液保存备用，此时多肽含量为 2.31 mg/mL，·OH 清除率为 74.48%。

（2）酶解牦牛血发酵液制备法

①牦牛血发酵：以 75 g / L 牦牛血为发酵培养基，121℃、15 min 高压灭菌，接入 2.5%（v/v）枯草芽孢杆菌种子液，置于恒温振荡器中液体发酵 69.5 h。发酵结束后，6 000 r / min 离心 15 min，取上清液保存备用。

②酶解：取 100 mL 发酵上清液，调节 pH 值至 9.5，使用碱性蛋白酶在 60℃下酶解3 h、酶底比 190 U/g。在该条件下制备的牦牛血抗氧化肽·OH 清除率为 93.62%，上清液多肽含量为 5.52 mg/mL。

6. 牦牛血分离纯化凝血酶

（1）超滤法

新鲜藏牦牛血 60 L，置含抗凝剂 3.6 L（3.8%）的桶中，充分搅匀，于 4 000 r/min 离心 10 min，弃去红血球，收集血浆，以 15 倍体积的冷去离子水稀释，充分混匀，静置30 min 后，用 1% 醋酸调 pH 值至 5.1，5℃静置过夜，虹吸上清液，沉淀混合液加入冷去离子水，使总体积为 6 L，混匀，将此液分成 3 份，每份 2 L，然后过 PNA2 滤膜，收集膜上部分，用生理盐水溶解并稀释至 500 mL，混匀，各取 1 mL 加凝血致活酶 0.3 mL，1%CaCl₂溶液 0.2 mL，混匀，于 37℃保温 30 min，所得凝血酶平均比活为 38.24 IU/ mg。

表 10-17 用 PNA2 聚丙烯腈膜截留不同批次凝血酶原的酶活力、蛋白质含量及比活

批次	投料量（L）	总体积（mL）	酶活力（IU/mL）	蛋白质量（mg/mL）	比活（IU/mg）
1	20	500	252	6.2	40.65
2	20	500	247	6.9	35.80
3	20	500	236	5.9	40.00
4	20	500	243	6.4	37.97
5	20	500	261	7.1	36.76

注：此表摘自李耀曾，超滤法从藏牦牛血中分离纯化凝血酶。

（2）柠檬酸钡吸附法

①操作步骤：取血浆 100 mL，边搅拌边加入原血浆体积 12% 的 1 mol/L BaCl$_2$ 溶液，磁力搅拌 1 h 后在 4 000 r/min 的转速下离心 15 min，收集柠檬酸钡沉淀，沉淀溶于 pH 值 8.0、0.2 mol/L 的 EDTA 溶液中，搅拌 1 h，4 000 r/min 离心 15 min 弃去不溶物，上清液用 0.05 mol/L pH 值 7.2 的 Tris-HCl 缓冲液透析，不断更换透析液，至无 Ba^{2+} 为止（李敏康等，2007），得凝血酶原液。酶原液中加入 Ca^{2+}，使其终浓度为 0.01 mol/L，在 27℃下激活 1.95 h，得凝血酶，在此条件下凝血酶的比活为 6.34 U/mg，提取率为 65.15%。

②操作要点：操作前血浆要在 -20℃ 冷冻，4℃ 解冻离心除去沉淀物，以除去血浆中凝血酶的底物纤维蛋白原，保证试验的准确可靠性。氯化钡在加入的过程中要缓慢且不断搅拌，以免高浓度的氯化钡使得部分蛋白质发生变性。透析袋在使用之前要预处理。一般是先用 2%（W/V）碳酸氢钠和 pH 值 8.0、1 mmol/L EDTA 的溶液煮沸 10 min，蒸馏水冲洗干净，再用 pH 值 8.0、1 mmol/L EDTA 溶液煮沸 10 min，蒸馏水洗净检查是否漏水后方能使用。

（3）等电点沉淀法

①操作步骤：取血浆 100 mL，蒸馏水将其稀释 9 倍，3% 浓度的 HAc 调节 pH 值至 5.3，4℃ 静置过夜，去上层清液，含沉淀部分在 4 000 r/min 下离心 20 min，将沉淀溶于等血浆体积含 0.9%NaCl-0.075% 草酸钾的溶解液中，磁力搅拌溶解 30 min，4 000 r/min 离心 20 min 收集上清得凝血酶原液。酶原液中加入 Ca^{2+}，使其终浓度为 0.01 mol/L，在 27℃下激活 1.95 h，得凝血酶，在此条件下凝血酶的比活为 2.19 U/mg，提取率为 56.71%。

②操作要点：试验前血浆要在 -20℃ 冷冻，4℃ 解冻离心除去沉淀物，以除去血浆中凝血酶的底物纤维蛋白原，保证试验的准确可靠性。

二、牦牛骨综合利用及加工

（一）牦牛骨的营养价值

我国拥有世界上绝大多数的牦牛资源，2015 年牦牛屠宰量约 300 万头，牦牛胴体重平均为 123.0 kg/头，胴体产量约为 40 万 t，牛肉产量接近 30 万 t，牛骨约 10 万 t。表 10-18 所示，牦牛骨中含有几乎人体所需的全部矿物质成分，含量普遍高于其他动物骨，微量元素含量也极为丰富。同其他动物骨一样，牦牛骨中矿物质主要成分是羟基磷灰石，吸附着蛋白质、多糖，此外，还有 40 多种具有代谢作用的元素。牦牛骨中的常量元素 K、Na、Ca、Mg 含量丰富，特别是钙元素含量最高，这些丰富的矿物元素对儿童和青少年骨骼的生长发育、中老年骨质疏松症具有重要的营养与预防治疗作用。骨营养丰富，蛋白质、骨蛋白是较为全价的可溶性蛋白质，生物学效价高。另外，还有人脑不可缺少的磷脂质、磷蛋白，防止衰老的软骨素、骨胶原，能促进肝脏功能的蛋氨酸等

多种营养素。

表10-18 牦牛骨中矿物质元素含量（×10⁻⁶）

部位	K	Na	Ca	Mg	P	Fe	Cu	Zn	Mn	Nı	Cd	Pb
头骨	2 856	4 562	62 510	1 134	41 806	17.25	4.024	51.68	0.496	0.085	0.025	0.247
肋骨	2 539	4 406	59 862	1 306	39 463	9.282	1.297	46.46	0.327	0.196	0.267	0.275
肢骨	2 548	4 454	61 365	1 275	40 764	12.67	2.035	45.13	0.412	0.134	0.114	0.254
脊椎骨	2 684	4 538	61 287	1 204	41 012	15.81	2.752	49.42	0.466	0.153	0.158	0.282

（二）牦牛骨的加工利用

近年来，对于牦牛骨的利用主要分为全骨利用和提取物利用，全骨利用即将牦牛骨做成鲜骨泥或粗制骨粉，产品较为简单，附加值不高。随着我国牦牛产业进一步发展，已有大量学者和企业开始关注对牦牛骨中营养成分的提取利用。利用各种物理或化学的方法，提取牦牛骨中的脂肪、蛋白质、钙、磷等矿物元素，结合各类加工技术生产制备出多种高附加值产品，例如，从畜骨提取出骨髓进一步加工制成骨髓酱；利用牦牛骨中的脂肪制备骨油；提取牦牛骨中蛋白质，制备骨胶或骨多肽等产品。

1. 鲜骨泥加工

作为食品应用的全骨利用产品主要指的是鲜食骨泥，也称骨糊，是利用粉碎技术加工而成的一种产品。骨泥的营养成分很丰富，营养价值也很高。鲜骨泥的加工工艺较为简单，具体操作如下：

（1）原料骨预处理

选用新鲜干净的健康牦牛骨，去除残肉和结缔组织，以免影响加工过程中对设备损害及骨泥的质量，清水漂洗，沥干，在 –15℃下冷冻。

（2）破骨

将冷冻的骨料均匀地放入碎骨机，碎成 30~50 mm 碎块。在加工过程中，为了保证骨泥质量，温度控制在 12℃以下较好。

（3）拌水

为了防止骨泥温度升得太高，在碎骨时按一定的比例加入冰水，在搅拌机中搅拌均匀。

（4）磨骨

在磨骨机中进行第一次粗磨，将骨磨成稍感粗糙的糊状。第二次细磨后，骨粒平均直径达 70~80 μm，使整个骨泥呈细腻的糊状。骨泥磨出后立即送冷冻备用。

骨泥不仅可替代肉食或作为营养剂添加到肉制品、仿肉制品或肉味食品中改善上述食品的营养，而且开辟了一条被国内外营养专家认为是目前世界上极为有效的补钙捷

径，堪称肉类食品中脱颖而出的新贵族。但鲜骨泥若直接用于生产调味料，则产品的风味较差，这是因为骨头中的蛋白质没有得到分解，没有产生美拉德反应所需的氨基酸。而在保持牦牛骨原有营养物质的前提下，可利用乳酸菌发酵牦牛鲜骨泥制作骨乳酱，不仅可利用乳酸菌代谢产生的乳酸来使结合态的钙转变成游离态的钙离子，而且乳酸菌还使酶水解骨蛋白从而为提高钙的吸收提供了适量的氨基酸和磷。经乳酸菌的发酵后能提高体液细胞免疫功能、增强巨噬细胞功能。同时还可在骨乳酱制品生产中加入了改善风味的脂肪酶，不仅可以提高其营养特性，而且还可以改善风味和口感。

2. 骨粉加工

牦牛骨为优质的有机钙源，含钙量 25%~30%，钙磷比例合理，还含有多种氨基酸、磷蛋白、软骨素和骨胶原等营养成分，以及人体所必需的多种矿物元素，既可直接服用，也可作为补充钙源的添加剂使用。牦牛骨经过粉碎技术加工成微细的骨粉。骨粉是一种富含钙、磷、铁及其他元素的食品原料，其钙磷含量的比例接近人体所需比例 2∶1。食用骨粉中除含有钙、磷等营养成分外，还含有微量元素、氨基酸等成分，是比较理想的补钙制品。牦牛骨粉不仅可显著增加骨密度，而且与相应剂量的碳酸钙相比，具有较高的钙表观吸收率。

（1）粗制骨粉加工

粗制骨粉一般用作肥料。将生产骨油残留的骨料渣沥干水分并晾干后放入 100~140℃ 干燥室或干燥炉中烘干 10~12h，再用粉碎机粉碎，过筛后即成成品。一般要求粗制骨粉的蛋白质含量为 23%、脂肪含量 3%、磷酸钙含量 48%、粗纤维含量 2% 以下。

（2）超细骨粉加工

超细骨粉加工技术主要是根据鲜骨的构成特点，针对不同性质的组成部分，采用不同的粉碎原理、方法，进行粉碎及细化，从而达到超细加工的目的。这种方法提高了骨粉表面积，从而改善了粉体的物理、化学性能。该产品的加工工艺如下：

①清洗：将挑选好的牦牛骨进行清洗，去除血污，以符合卫生要求。

②脱水：采用脱水机将附着在骨表面的水分脱去。

③粗碎：将脱水的原料放入大粉碎机中进行粉碎。

④二级粉碎：将粗粉碎的骨粉放入一级轧辊式粉碎机挤压粉碎，使颗粒达到 0.3~0.5 mm。

⑤细碎：将物料转入二级轧辊式粉碎机挤压粉碎，使物料颗粒为 180~150 μm。

⑥超细碎：将物料转入三级轧辊式粉碎机中，终端物颗粒 ≤ 100 μm。

⑦冷却、包装：将粉碎好的骨粉冷却到室温，转入膨松机膨松后，真空包装即可。

3. 骨髓酱加工

骨髓是我国传统的营养食品，自古以来就有："骨髓可以补骨髓，壮筋骨，延年益寿"的记载。骨是由骨胶原、羟磷灰石以及骨髓等构成，骨中所含的多种营养物质，

可用热水浸提后，经浓缩、调配、高温蒸煮即得到牦牛骨髓。牦牛骨髓含有丰富的蛋白质、Ca、P、Fe、Zn、Cu，以及软骨素、卵磷脂等营养成分，而且钙磷比例合理，易于人体的消化吸收。对儿童可预防幼儿佝偻病，促进骨骼和大脑发育；对成人有预防骨质疏松、牙齿松动、降低血脂、软化血管、增强造血机能等多种功效。其加工工序如下：

（1）原料骨预处理

选取新鲜的牦牛骨，以含骨髓质较多的脊骨、肋骨、管骨为原料。去除多余的残肉和结缔组织，用清水冲洗干净后冷冻备用。

（2）破碎

将冷冻骨投入破碎机中，切成 10~30 mm 的碎骨快。便于在提取工艺中尽可能最大程度使原料中的有效成分浸出。

（3）浸出

称取一定量的破碎骨块，用温水洗涤，放入高压锅中，加入骨重 2 倍的水，在压力 0.3 MPa 下，浸提 2 h。

（4）浓缩

采用真空减压浓缩，减压浓缩至浓度达到标准要求。

（5）干燥

采用真空干燥，干燥至水分含量 < 10%。

（6）调配

牦牛骨髓酱的调配除了要保证一定的营养外，还需要具有食品的色、香、味等属性。

4. 骨油加工

牦牛骨中含有 12%~20% 的脂肪，这些脂肪类成分可以在高温蒸煮下骨骼表面和内部的油脂全部溶化和释出，分离后加热蒸发除去水分，即可得到较纯的油脂。对骨中脂肪酸测定可知，在骨脂肪酸中，饱和脂肪酸主要为棕榈酸（16：0），其次为硬脂酸（18：0）；不饱和脂肪酸主要为油酸（18：1），其次为亚油酸（18：2）。此外，骨中还含有微量的豆蔻酸（14：0）、豆蔻油酸（14：1）、棕榈油酸（16：1）、亚麻酸（18：3）等脂肪酸。各种脂肪酸有着其特殊香气和滋味，而亚油酸是人体唯一的也是最重要的必需脂肪酸，在机体内的生化过程中起着极其重要的作用。骨油中的不饱和脂肪酸对于降低胆固醇，预防心血管疾病有一定的功效。因此，可从牦牛骨中提取出油脂，作为食用油或多种保健产品的主要原料。骨油常用的提取方法有水煮法、蒸煮法、抽提法。

（1）水煮法

将鲜骨用 15~20℃ 的清水洗净，去除血液。然后将牛骨在粉碎机中切成大约 2 cm 的骨块，骨块越小则出油率越高。再将切碎的骨块浸入水中加热，煮沸后使水温保持在 70~80℃，时间 3~4 h，加热时间不宜过长，以免骨胶溶出。待大部分油脂已分离出并浮在水面上时，将上层油脂撇出，盛入容器中静置冷却，去除水分后即为骨油。

（2）蒸煮法

将洗净切碎的骨块放在密封容器中，同蒸汽加热使容器内温度达到105~120℃。加热30 min后，待骨块中大部分油脂和胶溶入蒸汽冷凝水中，将容器中的油水放出。如此反复数次（约需10 h）。最后将全部油水汇集，加热静置，使油和胶分离。

（3）抽提法

将洗净干燥后的碎骨块置于密封容器中，加入某些有机溶剂（如轻质汽油和乙醚等），加热使油脂溶解于溶剂中，借助这些溶剂与油脂的沸点高低不同，溶剂挥发。这些有机溶剂可重复使用，如此可分离出油脂。

按上述方法提取出的骨油带有腥味，颜色较深，属于粗骨油，一般只用作工业骨油，可用来制造肥皂、甘油、硬脂酸、润滑油等产品。对粗骨油进行深加工，精炼出优质的骨油，可作为优质的食用油之一。

5. 骨胶加工

畜禽骨中的蛋白质是较为全价的可溶性蛋白质，生物学效价高。主要是90%为胶原、骨胶原及软骨素，有增强皮下细胞代谢，延缓衰老的作用。利用物理和化学方法提取骨中的骨蛋白并加以利用。

骨胶是粉碎后的畜骨经洗涤脱脂，加酸去杂，浸泡熬煮，浓缩成胶冻状的物质。它的化学组成成分为多肽的高聚物，它是一种纤维蛋白胶原，胶原通过聚合和交联作用而成链状的或网状的结构，因而骨胶具有较高的机械强度，并能吸收水分发生溶胀。优质的骨胶称作明胶。明胶可分为食用、药用和工业明胶，食品行业常作为增稠剂、基质剂；医药上用来生产血浆代用品、可吸收明胶海绵、药物赋形剂（胶囊、胶丸及栓塞）等。骨头可以用来生产骨胶，也可以生产明胶，只不过用大牲畜的骨头生产出的明胶质量更高而已。其主要加工方法如下。

（1）原料骨处理

将新鲜的牛骨上的残肉或结缔组织剔除，用清水洗净，沥干水分后用粉碎机碎成2 cm大小的骨块。

（2）脱脂

提取骨胶前应除骨料中的油脂，再用乙醇油脂的质量。利用有机溶剂在低温脱除骨料的脂肪。

（3）酸浸

原料骨中加入6 mol/L盐酸，以浸没骨料为原则，浸泡20~30 d，至骨料完全柔软为止，浸泡期间应适当搅拌促使矿物质溶出。浸酸的目的是脱除骨骼中的钙和磷，提高胶原的水解程度和水解数量。

（4）洗涤、中和

在不断搅拌下用水充分洗涤，每隔0.5~1 h换水一次，原料和水的比例不小于

1：5，总共洗涤 10~12 h。然后用碱水或石灰水进行中和，用碱量和浓度可灵活掌握，共需浸泡、搅拌 12~16 h。中和后放去碱水，再用水洗，最后 pH 值控制在 6~7。

（5）水解

在水解锅内放入适量热水，将原料骨放入锅内，注意不让其结团。缓慢加温到 50~65℃，再加水将原料骨浸没，水解 4~6 h 后，将胶液放出，再向锅内加入热水，温度较前次提高 5~10℃，继续水解，重复进行多次，温度也相应逐步升高，最后一次可煮沸。

（6）过滤

将合并的胶液在 60℃ 左右以过滤棉、活性炭或硅藻土等做助滤剂，用板框压滤机过滤，得澄清胶液。胶液再用离心机分离，进一步除去油脂等杂质。

（7）浓缩、漂白和凝胶化

将稀胶液减压浓缩，开始温度控制为 65~70℃，后期应降为 60~65℃。根据胶液质量和干燥设备条件掌握浓缩的程度，一般浓缩终点的胶液干物质含量为 23%~33%。经浓缩的胶液，趁热加入过氧化氢或亚硫酸等防腐剂，充分搅拌均匀。这些防腐剂也有漂白作用。将胶液灌入金属盘或模型中冷却，至其完全凝胶化生成胶冻为止。

（8）切胶、干燥

将胶冻切成适当大小的薄片或碎块，以冷、热风干燥至胶冻水分为 10%~12%，再粉碎即为成品。

6. 骨多肽加工

牛骨的基质物质主要是由胶原蛋白、蛋白多糖以及非胶原蛋白构成，其中胶原蛋白含量占骨中所有蛋白质的绝大部分。骨中的胶原蛋白可用来制备明胶或粗制骨胶，也可以进一步加工成骨多肽。骨胶原多肽是胶原蛋白或明胶经蛋白酶等降解处理后制得的低分子量的一类多肽混合物，与明胶相比具有较强的水溶性，易被人体吸收，胶原多肽具有抗高血压、预防与治疗骨关节炎和骨质疏松、治疗胃溃疡等疾病以及抗衰老和抗氧化等生理功能。因此，骨胶原多肽在保健食品、化妆品等领域具有广泛的用途。骨胶原多肽的生产方法有酸提取法、碱提取法、中性盐提取法和酶提取法等。

酸法提取主要是利用低浓度的酸处理引起胶原纤维的膨胀和溶解，低温条件下采用酸法处理能够较好地保留其天然三股螺旋结构，但其缺点在于会破坏色氨酸，酸溶液也会腐蚀设备，具有一定的局限性；碱法提取常用的是石灰、氢氧化钠和碳酸钠等，其工艺步骤简单，成本低廉，但由于胶原蛋白在碱性条件下肽链容易断裂，因此其应用并不广泛；中性盐提取法主要是利用胶原蛋白在一定浓度盐溶液中（如柠檬酸）中的溶解性对蛋白进行提取，但盐溶液会影响其稳定性，无法提取到其天然结构，生产中不作为单独使用；酶提取法是加入特定的蛋白酶以增进胶原蛋白非螺旋区段肽键降解，酶法提取能从畜骨中有效地提取蛋白质，并且可以通过水解作用改善蛋白质的质量和其功能特性。目前最常用的是用酶提取法制备牦牛骨蛋白多肽，下面介绍酶提取法。

（1）原料骨的处理

选取新鲜的牦牛骨，除去骨上附着的碎肉等杂物，用水洗净后冷冻。将冷冻后的骨原料粉碎至适宜粒度。

（2）脱脂

利用有机溶剂萃取法脱除骨料中的脂肪。

（3）脱钙

脱脂后的骨料用水反复洗涤，沥干后加入骨料质量15倍的EDTA溶液（pH值7.4），室温下搅拌12h后过滤，重复操作4次，滤渣于35℃下干燥。

（4）酶解

脱脂脱钙完全后，加入适量的蛋白酶，一般常用的蛋白酶有中性蛋白酶、菠萝蛋白酶、木瓜蛋白酶、胰蛋白酶等，在适宜温度下水解一段时间后离心过滤上清液得到牦牛骨胶原蛋白酶解液。

（5）干燥

将得到的牦牛骨胶原蛋白酶解液进行冷冻干燥，即得到牦牛骨胶原多肽粉。

三、肠、肚等脏器的利用与加工

（一）肠

1. 概念和种类

（1）肠壁的构造

牦牛的小肠壁的组织结构可分为四层，由内到外分别为黏膜层、黏膜下层、肌肉层和浆膜层。

①黏膜层：它是肠壁的最内一层，由上皮组织和疏松结缔组织构成，在加工肠衣时被除掉。

②黏膜下层：由蜂窝状结缔组织构成，内含神经、淋巴、血管等，在刮制肠衣时被保留下来，即为肠衣，因此，在加工时要特别注意保护，使其不受损伤。

③肌肉层：由内环外纵的平滑肌组成，在加工猪、羊肠衣时会被除掉。

④浆膜层：是肠壁结构中的最外一层，在加工猪、羊肠衣时会被除掉。

（2）利用

牦牛产区的肠子不加工为肠衣，而是食用，肠与头、蹄及其他脏器等统称下水，多洗净煮食或灌血、内脏、肉、脂等食用。

2. 天然肠衣

（1）概念

屠宰后的鲜肠管，经加工除去肠内外的各种不需要的组织，剩余一层坚韧半透明的黏膜下层，称为肠衣。加工牛肠衣时，无论干肠还是盐渍肠，留用部分含黏膜内层、肌层、膜层3层，仅将黏膜的外层（粪层）去掉，与猪、羊肠衣不同。肠衣一般用来灌制香肠、肉（血）肠，制作体育用具、乐器及外科手术用的缝合线等。

（2）种类及特点

天然肠衣按畜种不同可分为猪肠衣、羊肠衣和牛肠衣三种，按成品种类还可分为盐渍肠衣和干制肠衣两大类。盐渍肠衣用猪、绵羊、山羊以及牛的小肠和直肠制作，干制肠衣以猪、牛的小肠为最多。其中盐渍肠衣富有韧性和弹性，品质最佳，而干制肠衣较薄，充塞力差，无弹性。

天然肠衣具有取材天然性、富有弹性及贮存时间长等特点，同时具有蒸、煮、烤或冷藏处理后不易破裂，色、香味、形状良好等优势；与人造肠衣相比，天然肠衣主要由动物肌肉纤维构成，这使得天然肠衣不仅可以安全食用，而且使产品包装趋向营养化；天然肠衣的加工温度一般不超过100℃，适用于低温内制品的生产要求。另外，天然肠衣也存在许多缺点：①动物肠道不同导致天然肠衣不利于机械化生产，需要借助人工，成本高且效率低；②天然肠衣有许多弯曲，不利于连续化生产；③个体和部位差异导致天然肠衣的强度不同；④残次品率高；⑤可能会存在兽药残留、微生物污染及动物疫病等问题。这使得天然肠衣的机械化和标准化生产受到阻碍。

3.肠衣加工的技术要求

表10-19　牛肠衣加工的技术要求

品质		干制牛肠衣 盐渍牛肠衣	盐渍肠衣	
			盐渍牛大肠	
色泽		淡黄色、棕黄色	白色、乳白色、淡红色、黄白色、灰白色	白色、乳白色、淡红色、黄白色、灰白色
气味		无霉味或其他不应有的气味	无腐败气味或其他不应有的气味	
实质		肠壁坚韧，有光泽，无杂质，无破洞	肠壁洁净，无油脂，无洞，无刀伤	
长度、节数	每把长度（m）	50	25	25
	不超过（节）	18	8	13
	每节不短于（m）	1	1	0.5
口径（mm）		—	≤30；30~35；35~40；40~45；≥45	≤40；40~45；45~50；50~55；≥55
扁径（mm）		≤34；34~36；36~40；40~44；44~48；≥55	—	—

4.肠衣的加工工艺

目前牦牛肠衣的加工，多用干制加工工艺和盐渍加工工艺。

（1）干制肠衣

①工艺流程

新鲜肠衣→剥油脂（用氢氧化钠溶液处理）→漂洗→腌肠→水洗→干燥→压平→包扎成把。

②主要工艺条件及操作要点

氢氧化钠溶液处理：将翻转洗净的原肠，以10根为一套（1根1 m），用5%NaOH溶液约150 mL进行浸泡，用竹棒搅拌，洗去肠上的油脂。

腌肠：将一把（100码即91.5 m）肠衣放入盆中，加盐0.75~1 kg，腌渍12~24 h。

干燥：加工干制肠衣，关键是把握肠中水的含量，将经腌好的肠衣放在温度为65~70℃的电热鼓风干燥箱中干燥8h，使失水量达到肠衣总重的90%。

压平：将干燥后的肠衣一头用针刺孔，使空气排出，然后均匀地喷上水，在菜板上将肠衣压扁，扎成把。

（2）盐渍肠衣

①工艺流程

新鲜肠衣→浸漂→刮肠→灌水→量码→扎把→腌肠→缠把→漂浸洗涤→灌水分路→配码→腌肠及缠把。

②主要工艺条件及操作要点

浸漂：去粪后的鲜肠入净水中，水温暖季28℃左右，冷季33℃左右，浸泡18~24 h。

刮肠：浸漂后的肠衣，理齐理顺，割去弯头，放在光滑木板上手工或刮肠机刮制。手工刮制是用竹板或无刃刀刮去粪层，刮制时，慢慢刮且用力均匀，既要刮净，又不损伤肠衣，若有不净处，应重新刮制，直到整根肠呈薄而透明的衣膜，外无筋络，内无杂质为止。

灌水：刮后的肠用净水冲洗几遍，并检查有无洞，不能用的应割去。

量码：将刮制好的肠衣对着量码尺进行量码。

扎把：清洗过的肠，稍为沥尽水分，然后每14 m扎成一把，每把最多不超过14节，每节不得短于1 m。

腌肠：扎成把的肠衣，散开放入平的、能渗漏的容器内，一层一层地撒盐，一般每把的加盐量为0.1~0.5 kg，腌好后重新扎成把放在竹筛内，使盐水沥干。

缠把：肠经腌12~13h，当肠衣呈半湿状态，就可缠把。

漂浸洗涤：缠把的肠衣，浸入水中，反复换净水洗涤，将肠内外污物洗净。漂洗时间暖季不超过1 h，冷季时延长但不能过夜，以防冻结，漂洗时水温不能过高，一般10℃左右为宜。

灌水分路：漂洗后的肠衣，灌水检查如有漏洞剔出，并按口径分路。牛肠衣可参照猪肠衣分路标准，路 28~30 mm，以后每间隔 2 mm 为一路，直到七路为止，犊牛、小牛从 24~26 mm 开始为一路，每间隔 2 mm 为一路。

扎把：按路扎把。

腌肠及缠把：将按路扎好的把，用精盐腌，待水分沥干后缠成把即为成品。盐用量及腌渍时间同前述"腌肠"工序。

（二）牛肚

牛肚即牛胃，是牛的副产品之一。牛共有四个胃，分别是皱胃、网胃、瘤胃和瓣胃。其中瘤胃、网胃与瓣胃是牛的食道变异而形成的，而皱胃则为真胃。牛肚用碱水浸泡后可作为一种菜肴，像著名的菜品"牛肚火锅"等都是应用瘤胃可把牛浆膜撕掉生切片涮吃。网胃的应用与瘤胃相同，瓣胃又称百叶肚胃，是因为其内部有许多叶片，叶片之间相间排列，瓣胃与皱胃可以切丝作为菜肴食用，牛肚中应用较多的是肚领与百叶，其主要的蛋白质是胶原蛋白。

1. 卤牛肚软罐头

（1）工艺流程

原料解冻 →原料处理→预煮→卤制→装袋→密封→杀菌→保温检查→包装入库。

（2）操作要点

①原料解冻：冷冻原料用流水解冻，待原料呈半解冻状态时，进入下一道工序。

②原料处理：解冻后牛肚用清水洗净表面，然后翻开去除内部杂质，沥干水分备用。

③预煮：将洗净牛肚放入加热煮沸的夹层锅内，预煮 1~2 min 捞出，除去异味。

④卤制：

卤汤配方：以 100 L 原料计，月桂叶 100 g，良姜 150 g，胡椒 150 g，肉桂 100 g，八角 100 g，砂仁 70 g，花椒 100 g，小茴香 100 g，白芷 150 g，丁香 70 g，黄芪 150 g，陈皮 150 g，葱 1 kg，姜 1 kg，料酒 1 L，盐 4 kg，糖 2 kg，味精 0.5 kg，水 150 L。卤制时第一锅香料加倍，以后每隔 1 锅按上述比例补加一次香料，第二锅食盐添加量按第一锅卤制成品的 2.3% 添加，糖补加 0.5 kg，味精补加 0.1 kg，以后每锅依此类推。

卤制方法：将香料、葱姜分别装入香料袋中，先将香料袋放入夹层锅中煮沸 30 min，然后加入葱姜袋、盐、味精等煮沸。再加入牛肚，煮沸后撇净汤面杂质、泡沫后加入料酒、味精，煮沸后用小火焖制 50 min，温度应保持在 90℃ 以上。在卤制过程中要用不锈钢箅（或木箅）将牛肚压实，使卤汤全部腌没牛肚。在煮制过程中要翻锅 1~2 次，并撇净汤面杂质，以免污染牛肚。

⑤装袋：卤制好的牛肚冷凉后便可切块、称量、装袋。

⑥真空封袋：密封真空度为 0.09 MPa。

⑦杀菌：杀菌公式为 15 min—35 min—15 min/121.3℃，采用反压力冷却至 40℃ 左右

出锅。

⑧保温检查：罐头杀菌后要全部或抽样进行保温检查，保温检查条件为温度37±2（℃），时间5~7 d，若无胀袋现象视为合格。

⑨包装入库：保温后的罐头，擦干表面水分包装入库。

（3）质量标准

①感官指标：成品应具有良好的弹性，口感较紧韧，耐咀嚼；牛肚应具有经卤制后的良好滋味与气味，无异味；成品呈白色或浅黄色。

②理化指标：每袋净重300 g，允许净重误差±3%，但每批次不得低于净重；氯化钠含量（以 NaCl 计）为2.0%~2.5%；重金属含量：每千克制品中砷（以 As 计）小于0.5 mg，铅（以 Pb 计）小于1.0 mg。

③微生物指标：无致病菌和因微生物作用而引起的腐败现象。

2.牛肚卤制品

（1）工艺流程

原料的选择→清洗→分割→热泵干燥→涨发→清洗→预煮→卤汁制备→卤制→热泵干燥→冷却→真空包装→成品→储存。

（2）操作要点

①原料的选择：采用非疫区而又经检验合格的新鲜牛肚。

②清洗：清洗修割后不得带有肚膜、粗血管、色素斑及杂毛、杂质。

③分割、干燥：经清洗修割后的牛肚，切成大小适中的长条状，再放入热泵干燥箱中干燥。

④涨发、清洗：将制备好的干制牛肚，放入到一定浓度的碱液中进行涨发，涨发后再用清水清洗牛肚，去除碱液。

⑤香辛料的配制：将香辛料颗粒大的磨碎或切碎，香料应适量，香味以浓郁不刺鼻为好，香料过多则药味重，刺激性大，过少则香味不足，不能突出卤味菜的特点。

⑥卤汁制备：香辛料配料比例，白芷、黄芪、八角、小茴香、砂仁、花椒、草果、丁香、香叶、良姜、胡椒、干姜为6:3:6:3:3:4:6:3:3:3:4:5，卤制中食盐用量为15%，牛肚用量为3%，食用冰糖用量为2%，料酒用量为2%。

⑦卤制：将各种香辛料称量，松散地包入纱布中，煮沸并维持一定时间，再加入食盐、食用白砂糖、酱油、料酒调匀，煮沸后，将备好的牛肚放入卤汁中，使用电磁炉加热控制卤汁温度103℃煮制6 min，卤制完成后将牛肚再浸泡在卤汁中9 min 使其入味。

⑦热泵干燥：将刚卤制好的牛肚放入热泵干燥箱中干燥25 min，脱去部分水分。

⑧真空包装：干燥后的卤制产品经冷却后真空包装。

3.水晶牦牛肚

（1）牦牛肚的选用

①解冻：用15℃的清水浸泡3~4 h，解冻同时软化黏膜组织，有利于胃黏膜去除。

②去除胃黏膜：胃黏膜去除得干净与否直接影响产品的感官指标，而胃黏膜去除的主要因素有碱液浓度、温度、浸泡时间，在70℃条件下，用0.4% NaOH溶液浸泡10 min。

③中和：采用0.03%的柠檬酸浸泡一定时间，可完全中和用于去除胃黏膜的NaOH，再反复漂洗干净。

④熟化：将洗净的牦牛肚放入水中煮熟。

（2）胶冻液的制备

按照250 mL水中加入明胶37.5 g、食盐3.75 g、食醋5.0 mL和适量其他辅料的配比，进行配置胶冻液。

（3）水晶牦牛肚的制作

将已熟化的牦牛肚切成长3~4 cm，宽约0.5 cm的肚丝，与已配置好的胶冻液按250 mL胶冻液中加入60 g肚丝，均匀混合后冷却，即成水晶牦牛肚。

将冷却定型后的水晶牦牛肚装入真空软包装袋中，采用真空抽气软包装机，通过抽气12 s、热封1.5 s、冷却15 s后将其密封包装。

（4）水晶牦牛肚的感官指标

通过加工所得的水晶牦牛肚产品需符合一定的感官指标，即其规格、组织状态、色泽、滋味、气味、杂质等均符合标准。

表10-20　水晶牦牛肚感官指标

项目	感官指标
规格	每袋350±5g
组织状态	块形美观大方，无碎块，富有弹性，肚丝分布均匀
色泽	浅棕色，在光照下呈晶亮透明体
滋味	爽滑柔软，口感细腻，风味独特
气味	具有水晶产品的特殊香味，无碱味和其他异味
杂质	允许有香辛料的颗粒存在，但其他杂质及有害物质不得检出

4.牛肚火锅

火锅是川渝地区传统名菜，以牛毛肚为主料，配以牛肝、牛腰、黄牛背柳肉等其他各类菜品，由食者自涮自食，特点是味重麻辣，汤浓而鲜，四季皆宜。火锅在中国历史悠久，四川重庆毛肚火锅起源较早，至清代中期已盛行于市。

（1）原料

牛毛肚250 g、牛肝100 g、牛腰100 g、黄牛背柳肉150 g、牛脊髓100 g、鲜菜、牛

油300 g、豆瓣、姜末、辣椒、花椒、料酒、豆豉、醪糟汁、精盐。

（2）制法

取牛毛肚，抖尽杂物，摊于案上，将肚叶层层理顺，再用清水反复洗至无黑膜和草味，切去肚门的边沿，撕去底部（无肚叶的一面）的油皮，以一张大叶和小叶为一连，顺纹路切断，再将每连叶子理顺摊平，切成片，用凉水浸漂待用。

牛肝、牛腰、黄牛背柳肉均切成大薄片。葱、青蒜苗均切成6 cm长的段。鲜菜（选用莲花白、芹菜、卷心白、豌豆苗均可）用清水洗净，撕成长片。

炒锅置中火上，下牛油烧至六成热，放入剁碎的豆瓣炒酥，加入姜末、辣椒、花椒炒香，加入牛肉汤1.25 kg烧沸，盛入砂锅内置旺火上，放入料酒、豆豉（剁碎）、醪糟汁，烧沸出味，撇尽浮沫（勿将浮油撇去），成为火锅卤汁。

吃时将火锅卤汁烧沸上桌，上桌时，牛脊髓可先下入火锅，其他荤素生菜片分别盛入小盘中，与精盐、牛油同时上桌。荤素原料随吃随烫，并根据汤味浓淡适量加入精盐和牛油，上桌时给每一食者备一碟芝麻油，供蘸食用。

（三）牦牛脏器的利用

家畜脏器主要是提取制剂，牦牛脏器可生产以下生化制品。

脑：可以生产大脑组织液、胆固醇、脑磷脂、卵磷脂、参脑散、复方磷脂素、维生素D_3、759针剂、3, 5—环磷腺甙酸（丘脑中），脑下垂体中可提取促皮质素（ACTH）、垂体促卵泡素（FSH）、垂体促黄体素（LH）、催产素注射液、加压素注射液。

脊髓：脊髓注射液。

眼：眼生素注射液、眼球液、眼宁注射液、牛全眼提取物（E、T、C）。

副甲状腺：副甲状腺激素。

心脏：细胞色素丙、注射用能量合剂、心血通、脉心通。

肝脏：肝宁、肝注射液、肝B_{12}注射液、复方肝组织液、15%三合组织液、水解肝素、肝浸膏片、复方肝片、肝铁（力勃隆）、肝维隆糖衣片、力维隆糖浆等。

胰脏：胰岛素注射液或精蛋白胰岛素注射液、中效鱼精蛋白胰岛素注射液、胰酶、胰蛋白酶、胰脱氧核糖核酸酶、α—糜蛋白酶、胰出血酶、激肽释放酶原激酶、血管舒缓素、弹性酶、胰抗脂肝素、胖得生。

脾脏：脾注射液、脾脏糖衣片、脱氧核甙酸钠注射液、止血消炎片。

肾脏：抑太酶。

胸腺：5′-单核苷酸钠注射液。

肾上腺：肾上腺素、前腺素E_2、促肾上腺素。

胃小肠黏膜：胃蛋白酶、含糖胃蛋白酶、胃膜素、肝素钠（小肠）。

十二指肠：冠心舒。

胆汁：人工牛黄、胆酸、胆酸钠、胆甾星。

卵巢：维他赐保命糖衣片（女用）。

睾丸：透明质酸酶、睾丸片、维他赐保命糖衣片（男用）。

生殖器：催乳片、强身安神片

前列腺：前列腺素（PGS）。

胎盘：胎盘组织液、丙种球蛋白等。

动脉管：心舒平片、溶脂素注射液等。

肌肉：7·21精肉绒、三磷酸腺甙钠（ATP）、牛肉浸膏。

血：水解蛋白、口服止血粉。

皮：明胶代血浆、氧化聚明胶代血浆、明胶海绵。

骨：蛋白胨、磷酸氢钙、维丁钙片、精氨酸盐、健肝片、软骨有康得灵。

角：消热解毒片。

蹄壳：盐酸组氨酸、盐酸赖氨酸、天门冬氨酸。

毛：胱氨酸、盐酸半胱氨酸、N–乙酰半胱氨酸、谷氨酸等药物。

参考文献

[1] 陆仲璘. 牦牛育种及高原肉牛业 [M]. 兰州：甘肃民族出版社，1994.

[2] 平立盛，刀发春. 肉牛标准化规模养殖图册 [M]. 北京：中国农业出版社，2009.

[3] 张容昶. 中国的牦牛 [M]. 兰州：甘肃科学技术出版社，1989.

[4] 钟光辉. 九龙牦牛选育研究 [M]. 成都：四川民族出版社，1996.

[5]《中国牦牛学》编写委员会. 中国牦牛学 [M]. 成都：四川科学技术出版社，1989.

[6] 蔡立. 四川牦牛 [M]. 成都：四川民族出版社，1989.

[7] 张容昶，胡江. 牦牛生产技术 [M]. 北京：金盾出版社，2002.

[8] 周芸芸，张于光，卢慧，等. 西藏金丝野牦牛的遗传分类地位初步分析 [J]. 兽类学报，2015，35（1）:48-54.

[9] 蒋宏伟，王若勇，齐纳秀，等. 野牦牛与家牦牛六个方面比较 [J]. 畜牧兽医杂志，2018，37（4）：70-71，75.

[10] 雷晓琴，郭成裕，马文志，等. 云南中甸牦牛的种质特性研究 [J]. 当代畜牧，2012（9）:40-41.

[11] 孙学会. 中甸牦牛品质特征变化与应对措施探讨 [J]. 畜牧与饲料科学，2016，37（9）:104-105.

[12] 孙娟，崔燕，段德勇，等. 初生与成年牦牛心肌的组织学结构比较 [J]. 兽类学报，2016，36（1）:104-111.

[13] 何俊峰，余四九，崔燕. 不同年龄高原牦牛肺脏的组织结构特征 [J]. 畜牧兽医学报，2009，40（5）:748-755.

[14] 周金星，余四九，何俊峰，等. 成年牦牛与黄牛肺内肺动脉结构组织和形态学比较分析 [J]. 中国兽医学报，2015，35（11）:1840-1844.

[15] 王立斌，樊江峰，余四九. 牦牛不同妊娠阶段孕酮的主要来源器官研究 [J]. 中兽医医药杂志，2009，28（5）:17-20.

[16] 霍生东，阿依木古丽，阿什尔，等. 大通白牦牛血液生化指标的测定 [J]. 西北民族大学学报·自然科学版，2008，29（3）:46-48.

[17] 杨琴，余四九，何俊峰，等. 牦牛胎儿肺脏发育的形态学研究 [J]. 兽类学报，2012，32（4）:346-355.

[18] 赵晓东. 冷季全舍饲对麦洼牦牛生长性能、血液生化和血清矿物元素的影响 [D]. 2014.

[19] 姬秋梅，普穷，达娃央拉，等. 西藏三大优良类群牦牛产毛性能及毛绒主要物理性能研究 [J]. 中国畜牧杂志，2001，37（4）:29-30.

[20] 刁运华. 四川畜禽遗传资源志 [M]. 成都：四川科学技术出版社，2009.

[21] 黄海燕，王桂玉，王春梅，等. 精子发生相关 CG14 片段的组织特异性表达及其与杂交不育的关系 [J]. 生殖医学杂志，2002，11（2）:91-96.

[22] 余劲聪，潘春，马正花，等. 牦牛远缘杂交雄性不育相关研究现状 [J]. 西南民族大学学报·自然

科学版, 2005（s1）:20-23.

[23] 张庆波. 牛精子发生相关新基因家族——DAZ 基因家族的克隆、序列分析与功能研究 [D]. 南京: 南京农业大学, 2007.

[24] 屈旭光. 联会复合体相关基因与犏牛雄性不育关系的研究 [D]. 南京: 南京农业大学, 2008.

[25] 刘振山. 犏牛及其亲本 IGF2、H19、SNRPN 和 DAZL 等四个基因表达活性及其 DNA 甲基化修饰分析 [D]. 南京: 南京农业大学, 2008.

[26] 李新福. DAZ 基因家族 DAZL/BOULE 与犏牛雄性不育关系的研究 [D]. 南京: 南京农业大学, 2009.

[27] 董丽艳, 李齐发, 屈旭光, 等. 黄牛、牦牛和犏牛睾丸组织中 Cdc2、Cdc25A 基因 mRNA 表达水平 [J]. 遗传, 2009, 31（5）:495-499.

[28] 李贤. 减数分裂同源重组相关基因与犏牛雄性不育关系的研究 [D]. 南京: 南京农业大学, 2009.

[29] 徐洪涛. 牦牛 Boule 基因选择性剪接体及其 DNA 甲基化修饰分析与犏牛雄性不育的关系 [D]. 南京: 南京农业大学, 2009.

[30] 李贤, 李齐发, 赵兴波, 等. 牦牛和犏牛 Dmc1 基因序列分析及睾丸组织转录水平研究 [J]. 中国农业科学, 2010, 43（15）:3221-3229.

[31] 解玉亮. 牦牛与犏牛线粒体基因组比较分析 [D]. 南京: 南京农业大学, 2012.

[32] 骆骅. 黄牛和犏牛睾丸组织中减数分裂同源重组基因表达、克隆与启动子区甲基化分析 [D]. 南京: 南京农业大学, 2013.

[33] 周阳, 骆骅, 李伯江, 等. 牦牛和犏牛睾丸组织 DDX4 基因 mRNA 表达水平与启动子区甲基化 [J]. 中国农业科学, 2013, 46（3）:630-638.

[34] 付伟, 李彩霞, 黄林, 等. 牦牛和犏牛睾丸核蛋白的双向电泳比较研究 [C]// 全国动物生理生化全国代表大会暨学术交流会, 2014.

[35] 马晓琴. 牦牛杂交不育基因 Prdm9 的研究 [D]. 成都: 西南民族大学, 2014.

[36] 朱翔. 牛 SYCP3 基因的克隆、表达与启动子区甲基化分析 [D]. 南京: 南京农业大学, 2011.

[37] 樊凤霞. 大通牦牛采精公牛驯养管理技术措施 [J]. 四川畜牧兽医, 2011, 38（11）:19-20.

[38] 冯廷花. 对青海省大通种牛场实施牦犊牛肉产业化问题的思考 [J]. 青海畜牧兽医杂志, 2001, 31（5）:34-35.

[39] 范秀兰. 放牧期间补饲食盐对提高改良牦牛生产经济效益的影响 [J]. 养殖与饲料, 2008（5）:11.

[40] 马登录, 杨勤, 石红梅, 等. 牦牛错峰出栏肥育试验报告 [J]. 中国牛业科学, 2014, 40（1）:21-22.

[41] 卢鸿计, 张洪武, 雷焕章, 等. 牦牛牛群周转研究报告 [J]. 中国牦牛, 1986, 03: 12-23.

[42] 李克斌. 口蹄疫流行近况与防控注意事项 [J]. 兽医导刊, 2017（17）:14-16.

[43] 傅义娟, 王生祥, 李秀英, 等. 青海省牦牛病毒性腹泻 / 黏膜病流行情况调查. 畜牧与兽医. 2013, 45（11）:126-127.

[44] 陈新诺, 肖敏, 阮文强, 等. 川藏地区牦牛病毒性腹泻病毒分子流行病学调查及分离鉴定. 畜牧兽医学报. 2018, 49（3）:606-613.

[45] 杜忠, 刘永伍. 牛病毒性腹泻有效防制策略与鉴定诊断方法分析 [J]. 当代畜牧, 2015, 10: 84-85.

[46] 高巍. 肉牛恶性卡他热的流行、症状及防治 [J]. 现代畜牧科技, 2016（7）:113.

[47] 肖琳，雷世福．一例牛恶性卡他热的诊治 [J]．当代畜牧，2016（23）:72-73.

[48] 宋晓军．牛瘟的流行和诊控方案 [J]．现代畜牧科技．2017,11:79.

[49] 吕晓磊，李强，腾井华．牛瘟的诊断与防控 [J]．畜牧与饲料科学 2010,31（3）:176-177.

[50] 胡文兵，喻华英，关平原，等．牦牛传染性鼻气管炎流行病学调查 [J]．中国兽医杂志，2010,46（5）:75-75.

[51] 冷雪，武华．牛传染性鼻气管炎研究进展 [J]．安徽农业科学，2011,39（1）:284-285.

[52] 张军召．牛常见病毒性疾病及其防控方法 [J]．当代畜牧，2016（17）:86-87.

[53] 朱远茂，马磊，杨婷，等．牛副流感的流行、危害及其防控 [J]．中国预防兽医学报，2016,38（8）:667-671.

[54] 王英，侯宇香，张俊嫱 牛副流行性感冒的流行与诊断 [J]．现代畜牧科技．2014（2）:163-163.

[55] 周芳，岳华，张斌，等．牦牛轮状病毒VP6基因序列分析及RT-PCR检测方法的建立与应用 [J]．畜牧兽医学报．2016,47（7）:1465-1473.

[56] 常继涛，于力．牛轮状病毒引起的犊牛腹泻研究进展 [J]．中国奶牛．2016,2:22-25.

[57] 王志丹，杨少华，高运东，等．我国牛轮状病毒的分离鉴定和疫苗研究进展 [J]．畜牧生态学报．2010,31（3）:105-108.

[58] 智海东，高艳，刘长明，等．感染性犊牛腹泻病原学的研究进展 [J]．黑龙江畜牧兽医．2015,12:73-76.

[59] 马建勇．牛水疱性口炎的预防和诊治 [J]．畜禽业，2016,331（11）:69.

[60] 王永连，徐立波．牛水疱性口炎的流行、诊断和防控措施 [J]．饲料博览，2017,4:66-67.

[61] 姬广珍．牛水疱性口炎的诊疗实例分析 [J]．养殖与饲料，2014,10:55-56.

[62] 毛晓云，段永丽．牛狂犬病的诊断与防制报告 [J]．中国畜牧兽医文摘，2006,131（5）:58.

[63] 沈贵明．犊牛狂犬病病例．中国兽医杂志 [J]，2004,40（8）:59.

[64] 尹景峰．狂犬病流行病学研究进展 [J]．现代农业，2017,11:79-82.

[65] 尼玛，河生德，李长云．草原毛虫引起牦牛口膜炎的防治 [J]．畜牧与兽医．2012,44（4）:111.

[66] 尼玛扎西．牦牛口膜炎的诊疗 [J]．青海畜牧兽医杂志．2004,34（6）:45.

[67] 古丽齐曼．牛食管阻塞的诊治 [J]．当代畜牧．2016,12:66-67.

[68] 罗吉璞，王宏志，崔丽华，等．牛食管阻塞的简易治疗 [J]．吉林畜牧兽医．2008,29（8）:46.

[69] 谢寿毅．高原牦牛瘤胃积食的病因分析及中西兽医结合治疗 [J]．中国畜牧兽医文摘．2015,31（10）:161.

[70] 桑巴．高原牦牛瘤胃积食的治疗 [J]．中国畜牧兽医文摘．2016,32（6）:165.

[71] ⬛⬛⬛⬛⬛⬛⬛⬛⬛⬛⬛⬛⬛⬛⬛⬛⬛⬛⬛⬛⬛⬛⬛⬛⬛⬛⬛⬛⬛⬛

[72] ⬛⬛⬛⬛⬛⬛⬛⬛⬛⬛⬛⬛⬛⬛⬛⬛⬛⬛⬛⬛⬛⬛⬛⬛⬛⬛⬛⬛

[73] 贺银保，冯明光．牛消化道食管梗塞和皱胃左方变位的治疗方法 [J]．畜牧兽医科技信息，2014（4）:57.

[74] 宋栓军．牛支气管肺炎的防治措施 [J]．当代畜牧养殖业，2017（10）:36.

[75] 张秀君．牛支气管肺炎的诊断及防治措施 [J]．黑龙江畜牧兽医，2013（4）:91-92.

[76] 王长洪．牛尿石症的诊断和治疗 [J]．畜牧兽医科技信息，2017（1）:62.

[77] 朱坤，耿广多．牛尿石症的防治 [J]．畜牧与饲料科学，2011（8）:103.

[78] 白涛，李长安，魏拣选．犊牛急性硒缺乏症的诊治 [J]．黑龙江畜牧兽医，2015（1）:85.

[79] ⬛⬛．犊牛硒缺乏症的病因、临床特征及防治方法 [J]．现代畜牧科技，2017（8）:149.

[80] 李生福．牦牛胎衣不下的诊治体会 [J]．黑龙江动物繁殖，2012（5）:24-25.

[81] 贺俊成 . 牦牛重症胎衣不下的诊治 [J]. 当代畜牧 , 2016（12）:65.

[82] 陈孝得 . 牦牛子宫内膜炎的诊断与治疗 [J]. 中国畜牧兽医文摘 , 2017（10）:182.

[83] 措梅 . 牦牛子宫内膜炎的防控措施 [J]. 中国畜牧兽医文摘 , 2017（9）:118.

[84] 王金宝 . 牛生产瘫痪的预防和治疗 [J]. 湖北畜牧兽医 , 2007（2）:26-27.

[85] 王福财 . 牦牛急性乳房炎的治疗 [J]. 中兽医学杂志 , 2015（6）:1-2.

[86] 谢仲强 . 左旋咪唑对乳用高原牦牛隐性乳房炎的防治效果 [J]. 黑龙江畜牧兽医 , 2010（7）:114-115.

[87] 李小旭 , 刘侃 , 张小琴 , 等 . 牦牛隐性乳房炎病原菌的分离及鉴定 [J]. 四川畜牧兽医 , 2017（3）:36-38.

[88] 陈孝得 . 牦牛传染病腐蹄病防治 [J]. 中国畜牧兽医文摘 , 2017（12）:104.

[89] 王永军 . 青海高寒牧区舍饲或半舍饲牦牛和藏羊腐蹄病的防治 [J]. 养殖与饲料 , 2014（5）:48-49.

[90]Haldane J B S . Sex ratio and unisexual sterility in hybrid animals[J]. Journal of Genetics, 1922, 12（2）:101 109.

[91]Davis, Andrew W. Evolution of Postmating Reproductive Isolation: The Composite Nature of Haldane's Rule and Its Genetic Bases[J]. The American Naturalist, 1993, 142（2）:187-212.

[92]Turelli M, Orr H A. The dominance theory of Haldane's rule.[J]. Genetics, 1995, 140（1）:389-402.

[93]Wu C I, Johnson N A, Palopoli M F . Haldane's rule and its legacy: Why are there so many sterile males[J]. Trends in Ecology & Evolution, 1996, 11（7）:281-4.

[94]Tumennasan K, Tuya T, Hotta Y, et al. Fertility investigations in the F₁ hybrid and backcross progeny of cattle（*Bos taurus*）and yak（*B. grunniens*）in Mongolia[J]. Cytogenetic and Genome Research, 1997, 78（1）:69-73.

[95]Zi X D, Lu H, Yin R H, et al. Development of embryos after in vitro fertilization of bovine oocytes with sperm from either yaks（*Bos grunniens*）or cattle（*Bos taurus*）[J]. Animal Reproduction Science, 2008, 108（1-2）:208-215.

[96]Seaby R P, Mackie P, King W A, et al. Investigation into Developmental Potential and Nuclear/Mitochondrial Function in Early Wood and Plains Bison Hybrid Embryos[J]. Reproduction in Domestic Animals, 2012, 47（4）:0-0.

[97]Grubman M J, Baxt B. Foot-and-mouth disease.[J]. British Journal of General Practice the Journal of the Royal College of General Practitioners, 2001, 51（466）:417.

[98]Xin Y, Yingshun Z, Hongning W, et al. Isolation, identification and complete genome sequence analysis of a strain of foot-and-mouth disease virus serotype Asia1 from pigs in southwest of China[J]. Virology Journal, 2011, 8（1）:175.

[99] JianGang Ma, Wei Cong, FuHeng Zhang, ShengYong Feng, DongHui Zhou, YiMing Wang, XingQuan Zhu, Hong Yin, GuiXue Hu. Seroprevalence and risk factors of bovine viral diarrhoea virus（BVDV）infection in yaks（*Bos grunniens*）in northwest China. Trop Anim Health Prod .2016, 48:1747-1750.